„Библиотека Горного Знания“
издаваемая под редакцией Профессора Г. В. Ключанского

Том II.

Профессор Г. В. КЛЮЧАНСКИЙ

Алмазное бурение

С 165 рис. и 70 таблиц. в тексте

BERLIN W
Verlag von M. Krayn
(Русское отделение)
1926

2е Предисловие.

Выпуск этого II-го тома издаваемой под моей редакцией «Библиотеки Горного Знания» Алмазное Бурение по независящим от меня обстоятельствам не мог быть сделан, как это предполагалось, в начале 1924 года и только по моем приезде в Германию осенью 1925 г. было осуществлено это значительно пополненное мною издание.

За этот промежуток времени в С. С. С. Р. вышло новое издание Глушкова «Бурение скважин» затем профессора Успенского «Курс глубокого бурения скважин», Семенова «Курс вращательного бурения» а также несколько статей по Алмазному бурению в русских и иностранных журналах; но, как я и раньше указывал, отдельного исследования Алмазного Бурения до сих пор не было предпринято, а потому полагаю, что выпуск этого моего труда, имеющего значение для развития бурового дела в С. С. С. Р., является своевременным.

Без сомнения многими русскими критиками будут усмотрены те или другие дефекты в этом моем труде, но считаясь с невозможностью моего своевременного приезда в Германию и получения целего ряда сведений, не вошедших в этот II том, думаю, что как эти дефекты, так и описание последних успехов и новейших практических данных, собранных мною заграницей, которых нельзя было поместить здесь в виду сильно увеличенного об'ема этой книги, будут отмечены мною в предполагаемом мною к выпуску III-м томе «Библиотеки Горного Знания», если этому позволят благоприятные обстоятельства.

В заключение считаю своим приятным долгом выразить благодарность инженеру А. А. Берестневу, по прежнему являющемуся моим доверенным лицом по моим изданиям заграницей и положившему много труда при издании этой книги, а также издательству М. Крайн, согласившемуся осуществить издание этого столь обширного тома.

Берлин 5 го Ноября 1925 года.

Г. Ключанский.

Содержание.

Стр.

Предисловие 1

Глава I. Общие сведения о бурении. Классификация. Принципы вращательного и ударного бурения. Преимущества алмазного бурения. 5

Глава II. Исторические сведения об алмазном бурении. Принципы алмазного бурения в эпоху первобытного человека. Алмазное бурение в Европе и Сев.-Америк. Соед. Штатах в конце XIX ст. 11

Глава III. Теория алмазного бурения. Движение воды в буровой скважине. Прямая и обратная промывка ея. . . 25

Глава IV. Алмазы. Требования, пред'являемые к алмазам. Краткие сведения о добыче, обогащении и стоимости алмазов. Различные применения алмазов. Борты, балласы и карбонаты. 62

Воломит-триамант. 102

Глава V. Буровые инструменты. Алмазная коронка и требования к ней пред'являемые. Способы вставления алмазов. Работа коронки. Извлечение образцов из скважины Рватель. Расход алмазов. Практические данные о расходе алмазов при бурении в Сев.-Америке, Англии, Германии. Краткие сведения о дробовом бурении и стоимости его по сравнению с алмазным. Буровые штанги и проч. инструменты. Расчет стенок буровых труб. 111

Глава VI. Буровые станки. Общая характеристика. Станки русские, — Войслава; шведско-немецкие — системы Craelius'a, Peiner Masch.-Ges , Патент Баде, Alfred Wirth Co., Interbohr, Joh. Urbanek, Henrich Lapp; конбинированные станки; дифференциальная подача коронки; американские станки — Sullivan Maschinery Co. Гидравлическая подача коронки; английские станки Schram. Harker Co. 150

Глава VII. Буровые двигатели и насосы. Общая характеристика. 228

Глава VIII. Практические указания при бурении. Выбор станков, установка. Указания для буровых мастеров. Буровой журнал. 238

Глава IX. Искривление алмазно-буровых скважин. Примеры искривлений. Причины искривлений. Способ измерения искривлений. Методы исправления искривленных скважин. Измерение температуры в скважинах. 247

Глава X. Алмазное бурение на нефть. Общие сведения. Преимущества 295

Глава XI. Практические данные по алмазному бурению. Алмазное бурение в С. С. С. Р. Алмазное бурение в Европе, Северо-Американских Соед. Штатах, Африке, Австралии, Канаде. Пример алмазного бурения 35 скажин в Западной Виргинии. Описание работ по бурению самой глубокой буровой скважины на земном шаре в начале XX-го столетия (Preussische Bergwerks- u. Hütten-Akt.-Ges. in Schönebeck a. Elbe). 307

Литература по бурению вообще и алмазному в частности, начиная с 1823 — по 1925 год. 351

Справочные сведения. 367

Замеченные опечатки.

Стр.	Строка	Напечатано	Надо читать
13	7 снизу	сконструираван	сконструирован
22	11 сверху	Pennsylvonia	Pensilvania
30	под текстом	—	По данным работ. Ing. Sorge, Theorie der Bewegung des Spülstromes in Bohrlöcher, 1907—1908
32	7 снизу	питающей	обсадной
32	7 снизу	питающей	обсадной
32	1 снизу	поперечный разрез	живое сечеине
33	2 снизу	$\left(\frac{F^2}{f}\right)$	$\left(\frac{F}{f}\right)^2$
33	Вейсбаха	—	Вейсбаха [1])
33	под текстом	—	Hütte, 18 изд. I, 245
35	2 сверху	высота скорости	дополнительный напор
35	13 сверху	высота всего давления	давления, или общий напор. развнваемый насосом.
45	10 снизу	$\frac{v^2}{2}$	$\frac{v^2}{2g}$
47	1 сверху	питающей	обсадной
49	4 сверху	нниз	вниз, или сопротивление трения нисходящей струи
49	6 сверху	направления	направления, или сопротивление от перегиба струи
49	1 снизу	вверх:	вверх, или сопротивление трения восходящей струи
50	2 сверху	истечении	истечении, т. е. напор отвечающий скорости v восходящей струи:
67	19 сверху	Южная Америка и Южная Африка (Бразилия)	Южная Америка (Бразилия) и Южная Африка

77	1 снизу	решетку	решето
85	Под рис. 24	—	(Уменьшено при печатании в 2 раза)
87	11 сверху	расколки	осколки
88	5 сверху	кабалласы	капбалласы
92	Под рис. 32	—	(Уменьшено при печатании в 2 раза)
94	под текстом	—	Примечание. Микрофотографии ошибочно пропущены. Г. К.
163	3 снизу	местров	метров
182	Рис. 90	до 6000 метров	до 600 метров

Предисловие.

Печатаемый труд «Алмазное бурение» составляет первую часть II-го тома «Бурение скважин» издаваемой под моей редакцией в Берлине «Библиотеки Горного Знания».

Вторую и следующие части этого же тома составят последовательно:

а) вращательное бурение,
б) ударное бурение,
с) особые виды бурения.

Выделяя «Алмазное бурение» в особую часть, я определенно исходил из тех соображений, что по этому вопросу необходимо сделать более подробное изложение в виду отсутствия, особенно в настоящее время, современного описания этого рода бурения.

В России, а также вообще в Европе и Соединенных Штатах не существует в данный момент отдельного современного исследования алмазного бурения. Русское издание И. Глушкова «Бурение Скважин» далеко не полно освещает весь этот вопрос с теоретической и практической точек зрений и к тому же является библиографической редкостью. Известный классический труд Tecklenburg'a «Diamantbohrung» хотя и дает полное описание алмазно-буровых машин различных систем, но помимо того, что этот труд, составленный тридцать лет тому назад, далеко не современен, в нем также отсутствуют практические данные, касающиеся алмазного бурения. Более новым является H. Bansen, «Das Tiefbohrwesen», но и здесь глава об алмазном бурении не может дать полного ответа на возникающие вопросы при этом бурении. Что же касается небольшой книжки G. Glockmeier, «Diamantbohrungen für Schürf- und Aufschlußarbeiten über und unter Tage», 1913, то представляя из себя отдельное краткое изложение алмазного бурения, она совершенно не приводит никаких практических данных, касащихся буровых работ, что особенно важно для оценки такого рода бурения. Этим и исчерпывается вся научно техническая мировая литератера, которая являлась бы общей сводкой в виде отдельного и более или менее подробного современного труда по алмазному бурению. Я не беру во внимание литературу, освещающую отдельные вопросы по технике алмазно-бурового дела, применения алмазов и проч., помещенные в русской и иностранной литературе в различных периодических изданиях и журналах. Эта литература, наоборот, достаточно обширна и, как видно из указателя, приведенного мною в конце этой книги, освещает все вопросы, касающиеся той или иной отдельной стороны алмазно-буровых работ и применения этого рода бурения. Но будучи доступной лишь для крупных европейских библиотек она, вне всякого сомнения, не может служить постоянным научным пособием по алмазно-буровому делу. Для этого необходим отдельный специальный труд, что и являлось моей задачей.

Я не претендую на полноту изложения в этом своем труде всех вопросов алмазно-бурового дела, но полагая, что для нашего С.С.С.Р. с его многочисленными еще не разведанными месторождениями сведения по алмазно-буровому делу являются необходимыми, думаю, что последние данные практического характера, собранные мною во время моей заграничной поездки, а также по литературным источникам, будут полезны для С.С.С.Р. Изучая алмазно-буровое дело заграницей во время моего пребывания в Германии, с одной стороны. на заводах, изготовляющих буровое оборудование, а с другой стороны, посещая алмазно-буровые работы, можно было определенно установить существенное коренное различие в отношении Германии и С.С.С.Р. ко всему вопросу, касающемуся алмазного бурения [1]). В то время как в Германии эта промышленность много лет существует, постоянно прогрессирует и дает реальные результаты, в С.С.С.Р. алмазно-бурового дела почти нет. В С.С.С.Р. бурят, затрачивая огромные средства ударным способом там, где нужно вращательное алмазное

---

1) Я не говорю о Американских Соединенных Штатах, где за последние годы промышленность алмазно-бурового дела достигла колоссального развития.

бурение; или же отказываются совершенно от глубокого бурения при разведках различных полезных ископаемых за отсутствием алмазно-буровых машин, мастеров и вообще за невозможностью применить один из самых быстрых, компактных, экономически-производительных и изящных методов бурения, каковым является алмазное.

Без сомнения, такая промышленность в С.С.С.Р. должна быть создана тем более, что для этого имеется бесконечное поле деятельности.

Буду удовлетворен, если мой труд поспособствует укреплению сознания необходимости этой идеи и послужит постоянным пособием для всех интересующихся и изучающих алмазно-буровое дело.

Г. Ключанский.

Берлин, 1923 г.

Алмазное бурение.

Глава I.

Общие сведения о бурении. Классификация. Принципы вращательного и ударного бурения. Преимущества алмазного бурения.

Бурение скважин является одним из главнейших видов горных работ. Достаточно сказать, что почти всякое горнопромышленное предприятие, имеющее своей целью добычу и вообще эксплоатацию различных полезных ископаемых с самого начала своего существования, а именно при разведке месторождения, прибегает к бурению, как одному из средств для его исследования и изучения; потом при эксплоатации его также весьма часто пользуются этим видом работ для различных целей.

Главнейшие применения бурения следующие:

I. При разведке месторождений различных полезных ископаемых бурение применяется:

а) для определения присутствия того или другого полезного ископаемого независимо от того, к какому виду оно принадлежит: бурением возможно определить присутствие как твердых, так жидких и газообразных ископаемых; всевозможные руды, месторождения золота, серебра, платины, драгоценных камней, каменного угля, каменной соли, минеральные воды, нефть, газы и проч. виды полезных ископаемых могут быть определены с достаточной полнотой и ясностью.

Помимо этого после нахождения полезного ископаемого бурение применяется:

б) с целью определения главнейших элементов залегания данного месторождения, т. е. его падения, простирания, мощности, характера сопровождающих пород и пр., а также главным образом;

в) с целью определения во время разведочных детальных работ запасов месторождения и установления его благонадежности.

II. При эксплоатации месторождений бурение применяется непосредственно:

г) для добычи жидких полезных ископаемых: нефти, рассолов, минеральных вод, артезианской воды, а также газообразных: нефтяного газа и пр.

Кроме этого, во время эксплоатации месторождения бурение применяется для:

д) водоотливных целей, а именно, направления воды из одного подземного горизонта в другой, более удобный для водоотлива;

е) вентиляционных целей, — направления вентиляционной струи воздуха в те или иные горизонты, пункты, места работ, горные выработки и пр.;

ж) исследования во время подготовительных и очистных работ горизонтов, подлежащих эксплоатации, в отношении содержания в них рудничного газа, присутствия воды, завалов старых работ, изменения направления очистных работ, присутствия нарушений в напластовании, изучения сбросов, сдвигов и т. п.;

з) осуществления специальных горных работ, например, для проведения буровых скважин, необходимых при проходке шахт по способу замораживания, цементирования;

и) взрывных работ, во время которых буровые скважины, проводимые иногда на значительную глубину и большой диаметр, выполняют роль шпуров, наполняемых большим количеством взрывчатых веществ;

к) производства мокрой закладки при соответствующих системах разработки и др. т. п. горных работах.

Широкое применение буровых работ позволяет выделить этот вид работ из общего числа всех остальных видов горных работ в особую и главнейшую отрасль Горно-Технического знания, достигшую в настоящее время весьма высокой степени своего развития и совершенства.

Глубочайшие исследования земных недр на глубину свыше 2000 метров были осуществлены лишь с помощью бурения, позволяющего в настоящее время сделать весьма точные определения различных свойств громадных толщ земной коры. Каковы бы ни были условия залеганий месторождений полезных ископаемых на современной достигаемой предельной глубине их, исследование их является доступным, и получаемые результаты могут быть исследованы с самых разнообразных сторон: физических свойств, химического состава, измерения, об'ема, веса, температуры, радиоактивности, магнетизма и т. п.

Разнообразные системы бурения, выработанные в горном деле в течение последних 50—60 лет, позволяют при всяком частном данном случае, при соответствующих местных условиях в залеганиях различных месторождений, самым наилучшим и экономичным способом разрешить поставленную задачу.

Эти системы бурения, как известно, в настоящее время построены на двух главных принципах:

а) принципе в р а щ е н и я и

б) принципе у д а р а;

эти два процесса движения послужили основою для разделения всего бурения на два вида:

А) В р а щ а т е л ь н о г о и

Б) У д а р н о г о б у р е н и я.

Как тот, так и другой, в зависимости от различных факторов, лежащих в основе их классификации, подразделяются в свою очередь на соответствующие виды, способы, методы и т. п.

Из прилагаемой таблицы 1-й можно видеть эту классификацию в том ее современном виде, в каком она принята в настоящее время во всех странах.

Сравнивая все эти системы бурения, надо сказать, что каждая из них имеет свои преимущества и недостатки, и в зависимости от цели бурения, геологических и пр. условий каждая система должна быть с осторожностью выбрана для достижения положительных результатов.

Таблица 1.

<table>
<tr><td colspan="10" align="center">Б У Р Е Н И Е:</td></tr>
<tr><td colspan="2">Ручное
Механическое</td><td colspan="2">С промывкой и
без промывки
скважин</td><td colspan="2">Неглубокое
и
Глубокое</td><td colspan="2">Постоянное
и
Переносное</td><td colspan="2">С креплением
и
без крепления</td></tr>
<tr><td colspan="5" align="center">Вращательное</td><td colspan="5" align="center">Ударное</td></tr>
<tr><td colspan="10" align="center">Ш Т А Н Г О В О Е:</td></tr>
<tr><td colspan="5">А. Сплошными штангами, малой скоростью вращения, большим давлением } бурение ложкой
В. Пустотелыми штангами, большой скоростью вращения, малым давлением:
a) стальными коронками — зубчатыми;
b) стальными коронками — дробовыми — дробовое бурение;
c) стальными коронками — алмазными — алмазное бурение</td><td colspan="5">1. Балансирное — I-го и II-го рода
2. Безбалансирное
A. Сплошными железными штангами — английский способ
B. Сплошными деревянными — канадский способ
C. Свободно - падающим инструментом — немецкий способ, и без него
D. Бурение на ножницах
E. Пустотелыми штангами с промывкой скважины — способ Фовелля
F. Датский способ</td></tr>
<tr><td colspan="10" align="center">К А Н А Т Н О Е   Б У Р Е Н И Е</td></tr>
<tr><td colspan="10">А. Обыкновенное
Б. Пенсильванское бурение</td></tr>
<tr><td colspan="10" align="center">О С О Б Ы Е   В И Д Ы   Б У Р Е Н И Я</td></tr>
<tr><td colspan="10">А. Гидравлическое бурение
Б. Смешанное   а) Вращательное с ударным
                б) Штанговое с ударным
Г. Быстроударное, Раки, Фогта, Тумана, и др.
Д. Переносное, Кийстон, Empir</td></tr>
</table>

Более совершенным видом бурения является с технической точки зрения вращательное бурение и его вид — **алмазное бурение**, достигшее весьма высокого совершенства, недоступного другим системам.

А) Преимущества алмазного бурения.

1. Во время процесса бурения дно буровой скважины постоянно обрабатывается, и скважина получает строго ци-

линдрическую форму, что невозможно при ударном бурении.

2. Система действует с большим эффектом в самых твердых горных породах.
3. Эффект бурения не зависит от глубины.
4. При этом бурении существует небольшая потребность в материалах, и в то же врымя при нем происходит незначительное изнашивание всего оборудования.
5. В буровой установке почти не бывает сотрясений, и вследствие этого не приходится говорить о деформациях штанг и пр.
6. Поломки во время бурения редки в противоположность ударному, где эти поломки весьма часты.
7. Незначительное количество починок и ремонта буровых инструментов.
8. Потребность применения незначительной силы, так как коронка при вращательном бурении сама проникает в горную породу, при чем не требуется значительного давления на дно буровой скважины.
9. Сопротивление трения в воде меньше, чем при ударном бурении, так как вода не оказывает противоположного давления.
10. При бурении получают колонку-столбик проходимой породы вместе с буровой мутью, которые весьма точно дают представление о встреченных породах. Никакая система не дает такого ясного представления о характере породы, как алмазное бурение, которое позволяет даже слышать и чувствовать весь процесс работы.
11. Давление на дно буровой скважины во всякое время можно регулировать и прекращать. Промывочная вода, поступая на забой буровой скважины и промывая его, постоянно держит в чистоте дно скважины.
12. Сравнительно редкое оползание стен скважины позволяет бурить долгое время, не укрепляя трубами стен скважины.
13. До тех пор пока штанги в состоянии выдерживать свой собственный вес, можно бурить самым маленьким диаметром.
14. Компактность установки, сборки, переноски и транспорта.
15. Возможность бурить по всевозможным направлениям и под любым углом к горизонту.

16. Огромнейшая производительность работы.
17. Громадное преимущество состоит в том, что при больших глубинах можно работать не изменяя диаметра, что при ударном бурении невозможно; при этом получают вполне ясное представление о пройденных породах.

Система эта имеет также и свои недостатки, из которых многие свойственны также и другим системам.

Б) Главные недостатки.

1. При более глубоком бурении необходима и большая механическая сила.
2. Возможность отклонения скважины от вертикального и вообще заданного направления.
3. Большая стоимость алмазов.
4. Невозможность бурить в конгломератах, трещиноватых, сыпучих породах и вообще в горной породе неравномерной твердости.
5. Трудность расширения скважин.
6. Большая изнашиваемость муфт.
7. Требуется присутствие значительного количества воды.
8. Необходимость наличия превосходного бурового мастера.
9. Самым большим недостатком алмазного бурения противники алмазного бурения выставляют большой расход на алмазы.

Неоспоримым фактом является то, что эти расходы могут стать иногда очень значительными.

Большие потери алмазов и высокая стоимость алмазного бурения имеют место во всех случаях, когда приходится бурить алмазными коронками конгломераты, кварцитовые песчанники и подобные породы. Абсолютно неправильным является то предположение, что, напр., в нормальных каменноугольных отложениях будут иметь место большие потери алмазов.

Но несмотря на указанные недостатки, преимущества этого вида бурения настолько огромны, что из всех видов бурения алмазное бурение можно считать самым точным, экономичным, производительным и совершенным.

Глава II.

Исторические сведения об алмазном бурении. Принципы алмазного бурения в эпоху первобытного человека. Алмазное бурение в Европе и Северо-Американских Соединенных Штатах.

Алмазное бурение, являясь одним из видов вращательного бурения, в Европе применяется около 50 лет; оно было введено лишь после ударного бурения. Хотя из истории Горного дела известно, что Египтяне за несколько тысяч лет тому назад были знакомы с принципом алмазного бурения, тем не менее изобрести его суждено было в Европе в 50-х годах прошлого столетия. По свидетельству английского ученого Флиндерса Петри самым распространенным способом обработки твердых горных пород, гранита, базальта и т. п. у Египтян было применение для этой цели бронзовых инструментов с наконечниками более твердыми, чем кварц, так как последний обрабатывался ими; такими наконечниками служили драгоценные камни, на что указывают иероглифы, обнаруженные Флиндерсом Петри в Визе на обломках диоритовой вазы с надписями времен четвертой династии фараонов [1]).

Иероглифы выгравировывались очень тонким резцом, т. к. выгравированные линии имеют всего $^{1}/_{150}$ дм. ширины; сами же иероглифы приблизительно в $^{1}/_{5}$ дм. глубиною, при том резец должен был обладать большею твердостью, чем диорит или кварц. Выгравированные параллельные линии отстоят друг от друга всего на $^{1}/_{30}$ дм. Из вышесказанного нельзя не заключить, что для гравирования линий на твердых горных породах Египтяне применяли ни что иное, как драгоценные камни.

На гранитном столбике, выломленном в одном из шпуров, имеются дальнейшие указания на применение для их выбуривания инструментов с наконечниками из драгоценных камней. На столбике имеются царапины, расположенные в виде спирали, вытянутой по оси столбика, которую можно проследить по длине четырех оборотов. Царапины эти настолько же глубоки в кусках кварца (если даже не глубже), как

---

[1]) Berg-Hütten-Ztg. 1883, No. 36 „In den Vereinigten Staaten von Nordamerika mittels Diamant-Bohrmaschinen ausgeführte Tiefbohrungen“. E. Gad.

и царапины в соседних кусках полевого шпата. Если бы эти царапины произошли от буровой муки, то глубина их не должна быть одинаковою, как в кварце, так и в полевом шпате. Ясно, что здесь мы имеем дело с твердо-закрепленными в буровой коронке алмазами, или другими драгоценными камнями, врезывающимися во всех частях рабочей линии на одинаковую глубину. Сама форма найденных столбиков указывает на то, что при выбуривании их применялись орудия с очень твердыми наконечниками. Применявшиеся для резки камней пилы делались из бронзы, что видно по зеленому налету на плоскостях разрезов и на песчинках, попадающихся в этих разрезах.

Применявшиеся для обработки камней орудия были: прямые и круглые пилы, трубчатые буры и сверла. Трубчатые буры делались от $1/4$ до 5 дм. диаметром, с толщиною стенок от $1/30$ до $1/5$ дм.

Самый малый шпур, найденный в граните, имеет 2 дм. в диаметре; шпуры меньшего диаметра попадаются лишь в известняках и гипсе. Замечательная особенность, наблюдаемая на столбиках этих шпуров, заключается в том, что столбики с'уживаются вверху, а сами шпуры наоборот расширяются [1]).

Внутри большой пирамиды наблюдаются в большом количестве следы буровых работ, причем в одном месте имеются два довольно глубоких шпура, пробуренных криво. В Эль-Бирше наблюдаются следы шпуров в 18 дм. глубиною, при посредстве которых была отделена известковая плита.

Невольно поражает та громадная сила, которую применяли Египтяне при своих буровых работах: для того, чтобы 4 дм. бур начал углубляться в гранит, необходимо надавить его грузом, по меньшей мере в 1—2 тонны. Имеющиеся на гранитных столбиках царапины образуют спираль, понижающуюся по 0,1 дм. на каждые 6 дм. длины окружности сталбика, что дает отношение равное $1/60$, т. е. скорость бурения поразительно большую для гранита. Относительно же того, что мы не находим остатков самих орудий работы, надо заметить, что такие ценные приборы сохранялись с соответственною тщательностью.

---

[1]) **Явление это можно об'яснить тем, что Египтяне применяли бурение без надлежащей промывки шпуров водою.**

Таким образом, вышеприведенные данные, сообщенные Флиндерсом Петри, служат достаточным доказательством тому, что искусство бурить алмазами или вообще драгоценными ка́мнями было хорошо известно еще древним Египтянам. А отсюда, рассматривая буровые системы в хронологическом порядке их появления мы должны признать за самую древнюю систему — алмазное бурение.

Но еще ранее Египтян, принципы бурения подобным способом или вернее сверления с помощью твердых горных пород были известны в каменный период первобытному человеку, жившему в неолитическую эпоху во время развития поры так называемых полированных орудий. В истории Горного дела долго не удавалось решить, каким способом производилось сверление каменных орудий, и многие исследователи (Леббок, Надальяк Гернео и др.) полагали, что оно возможно было лишь при помощи металлических инструментов, а поэтому сверленые орудия должны относиться к металлическому периоду.

Однако, целым рядом опытов удалось доказать полную возможность их сверления при помощи более примитивных средств, всегда имевшихся под руками у человека каменного периода.

Проф. Цюрихского университета Ф. Келлер устроил довольно простой буровой аппарат, какой употребляется в настоящее время у некоторых диких племен для добывания огня, и в течении нескольких часов работы успевал просверлить самые твердые каменные топоры, пользуясь деревянным сверлом, или вернее, простой палкой, песком и водой. Позже его опыты были проверены и отчасти развиты графом Г. Вурмбрантом[1]) и проф. Р. Форрером[2]). В России подобный станок сконструираван проф. Г. В. Ключанским, пробуривавшим самые твердые горные породы в 2—3 часа в зависимоссти от твердости.

Этот станок (рис. 1 и 2) состоит из двух вертикальных стоек аа, верхней и нижней перекладины в в и сверла с. Нижияя перекладина имеет гнездо для помещения куска породы к, верхняя же перекладина имеет гнездо или сверлину

---

[1]) „Mittheilungen d. anthropol. Gesellsch. in Wien“ V, S. 117; VI, S. 96.

[2]) R. Forrers: Reallexikon der prähistorischen, klassischen und frühchristlichen Alterthümer; „Bohrer“ S. 101—104 Taf. 29.

для помещения верхнего конца сверла с, соединенного или с неподвижной верхней перекладиной или с подвижным средним рычагом е, могущим опускаться вниз, и предназначенным для производства давления на сверло. Последнее представляет стержень из крепкого дерева, приводимый в быстрое вращательное движение при помощи тетивы 1 лука і или смычка. Во время бурения необходимо подсыпать песок и прибавлять воду.

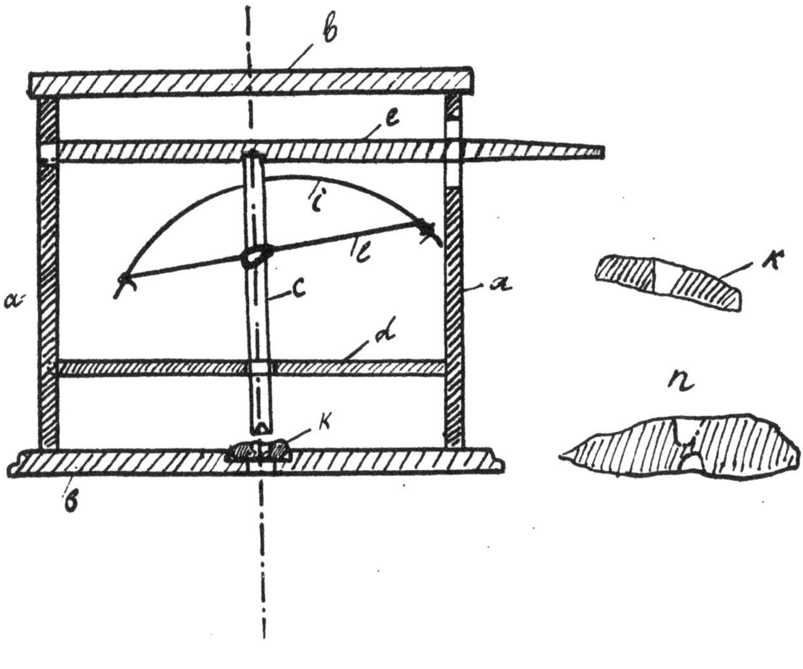

Рис. 1 и 2. Вращательный буровой станок первобытного человека, востановленный професcорам Г. Ключанским по ланным работ проф. Цюрн·ского Университета Ф. Келлера, графа Г. Вурмбрандта, проф. Р. Форрера и проф. Моск. Универс. А. Городцова.

Рабочий конец сверла делается или в форме полукруглого конуса, или в форме полой трубки. В первом случае сверло производит чашечное углубление, а во втором — кольцевидное, с выдающимся стержнем внутри.

Обе формы таких углублений, обыкновенно, наблюдаются и у древних каменных топоров с недоконченными сверлинами; подобные высверленные стержни часто находятся среди остатков неолитических мастерских, где было развито сверление орудий.

Опыты и наблюдения показали, что полыми наконечниками сверл могли служить кости и рога животных, а также и стебли твердого тростника, какими производят подобное сверление некоторые из американских дикарей, и остатки которых удавалось находить в начатых сверлинах древних каменных орудий [1]).

Нью-Йоркский проф. Карл Рау доказал полную возможность сверления каменных орудий при помощи еще более примитивного снаряда, употреблявшегося Ирокезами и Дакотами для добывания огня. Этот снаряд состоит из сверла, представляющего палку около 4 футов длиною и 1 дюйма в диаметре, тяжеловесного деревянного или глиняного колеса, помещавшегося на нижней части сверла для увеличения центробежной силы при движении снаряда, и лука длиною около 3 футов, с длинною тетивою, винтообразно навитою на верхний конец сверла.

При надавливании лука вниз тетива разматывается и сообщает настолько сильное вращательное движение сверлу, что оно успевает намотать тетиву в обратную сторону и поднять лук кверху. Тогда производится второе надавливание на лук, и происходит второе вращение сверла, но уже в обратном направлении. При быстрой работе сверло получает как бы непрерывное движение. В это время под рабочий конец его подсыпается смоченный песок. Таким способом Карлу Рау удалось просверлить орудия из самого твердого диорита, на котором даже стальным ножем нельзя было сделать царапины.

Древний первобытный человек, с очевидною целью облегчения труда, нередко вел сверление орудий с обеих сторон, направляя углубления сверлин навстречу друг другу, при чем отверстие получало вид двух слившихся конических воронок и было значительно уже в средине. В этом случае нередко прибегали к помощи кремневых буравов, которыми, по мнению многих исследователей, служили многогранные конические нуклеусы.

Однако, нередко также случалось, что отверстия, направленные с двух сторон, не совпадали (рис. 1—2), и тогда

---

[1]) J. Evans: „Les ages des la pierre p. 52. См. его статьи в „Rapport annuel du Smithsonian Institution“ 1868, p. 397. Arch. für Anthropologie B. III, S 177. Гр. А. С. Уваров: „Каменный период“, т. I, стр. 359.

приходилось оставлять работу, не доведенную до конца. Образцы таких неудачных сверлин не раз бывали обнаруживаемы среди остатков мастерских поры сверленых орудий.

Интересно отметить, что сверление с двух сторон практиковалось только массивными инструментами, тогда как полыми инструментами работа всегда велась лишь с одной стороны. Это как бы говорит за то, что работа первыми из них оказывалась более трудною, чем последними, а следовательно в полом сверле следует видеть более совершенное орудие и изобретение его относить к более позднему времени.

О том, где и как возникло искусство сверления камня, так же трудно судить, как и о возникновении искусства пиления. Известно, что на заре металлического периода Египтяне легко сверлили камни для своих сооружений и применяли это искусство в широких размерах. Их сверла иногда даже снабжались алмазами и другими твердыми камнями [1]). Весьма возможно, что как сверление, так и пиление камней вообще получили свое начало именно в Египте, или в еще более образованных соседних странах восточного побережья Средиземного моря; но возможно также и самостоятельное возникновение их у разных народов.

Таким образом, те основные принципы, которые характеризуют алмазное бурение-вращение и применение пустотелой трубки, промывка водой, оставление столбиков породы и действие твердости горных пород-песка, кварца, алмазов и т. п. были известны задолго до того времени, когда швейцарский инженер Лешо изобрел в 1863 году алмазный буровой прибор, сконструированный на тех же принципах, но приспособленный для бурения ручного и механического уже не только отдельных горных пород, т. е. неглубоких шпуров, но и глубоких скважин. Блестящее разрешение этой задачи инженером Лешо сразу нашло свое подтверждение на практике Горного дела, и во всех Западно-Европейских Государствах, а также в Соединенных Штатах этот способ бурения занял скоро весьма прочное положение. Особенно широкое распространение он получил в Швеции и Норвегии, где в период

---

[1]) **Энциклопедический словарь, изд. Брокгауза и Ефрона, 57. полут., стр. 100.**

времени с 1887 по 1900 год было пробурено станком Крэлиуса всего до 100 000 т. погонных метров. Как видно из приложенной таблицы, с 1900-х годов там же бурение алмазным способом еще более увеличилось.

Таблица 2.

1887 г. . .	**780** т.	**1895** г. . .	**2916** т.	**1903** г. . .	**6099** т.
1888 г. . .	**2950** т.	**1896** г. . .	**3536** т.	**1904** г. . .	**4927** т.
1889 г. . .	**3160** т.	**1897** г. . .	**2870** т.	**1905** г. . .	**6787** т.
1890 г. . .	**3420** т.	**1898** г. . .	**3986** т.	**1906** г. . .	**7495** т.
1891 г. . .	**2760** т.	**1899** г. . .	**4960** т.	**1907** г. . .	**9234** т.
1892 г. . .	**2825** т.	**1900** г. . .	**6200** т.	**1908** г. . .	**3907** т.
1893 г. . .	**3680** т.	**1901** г. . .	**5435** т.	**1909** г. . .	**5080** т.
1894 г. . .	**3200** т.	**1902** г. . .	**5180** т.		

В европейских государствах алмазное бурение привилось не везде одинаково. Причины этому весьма различны.

В то время, как например, по германским горным законам уже несколько десятков лет тому назад можно было приобретать недра на основании буровых разведок, в др. странах это предусмотрено только новыми горными законами. Поэтому горнопромышленники там, да и в других государствах ограничивались до последнего времени применением глубокого бурения только для разведок, необходимых для работающих шахт, тогда как упомянутые германские горные законы имели большое влияние на развитие быстрого и глубокого бурения. Благодаря указанным новым горным законам, глубокое бурение приобрело и в др. странах большое значение, что повлекло за собою вообще оживление бурового и алмазнобурового дела.

Как известно существенное улучшение буровой техники было достигнуто в середине девятидесятых годов прошлого столетия введением быстроударного бурения с промывкой. Этот способ бурения был введен почти одновременно в различных западно европейских государствах, за исключением России, где быстроударное бурение не могло найти для себя широкого применения. В таком же положении оказалось и алмазное бурение.

Насколько развито алмазное бурение в Северо-Американских Штатах, можно судить по тому, что, напр., в одном округе Illinois в 1913 году было заложено не менее, чем

250 буровых скваж. при техническом персонале свыше 1000 человек. В Германии алмазно-буровые работы широко применялись при разведках месторождений калия и каменного угля; напр., за три года существования международного алмазно-бурового О-ва в Дюссельдорфе (International. Bohrgesellsch.) пробурено 24 000 пог. метр. на разведочных работах по калийным солям и 8200 м. по каменному углю. В Северо Американских Соединенных штатах алмазное бурение сильно стало развиваться, начиная с 1900-х годов, чему способствовало в значительной степени колоссальное развитие техники машиностроения, позволившее довести до совершенства самые разнообразные буровые станки, нашедшие применение почти во всех тех государствах, где были предприняты буровые работы. Наряду с этим производительность этих работ дошла до высоких пределов, как это можно видеть из прилагаемых в дальнейшем обширных цифровых данных.

Но все же далеко не все страны стали на тот путь понимания огромнейшего значения и преимуществ, какие свойственны без сомнения алмазному бурению. В отношении исследований и разведок таких пластовых месторождений, как каменный уголь, залежи калийных солей и т. п., алмазное бурение не встречает себе конкурентов по своей производительности, удобству, простоте оборудования и установки; но что касается месторождений жильных, рудных, неправильной формы, то в этом отношении точки зрения не везде одинаковы: неравномерность в распределении металла в рудах, а также обычные нарушения в жильных залежах более сложные, нежели в пластовых, на первый взгляд как бы являются весьма неблагоприятными обстоятельствами для алмазного бурения, сопровождающегося, как известно, получением образцов из скважин небольшого диаметра, ибо эти образцы не могут характеризовать рудную жилу, в особенности, если скважиной пройдены сильно обогащенные ее части или, напротив, более бедные. Нетрудно видеть, что это возражение слишком недостаточно и не настолько серьезно, чтобы оно могло послужить причиной, задерживающей развитие алмазно-буровой техники. Гораздо более важным обстоятельсством, мешавшим широкому развитию ее во всех странах и в особенности технически отсталых, является отсутствие опытных техников и буровых мастеров, владеющих с достаточной полнотой всеми необходимыми знаниями качеств алмазов, способов их вставления, предупреждения от повреждений, потерь и в особенности геологически подготовленных, а также умеющих во время приостановить бурение из за неподходящих горных пород, совершенно недопускающих применения алмазов и влияющих на его значительные расходы, а следовательно и дороговизну бурения.

В Австрии, где наиболее было развито ударное бурение к алмазному бурению отнеслись с большим недоверием; и лишь целым рядом глубоких бурений, произведенных за последнее время австрийскими буровыми обществами, было доказано, что это недоверие ничем не обосновано.

Первый случай, когда в Австрии должны были применить алмазное бурение, был при буровой работе в «Mähren» на глубину в 800 метров. Но так как при этой глубине не были получены желаемые результаты, то бурение было продолжено на несколько сот метров. Вследствие того, что ударным бурением, при имевшемся незначительном диаметре скважины, могла быть достигнута только незначительная производительность, работа была продолжена алмазным бурением и доведена до глубины 1050 метров.

В другом случае при бурении до глубины 1040 метров алмазным бурением было пройдено всего 326 метров. При этом было пройдено от 657 до 914 метров, т.-е. 250 метров в 42 дня, что дает среднюю дневную производительность в 6,12 метра. Ударным бурением была достигнута только четвертая часть этой производительности. В Силезии разведка сброса, лежащего на глубине 800 метров, была возможна только алмазным бурением. В этом районе было пройдено 3-мя скважинами по 1270 метров, при чем от глубины в 1100 метров применялось алмазное бурение. Месячная производительность при этой большой глубине была равна еще 160 метрам. Благодаря полученным столбикам породы, было легко сопоставить пласты отдельных скважин.

О том, каким образом алмазное бурение было распространено еще в прошлом столетии в Сев. Американских Соединенных Штатах можно видеть из описываемых ниже примеров.

В Schuylkill County (Пенсильвания) еще до 1870 года на каменноугольных рудниках William Senn проходили буровые скважины кольцевым алмазным буром со скоростью от 7,5 до 10 сантиметров в минуту по твердой породе и сланцу; сплошной же алмазный бур проходил до 12,5 сантим. в то же время, и притом по породам еще более твердым, именно конгломератам и кварцам (без получения буровых колонок).

В августе 1869 года, там же, применена была шахтная буровая машина с двумя алмазными бурами, для разведки выклинившегося пласта Mammuts. Спустя 6 часов 47 минут после пуска машины в ход пройдено было по вертикали всего 32 метра, в числе коих было 14 метров углистого сланца и 18 метров чистого антрацита, потерянного и снова найденного пласта, имевшего тут падение уже в 45°.

При этой работе скорость бурения, не считыя остановок, достигала 0,9—2,5 сантим. в минуту или 4,72 метр. средним числом в час.

В том же Пенсильванском округе, общество «Reading Coal and Iron [Phoenix Park, Coal Estat] провело в 1870 году первую глубокую буровую скважину с точным замером проходимых пород; работу эту произвел знаменитый в то время буровой мастер M. Bullock от имени фирмы «Pensolvania Diamond Drill Co.»; несмотря на свою незначительную глубину в 229 метров, (глубину ничтожную по сравнению с пройденной, напр., в Schladebach, Германия, при помощи бурового станка Köbrich'а буровою скважиною в 1748 метров), тем не менее эта первая скважина, благодаря производительности своей работы и ясности полученных результатов, не может не быть признанною классическою в этой отрасли техники.

В 1873 году, на свинцовых рудниках около г. Bogg (Миссури) проведены были две скважины, каждая около 75 метр. глубиною, при следующих результатах:

27 авг.	(8 часов работы) . . .	15,25 метр.
28 „	(11 „ „) . . .	21,65 „
29 „	(11 „ „) . . .	18,92 „
30 „	(11 „ „) . . .	17,38 „
	ИТОГО в 4 дня	73,20 метр.

Что составит среднюю скорость для 11 часовой смены в 19,74 метра.

Общество «Silvermining Company» в Silver Islet (Мичиган, Верхнее озеро) предприняло в 1876 году разведочные буровые работы при помощи специально-разведочной буровой машины (Amer. Diam.-Rock-Boring и Co.); работы эти заслуживают внимания главным образом потому, что они произведены на весьма ограниченном пространстве (2,135 метра на 1,830 метр. забоя) при глубине 147 метров и в различных направлениях. Всего проведно 18 скважин, общей глубиною до 1000 мет., причем скорость бурения доходила до 10 метр. в день.

В Mariposa Estate (Калифорния), в 1877 году, произведено было буровым же способом продолжение начатой разведки на серебряннную руду. Ход работ этих показан на нижеследующей таблице:

Таблица 3.

Разведочное алмазное бурение.
(Калифорния)

Начало работ	Конец работ	Продолжительность работ	Время самаго бурения	Углубление скважины в час		Глубина скважин	Пройденные породы
				с останов.	без останов.		
				метр	метр	метр	
7 мая	10 мая	72 ч.	38 ч. 49 м.	0,59	1,07	42,70	Сланец с метаморфическими породами
18 „	24 „	146 „	78 „ 47 „	0,48	0,91	70,45	Сланец с колчеданом
4 июня	5 июня	34 „	16 „ 56 „	0,70	1,41	24,10	Сланец с серпентином
5 июля	7 „	34 „ 6 м.	18 „ 41 „	0,66	1,22	22,80	Сланец с метаморфическими породами
2 „	6 июля	80 „	38 „ 57 „	0,52	1,07	41,48	Сланец с метаморфическими породами

При общей глубине скважин в 201,60 метров, средняя скорость бурения = 0,594 метра в час с остановками, или 1,136 метр., не принимая в расчет последние.

Быстрота и относительная дешевизна алмазного бурения позволяли иногда производить разведочные работы так, что получались совершенно неожиданные результаты. Примером этому служат следующие два случая, имевшие место на каменноугольных копях той же Beattys Coal Company. Одна из буровых скважин, проведенная стальным буром на глубину 90 метр, встретила лишь небольшой пласт угля в 0,84 метр. мощностью; в 50 метрах от этой скважины была заложена другая, быстро проведенная алмазным бурением, обнаружившая пласт в 1,45 метра мощностью; другою такою же скважиной, на глубине 48 метров, найден был еще пласт в 1,96 метр. Другая буровая скважина того же общества, пройдя глубину в 131,76 метра, не обнаружила пласта, а рядом с ней заложенная и алмазным буром пройденная скважина на глубине 30 метров напала на пласт в 1,8 метра.

Что касается точности определения в то время мощности найденного алмазным бурением пласта, то об этом можно судить по нижеследующему примеру. В 1876 году в Ellenwood (Kingstonn Pennsylvonia), по столбикам проведенной буровой скважины, мощность каменноугольного пласта определена была в 5,43 метра; когда же дошли до этого пласта настоящими горными работами, цифра эта дала ошибку всего лишь на 0,1 метра.

Еще точнее оказались цифры, полученные при алмазном бурении в Pond (Иллинойс) при разведочных работах на каменный уголь, произведенных там в 1883 году: пройдя скважиной около 220 метр., найдено было несколько пластов от 0,15 до 2,1 метров мощностью; цифры эти оказались вполне верными при дальнейших заложенных тут горных работах.

Весьма подробные и интересные данные о ходе и стоимости работ алмазного бурения дают отчеты «Foggins Coal Mining Association» в Nova Scotia (Cumberland County). Общество это, на проведении скважины в 313,5 метра, употребило на самое бурение 47 дней, не принимая в рассчет недельной остановки, причиненной затоплением выработки водою; расход на эту работу, несмотря на указанную остановку, в течении которой плата бурильщикам не прекращалась, и присоединяя к ней амортизацию капитала, расходы на починку бура и его принадлежностей и т. п., не превосходил 20 марок на 1 метр пройденной скважины. Такая же работа обыкновенным способом стоила бы, при тех же условиях, по крайней мере в 3 раза дороже. Машина работала день и ночь при одном бурильщике с помощником (мальчиком) в смену.

В начале бурения, до глубины 150 метров, суточная работа доходила до 12,8 погонных метров; при дальнейшем же углублении в 24 часа бур не проходил более 8,8 метр. Эта же скважина случайно напала на сильный источник воды и превратилась таким образом в артезианский колодезь.

В Мегароsа (Калифорния), алмазное бурение до глубины 120—150 метров обходилось, при всяком направлении скважины, от 6,88 до 27,54 марок на погонный метр.

Общество «Quincy Copper Mining Company» (Верхнее Озеро) проводило ежемесячно от 150 до 240 метров горизонтальных буровых скважин алмазным бурением и преимущественно в крест простирания пород, причем получало, при медленном вращении бура, столбики самородной меди. Провод 1525 погонных метров скважины обошелся обществу средним числом всего в 6 марок на метр, считая тут и амортизацию капитала, ремонт буровых орудий, движущих машин и т. п.

В Virginian City (Невада) Общество «Renard White Eross Mining Co.» бурило алмазным буром с расходом в 30 марок на метр, при общей глубине скважины в 274,5 метра.

Компания «Tilly Forster from Mines N.-J.» считала средним числом расходы при алмазном бурении на половину меньшими, сравнительно с другими способоми бурения; также и времени было затрачено в два раза менее.

Как пример быстроты работы алмазным буром можно указать на буровую скважину, проведенную около Carton Hill (Caloveros County, Californ.); глубина ее 93 метра и заложена она была для разведки золотоносной кварцевой жилы «Mother Vein» несмотря на довольно твердые породы, скорость проходки скважины была средним числом 10 метр. в сутки, а максимум скорости до 23 метр. в 10 часов.

В Peru (Иллинойс) общество «Spring Valley Coal Co.» в 1884 году бурило породу, очень плохо разрушаемую алмазным буром, до 2,15 метров в сутки; в более твердых породах, как песчаники, известняки, скорость эта доходила до 18—21 метра за то же время работы. В породах же, наиболее благоприятных по свойствам своим для алмазного бурения, быстрота его достигала и до 26 метров. Самые сильные морозы не оказывали ни малейшего влияния на успешность хода работ.

Интересно указать на бурение в Brillycloghon (Ирландия). От 7 апреля до 23 августа была пробурена скважина в 170 метров, и преимущественно в базальте. (В этот промежуток времени, работа должна была быть приостановлена на одну неделю, не считая праздников и очень дождливых дней.) Суточная скорость была от 6—12 метров, причем в минуту разрушилось в среднем 7,5 куб. сантим. породы.

В Калифорнии, при разведочных работах общества «Union Gold Growel Min. Co.», применено алмазное бурение для провода штольни в очень твердой породе. Скважинами проходили по 2,1—2,75 метров и затем рвали породу взрывчатыми веществами. Такой прием довел скорость провода штольни до 0,66 метров в сутки.

Алмазное бурение в описываемый период применялось также для подводных работ по очистке фарватера на реках James-River и Passair-River, а в особенности по устранению известного «Hell Gate», сильно стеснявшего Нью-Иоркскую гавань.

При регулировании вышеупомянутой James River делались буровые скважины 6,25 сант. в диаметре и 6,35 метров глубиною, перпендикулярно к напаравлению течения. Проходя по породам, в точности неизвестным инженерам, скорость бура несколько уменьшали, причем поступательное движение его не превосходило 0,9 метра в час, когда же шли по хорошо известному Джемс-Ривер'скому граниту, то скорость вращения бура увеличивали, и бурение шло по 1,5 метра в час. Во время этой работы починок никаких делать не пришлось, только один раз останавливали работу для закрепления муфт, скрепляющих штанги. Пробурив в общей сложности 460 метров, потеря алмазов была не более, как на 630 марок, что нужно приписать частью тому обстоятельству, что работа шла под водою, а частью и тому, что работали вновь изобретенными машнами, обращение с которыми не было еще достаточно изучено на практике.

Алмазное бурение применялось в 1880 г. для артезианского колодца, глубиною в 640,5 метров.

Алмазное бурение применялось и для проходки шахт; при проходке шахты «Est Norveigion», принадлежавшей обществу «Reading Coal and Iron Company» в Пенсильвании, начиная с поверхности, проходит на площади около 4,5 кв. метр., при помощи 4 буровых машин, около 25 буровых скважин, глубиною от 70 до 150 метр. каждая. По окончании бурения скважины были заполнены песком, после чего применялись порохострельные работы, постепенно заряжая скважины на 1—2 метра; после взрыва и очистки забоя, выравнивания стен, продолжалось углубление далее, за углубкой на известное расстояние следовало крепление. Когда, таким образом, пройдены подготовленные 70—150 метр., снова были установлены буровые машины и работа продолжалось дальше.

В упомянутой выше шахте «East Norveigion» буровые скважины дошли уже в сентябре 1873 г. до глубины 215 метр., из коих для порохострельной работы оставалось всего 54 метра, в шахте же West Norveigion углубка ее дошла до 156 метр., когда работа была остановлена вследствие стачки.

За это время порохострельная работа шла со скоростью 25 метров в месяц, а буровая — 24 метр. в 12 часов на каждую машину.

Позже глубина этих шахт доведена была до 488 метр., а буровая работа обошлась сравнительно с ручною на 1¾% дороже, но сберегла 30% времени.

Применялись также алмазные работы и для провода туннелей.

Конечно, указанные выше примеры при современной конструкции буровых машин и современном состоянии алмазно-буровой техники не являются исключительными, но для тогдашнего времени это было несомненно быльшим успехом.

Глава III.

Теория алмазного бурения. Движение воды в буровой скважине. Прямая и обратная промывка ее.

Алмазное бурение заключается в том, что к буровым пустотелым металлическим (стальным) штангам на нижнем конце их присоединяется колонковый цилиндр с стальной коронкой. В эту коронку вставляется в зависимости от размеров ее то или иное количество буровых алмазов, расположенных, как по торцевой части коронки, так и с боков ее; алмазы, расположенные по торцевой части, иначе называемые главными, донными, торцевыми алмазами располагаются так, что один из них *a* обращен своим немного выступающим краем наружу коронки, а другой *b* внутрь ее (рис. 3). Благодаря этому при вращении коронки прочно вставленные в нее алмазы *a* и *b* выбуривают в соответствующих горных породах кольцевое пространство *c* (рис. 4), внутри которого остается нетронутым столбик породы *d*, постепенно увеличивающийся и входящий в колонковую трубу. Вместе с этим, благодаря продолжающемуся вращению штанг и производимому сверху давлению на них, штанги получают поступательное движение, результатом которого является увеличение глубины буровой скважины, т. е. ее углубление. Оба вставленные указанным способом алмаза таким образом достигают той цели, которая поставлена бурением, т. е. — разрушения породы и проведения буровой скважины на ту или иную глубину.

Алмазное бурение относится к типу вращательного бурения с промывкой водой забоя скважины, и потому, следовательно, вся разбуриваемая порода в виде буровой муки, пыли и отдельных кусочков ее поднимается под влиянием нагнетаемой по штангам воды в пространстве, находящемся между стенками буровой скважины и буровыми штангами вверх по скважине пока не достигнет поверхности; вместе с

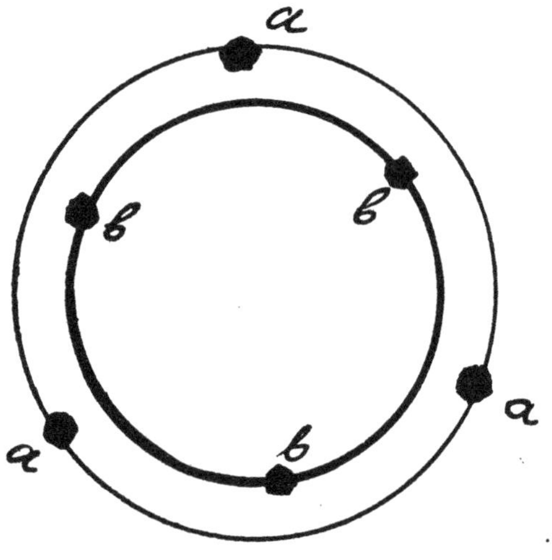

Рис. 3.

этим с помощью специального инструмента, так называемого рвателя, имеется полная возможность извлечь из буровой скважины остающийся упомянутый столбик породы. следовательно, для характеристики результатов бурения в распоряжении бурового мастера имеются два рода образцов, позволяющих сделать весьма точное заключение о

а) характере породы, ее строении, составе, присутствии полезного ископаемого;
б) мощности проходимого слоя — пласта, жилы и т. п.;
в) угла падения тех или других пластообразных залежей;

г) глубины залеганий их;

д) степени процентного содержания металла в рудах, присутствии прослойков пустой породы в них и других тому подобных факторов до какой бы глубины не было бы достигнуто бурение.

Таким образом, рассматривая этот род бурения с теоретической точки зрения, мы видим, что в самом процессе работы можно выделить следующие отдельные стадии ее, сводящиеся к получению

а) вращательного движения буровых штанг и

б) поступательного их движения вместе с подачей вперед буровой коронки.

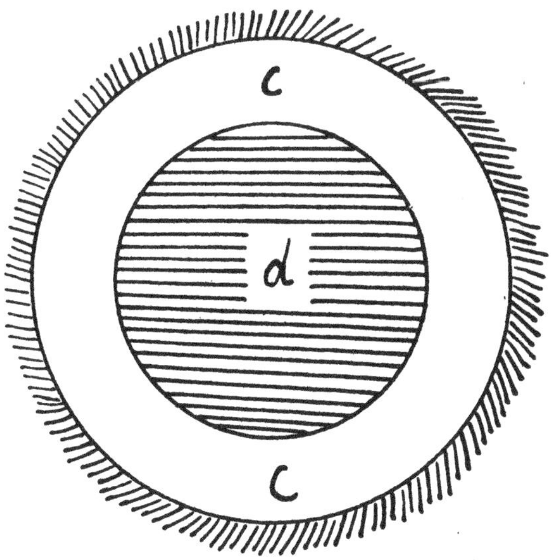

Рис. 4.

Как то, так и другое бурение, соединенное вместе, представляют из себя в свою очередь тот известный процесс сверления, который основан на скалывании режущим сверлом, каковым является коронка с алмазами, встречаемой породы, разрушаемой под влиянием приложенной к ней вращательной силы P. В роли резца выступает здесь алмаз, работа которого может быть приравнена работе скалывания тупого резца A, снимающего под влиянием вращательной силы P стружку толщиною h, причем здесь появляется скалывающее усилие Q (рис. 5).

Пусть углы, составленные между направлением этих сил и плоскостью резца, соответственно равны:

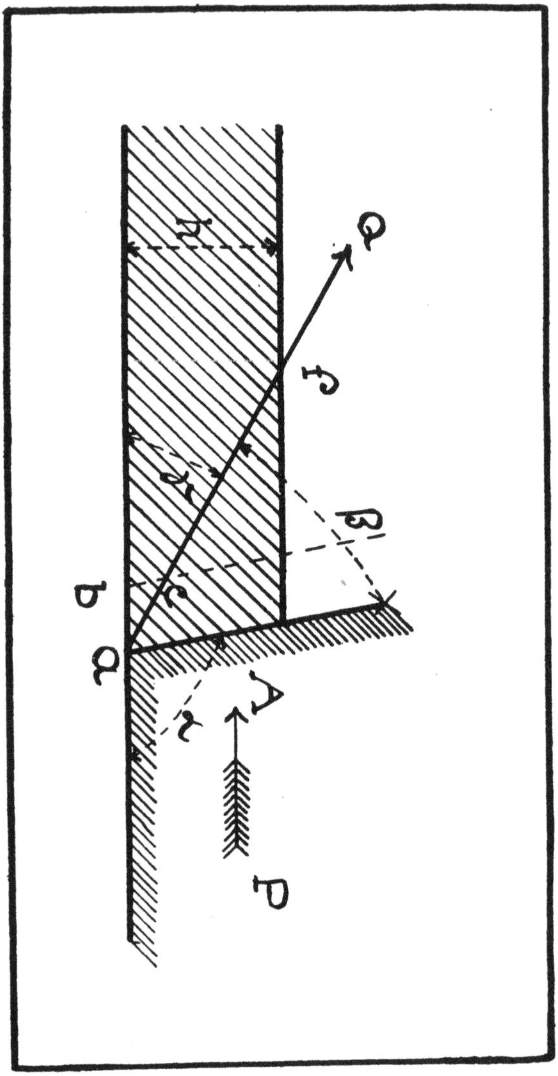

Рис 5.

α — угол между направлением силы P и плоскостью резца A;

β — угол между направлением силы Q и той же плоскостью;

γ — угол между силой Q и силой P.

Тогда из соотношения получим[1]): $Q \cdot ac = P \cdot ab$, откуда

$$P = \frac{Q \cdot ac}{ab} = \frac{Q\,sn\alpha}{sn\beta} = Q \cdot \frac{sn\alpha}{sn\beta}$$

Если ширина резца равна *b*, то скалывающее усилие

$$Q = b \cdot af \cdot K_c,$$

где K_c — сопротивляние скалыванию пробуриваемой породы.

Рассматривая рис. 5 можно видеть, что

$$\frac{h}{af} = sn\gamma,$$

и потому, подставляя это значение в пред'идущее выражение, найдем

$$P = Q\frac{sn\alpha}{sn\beta} = b \cdot af\,K_c = b \cdot h \cdot \frac{sn\alpha}{sn\beta \cdot sn\gamma} \cdot K_c,$$

так как

$$\gamma = 180 - (\alpha + \beta),$$

причем $\alpha + \beta$ можно считать на основании опытных даных постоянным и для хрупких горных пород равным 160^0. Для металлов в зависимости от их вязкости угол этот меняется в пределах от 135^0—155^0. Тогда, при $\alpha = 110^0$, $\beta = 50^0$ получим круглым числом:

$$P = 3{,}5\,b \cdot h \cdot K_c,$$

а для алмазной коронки, режущей по всей толщине b_1 ея дна, полная режущая наибольшая сила будет равна

$$P_1 = 3{,}5\,b_1 \cdot h \cdot K_c,$$

и работа коронки средним диаметром в *d* метров, при *n* оборотов в минуту, будет в секунду:

$$F = \frac{\pi d n}{60} \cdot P_1 = 0{,}183\,\alpha \cdot n \cdot b_1 \cdot h \cdot K_c \text{ килогр.-метров.}$$

В последней формуле величину *h*, представляющую из себя толщину всего срезаемого слоя при одном обороте коронки, можно рассматривать, как ряд отдельных слоев, постепенно срезываемых каждым алмазом; толщина же каждого слоя будет равна $h_1 = \frac{h}{e}$, где *e* представляет из себя число алмазов, расположенных по одной и той же окружности на коронке. Эта величина находится в зависимости от производимого давления коронки на дно буровой скважины, и в

[1]) Thime, Memoire sur le rabatage des métaux.

свою очередь этим самым обуславливается скорость бурения. Вообще же говоря, эта величина незначительна; напр., при производительности бурения в час в 0,25 метра и при числе оборотов = 150 в минуту, $h = \frac{0,25}{60 \cdot 150} = 0,000028$ м., т. е. $^1/_{30}$ мм.: если же будет при этом три ряда адмазов, то каждый из них будет снимать стружку толщиной около $^1/_{90}$ мм.

Относительно установления величины сопротивления, какое может быть оказываемо алмазом, надо сказать, что так как величина сопротивления скалыванию горных пород вообще незначительна и принимается равною приблизительно $^1/_{12}$—$^1/_{13}$ части сопротивления раздроблению K, то на основании практики и произведенных опытов указанная величина может достигать до 30 килогр. на квадратный мм. (такая величина принята для базальтов). Подобная величина может быть принята и для черных алмазов, и тогда возможно определить давление, допускаемое на алмазную коронку, принимая прочное сопротивление сжатию $\frac{K}{20}$ и допуская, что в сопротивлении принимает участие только третья часть сечения алмаза, ибо только эта часть производит работу и соприкасается с дном скважины. Тогда получим на 1 кв. мм. поперечного сечения алмаза прочное сопротивление $\frac{K}{10 \cdot 3} = \frac{30}{10 \cdot 3} = 1$ киллограмм. При большем давлении сразу наступает быстрое изнашивание алмазов, что значительно удорожает стоимость алмазно-буровых работ.

Теория движения воды в буровой скважине.

Как указано выше, алмазное бурение относится к типу бурения с промывкой водой буровой скважины. Рассмотрим тот процесс движения воды, который происходит при вращении пустотелых штанг вместе с насаженной на их конце алмазной коронкой.

Как известно, необходимо различать два рода давления воды в скважине: гидравлическое и гидростатическое. В то время, как гидростатическое давление во всяком месте скважины равно весу соответствующего столба воды и независимо от гидравлического давления, явление гидравлического давления, отнованное на движении воды, представляется более сложным, но в то же время поддающимся достаточно точным вычислениям и определениям.

Способ бурения с промывкой основывается на том, что струя воды, идущая вниз под действием своего удара, направляется на дно буровой скважины, разрыхляет его, и затем по мере своего поднятия вверх забирает и удаляет из скважины все свободные тела, раздробленные куски породы, находящиеся на ее дне вместе с так называемой буровой мутью.

Такое двойное действие воды достигается тем, что в буровую скважину концентрично вставляют вторую трубу таким образом, что она вместе с питающей трубой образует две сообщающиеся трубы. В противоположность обычно принятому расположению сообщающихся труб (одна около другой) эти трубы находятся одна в другой. Второй, внутренней трубой служит полая нарезная буровая штанга, так называемая полая штанга, несущая на конце инструмент для бурения, непосредственно производящий работу разрушения горной породы. На поверхности земли вода для промывки нагнетается в одну из двух труб и под этим давлением устремляется на дно скважины. В своем движении струя воды наталкивается на дно, ударяется о него и разрыхляет его.

Далее вода принимает противоположное направление, поднимается по другой трубе вверх и выливается на поверхность. В том случае, если вода идет вниз по полой штанге и затем поднимается вверх по кольцеобразному пространству между полой штангой и обсадной трубой, такая промывка называется п р я м о й. Если же вода идет вниз по кольцеобразному пространству между стенками скважины и штангами и затем поднимается вверх по полой штанге, промывка называется о б р а т н о й.

Какой бы промывкой ни производили бурение, прямой или обратной, по существу безразлично; это имеет лишь техническое значение и никакого принципиального.

При прямой промывке толкающая струя воды, будучи малого поперечного сечения, всякий раз с большей скоростью ударяется о дно, но встречает лишь часть дна. При обратной же промывке струя обладает большим поперечным сечением, равным кольцеобразному пространству, получает соответственно меньшую скорость, но зато действует на все дно буровой скважины. При обоих родах промывки стремятся к тому, чтобы струе, направленной вниз, дать такую скорость, чтобы она была в состоянии подхватить со дна скважины кусочки породы, и, при поднятии вверх, нести их.

Рассмотрим явление движения воды, происходящее при прямой промывке.

А. Определение давления, возникающего при движении.

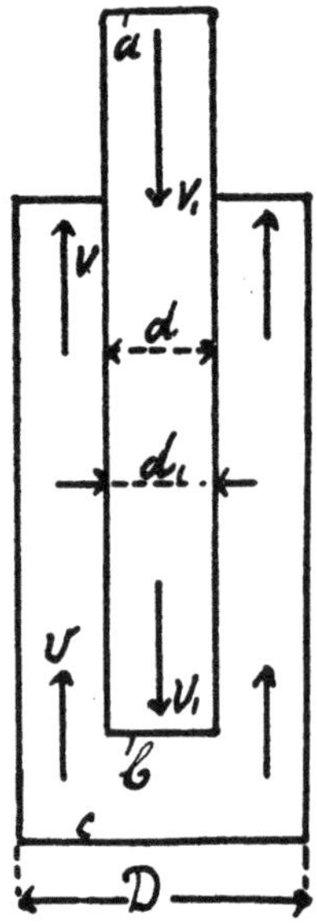

Рис. 6. Процесс движения воды при прямой промывке.

Пусть будут

ν — Скорость струи, направленной вверх; (рис. 6.)

ν_1 — скорость струи, направленной вниз;

D — внутренний диаметр питающей трубы;

d — внутренний диаметр полой штанги;

d_1 — внешний диаметр полой штанги;

g — ускорение силы тяжести;

F — поперечное сечение кольцеобразного пространства между питающей трубой и полой штангой;

f — поперечный разрез полой штанги;

l — длина трубы, равно как и глубина скважины;
M — количество воды для промывки;
α и α_1 — коэффициенты, полученные опытным путем;
H..., h..., h_1..., h_2..., h_3... и. т. д. — высоты, соответствующие наступающим давлениям и сопротивлениям.

Тогда

$$F = \frac{\pi}{4}(D^2 - d_1^2) \quad \text{и} \quad f = \frac{\pi}{4} d^2$$

Приблизительное количество воды

1. $$M = v \cdot F = v \frac{\pi}{4}(D^2 - d_1^2)$$

Скорость сдавленной воды

2. $$v_1 = v \frac{F}{f} = v \frac{D^2 - d_1^2}{d^2}$$

С этой скоростью v вода входит при a в полую штангу, быстро проходит ее и оставляет при b. Сопротивление, преодолеваемое при этом, соответствует высоте давления

$$h_1 = \lambda \frac{v_1^2}{2g} \cdot \frac{l}{d}$$

Коэффициент трения λ зависит от скорости движения v_1 и берется из таблиц Вейсбаха. Если подставить вместо v_1 его значение из рав. 2, то получим высоту сопротивления при движении вниз:

3. $$h_1 = \lambda \frac{v^2}{2g} \left(\frac{F}{f}\right)^2 \cdot \frac{l}{d}.$$

При этом следует обратить внимание, что λ в приведенных таблицах взята соответственно скорости v_1.

Вода, выходящая из полой штанги при b и скорости v_1 в виде струи, поварачивается два раза на 90°, т. е. всего на 180°. После этого движение принимает обратное направление. Высота сопротивления, соответствующая уменьшению (потере) скорости при загибании струи, если для v_1 принять значение $v = \frac{F}{f}$, будет равна

4. $$h_2 = \lambda_1 \frac{v^2}{2g} \left(\frac{F^2}{f}\right)$$

Коэффициент поворота λ для 180° равен 3,0.

После поворота струя входит в кольцеобразное пространство между полой штангой и питающей трубой и, вследствие такового увеличения поперечного сечения, теряет в своей скорости (с ν_1 до ν), каковую потерю (уменьшение скорости) на основании закона удара можно представить, как высоту давления,

$$h_3 = \frac{(\nu_1 - \nu_2)^2}{2\,g}$$

Если в это рвенство подставить $\nu_1 = \nu \frac{F}{f}$, то можно получить высоту сопротивления для уменьшения скорости h_3

$$5. \qquad h_3 = \frac{\nu^2}{2\,g}\left(\frac{F}{f} - 1\right)^2$$

Итак, вода проходит вверх в кольцеобразном пространстве между полой штангой и питающей трубой со скоростью ν. Сопротивление, наступающее при этом, соответствует давлению h_4, что, если нужно, будет доказано.

Если диаметр поперечного сечения пройденного пространства d_o, то

$$h_4 = \lambda \frac{\nu^2}{2\,g} \cdot \frac{1}{d_o}; \text{ но } \frac{1}{d_o} = \frac{1}{4} \frac{\pi d_o}{\frac{\pi}{4} d_o^2}$$

след. равно ¼ об'ема, разделенного на площадь поперечного сечения. В вышеуказанном случае об'ем кольцеобразного поперечного сечения $\pi(D + d_1)$ и площадь $\frac{\pi}{4}(D^2 - d_1^2)$ и поэтому, следовательно,

$$^1/_4 \frac{\text{об'ем}}{\text{площадь}} = {^1/_4} \frac{\pi(D + d_1)}{\frac{\pi}{4}(D^2 - d_1^2)} = \frac{1}{D - d_1}.$$

А если так, то для $\frac{1}{d_o}$ можно взять $\frac{1}{D - d_1}$, и стало быть при движении вверх в кольцеобразном пространстве высота сопротивления будет

$$6. \qquad h_4 = \lambda \frac{\nu^2}{2\,g} \cdot \frac{1}{D - d_1}.$$

Коэффициент трения λ соответствует скорости ν и берется из упомянутых таблиц.

Вода достигает устья буровой скважины со скоростью v и поэтому соответствующая высота скорости h_5

$$7. \qquad h_5 = \frac{v^2}{2g}.$$

Пять равенств (3—7) дают и содержат высоты h_1—h_5, соответствующие давлениям и сопротивлениям, наступающим во время движения; h_5 есть идеальная высота скорости, которая соответствует скорости, необходимой при выбрасывании кусочков породы.

h_1..., h_2..., h_3..., h_4 — отдельные высоты сопротивлений, получающиеся вследствие трения, изменения направления и поперечного сечения, в то время, когда вода проходит трубную систему. Сумма пяти единичных давлений есть ничто иное, как высота всего давления H. Если произвести подстановку величин из равенств и отбросить общий множитель $\frac{v^2}{2g}$, то получится высота всего давления:

$$8. \quad H = \frac{v^2}{2g}\left[\lambda\left(\frac{F}{f}\right)^2\frac{1}{d} + \lambda_1\left(\frac{F}{f}\right)^2 + \left(\frac{F}{f} - 1\right)^2 + \lambda\frac{1}{D-d} + 1\right].$$

Коэффициенты λ и λ_1 взяты из названных таблиц, и λ соотв. $v_1 = v\frac{F}{f}$; λ_1 принята равной 3,0.

Из пяти отдельных давлений h_1 (равенство 3) уничтожается сопротивлением, наступающим во время движения воды вниз в полой штанге, прежде чем вода достигает дна скважины; таким образом, высота сопротивления не влияет на дно скважины.

Напротив, давления h_2, h_3, h_4 и h_5 давят на дно, чем образуют одно общее давление. Это давление есть $h = H - h_1 = h_2 + h_3 + h_4 + h_5$. Если подставить сюда значения из равенств и отбросить общий множитель, то получится все давление на дно скважины:

$$9. \qquad h = \frac{v^2}{2g}\left[\lambda_1\left(\frac{F}{f}\right)^2 + \left(\frac{F}{f} - 1\right)^2 + \lambda\frac{1}{D-d_1} + 1\right].$$

Это, однако, не все давление на дно скважины, ибо к этому присоединяются еще два независимых насосных давления (h_s и h_y). Давления, происходящие в буровой скважине при прямой промывке, поскольку они вызываются только движением, указаны в равенстве 3—9. Но необходимо еще найти такие сопротивления, которые нужно преодолеть струе при поднятии ею кусочков породы и при перемещении их до устья буровой скважины.

Поднимающая и несущая сила водяной струи.

Толчок струи жидкости на покоющуюся плоскость равен

$$P = (1 - \cos\alpha)\frac{c^2}{g} f\gamma_0$$

при чем γ_0 — удельный вес жидкости, f — поперечное сечение струи, c — скорость движения, и α — угол, на который жидкость после толчка удаляется от оси струи.

В нижеследующем случае скорость струи, проходящей в полой штанге вниз $= \nu$. Угол α, т. к. струя направлена в противоположную сторону и вверх, $= 180°$. В этом случае $1 - \cos\alpha = 2$ и $P = 2\frac{v_1^2}{g} f\gamma_0$. Здесь, для того, чтобы получить высоту скорости $\frac{v_1^2}{2g}$, можно принять

$$P = 4\frac{v_1^2}{2g} f\gamma_0.$$

С такой силой P струя наталкивается на дно скважины и взрыхляет его. В мягкий грунт она как бы ввинчивается, тогда как, натыкаясь на твердое дно, она прежде всего разбрасывает кусочки породы в стороны и собирает их в кучки в углах, пока не образуется вогнутая плоскость. В том и другом случае эти кусочки вступают вверху в струю быстро текущей промывочной воды, откуда они выносятся вон. Во время очищения струя действует на дно скважины непрерывно, так что силу P можно рассматривать как силу, продолжительно действующую на дно буровой скважины. Если в равенстве для ν_1 подставить значение $v\frac{F}{f}$, то получится

$$P = 4\frac{v^2}{2g}\left(\frac{F}{f}\right)^2 f\gamma_0.$$

Эта сила действует на плоскость $D^2\frac{\pi}{4}$. Поэтому высота давления, давящая на дно, будет

$$h_s = \frac{v^2}{2g}\left(\frac{F}{f}\right)^2\left(\frac{D}{d}\right)^2 4\gamma_0. \quad (10)$$

Так как сила P действует продолжительно на дно скважин, то вполне возможно вычислить ускорение тела, поднимаемого со дна. Это вычисление становится более простым и ясным, если не касаться толчка, как такового, и величины поднимаемых и несомых тел и сообщаемых им скоростей рассматривать в зависимости лишь от спокойно текущих жидкостей, а не от струй. Поэтому дальше будем касаться действия давления текущей жидкости.

Когда струя воды попадает на тело, находящееся в покое, она производит на него давление в направлении движения.

Рис. 7. Сила (давления) при под'еме.

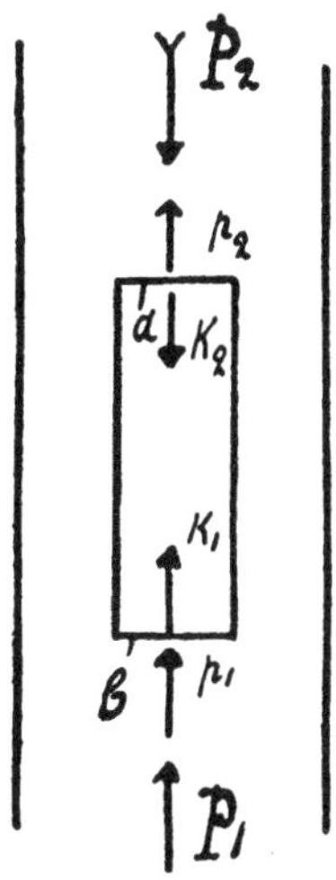

Рис. 8. Общее давление при под'еме.

Эти движения состоят из гидростатических давлений на поверхности a и b тела (см. фиг. 7) и возникающих при движении гидравлических давлений на те же плоскости.

На нижнюю плоскость b, где задерживается вода, действует повышенное давление. Частицы воды, идущие по сторонам тела, не могут сразу соединиться на верхней плоскости a и принимают сначала вращательное движение. При таком вращательном движении они удаляются от тела, отчего и получается уменьшенное давление, производящее как бы, всасывающее действие.

Если k_1 и k_2 (рис. 8) обозначают гидростатические, а p_1 и p_2

гидравлические давления на поверхности тела *a* и *b*, p_1 — повышение давления на нижней и p_2 — понижение давления на верхней плоскости; P_1 и P_2 общее давление на те же плоскости, то $P_1 = k_1 + p_1$ и $P_2 = k_2 - p_2$. Так как оба действия P_1 и P_2 направлены одно против другого, то равнодействующую силу воды, направленную на твердое тело, можно противопоставить разнице между давлениями на верхнюю и нижнюю плоскости. Итак, равнодействующая сила будет равна

$$p = P_1 - P_2 = k_1 + p_1 - (k_2 - p_2) = k_1 + p_1 + k_1 - k_2$$

т. к. $k_1 - k_2$ есть A, сила затраченная на поднятие тела, то $P = p_1 + p_2 + A$.

Если F обозначает площадь плоскости, на которую действует толчек со скоростью ν, а γ_o — удельный вес жидкости, то должна быть и сила, действующая на эту плоскость или гидравлическое давление: оно будет равно $p = \zeta \frac{v^2}{2g} F \gamma_o$, причем ζ обозначает какое либо эмпирическое число, зависящее от вида тела. Это выражение можно также употребить при увеличении высоты давления p_1 на высшей плоскости, при чем для каждаго случая будут служить особые коэффиценты, ζ_1 и ζ_2, при чем $\zeta_1 + \zeta_2 = \zeta$. Поэтому

$$p_1 = \zeta_1 \frac{v^2}{2g} F \gamma_o \quad \text{и} \quad p_2 = \zeta_2 \frac{v^2}{2g} F \gamma_o.$$

Если эти величины подставить в вышеуказанные равенства, то получим двигающую силу струи, действующую на тело находящееся в покое,

$$P = (\zeta_1 + \zeta_2) \frac{v^2}{2g} F \gamma_o + A.$$

По Вейсбаху (Теретическая механника) для тел, оси которых совпадают с направлением движения, ζ_1 принимают равнам $= 1$, в то время, как значение для ζ_2 зависит от отношения длины тела к его поперечному сечению; если:

$\frac{1}{\sqrt{F}} =$	0	1	2	3
то $\zeta_2 =$	0,86	0,47	0,35	0,33

Для тонкой пластинки принимают $\zeta = \zeta_1 + \zeta_2 = 1{,}86$; для куба $= 1{,}47$, для кусочков породы неправильных образований $= 1{,}35$ и для буровых зерен $= 1{,}33$. Для шарообразной формы:

$$\frac{1}{\sqrt{F}}=\frac{d}{\sqrt{\frac{d^2\pi}{4}}}=\frac{2}{\sqrt{\pi}}=1{,}13,$$

далее посредством интерполирования получается $\zeta=0{,}45$ и $\zeta_1+\zeta_2=1{,}45$. Значения для ζ_1 и ζ_2 получаются из отношений между длиной тела и его поперечным сечением.

Существенное влияние на действие воды, направленной на твердое тело, оказывают форма тела и длина его поверхности. Если поверхность ровная и в направлении течения сгибается на угол α, то давление на нее будет:

$$D=p\,sn^2\alpha$$

То же самое происходит, если поверхность, подвергаемая действию струи, состоит из 2-х плоскостей, образующих общий клин и сгибающихся в направлении струи каждая на угол α. И поэтому $D=p\,sn^2\alpha$. Если поверхность, подвергаемая действию струи, является внешней плоскостью цилиндра, т. е. тела с полуцилиндрической кривизной, то давление тогда $D={}^2/_3\,p$. Если такая поверхность является полушарием, то давление струи на нее равно половине давления, произведенного на ровную плоскость такой же величины $D={}^1/_2\,p$.

Из всего вышеуказанного можно получить все дальнейшие вычисления. На тех же самых основаних можно вычислить скорость, необходимую для поднятия тела любой формы и величины.

Тело, несомое вверх направленной струей, всегда имеет меньшую скорость, чем самая струя. Когда тело по каким-либо причинам достигает скорости его несущей струи, т. е. струя перестает уже на него давить, оно, повинуясь закону силы тяжести, притяжению, погружается в струю и тонет в ней.

Пусть скорость струи v и несомого его тела v_k. Тогда получим сравнительную скорость струи относительно (скорости) тела, т. е. скорости, с которой она толкает тело $v-v_k$.

Вышеобразованное равенство

$$P=(\zeta_1+\zeta_2)\frac{v^2}{2g}F\gamma_0+A$$

дается для давления струи на тело, находящееся в покое. Но так как тело находится в движении, то для сравнительной скорости струи необходимо вставить в равенство $v-v_k$.

И получается для давления текущей жидкости на какое либо тело, им двигаемое,

$$11. \qquad P = (\zeta_1 + \zeta_2) \frac{(v - v_k)}{2g} F \gamma_0 + A.$$

Из этого равенства можно определить все отношения между величиной несомого водой тела, его скоростью движения и скоростью струи. Для того, чтобы струя могла нести тело, нужно, чтобы несущая тело сила была по меньшей мере равна весу тела $p \geqq g$.

Как примером для вычисления может служить исследование шарообразного тела. Пусть диаметр шара $= d_k$ удельный вес $= \gamma_k$ и скорость его движения $= v_k$. Удельный вес несущей жидкости $= \gamma_o$ и скорость струи v.

Из вышеуказанного можно заключить, что для шара $(\zeta_1 + \zeta_2) = 1{,}45$ и что давление жидкости, употребленное на полушарие, равно половине давления на такую же равную плоскость.

Для шара получаем

$$^1/_2 \times 1{,}45 \frac{(v - v_k)^2}{2g} \cdot \frac{d^2_k \pi}{4} \gamma_0 + \frac{d^3_k \pi}{6} \gamma_0 = \frac{d^3_k \pi}{6} \gamma_k =$$

$$12. \qquad = 0{,}0555\,(v - v_k)^2 = d_k \frac{\gamma_k - \gamma_0}{\gamma_0}$$

Чтобы определить наибольший диаметр шара, при котором он может быть несомым струей, нужно подставить в последнее равенство $v_k = 0$; тогда получим критический диаметр $d_k = 0{,}0555\, v^2 \frac{\gamma_0}{\gamma_k - \gamma_0}$.

Если удельный вес шарообразного песчанного зерна $\gamma_k = 2{,}7$ и удельный вес жидкости (воды) $\gamma_0 = 1$, то тогда $d_k = 0{,}0326\, v^2$.

В этом случае для критических диаметров дается следующее:

Таблица 4.

$v = 0{,}1$ м.	$d_k = 0{,}3$ мм.	$v = 0{,}6$ м.	$d_k = 11{,}6$ мм.
$v = 0{,}2$ „	$d_k = 1{,}3$ „	$v = 0{,}7$ „	$d_k = 15{,}8$ „
$v = 0{,}3$ „	$d_k = 2{,}9$ „	$v = 0{,}8$ „	$d_k = 20{,}1$ „
$v = 0{,}4$ „	$d_k = 5{,}2$ „	$v = 0{,}9$ „	$d_k = 26{,}4$ „
$v = 0{,}5$ „	$d_k = 8{,}1$ „	$v = 1{,}0$ „	$d_k = 32{,}3$ „

Диаметры, вычисленные в таблице 4, служат для тела находящегося в покое, ибо две, одна на другую направленные силы, делают равными давление струии и вес тела. Однако, это покойное состояние при малейшем изменении диаметра нарушается.

Чтобы при данной скорости струи ν определить скорости ν_k, с которыми поднимают в струе тела различной величины, пользуются опять таки равенством 12; если

$$\nu_k = \nu - \sqrt{d_k \frac{\gamma_k - \gamma_o}{0{,}0555\,\gamma_o}}$$

и по таблице 4 принимают

$$\gamma_k = 2{,}7 \text{ и } \gamma_o = 1, \text{ то } \nu_k = \nu - 5{,}534\sqrt{d_k},$$

если же взять $\nu = 0{,}3$, то для ν_k можно получить следующие значения.

Таблица 5.

$d_k = 0{,}05$ мм.	$\nu_k = 0{,}2607$ м.
$d_k = 0{,}1$ „	$\nu_k = 0{,}2447$ „
$d_k = 0{,}5$ „	$\nu_k = 0{,}1767$ „
$d_k = 1{,}0$ „	$\nu_k = 0{,}1251$ „
$d_k = 1{,}5$ „	$\nu_k = 0{,}0858$ „
$d_k = 2{,}0$ „	$\nu_k = 0{,}0526$ „
$d_k = 2{,}5$ „	$\nu_k = 0{,}0233$ „
$d_k = 3{,}0$ „	$\nu_k = -0{,}0027$ м.

Таблица 4 и 5 представляют (в равенстве 12) отношения между ν.... ν_k и d_k. Таблица 4 дает для $\nu = 0{,}3$ м. критический диаметр соответствующий состоянию покоя $d_k = 2{,}9$ мм. Таблица же 5 показывает, что тело с диаметром от 3,0 мм., т. е. с только немного большим критического диаметра, поднимается с $\nu_k = -0{,}0027$, т. е. оно тонет, опускается.

Далее таблица 4 показывает, что тела тем скорее подымаются, чем они меньше, и что скорость при безконечно малом диаметре приближается к скорости струи, однако, не достигает ее.

Из зависимости скоростей от величины поднимающегося тела следует та особенность бурения с промывкою, что при поднятии в одно и то же время со дна скважины кусочки породы поднимаются с различной скоростью и в различное время достигают устья скважины. На основании этого можно наблюдать, как позже поднятый мелко-зернистый песчаный слой достигает поверхности ранее на нем лежащего и ранее его поднятого крупно-зернистого песчаного слоя.

Например, промывается буровая скважина глубиною от 1000 м. и скоростью 0,3 м. Наблюдают за под'емом струи. Сначала, напр., идет песчаный слой с зернами от 2 мм., после одного часа бурения мелко зернистый песок с зернами от 0,5 мм. Согласно равенству 12 на поднятие зерна размером 2 мм. со дна скважины до ее устья, затрачивается время $\frac{1000}{0{,}05} = 20000'' = 5$ час. 33 м.; для зерна 1 мм. — $\frac{1000}{0{,}12} =$ $8333'' = 2$ ч. 19 м. и для зерна 0,5 мм. $= \frac{1000}{0{,}17} = 5882'' = 1$ ч. 38 м. Сперва появляются на поверхности обломки породы в середине лежащего песчаного слоя, далее через 19 мин. кусочки породы самого нижняго и позже всех разбуриваемого слоя и после них через 2 часа 55 мин., уже последними — частички самого верхнего и ранее всех пройденного песчаного слоя.

В этом и заключается недостаток бурения с прямой промывкою, ибо при быстрой смене слоев точное определение напластования их очень затруднено.

Трудно утверждать, что при сухом бурении, когда куски породы, например, из тех же трех слоев в продолжении долгого времени перемешиваются и обрабатываются долотом и несколько раз поднимаются на поверхность, — этот процесс для точного определения пород и их точного разграничения будет возможен. При обратной же промывке это представляется более возможным, так как поднимающаяся струя воды вместе с буровую мутью обладает весьма большой скоростью. Между прочим, можно пользоваться при промывке водой пропусканием в буровую скважину масла.

Пусть удельный вес масла будет 0,8 и диаметр капли 3 мм.; таким образом путь от дна скважины до ея устья будет пройден в 42 мин. При нагрузке песка масло промывается струей и выносится наверх, где уже становится ясным, что некоторый слой масла был утерян. Всякий новый удар ложки освобождает новое количество кусочков породы, содержащих масло, и выносит на поверхность маслянные капли и т. д. независимо от того, проникла ли вода в стенки скважины или нет. Сколь долго бурильщик работает в маслянном слое, столь долго появляются на поверхности капли масла. Когда они прекращаются, то бурение останавливают и исследуют маслянный слой. Продолжительность появления маслянных капель в промывочной мути указывает на продолжительную разработку маслянного слоя. Буровой мастер при каждом появлении и исчезновении маслянных капель делает отметку и тем точно определяет толщину масляного слоя. Он принимает во внимание еще время под'ема маслянных капель со дна до устья, почему на все глубины и для всех тел должна даваться таблица; на основании этого устанавливается мощность встреченного слоя.

Выше было сказано, что в равенстве 9 h дает только те действующие на дно скважины давления, которые вызываются движением не нагруженной (насыщенной) воды для промывания и что к этому присоединяются еще те давления, какие должна преодолеть струя при несении кусочков породы. Последние давления узнаются по увеличению веса, приобретаемого жидкостью благодаря тому, что она вбирает в себя еще промывочный мусор. Прибавление в весе есть, однако, ничто иное, как увеличение удельного веса. Следовательно, для решения указанной задачи необходимо определить удельный вес струи для промывки. Для этого нужно установить, какое количество породы взято с места и находится в струе. Если вес этой породы в воде, как и вес воды поднимающейся струи разделим на об'ем, то получим удельный вес.

Обозначим γ_1 удельный вес насыщенной струи, l_1 — скорость бурения в секунду, D_1 — диаметр забоя скважины. Для остальных величин следует оставить те значения, которыми мы до сих пор пользовались. Исходя из вышеприведенных рассуждений, можно получить следующий удельный вес насыщенной струи.

$$\gamma_1 = \frac{l_1 \frac{\pi}{4} D_1^2 \frac{1}{v_k} (\gamma_k - \gamma_0) + \frac{\pi}{4} (D^2 - d_1^2) l \gamma_0}{\frac{\pi}{4} (D^2 - d_1^2) l}$$

13. $$\gamma_1 = \frac{l_1}{v_k} \cdot \frac{D_1^2}{D^2 - d_1^2} \cdot (\gamma_k - \gamma_0) + \gamma_0$$

Из всех отдельных давлений $h_1 \ldots h_2 \ldots h_3 \ldots h_4 \ldots h_5 \ldots$ оснаванных на движении струи, только давления h_4 и h_5 равенств 6 и 7 зависят от удельного веса струи. Так как в этих равенствах величина выражена в соответствии с чистой струей, то эти величины должны получить приращение, происходящее вследствие увеличения удельного веса.

В равенстве 6

$$h_4 = \lambda \frac{v^2}{2g} \cdot \frac{l}{D - d_1}$$

выражает собою сопротивление, испытываемое движением, как таковым. При этом принято, что столб воды в полой штанге находится в равновесии с таковым в кольцеобразном пространстве между питающей трубой и полой штангой, т. е. оба столба имеют одинаковый вес, ибо высота обоих l и удельный вес общий γ_0 Если столб воды в кольцеобразном пространстве насыщен буровой мутью и поэтому обладает другим удельным весом, нежели в полой штанге (γ_1 а не γ_0), то для того, чтобы равновесие не нарушалось, для последняго столба нужна столь большая (добавочная высота) h_4', у которой вес $l\gamma_1' = (l + h_4')\gamma_0$, т. е высота столба на удельный вес была бы равна той же высоте столба, взятой вместе с добавочной высотой.

Искомая добавочная высота:

14. $$h_4' = l\frac{\gamma_1 - \gamma_0}{\gamma_0}$$

Для получения для h_5 в равенстве 7 добавочной высоты, требующейся вследствие увеличения удельного веса поднимающейся жидкости, служит следующее. Высота скорости $h_5 = \frac{v^2}{2g}$ соответствует той же высоте, с которой должно упасть тело, если оно достигает скорости v. Это тело здесь является количеством воды в кольцеобразном пространстве между питающей струей и полой штангой. При удельном весе γ_0 вес этого количества воды $= \gamma_0 Fl$. Вода двигается со скоростью v под влиянием давления (высоты давления) h_5. Если же более тяжелое количество воды насыщенной струи $\gamma_1 Fl$ должно двигаться с той же скоростью v то для этого нужна и большая высота давления, нежели h_5, и таким образом h_5 увеличится на некоторую добавочную высоту h_5'. Высоты давлений относятся между собой, как веса масс двигающей воды. Поэтому,

$$\frac{h_5 + h_5'}{h_5} = \frac{\gamma_1 p l}{\gamma_0 p l},$$

отсюда следует: $h_5' = h_5 \frac{\gamma_1 - \gamma_0}{\gamma_0}$.

Отсюда уже получаем искомую добавочную высоту.

15. $$h_5' = \frac{v^2}{2g} \frac{\gamma_1 - \gamma_0}{\gamma_0}$$

Таким образом, в равенствах 1—15 определены все происходящие при **прямой** промывке сопротивления, единичные давления и все насосное давление.

Кроме этого общего давления интересно еще **давление, испытываемое дном буровой скважины**. Оно составляется из отдельных, вычисленных ранее давлений. Его определение, как и некоторое преобразование, зависит от принятия во внимание гидравлического давления, наступающего при всяком движении жидкости.

По Вайсбаху (Теоретич. механики, часть 1) высота гидравлического давления в каком либо месте системы труб равна гидростатическому давлению в том же месте, уменьшонному на разность высот скоростей в том же месте и у места входа. Место, принимаемое здесь во внимание, является дном (забоем) буровой скважины и высота скорости $\frac{v^2}{2g}$; местом входа является начало полой штанги на поверхности и ея высота скорости $\frac{v_1^2}{2g} = \frac{v^2}{2}\left(\frac{F}{f}\right)^2$. Разница между высотами обоих скоростей на которую уменьшаеться гидростатическое давление $\frac{v^2}{2g}\left[1 - \left(\frac{F}{f}\right)^2\right]$. В вышеуказанном случае, она отрицательна, и потому в этом случае нужна для гидростатического давления добавочная положительния величина, т. е. разница высот между гидростатическим и гидравлическим давлениями:

16. $$h_y = \frac{v^2}{2g}\left[\left(\frac{F}{f}\right)^2 - 1\right].$$

Итак, все давления, возникающие вследствие давления, и работа струи уже определены. Эти единичные давления

$h_1 \dots h_2 \dots h_3 \dots h_4 \dots h_5 \dots h_4' \dots h_5' \dots h_y$; величины же $h_1 \dots h_2 \dots h_3 \dots h_4 \dots h_5 \dots h_4' \dots h_5'$ образуют давление насоса.

В то время как h_s заключается в давлении h_1, рав. 3, и h_2, рав. 4, и представляет собою появляющееся параллельное действие насоса на дно скважины, h_y также является параллельным действием всего давления и не вызывается насосом.

Поэтому общее давление насоса будет:

17. $$H_p = h_1 + h_2 + h_3 + h_4 + h_5 + h_4' + h_5'.$$

Принимая во внимание все только что сказанное о h_s и h_y и полагая, что h полностью расходуется при движении вниз в полой штанге и поэтому не действует на дно скважины, можно сказать, что давление на дно буровой скважины будет

18. $$h = h_2 + h_3 + h_4 + h_5 + h_s + h_4' + h_5' + h_y.$$

h_1 является одним из самых больших всех единичных давлений. В последующих числовых примерах становится более ясным, что при прямой промывке существенная часть насосного давления не действует на дно скважины. Кроме только что упомянутого, на дно скважины, конечно, действует еще гидростатическое давление всего столба воды в буровой скважине, которая равна глубине скважины. Такое высокое гидростатическое давление имеет место не только при бурении с промывкою. При так называемом сухом бурении столб воды также высок. Случаи, в которых поверхность воды лежит глубоко, редки и не желательны.

Числовые примеры при прямой промывке.

При большом числе вышеуказанных формул, их обзор громоздок сам по себе, и невозможно найти из них легко и сразу все отношения между различными, одна на другую действующими величинами. Поэтому далее, посредством подстановки числовых значений в уже вычисленные формулы, можно получить лучшее представление о действующих силах и их зависимости от выбранных размеров. Возьмем такой пример:

Пусть

Глубина скважины	$l = 1000$ метр.
Скорость бурения в 1 сек.	$l = {}^{1}/_{3000}$ (1 м. час)
Диаметр дна скважины	$D_1 = 0{,}18$ м.

Диаметр питающей трубы . . . . $D = 0{,}15$ м.
Внутренний диаметр полой штанги . . $d = 0{,}05$ м.
Внешний диаметр полой штанги . . . $d_1 = 0{,}07$ м.
Коэффициент трения . . . . $\lambda_1 = 3{,}0$
Удельный вес промывочн. жидкости . . $\gamma_0 = 1$
Удельный вес песчаных зерен. . . . . $\gamma_k = 2{,}7$

Если диаметр поднимающегося зерна $= 0{,}001$ м. и скорость вверх направленной струи $v = 0{,}3 \ldots 0{,}4 \ldots 0{,}5$ м., то получим значения, указанные в таблице 6. Они даны в метрах, — куб. метрах.

Таблица 6.

	v	0,3	0,4	0,5
№ равенства 1	M	0,0041	0,0055	0,0069
„ „ 2	v_1	2,7	2,76	3,45
„ „ 3	h_1	91,98	156,10	336,18
„ „ 4	h_2	0,657	1,1712	1,8139
„ „ 5	h_3	0,1602	0,2854	0,4421
„ „ 6	h_4	1,8227	3,0135	4,372
„ „ 7	h_5	0,0046	0,0082	0,0127
„ „ 10	h_s	0,0973	0,1733	0,2685
„ „ 12	d_k	0,0029	0,0052	0,0081
„ „ 13	v_1	1,007	1,004	1,003
„ „ 14	h_4'	7,0	4,0	3,0
„ „ 15	h_5'	0,0001	0,0001	0,0001
„ „ 16	h_y	0,2144	0,3822	0,5919
„ „ 17	H_p	101,62	164,64	345,82
„ „ 18	h	9,96	9,04	10,50
„ „ 3a	h_1	14,50	24,6	36,27
„ „ 6a	h_4	2,4332	4,0165	5,8831
„ „ 12a	d_k	0,0046	0,0083	0,0129
„ „ 17a	H_p	36,75	41,08	51,42
„ „ 18a	h	22,57	17,04	16,01

Высота сопротивления при давлении стри воды вниз (рав. 3) обратно пропорциональна пятой степени длины полой штанги. Поэтому *d* должно быть взято возможно большим. 8 и 9 равенства не приняты для таблицы, так как они дают величины для ненасыщеной струи. Значения для струи, насыщенной кусками породы, находятся в равенствах 17 и 18. Не принято и 11 равенство, так оно служит лишь для равенства 12. В значениях, данных при равенстве 12, ссылаются на удельный вес чистой воды. Если удельный вес жидкости для промывки увеличивается, то ею соответственно с этим могут быть подняты и более тяжелые тела. Это очень важно для так называемой густой промывки, при которой удельный вес увеличивается до 1,3, и, таким образом, тело с диаметром, соответствующим 12 а, сможет быть поднято. Величина удельного веса (рав. 13) зависит от величины поднимаемых песчаных зерен, от скорости бурения и увеличивается с последним в одинаковом отношении. В таком же масштабе увеличивается и добавочная высота, вычисленная в равенстве 14. В таблице для двух взята только одна величина зерна 0,001 и одна скорость бурения 1 м. в час. На тех же самых основаниях может быть вычислено и общее насосное давление; если размеры полой штанги соответственно ее размерам взятым 3 а и 6 а, то насос выполняет много меньшую работу: 17 а и давление на дно скважины принимает высоту — 18 а.

Вывод из последняго вычисления характерен тем, что общее насосное давление поднимает со скоростью v_1, и в это время давление на дно скважины убывает.

Об'яснение этого основывается на том, что единичное давление h_4' (рав. 14), в высшей степени нагружающее дно, зависит от удельного веса струи γ_1 и с своей стороны уменьшается пропорционально скорости струи.

Обратная промывка.

Рассмотрим теперь процесс движения воды при обратной промывке.

Давления, возникающие при движении.

Здесь остаются все обозначения, сделанные ранее. В особенности нужно обратить внимание на то, что в обоих случаях, при обоих родах промывки: v есть скорость направленной вверх и v_1 — скорость направленной вниз движущей струи. При прямой промывке v — скорость в кольцеобразном пространстве, и при обратном v — скорость в полой штанге (рис. 9).

Как указано в первой части количество воды для промывки

1. $$M = v_1 F = v f = v \frac{\pi}{4} d^2.$$

Скорость сжатой воды:

2. $$v_1 = \frac{f}{F} = v \frac{\pi}{4} \frac{d^2}{D^2 - d_1^2}.$$

Высота сопротивления при движении вниз:

3. $$h_1 = \lambda \frac{v^2}{2g} \left(\frac{f}{F}\right)^2 \frac{l}{D - d_1}.$$

Высота сопротивления при перемене направления:

4. $$h_2 = \lambda_1 \frac{v^2}{2g} \left(\frac{f}{F}\right)^2.$$

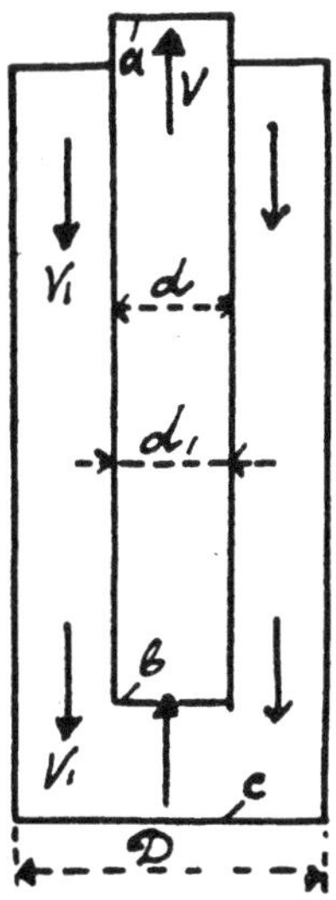

Рис. 9. Процесс движения воды при обратной промывке.

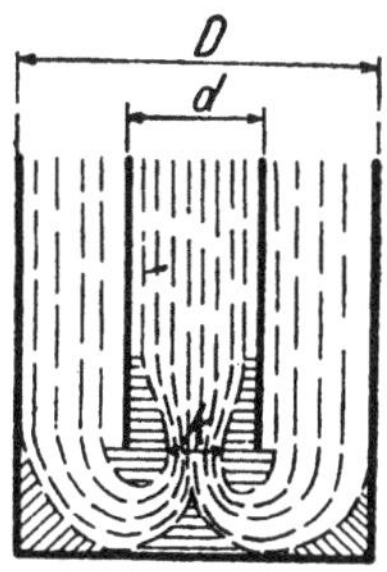

Рис. 10. Поперечное сечение с'ужения промывочной струи.

После того как вода на дне скважины переменит направление движения, она попадает в более узкую полую штангу и получает изменение в своем поперечном сечении k (рис. 10). От этого проиходит потеря высоты давления, равная высоте скорости v, помноженной на коэффициент $\zeta = 0{,}48$. Затем получаем высоту сопротивления при сужении:

5. $$h_3 = 0{,}48 \frac{v^2}{2g}.$$

В полой штанге вода двигается со скоростью v вверх, и поэтому высота сопротивления при движении вверх:

6. $$h_4 = \lambda \frac{v^2}{2g} \frac{l}{d}.$$

Высота скорости при истечении:

7. $$h_5 = \frac{v^2}{2g}.$$

Этим определены единичные высоты, происходящие при движении давления.

Сумма этих 5-ти отдельных давлений дает общее давление для чистого движения:

8. $$H = \frac{v^2}{2g}\left[\lambda\left(\frac{f}{F}\right)^2 \frac{l}{D-d_1} + \lambda_1\left(\frac{f}{F}\right)^2 + 0,48 + \lambda\frac{l}{d} + 1\right].$$

Итак, из беглого сравнения общих давлений обоих методов промывки можно видеть, что эти давления при обратной промывке понижаются менее, чем при прямой. Там множитель $\left(\frac{f}{F}\right)^2$, здесь же на место его имеем $\left(\frac{F}{f}\right)^2$. Оба множителя относятся, как восьмая степень D и d. Коэффициенты λ соответствуют скорости v или $v\frac{f}{F}$.

Единичное давление h_1 (рав. 3) употребляется, как сопротивление при движении потока, направленного вниз, так что он совсем не давит на дно. На последнее действуют мало единичные давления $h_2 \dots h_3 \dots h_4 \dots h_5$; при давлении на дно скважины происходит:

9. $$h = H - h_1 = \frac{v^2}{2g}\left[\lambda_1\left(\frac{f}{F}\right)^2 + 0,48 + \lambda\frac{l}{d} + 1\right];$$

сюда присоединяются давления h_s и h_y.

Струя воды на дно скважины действует так же, как и при прямой промывке, т. е. на тех же основаниях. При обратной промывке у струи воды, идущей вниз, поперечный разрез F и скорость v.

Поэтому удар:

$$P = 2 \cdot \frac{v_1^2}{g} F \gamma_0.$$

Сила P действует непрерывно во время промывания на дне скважины, и ее нужно понимать, как продолжительную нагрузку на дно. Она распределяется на плоскости $\frac{\pi}{4}D^2$.

Если выражение для P разделить на $\frac{\pi}{4}D^2$, то получится давление на единицу площади, что представляет из себя высоту давления удара на дно скважины:

$$h_s = \frac{v^2}{2g}\left(\frac{f}{F}\right)^2 \frac{D^2 - d_1^2}{D^2} 4\gamma_0. \tag{10}$$

Уже беглое обозрение показывает, что действие удара на дно при обратной промывке падает много слабее, нежели при прямой. На этом обстоятельстве основан тот факт, что при поднятии свободного тела при обратном движении со дна скважины нужна большая скорость струи, чем при прямом.

Поднимающая и несущая сила струи.

При обратной промывке, струя, ударясь и вращаясь на дне, отбрасывает свободные тела к середине и там собирает их в кучу. Дальнейшее движение свободных тел на этой куче к поднимающейся струе в полой штанге может быть двояко понято и вычислено: или струя, направленная вверх, наталкивается на свободные тела, несет их перед собой в поднимающейся струе, или тела поднимаются из кучи в середине дна всасывающим действием струи. При построении теории прямой промывки поднятие свободных тел со дна скважины было приписано взрыхляющей и крутящей деятельности струи, выходящей с большой скоростью из полой штанги. Наоборот, при обратной промывке следует из-за соответственно малой скорости струи, проходящей вверх в кольцеобразном пространстве, видеть действие подобного рода, и причиной поднятия свободных тел со дна скважины должно быть всасывающее действие струи. Общее действие быстро текущей жидкости на твердое тело будет

$$P = p_1 + p_2 + A = (\zeta_1 + \zeta_2)\frac{v^2}{2g}F\gamma_0 + A$$

и состоит из одного действия

$$p_1 = \zeta_1 \frac{v^2}{2g}F\gamma_0$$

и всасывающего и толкающего действия

$$p_2 = \zeta_2 \frac{v^2}{2g}F\gamma_0.$$

Из обоих указанных сил при поднятии со дна свободного тела действует лишь последняя, всасывающая или толкающая. Поднятие тела происходит, если струя превосходит при под'еме веса тела, т. е. $p_2 \geqq G - A$. При выполнении этого условия тело поднимается, т. е. $\zeta_2 \frac{v^2}{2g} F \gamma_0 = G - A$. Все что при прямой промывке было сказано о значении формы тела и слоя, из которого оно взято для действия струи, является неизменным и для обратной промывки. Здесь также за поднимаемое тело принимается шарообразное песчаное зерно, диаметр которого d_k, удельный вес γ_k, при удельном весе жидкости $\gamma_0 = 1$.

Коэффициент захватывающего действия ζ_2 согласно первой части работы равен 0,45, и действие двигающей силы на полушаровую поверхность равно половине этой силы, затраченной на такую-же ровную поверхность. Принимая все это во внимание и подставляя в означенные равенства соответствующие значения, получим:

$$p_2 = 0{,}5 \cdot 0{,}45 \cdot v^2 \cdot 0{,}051\, d_k{}^2 \frac{\pi}{4} \cdot 1 = d_k{}^3 \frac{\pi}{6} 2{,}7 - d_k{}^3 \frac{\pi}{6} \cdot 1$$

или $d_k = 0{,}010125\, v^2$.

Это — отношение между диаметром поднимающегося зерна и скоростью поднимающей его струи, при котором тело находится еще в покое; при уменьшении диаметра или при увеличении скорости струи, зерна поднимаются всасывающим действием вверх направленной струи; следующая таблица дает критические диаметры песчаных зерен при различных скоростях.

Таблица 7.

$v = 0{,}3$ м.	$d_k = 0{,}9$ мм.
$v = 0{,}4$ „	$d_k = 1{,}6$ „
$v = 0{,}5$ „	$d_k = 2{,}5$ „
$v = 0{,}6$ „	$d_k = 3{,}6$ „
$v = 0{,}7$ „	$d_k = 4{,}9$ „
$v = 0{,}8$ „	$d_k = 6{,}5$ „
$v = 0{,}9$ „	$d_k = 8{,}2$ „
$v = 1{,}0$ „	$d_k = 10{,}1$ „

Лишь только свободное тело поднято всасывающим действием, то сейчас-же жидкость начинает на него давить, т. е.

$p_1 = \zeta \frac{v^2}{2g} F\gamma_0$, так что в это время вся двигающая сила на него (свободное тело) $p = (\zeta_1 + \zeta_2) \frac{v^2}{2g} F\gamma_0$. Если при бурении дело будет итти лишь о вынесении кусочков породы, то при обоих способах промывки будет достаточна одинаковая скорость (поднимающегося потока); так, при обратной промывке для поднятия тела со дна нужна значительно большая скорость, и такая большая скорость действует так, что при этой промывке кусочки породы поднимаются скорее, чем при прямой. На это указывает сравнение таблиц 4—7. При прямой промывке скорость струи $v = 0{,}3$, соответствующих диаметр $d_k = 2{,}9$, при обратной — напротив $d_k = 0{,}9$. Далее, при прямой промывке для тела с диаметром 2,9 мм., скорость 0,3 м., при обратной — для того же самого тела нужна скорость в 0,535 м. В первой части было указано, что тело, несомое вверх, направленное струей, достигает скорости струи. Обозначим скорость несомого тела через v_k, тогда его относительная скорость $v - v_k$. Это последнее и есть та относительная скорость, с которой текущая жидкость действует на двигаемое тело. Как и в первой части мы получаем равенство:

$$11. \qquad P = (\zeta_1 + \zeta_2) \frac{(v - v_k) F\gamma_0}{2g} + A.$$

Если G вес тела, то тогда $P \geqq G$, чтобы струя могла нести тело. Принимая во внимание, что было сказано о шарообразном теле, и подставляя соответствующие значения, можно получить его собственную скорость:

$$0{,}5 \cdot 1{,}45 \frac{(v - v_k)^2}{2g} d_k \frac{\pi}{4} \gamma_0 + d_k^3 \frac{\pi}{6} \gamma_0 = d_k^3 \frac{\pi}{6} \gamma_k,$$

и отсюда отношения между v_1, v_k и d_k

$$12. \qquad 0{,}0555 (v - v_k)^2 = d_k \frac{\gamma_k - \gamma_0}{\gamma_0}.$$

При обратной промывке равенство 11 не может быть использовано для получения критического диаметра, в то время, как при прямой может быть употреблено для получения вышеназванных отношений между v_1, v_k и d_k во время движения тела в струе, после того как оно другой силой поднято со дна. Для этой силы равенство дает

$$p_2 = \zeta_2 \frac{(v_1 - v_k)^2}{2g} F\gamma_0 = G - A,$$

при чем ν_k принимается равным O; $d_k = 0{,}010125\, v^2$, что уже известно из таблицы 6. Найденное, таким образом, значение для ν довольно высоко, ибо не вся двигающая сила струи $p_1 + p_2$, а только ее меньшая часть была принята, как действующая на тело, находящееся в покое. Как только ν определено, тело уже не рассматривается, как находящееся в покое, но как двигаемое. Тогда для него применяют равенства 11 и 12. Через подстановку только что указанной величины ν определяется скорость тела ν_k. Кроме того отсюда получают значение для ν_k, которое по отношению к d_k довольно высоко и является высоким в сравнении с прямой промывкою.

Этот теоретический вывод является непоколебимым и на практике. Когда переходят при бурении от прямой промывки к обратной, то оказывается, что требуется тем большая скорость поднимающейся струи, чем большие зерна нужно поднять.

При обратной промывке одинаково большие зерна поднимаются скорее, чем при прямой. Удельный вес насыщенной струи при обратной промывке определяется тем же самым способом, как и при прямой. Время поднятия буровой мути со дна до устья $\frac{1}{v_k}$; количество извлеченной за это время породы есть $l_1 D_1^2 \left(\frac{\pi}{4} \frac{1}{v_k}\right)$; вес этой породы $l_1 D_1^2 \frac{\pi}{4} \frac{1}{v_k} \left(\gamma_k - \gamma_0\right)$.

Вес поднимающейся вверх ненасыщенной жидкости будет $d^2 \frac{\pi}{4} l\gamma_0$. Сумма обоих равна весу насыщенной струи. Если это разделить на об'ем $d^2 \frac{\pi}{4} l$, то получится удельный вес насыщенной струи

13. $$\gamma_1 = \frac{l_1 D_1^2 (\gamma_k - \gamma_0)}{v_k d^2} + \gamma_0.$$

Как и при прямом промывании, так и при обратном единичные давления h_4 и h_5 зависят от удельного веса насыщенной струи. Так как его величины указанные в равенствах 6 и 7 соответствуют только ненасыщенной жидкости с удельным весом γ_0, то для этих значений следует получить такую прибавку, которая выразит влияние большего удельного веса. Нахождение этих добавочных высот h_4' и h_5' производится таким же образом и также дает:

14. $$h_4' = l\frac{(\gamma_1 - \gamma_0)}{\gamma_0},$$

15. $$h_5' = \frac{v^2}{2}\frac{\gamma_1 - \gamma_0}{\gamma_0}.$$

Остается определить, как единичное давление, высоту, показанную в первой части, как разницу между высотой гидростатического и гидравлического давления на дне буровой скважины. Высота гидравлического давления в каком-либо месте равна гидростатическому давлению в том-же месте. уменьшенному на разницу высот скоростей в том же месте и у места входа. Высота скорости на дне равна высоте скорости у устья, и разница между ними поэтому = 0. Затем в вышеуказанном случае высота гидравлического давления равна гидростатическому и разнице между высотами.

Поэтому $h_y = 0$. Этим также определяются все единичные давления для обратного промывания. Из них получается общее давление насоса:

17. $$H_p = h_1 + h_2 + h_3 + h_4 + h_5 + h_4' + h_5',$$

и даБление на дно скважины:

18. $$h = h_2 + h_3 + h_4 + h_5 + h_s + h_4' + h_5' + h_y.$$

Уже из этих общих формул для H_p заметно, что при обратной промывке на дно скважины действует большая часть насосного давления, нежели при прямой. При обоих родах промывки единичное давление h_1 не действует на дно скважины, хотя оно и заключается в общем давлении. Но так как h_1 при прямой промывке много больше, чем при обратной, то этот его недостаток, под действующим там на дно скважины давлением кажется нам меньше, чем здесь. В числовых примерах следующей части все отношения такого рода будут раз'яснены лучше.

Числовые примеры для обратной промывки.

Так как значения числовых примеров могут быть для обоих родов промывки сравниваемы непосредственно, то здесь мы положим в основании тот же исходный пункт, что и прежде. Это критический диаметр $d_k = 0{,}0029 \dots 0{,}0052 \dots$ и $0{,}0081$ с соответствующими скоростями $v = 0{,}3 \dots 0{,}4 \dots 0{,}5$.

При прямой промывке $d_k = 0{,}032\, v_2$, при обратной $d_k = 0{,}101\, {}^u v^2$ (${}^u v$ для удобства обозначает скорость струи для данного времени).

Итак:

$$ {}^u v = v \frac{\sqrt{0{,}0326}}{\sqrt{0{,}0101}} = v \cdot 1{,}726; $$

получающийся отсюда, взятый для основания для обратной промывки критический диаметр $= 0{,}0029 \dots 0{,}0052$ и $0{,}0081$; сюда относящиеся скорости $v = 0{,}539 \dots 0{,}718 \dots 0{,}898$. Скорость бурения в 1 сек. поэтому $\frac{1}{3600}$ м. и диаметр песчаных зерен 0,001 м. Численные величины для возникающих вследствие этого сил указаны в таблице 8.

Таблица 8.

	v	0,539	0,718	0,898
№ равенства 1	M	0,0011	0,0014	0,0018
„ „ 2	v_1	0,0782	0,1041	0,1302
„ „ 3	h_1	0,1837	0,3045	0,4436
„ „ 4	h_2	0,0008	0,0017	0,0026
„ „ 5	h_3	0,0071	0,0126	0,0197
„ „ 6	h_4	7,292	13,676	19,728
„ „ 7	h_5	0,0148	0,0263	0,0411
„ „ 10	h_8	0,001	0,0017	0,0027
„ „ 12	d_k	0,0029	0,0052	0,0081
„ „ 13	γ_1	1,017	1,011	1,008
„ „ 14	h_4'	16,81	11,27	8,46
„ „ 15	h_5'	0,0002	0,0003	0,0003
„ „ 16	h_y	0,0	0,0	0,0
„ „ 17	H_p	24,9988	25,2214	28,2353
„ „ 18	h	24,8161	24,9186	27,7944
„ „ 3a	h_1	0,2516	0,4055	0,5307
„ „ 6a	h_4	5,7256	9,7539	14,0283
„ „ 17a	H_p	22,8003	21,3803	22,6827
„ „ 18a	h	22,5497	20,9765	22,0947

Из числовых данных равенств 17 и 18 видно, что возражение против бурения с промывкой, что на дне скважины наступает то же давление, под которым промывающая вода была сжата, имеет место лишь при обратной промывке, однако, это ослабляется тем, что при обратной промывке имеют дело лишь с неопределенными давлениями, вызывающими лишь малое давление на дно скважины.

Средством уменьшить эти давления при промывке этого вида, является увеличение длины полой штанги, оставление обыкновенного узкого отверстия в ударном инструменте, или коронки.

В этом случае принимается, что диаметр полой штанги не превосходит 0,05 м., т. е. последние 5 м. этого диаметра, в то время, как весь диаметр на остальных 995 м. штанги заключают в себе — 0,07 м.

При этом можно получить из таблицы 8 значения, обозначенные 3а, 6а, 17а и 18а. Таким образом, экономия в силе при прямой промывке сравнительно мала.

Движение жидкостей в трубах.

Рассмотрим теперь вообще, каким образом происходит движение жидкостей в трубах.

Посредством трубопровода жидкости могут быть перемещаемы в желаемое место.

Так как жидкости не сжимаемы, то через каждое сечение трубопровода в F кв. м. проходит в одно и то же время одинаковое количество жидкости, Q куб. м., независимо от того, будет ли трубопровод расположен горизонтально или вертикально, причем скорость будет v м/сек. Таким образом мы имеем $Q = F \cdot v$ в куб. м/сек. и $G = Q \cdot \gamma = F \cdot v \cdot \gamma$ вес жидкости. Так например, через трубу с диаметром в свету в $2'' = 0{,}05$ м. при скорости $v = 1$ м/сек. протекает количество воды в

$$Q = F \cdot v = \frac{0{,}05^2 \cdot \pi}{4} \cdot 1 = 0{,}00195 \text{ кб. м.} = 1{,}95 \text{ литр сек.}$$

Если в трубопроводе имеются два различных диаметра в свету d и d_1, а значит и два сечения F и F_1, то и скорости будут v или же v_1, таким образом мы имеем $Q = F \cdot v = F_1 \cdot v_1$ откуда следует $\frac{v}{v_1} = \frac{F_1}{F} = \frac{d_1^2}{d^2}$. В этом случае скорости относятся друг к другу обратно пропорционально сечению или же обратно пропорционально квадрату диаметра труб в свету.

Каждой скорости v жидкости в м/сек. соответствует живая сила в $\frac{v^2}{2g}$ м., причем $g = 9{,}81$. Эта величина получается из формулы $v = \sqrt{2g \cdot h}$ для скорости истечения жидкостей. Движение жидкостей зависит еще и от сопротивлений, в свою очередь зависящих от стен труб, сечений, отверстий для истечения, коэффициента вязкости жидкости и т. д. Весьма важны сопротивления, происходящия от трения жидкости о стены трубопроводов (сопротивление в трубопроводах). Эти сопротивления пропорциональны живой силе $\frac{v^2}{2g}$ и значит возрастают с квадратом скорости v жидкости в трубах. Опытами установлено, что трение прямо пропорционально длине трубопровода и обратно пропорционально диаметру его. Если коэффициент трения λ, то потери, возникающие вследствие трения для цилиндрических труб, будут $h_w = \lambda \cdot \frac{l}{d} \cdot \frac{v^2}{2g}$.

По Вайсбаху $\lambda = 0{,}01439 + \frac{0{,}0094711}{\sqrt{v}}$, и значит имеем для различных значений:

$v =$	0,2	0,5	0,8	1,0	1,5	2	3	4	5 м
$\lambda =$	0,0356	0,0278	0,0250	0,0239	0,0221	0,0211	0,0199	0,0191	0,0186

Количество воды в секунду в куб.м. будет:

$$Q = \frac{\pi \cdot d^2}{4} \cdot v; \quad d = \sqrt{\frac{4Q}{\pi \cdot v}};$$

скорость истечения v в м/сек. вычисляется, принимая во внимание сопротивления, в $v = \sqrt{\frac{2g \cdot h}{1{,}6 + \lambda \frac{l}{d}}}$, где h обозначает величину давления в метрах. Действительно вытекающее количество воды в куб. м/сек. будет таким образом

$$Q = \frac{\pi \cdot d^2}{4} \cdot \sqrt{\frac{2g \cdot h}{1{,}6 + \lambda \frac{l}{d}}} \quad \text{и} \quad d = \sqrt[5]{\frac{16 \cdot Q^2 \cdot \lambda \cdot l}{\pi^2 \cdot 2g \cdot h}}$$

Для скоростей в 2—4 м. можно λ принять согласно ранее сказанному за 0,02. Принимая во внимание дальнейшие сопротивления от запорных кранов, изгибов, сужений и тому подобн., можно λ принять в среднем за 0,03.

Таблица 9:

Потеря давления *h* в трубах для данного диаметра труб, количества воды и скорости.

Q в куб. м/мин., *h* в м. на 100 м. погонной длины труб.

v в м/сек.		диаметр труб в свету в мм.								
		40	50	60	70	80	90	100	125	150
0,10	Q =	0,0075	0,0118	0,0170	0,0231	0,0302	0,0382	0,0471	0,0736	0,1060
	h =	0,0566	0,0452	0,0377	0,0323	0,0283	0,0251	0,0226	0,0181	0,0151
0,15	Q =	0,0113	0,0177	0,0254	0,0346	0,0452	0,0573	0,0707	0,1104	0,1590
	h =	0,1115	0,0892	0,0743	0,0637	0,0557	0,0496	0,0446	0,0357	0,0297
0,20	Q =	0,0151	0,0236	0,0339	0,0462	0,0603	0,0763	0,0942	0,1470	0,2121
	h =	0,1813	0,1451	0,1209	0,1036	0,0906	0,0807	0,0725	0,0580	0,0484
0,25	Q =	0,0189	0,0294	0,0424	0,0577	0,0754	0,0954	0,1178	0,1841	0,2651
	h =	0,2655	0,2125	0,1770	0,1517	0,1328	0,1179	0,1062	0,0850	0,0708
0,30	Q =	0,0226	0,0353	0,0509	0,0693	0,0905	0,1145	0,1414	0,2209	0,3181
	h =	0,3635	0,2908	0,2424	0,2077	0,1818	0,1616	0,1454	0,1163	0,0969
0,40	Q =	0,0302	0,0471	0,0678	0,0924	0,1206	0,1527	0,1885	0,2945	0,4241
	h =	0,5990	0,4792	0,3993	0,3423	0,2995	0,2664	0,2396	0,1917	0,1597
0,50	Q =	0,0377	0,0589	0,0843	0,1155	0,1508	0,1909	0,2356	0,3681	0,5301
	h =	0,8854	0,7083	0,5903	0,5059	0,4427	0,3936	0,3542	0,2833	0,2361
0,60	Q =	0,0452	0,0707	0,1018	0,1386	0,1810	0,2290	0,2827	0,4418	0,6362
	h =	1,2216	0,9772	0,8144	0,6980	0,6108	0,5424	0,4886	0,3909	0,3257
0,70	Q =	0,0528	0,0825	0,1187	0,1616	0,2111	0,2672	0,3299	0,5154	0,7422
	h =	1,6059	1,2847	1,0706	0,9176	0,8029	0,7133	0,6432	0,5138	0,4282
0,80	Q =	0,0603	0,0942	0,1357	0,1847	0,2413	0,3054	0,3770	0,5890	0,8442
	h =	2,0379	1,6303	1,3586	1,1649	1,0189	0,9062	0,8152	0,6521	0,5434
0,85	Q =	0,0641	0,1001	0,1442	0,1963	0,2564	0,3245	0,4006	0,6258	0,9013
	h =	2,2705	1,8164	1,5137	1,2974	1,1353	1,0108	0,9082	0,7266	0,6055
0,90	Q =	0,0679	0,1060	0,1527	0,2078	0,2714	0,3435	0,4241	0,6627	0,9543
	h =	2,5165	2,0130	1,6775	1,4378	1,2581	1,1194	1,0065	0,8052	0,6710
0,95	Q =	0,0716	0,1119	0 1616	0,2194	0,2865	0,3626	0,4477	0,6995	1,0073
	h =	2,7722	2,2178	1,8482	1,5556	1,3861	1,2318	1,1089	0,8871	0,7393
1,00	Q =	0,0754	0,1178	0,1697	0,2309	0,3016	0,3817	0,4712	0,7363	1,0603
	h =	3,0416	2,4332	2,0277	1,7380	1,5208	1,3536	1,2166	0,9733	0,8111
1,05	Q =	0,0792	0,1237	0,1781	0,2425	0,3167	0,4008	0,4948	0,7731	1,1133
	h =	3,3201	2,6561	2,2134	1,8972	1,6601	1,4737	1,3280	1,0624	0,8854
1,10	Q =	0,0829	0,1295	0,1860	0,2540	0,3317	0,4199	0,5184	0,8099	1,1663
	h =	3,6135	2,8888	2,4074	2,0634	1,8055	1,6037	1,4444	1,1535	0,9629
1,15	Q =	0,0867	0,1355	0,1951	0,2655	0,3468	0,4390	0,5420	0,8467	1,9294
	h =	3,9149	3,1319	2,6100	2,2371	1,9575	1,7378	1,5660	1,2528	1,0440
1,20	Q =	0,0005	0,1414	0,2036	0,2771	0,3619	0,4581	0,5655	0,8835	1,2723
	h =	4,2270	3,3816	2,8180	2,4154	2,1135	1,8759	1,6908	0,3526	1,1272
1,25	Q =	0,0942	0,1473	0,2121	0,2886	0,3770	0,4772	0,5891	0,9204	1,3254
	h =	4,5532	3,6426	3,0355	2,6019	2,2766	2,0[illegible]99	1,8213	1,4570	1,2142
1,50	Q =	0,1131	0,1767	0,2545	0,3463	0,4524	0,5726	0,7069	1,1045	1,5904
	h =	6,3445	5,0757	4,2297	3,6245	3,1723	2,8183	2,5378	2,0302	1,6919
1,75	Q =	0,1319	0,2062	0,2969	0,4041	0,5278	0,6680	0,8247	1,2885	1,8555
	h =	8,4132	6,7306	5,6088	4,8075	4,2066	3,7466	3,3653	2,6922	2,2435
2,00	Q =	0,1508	0,2356	0,3393	0,4618	0,6032	0,7634	0,9425	1,4726	2,1206
	h =	10,749	8,5994	7,1662	6,1427	5,3746	4,7803	4,2997	3,4398	2,8665
2,50	Q =	0,1885	0,2945	0,4241	0,5773	0,7540	0,9543	1,1781	1,8407	2,6507
	h =	16,238	12,991	10,825	9,2790	8,1191	7,2214	6,4953	5,1162	4,3302
3,00	Q =	0,2262	0,3534	0,5089	0,6927	0,9048	1,1452	1,4137	2,2089	3,1809
	h =	22,723	18,178	15,149	12,984	11,355	10,144	9,0891	7,2713	6,0594

Таблица 9:

Потеря давления *h* в трубах для данного диаметра труб, количества воды и скорости.

Q в куб. м/мин., *h* в м. на 100 м. погонной длины труб.

v в м/сек.		диаметр труб в свету в мм.								
		175	200	225	250	275	300	350	400	450
0,10	Q =	0,1443	0,1885	0,2386	0,2945	0,3564	0,4241	0,5773	0,7540	0,9543
	h =	0,0129	0,0113	0,0101	0,0090	0,0082	0,0075	0,0065	0,0057	0,0050
0,15	Q =	0,2165	0,2827	0,3578	0,4418	9,5346	0,6362	0,8659	1,1310	1,4314
	h =	0,0255	0,0223	0,0198	0,0178	0,0162	0,0149	0,0128	0,0111	0,0099
0,20	Q =	0,2886	0,3770	0,4771	0,5890	0,7128	0,8482	1,1545	1,5084	1,9085
	h =	0,0415	0,0363	0,0323	0,0290	0,0264	0,0242	0,0207	0,0181	0,0161
0,25	Q =	0,3608	0,4712	0,5964	0,7363	0,8909	1,0603	1,4432	1,8850	2,3856
	h =	0,0606	0,0531	0,0472	0,0425	0,0386	0,0354	0,0303	0,0266	0,0236
0,30	Q =	0,4330	0,5655	0,7157	0,8836	1,0691	1,2723	1,7318	2,2619	2,8628
	h =	0,0831	0,0747	0,0646	0,0582	0,0529	0,0485	0,0416	0,0364	0,0323
0,40	Q =	0,5773	0,7540	0,9543	1,1781	1,4255	1,6965	2,3091	3,0159	3,8170
	h =	0,1372	0,1198	0,1066	0,0958	0,0872	0,0799	0,0685	0,0599	0,0533
0,50	Q =	0,7216	0,9425	1,1928	1,4726	1,7819	2,1206	2,8863	3,7699	4,7733
	h =	0,2025	0,1771	0,1574	0,1417	0,1288	0,1181	0,1012	0,0885	0,0787
0,60	Q =	0,8659	1,1310	1,4314	1,7671	2,1383	2,5447	3,4636	4,5239	5,7255
	h =	0,2789	0,2443	0,2169	0,1954	0,1775	0,1629	0,1395	0,1222	0,1085
0,70	Q =	1,0102	1,3195	1,6700	2,0617	2,4946	2,9688	4,0409	5,2779	6,6798
	h =	0,3668	0,3212	0,2788	0,2569	0,2334	0,2141	0,1834	0,1606	0,1427
0,80	Q =	1,1545	1,5080	1,9085	2,3562	2,8510	3,3929	4,6181	6,0319	7,6341
	h =	0,4661	0,4075	0,3625	0,3261	0,2966	0,2717	0,2330	0,2038	0,1812
0,85	Q =	1,2267	1,6022	2,0278	2,5034	3,0292	3,6051	4,9068	6,4087	8,1112
	h =	0,5198	0,4541	0,4043	0,3633	0,3308	0,3027	0,2599	0,2271	0,2022
0,90	Q =	1,2989	1,6965	2,1471	2,6507	3,2074	3,8170	5,1954	6,7854	8,5883
	h =	0,5757	0,5033	0,4478	0,4026	0,3664	0,3350	0,2865	0,2516	0,2239
0,95	Q =	1,3710	1,7906	2 2664	2,7980	3,3856	4,0290	5,4840	7,1623	9,0655
	h =	0,6335	0,5544	0 4927	0,4436	0,4031	0,3690	0,3168	0,2772	0,2464
1,00	Q =	1,4432	1,8850	2,3857	2,9452	3,5638	4,2412	5,7727	7,5398	9,5426
	h =	0,6962	0,6083	0,5415	0,4866	0,4430	0,4055	0,3481	0,3042	0,2707
1,05	Q =	1,5153	1,9792	2,5049	3,0925	3,7415	4,4533	6,0613	7,9168	10,020
	h =	0,7579	0,6640	0,5895	0,5312	0,4825	0,4427	0,3790	0,3320	0,2947
1,10	Q =	1,5875	2,0733	2,6242	3,2398	3,9201	4,6653	6,3499	8,2938	10,497
	h =	0,8247	0,7222	0,6415	0,5778	0,5248	0,4815	0,4124	0,3614	0,3207
1,15	Q =	1,6597	2,1677	2,7435	3,3869	4,0983	4,8775	6,6386	8,6708	10,974
	h =	0,8937	0,7830	0,6951	0,6263	0,5687	0,5220	0,4469	0,3915	0,3476
1,20	Q =	1,7318	2,2620	2,8628	3,5343	4,2765	5,0892	6,9272	9,0480	11,451
	h =	0,9647	0,8454	0,7504	9,6763	0,6139	0,5636	0,4824	0,4227	0,3752
1,25	Q =	1,8040	2,3562	2,9821	3,6816	4,4557	5,3015	7,2158	9,4248	11,928
	h =	1,0423	0,9107	0,8106	0,7285	0,6633	0,6071	0,5211	0,4553	0,4053
1,50	Q =	2,1648	2,8274	3,5785	4,4179	5,3456	6,3617	8,6590	11,310	14,314
	h =	1,4484	1,2689	1,1265	1,0151	0,9217	0,8459	0,7242	0,6345	0,5633
1,75	Q =	2,5256	3,2987	4,1749	5,1542	6,2366	7,4220	10,102	13,195	16,700
	h =	1,9268	1,6825	1,4987	1,3461	1,2262	1,1218	0,9634	0,8412	0,7493
2,00	Q =	2,8864	3,7699	4,7713	5,8905	7,1275	8,4823	11,545	15,080	19,085
	h =	2,4584	2,1499	1,9121	1,7199	1,5645	1,4332	1,2292	1,0749	0,9561
2,50	Q =	3,6080	4,7124	5,9642	7,3631	8,9094	10,603	14,432	18,850	23,856
	h =	3,7139	3,2476	2,8886	2,5984	2,3634	2,1653	1,8569	1,6238	1,4443
3,00	Q =	4,3295	5,5549	7,1570	8,8357	10,691	12,723	17,318	22,620	28,628
	h =	5,2169	4,5446	4,0576	3,6357	3,3190	3,0297	2,6084	2,2723	2,0288

Таблица 9:

Потеря давления *h* в трубах для данного диаметра труб, количества воды и скорости.

Q в куб. м/мин., *h* в м. на 100 м. погонной длины труб.

v в м/сек.		диаметр труб в свету в мм.								
		500	550	600	650	700	750	800	900	1000
0,10	Q =	1,1781	1,4255	1,6965	1,9910	2,3091	2,6507	3,0159	3,8170	4,7124
	h =	0,0045	0,0041	0,0038	0,0035	0,0032	0,0030	0,0028	0,0025	0,0023
0,15	Q =	1,7672	2,1382	2,5447	2,9865	3,4636	3,9761	4,5239	5,7255	7,0686
	h =	0,0089	0,0081	0,0074	0,0069	0,0064	0,0060	0,0056	0,0050	0,0045
0,20	Q =	2,3562	2,8510	3,3929	3,9820	4,6181	5,3014	6,0319	7,6341	9,4248
	h =	0,0145	0,0132	0,0121	0,0112	0,0104	0,0097	0,0091	0,0081	0,0072
0,25	Q =	2,9452	3,5637	4,2412	4,9775	5,7727	6,6268	7,5396	9,5426	11,781
	h =	0,0213	0,0193	0,0177	0,0163	0,0152	0,0141	0,0133	0,0118	0,0106
0,30	Q =	3,5343	4,2765	5,0894	5,9730	6,9272	7,9521	9,0478	1,1451	14,137
	h =	0,0291	0,0264	0,0242	0,0224	0,0208	0,0194	0,0182	0,0162	0,0145
0,40	Q =	4,7124	5,7020	6,7858	7,9639	9,2364	10,603	12,064	14,268	18,850
	h =	0,0479	0,0436	0,0399	0,0369	0,0342	0,0320	0,0299	0,0266	0,0240
0,50	Q =	5,8905	7,1275	8,4823	9,9549	11,546	13,254	15,080	19,085	23,562
	h =	0,0708	0,0644	0,0590	0,0545	0,0506	0,0472	0,0443	0,0394	0,0354
0,60	Q =	7,0686	8,5530	10,179	11,946	13,855	15,904	18,096	22,902	28,274
	h =	0,0977	0,0888	0,0814	0,0751	0,0698	0,0651	0,0611	0,0543	0,0489
0,70	Q =	8,2467	9,9785	11,875	13,937	16,164	18,555	21,111	26,719	32,987
	h =	0,1285	0,1167	0,1071	0,0988	0,0918	0,0856	0,0803	0 0714	0,0642
0,80	Q =	9,4248	11 404	13,572	15,928	18,473	21,206	24,127	30,536	37,699
	h =	0,1630	0,1483	0,1359	0,1255	0,1165	0,1088	0,1019	0,0957	0,0815
0,85	Q =	10,014	12,117	14,420	16,923	19,627	22,531	25,635	32,445	40,055
	h =	0,1816	0,1654	0,1514	0,1400	0,1297	0,1213	0,1135	0,1009	0,0908
0,90	Q =	10,603	12,829	15,268	17,919	20,782	23,856	27,143	34,353	42,411
	h =	0,2013	0,1832	0,1678	0,1550	0,1438	0,1343	0,1258	0,1118	0,1006
0,95	Q =	11,192	13,542	16,116	18,914	21,936	25,182	28,651	36,262	44,787
	h =	0,2218	0,2016	0,1848	0,1706	0,1556	0,1478	0,1386	0,1232	0,1109
1,00	Q =	11,781	14,255	16,965	19,910	23,091	26,507	30,159	38,170	47,124
	h =	0,2433	0,2215	0,2028	0,1874	0,1738	0,1624	0,1521	0,1352	0,1214
1,05	Q =	12,370	14,968	17,814	20,905	24,245	27,833	31,667	40,079	49,079
	h =	0,2656	0,2412	0,2213	0,2041	0,1897	0,1768	0,1660	0,1476	0,1328
1,10	Q =	12,959	15,680	18,661	21,901	25,400	29,158	33,175	41,987	51,836
	h =	0,2889	0,2624	0 2407	0,2221	0,2063	0,1924	0,1806	0,1605	0,1444
1,15	Q =	13,548	16,393	19,510	22,896	26,554	30,483	34,683	43,896	54,202
	h =	0,3132	0,2844	0,2610	0,2406	0,2237	0,2085	0,1957	0,1740	0,1566
1,20	Q =	14,137	17,106	20,357	23,892	27,709	31,809	36,191	45,804	56,548
	h =	0,3382	0,3070	0,2818	0,2597	0,2415	0,2251	0,2113	0,1878	0,1691
1,25	Q =	14,726	17,819	21,206	24,887	28,864	33,134	37,698	47,713	58,905
	h =	0,3643	0,3316	0,3036	0,2806	0,2602	0,2432	0,2277	0,2024	0,1821
1,50	Q =	17,671	21,382	25,447	29,865	34,636	39,761	45,239	57,255	70,686
	h =	0,5076	0,4609	0,4230	0,3920	0,3625	0,3380	0,3172	0,2820	0,2538
1,75	Q =	20,617	24,946	29,688	34,842	40,410	46,388	52,779	66,798	82,467
	h =	0,6731	0,6131	0,5609	0,5188	0,4807	0,4496	0,4207	0,3739	0,3365
2,00	Q =	23,562	28,510	33,929	39,820	46,182	53,014	60,319	76,341	94,248
	h =	0,8599	0,7822	0,7166	0,6619	0,6143	0,5736	0,5375	0,4777	0,4300
2,50	Q =	29,452	35,637	42,411	49,775	57,728	66,268	75,396	95,426	117,81
	h =	1,2991	1,1817	1,0825	0,9999	0,9279	0,8666	0,8119	0,7217	0,6495
3,00	Q =	35,343	42,765	50,894	59,730	69,272	79,521	90,478	114,51	141,37
	h =	1,8178	1,6599	1,5149	1,4045	1,2984	1,2173	1,1355	1,0009	0,9089

Пример.

Как велико сопротивление на трение в водопроводе нефтяного промысла, имеющего длину 2000 м., если в место расхода подается 29000 кг. в час со скоростю $v = 1$ м/сек.?

Из $Q = \frac{d^2\pi}{4} v$ следует $d = \sqrt{\frac{4Q}{\pi \cdot v}} = \sqrt{\frac{4 \cdot 0{,}008}{3{,}14 \cdot 1}} = \sqrt{0{,}01} = 0{,}1$ м,

откуда $h_w = 0{,}0239 \frac{2000 \cdot 1^2}{0{,}1 \cdot 2 \cdot 9{,}81} = 24{,}4$ м.

В этом случае, благодаря преодолению сопротивлений на трение происходит потеря давления в 24,4 м., т. е. трубопровод должен иметь падение уровня по крайней мере в 24,4 м., или если падения уровня нет, то насосная установка должна вырабатывать соответствующее давление.

В помещенной таблице 9 приведены падения уровней, или что то же, падение давлений для наиболее часто встречающихся случаев. Для приведеннаго выше примера находят при $v = 1$ м/сек. количество проходящей воды для 100 мм. сечения трубы равным 0,4712 куб. м., что округленно будет 0,008 куб. м. или 8 л. в секунду. В этом случае для 100 м. длины трубопровода падение давления $h_w = 1{,}2166$ м., откуда для длины трубопровода в 2000 м. падение давления около 24,4 м.

Обычно применяют способ, подобный указанному в примере, причем первоначально вычисляют d. После этого сравнивают имеющиеся в таблице значения для Q и v и выбирают, если это необходимо, v большим или меньшим с тем, чтобы значение для d привести в соответствие с данными в таблице.

Глава IV.

Алмазы.

Инструментом, непосредственно выполняющим процесс бурения, является алмазная буровая коронка с насаженными на нее боковыми, донными и центральными алмазами.

Как известно, алмаз обладает наибольшей твердостью среди всех известных горных пород и минералов, и это его главнейшее физическое свойство послужило основанием для применения его в качестве режущего инструмента с целью разрушения всякой другой породы. По своим химическим свойствам, являясь одним из аллотропических видоизменений углерода, и имея удельный вес 3,5—3,6, алмаз, подобно своему второму видоизменению — графиту, не растворим в обычных растворителях и только при сильном накаливании в кислороде сгорает в углекислоту без выделения каких либо продуктов горения.

Таблица 10.

Скала твердости.

Название	Твердость	Название	Твердость
Воск	0,2	Мрамор	3—4
Глина (0°)	0,3	Мышьяк	3,5
Графит	0,5—1	Доломит	3,5—4
Каолин	1	Серпентин	3—4
Тальк	1	Плавиковый шпат	4
Асфальт	1—2	Платина	4,3
Хлористое серебро	1,3	Опал	4,6
Гипс	1,6—2	Палладий	4,8
Глауберова соль	1,7	Апатит	5
Сера	1,5—2,5	Азбест	5
Алебастр	1,7	Галмей	5
Антимоновый блеск	2	Роговая обманка	5,5
Железный купорос	2	Адуляр	6
Селитра	2	Авгит	6
Антрацит	2,2	Железный блеск	6
Янтарь	2—2,5	Полевой шпат	6
Квасцы	2—2,5	Иридий	6
Каменный уголь	2—2,5	Магнитный железняк	6
Горькая соль	2,3	Железная руда	6,3
Свинцовый блеск	2,5	Иридиевая платина	6,5
Медный купорос	2,5	Агат	7
Висмут	2,5	Кремень	7
Золото	2,5—3	Гранат	7
Медь	2,5—3	Осмиевый иридий	7
Серебро	2,5—3	Кварц	7
Антимониевый цвет	2,6	Турмалин	7,3
Слюда	2,8	Андалузит	7,5
Морская пенка	2,3	Берил	7,8
Известковый шпат	3	Топаз	8
Антимоний	3,3	Корунд	9
Тяжелый шпат	3,3	Алмаз	10
Арагонит	3,5		

По своим минералогическим свойствам алмаз относится к правильной системе, встречаясь по большей части в виде октаэдров и ромбических додекаэдров.

Указанное главнейшее физическое свойство алмазов — твердость может быть рассматриваемо, как такое сопротивление горной породы, которое оказывается проникновению в нее острого инструмента или другой какой либо горной породы; это будет, иначе говоря, способность одних минералов чертить другие, как это установлено скалой твердости (таблица 10).

Вне всякого сомнения, твердость находится в зависимости от степени сопротивления раздавливанию, причем при процессе бурения, как об этом было сказано выше, самое явление раздавливания происходит при условиях, свойственных вращательному бурению, когда незначительное усилие бывает приложенным к весьма малой площади, форма тела которой почти не влияет на раздавливание, зависящее скорее от природы вещества.

Помимо твердости, следующим физическим свойством, имеющим огромное практическое значение и служащее наравне с твердостью основанием для выбора вообще алмазов, является крепость или вязкость, т. е. сопротивление всей массы алмаза скалыванию и раздавливанию при отделении от него мельчайших частиц во время процесса бурения.

Факторы, влияющие на это сопротивление, следующие: а) сила сцепления частиц вещества и его твердость, зависящие от природы вещества, т. е. прочность алмаза будет тем больше, чем выше сцепление и твердость его массы, б) структура и вообще строение и сложение вещества: мелкозернистое, тонкозернистое и однородное строение и структура алмазов увеличивает прочность его более, нежели крупнозернистое и неоднородное строение; присутствие же пор, пустот, а также слоистость, трещиноватость и др. т. п. свойства, характеризующие сложение алмазов, совершенно уменьшают прочность его; в) форма алмаза: круглая форма кристалла содействует его прочности, так как наибольшее сопротивление раздавливанию на 1 кв. мм. площади давления оказывает шар, причем величина этого сопротивления обратно пропорциональна его размерам, т. е., если d = диаметр шара, α = сопротивление, то $\alpha = \frac{1}{d}$. Кроме этого, круглая форма алмаза вообще удобнее при вставлении его в коронку, так как оно легче, нежели при всякой другой форме, а главное эта форма влияет на равномерное распределение силы по рабочей поверхности алмаза. В силу этого алмазы, богатые гранями, как близко подходящие по своей форме к шарообразным, являются наиболее ценными. г) Удельный вес, указывающий на плотность, а следовательно, и на строение. В этом отношении испытание с помощью алмазных весов на взвешивание во время процесса изнашивания алмазов дает верные и весьма точные указания, позволяющие установить разницу веса кристаллов различного строения. д) Размеры употребляемых алмазов.

Таким образом, резюмируя все вышесказанное о свойствах алмазов, мы видим, что

1. алмазы должны обладать большой твердостью,
2. алмазы должны обладать взаимным сцеплением частиц,
3. алмазы должны обладать тонкозернистостью и однородностью,
4. алмазы должны обладать по возможности округленной формой.

Вне всякого сомнения, что все вышеуказанные свойства алмазов проявляются не одинаково в различных сортах алмазов; весьма часто можно наблюдать, что отдельные алмазы одного и того же сорта различны по своим свойствам и все такие их качества, как однородность, сцепление, больший или меньший удельный вес, трещиноватость, присутствие пор и пр. сплошь и рядом присущи подобным алмазам, что имеет огромное значение, так как это обстоятельство может оказаться имеющим решающее значение при бурении среди тех или других горных пород.

Отсюда должно быть ясным то значение и роль, какие придаются всему вопросу о

а) качестве алмазов, идущих на бурение,
б) выбору алмазов,
в) приемке как отдельных алмазов, так и целых партий при покупке.

В этом отношении необходимо перед приобретением алмазов производить самую тщательную приемку их на основании произведенных испытаний, с целью определения и выяснения всех вышеуказанных свойств. В России, несмотря на значительную давность алмазнобуровых работ, правила для приемки алмазов не выработаны. В разных странах придерживаются различных выработанных практикой норм испытания; считая небесполезным иметь таковые правила для русской буровой техники, мною предлагаются следующие сведения об алмазах, необходимые вообще при бурении и в особености при приемке отдельных и целых партий алмазов.

Обычно в практике бурового дела употребляются следующие три сорта алмазов в зависимости от своих качеств:

а) борты,

б) балласы и

в) карбонаты.

В зависимости же от своей формы, в промышленности различаются два сорта алмазов:

а) натуральные, т. е. такие, которые добываются в своем естественном виде из россыпных месторождений, и

б) колотые, получаемые от раскалывания естественных алмазов; обычно первые имеют округленную форму и обладают следующим весом: малый 5—10 каратов, средний 50—70 каратов и большие 100, 200, 500 каратов. Обыкновенной единицей веса алмазов служит карат, величина которого в разных государствах различна и колеблется от 0,197 340 до 0,205 305 гр., в среднем 0,201 322 гр. или просто 201 миллигр. За последнее время принят в обращении так называемый метрический карат, равный по вессу 0,2 гр. Доли простых каратов выражаются в шестьдесят четвертых частях карата; доли же метрических каратов выражаются в сотых частях карата.

Алмазы встречаются во всех частях света, но преимущественно в Австралии, Бразилии, Английской Гвинее, Бельгийском Конго, в Соединенных областях Южной Африки и в Индии. Сообщается также об открытии алмазных россыпей в Арканзасе и известно, что малое количество там уже добывается.

Впервые алмазы найдены в Бразилии в 1725 г. двумя миссионерами Иезуитского ордена, которые, проходя через некоторые части Минас Герасс по дороге в Рио Сан Франциско, увидели, как туземцы играли особую местную игру, при которой светящиеся голыши разного цвета были употребляемы, как плата. Эти миссионеры дали несколько безделушек за горсть камней, которые они принесли в культурные области. Как только камни эти были оценены по достоинству, Португальское правительство послало казенных чиновников, которые организовали работы на алмазных россыпях, пользуясь трудом невольников. Такие работы продолжались много лет, в течение которых было найдено много тысяч каратов алмазов. Странное явление в бразильских алмазных приисках представляет то, что до недавнего времени не было открыто ни одной россыпи — все камни были найдены в реках. В продолжении нескольких последних лет самые большие россыпи, которые оценивались в 5 долл. за куб. метр по содержанию алмазов, были найдены в области Диамантина.

Открытие алмазов в Южной Африке относится к 1867 г. Работы на этих приисках были более продуктивны, так как алмазные жилы были быстро найдены, и вскоре были основаны такие шахты, как Де Берс, Кимбежан, Егерфонтайн, Премьер и др. Главнейшими же месторождениями алмазов служат Южная Америка и Южная Африка (Бразилия). В Бразилии учет алмазов является затруднительным, так как большая часть их шлифуется на месте в Bahia и вывозится оттуда пассажирами, но в изестность ставятся только те из добываемых алмазов, которые транспортируются через Рио-де-Жанейро (рис. 11). Приблизительно установлено, что в Бразилии ежегодная добывающая производительность равна около 60 000 каратов карбонатов, ценностью в среднем 6 фунтов стерлингов за один карат и от 150—200 000 каратов бортов по 2 фунта стерлинга за один карат.

Таблица 11.

Добыча алмазов в Ю. Африке.

Год	Карат	Общая сумма £
1909—1914	5 150 771	9 117 315
1914	2 801 016	5 487 194
1915	103 383	839 810
1916	2 346 330	5 728 391
1917	2 902 417	7 713 810
1918	2 543 735	6 961 062
1919	2 592 099	11 237 778
1920, 1-ая пол.	1 351 803	7 862 391

Что же касается Южной Африки, то считая небесполезным дать более подробные сведения, я здесь же приведу описание эксплоатации месторождений алмазов Юго-западной Африки.

Эти месторождения простираются по направлению к северу и югу от бухты Lüderitz узкой полосой вдоль берега. Самыми богатыми участками являются участки, лежащие к югу от железной дороги Lüderitzbucht-Kolmannskuppe, а именно участки, принадлежащие d. Kolonialen Bergbau-Gesellschaft, d. Pomona Diamanten-Gesellschaft u. Deutschen Diamanten-Gesellschaft.

Рис. 11. Рио-де-Жанейро — путь к Бразильским алмазам.

Эти три крупных общества вместе с несколько меньшими об'единены в один общий Consolidated Diamond Mines Ltd. of S. W. A., так что большая часть добычи алмазов в юго-западной Африке находится в одном управлении. Общая производительность этого об'единенного Союза в течение многих лет в среднем была до 500 000 карат в год при средней продажной стоимости по 5 фунтов стерлингов за карат. Из таблицы 12 можно видеть цены, существовавшие на алмазы с 80 годов.

Таблица 12.

Стоимость алмазов для бурения за 1 карат с 1879 по 1914 г. в долларах.

Год	Карбонаты		Борты	Год	Карбонаты		Борты
	a	b	c		a	b	c
1879—80	5,00	—	—	1898	33,00	36—40	—
1881—82	6,00	—	—	1899	35,00	70	—
1883	15,00	—	—	1900—01	40,00	36—70	15
1884	8,00	—	—	1902	45,00	35—65	—
1885—86	6,00	—	—	1903	50,00	45—60	18
1887	12,00	—	—	1904	55,00	40—65	—
1888	10,00	—	—	1905	65,00	—	—
1889—90	12,00	—	—	1906	75,00	60—85	—
1891	15,00	—	—	1907	85,00	40—100	10—15
1892	16,00	—	—	1908	85,00	75—95	15
1893	16,50	15	—	1909	85,00	95	—
1894	15,00	17	—	1910	85,00	40—65	8—15
1895	15,50	20	—	1911—12	85,00	—	—
1896	20,00	14—70	—	1913	85,—	60—90	25
1897	31,00	35—36	—	1914	85,—	—	—

a) Для специальных сортов и отлично выбранных камней цены особенно за последние годы поднялись на 8—10 долларов выше за 1 карат (цены показаны фирмы Sullivan Mach Co.).

b) Цены приведены по техническим журналам. Последние — для карбонатов худших сортов, бедных формой или небольших размеров.

c) Цены бортов обыкновенно от 20 до 25% цены первоклассных карбонатов. Надо заметить, что цены алмазов всегда колебались в зависимости от их качеств. Цена камня, например, с горох величиной была от 150 до 1400 мар. Большие торговые фирмы в Амстердаме делили алмазы на 6 категорий. К 1-й и 2-й категориям относятся камни, применяемые к работам на твердейших породах; эти считаются самыми высокими по цене. 3-я и 4-я категории — это камни для пород средней твердости и по цене они равны половине камней 1-й и 2-й категорий. Наконец, камни 5-й и 6-й категорий годны для бурения мягких пород и расцениваются, как самые дешевые. В довоенное время цена карата была от 30 до 200 марок.

Расходы по добыче алмазов вышеуказанного африканского месторождения незначительны, благодаря сравнительно благоприятным условиям залегания месторождения.

В самые последние годы, вследствие недостатка сбыта алмазов, добыча была кратковременно сокращена.

Алмазы находятся в образовавшихся, благодаря сильным процессам выветривания, эллювиальных россыпях. Как известно, вся прибрежная зона юго-западной Аффрики почти лишена осадков; в орографическом отношении местность представляет из себя пустыню, покрытую резко выраженными выходами коренных пород, перемежающихся значительным количеством холмов с заполненными эллювиальными долинами. Вследствие процесса выветривания эти долины были выдуты господствующими ветрами, и лишь наиболее глубокая часть, лежащая обычно в середине, и представляет из себя так называемые русла россыпи, измеряемые в длину и ширину от нескольких метров до значительного количества километров. В большинстве случаев ширина равна нескольким стам метров, а длина нескольким километрам. Россыпи простираются приблизительно с N на S, соответственно гоподствующим полным ветрам. Мощность эллювия в них колеблется от 0 до 15 метров, средняя мощность содержащего алмазы эллювия в двух наибольших залежах Kolonialen Bergbau-Gesellschaft равна 1,5 до 2 метрам, а в области Pomonia и в Немецком Алмазном О-ве приблизительно 10 до 30 сантиметров.

Содержание алмазов в эллювиальной россыпи, конечно, не везде одинаково, а подвержено большим колебаниям, которые только редко находят себе об'яснение. В среднем 1 куб. метр материала россыпи содержит от 0,1 до 0,3 карата, причем на один карат приходится 5—7 адмазов.

Добыче алмазов предшествуют разведочные работы, обычно состоящие в том, что перпендикулярно к направлению господствующих ветров в эллювиальной россыпи проводятся канавы шириной в 1—2 метров на расстоянии 200—400 метров друг от друга. Добытый материал сразу подвергается ручному обогащению (см. ниже). При глубоком залегании алмазной россыпи довольствуются рядами шурфов сечением 2×2 метра, заложенных в шахматном порядке.

Результаты разведки позволяют делать довольно точные заключения о значении россыпи.

О происхождении алмазов можно предполагать, что поблизости должны находиться коренные месторождения алмазов; так как в найденных до сего изверженных породах с достоверностью не было доказано присутствие алмазов, то предполагают, что по всей вероятности есть еще россыпи, образовавшиеся от штоков изверженных пород, покрытых рыхлыми или сцементированными продуктами выветривания. От бухты Lüderitz до области Pomon коренные породы состоят из гнейсов, которые к югу от Pomon'а сменяются сланцами, кварцитами и доломитами.

Благодаря отсутствию достаточного количества воды, разведочные работы и работы по добыче раньше были связаны с большими трудностями и пред'являли к участникам этих работ очень большие требования. Лишь с постройкой узкоколейной железной дороги, длиною около 100 км. от Kolmanskuppe до Bogenfels и сооружением конденсаторов, постепенно улучшились при сообщении жилищные условия для белых и туземцев, а главное санитарные, благодаря которым удалось побороть существующие там болезни: скорбут, тиф и дизентерию, требовавшие много жертв.

Алмазы были открыты в 1908 году August Strauch, и уже в 1913 году были закончены разведочные работы и приступлено было ко вскрытию месторождений. Богатство месторождений сделало возможным развитие предприятий с небольшим основным капиталом за счет текущей прибыли.

Расходы по добыче, бывшие сначала очень незначительными, дали повод к установлению очень высоких налогов: 33⅓% стоимости алмазов удерживалось в виде вывозной пошлины. Так как при установлении таких налогов совершенно не считались с богатством месторождения, то это вредно влияло на разработку бедных месторождений, и в 1913 году было введено так называемое обложение нетто, зависившее от развитой производительности и от себестоимости, и вычисляемое следующим образом: по определенным правилам вычисляется себестоимость карата, отсюда берут 70% и полученное число делят на число равное 66% продажной цены карата. Такие исчисления делаются отдельно для каждого предприятия. Эта немного необычная формула для вычисления пошлины автоматически учитывает качество месторождения, так что более богатые месторождения платят больше пошлины, чем бедные. При коэффициенте производства в 94% налог совершенно прекрашается.

Эксплотация алмазов производится двумя способами.

Первый способ, более употребительный, состоит в том, что сырой материал сортируется на месте добычи для удаления сразу частей, не содержащих алмазов. Вообще говоря, это зерно от 0 до 1,25 мм. и крупнее 5 мм.

В различных обществах были произведены тщательные опыты с просеиванием сырого материала для установления величины зерна с таким расчетом, чтобы с одной стороны уменьшить количество материала, подлежащего перевозке к промывающим устройствам, а с другой — возможно меньшее количество алмазов терять в отбросах. Цилиндри-

Рис. 12. Экскаватор Kreplin'a.

ческое решето, применяющееся для отсеивания в поле и усовершенствованное в деталях, за время многолетней практики дает, 3 класса, а именно:

1. Зерна больше 5 мм. Обыкновенно величину отверстий выбирают немного большей, а именно 7 мм. Зерно 5—7 мм. при классификации считают пустым.

2. Мелочь, размерами до 1,25 мм.

3. Материал с содержанием алмазов, идущий на перемывку 1,25 до 5 мм. Этот класс перемывается или непосредственно на поле, или доставляется в установки для мойки.

Второй способ добычи состоит в том, что сырой материал непосредственно с поля доставляется в мойку и здесь только отсеивается. Этот способ теперь практикуется только в Kolmannskuppe.

Понятно, что при обоих способах добыча может производиться экскаваторами, так как россыпь или совсем рыхлая, или только слабо сцементирована. Особого внимания заслуживает при том экскаватор, спроэктированный Kreplin'ом, который в одно и то же время и промывает добытый им материал, и транспортирует посредством бесконечной ленты отсеянную мелочь обратно в выработанное место (рис. 12).

А. Непосредственное обогащение сырого песка.

Отношение между сырым песком и промываемым материалом непостоянно, но в среднем составляет 6 : 1.

Если хотят доставлять к мойке сырой песок, то нужно, следовательно, считаться с большой массовой перевозкой. Так называемая мойка Сев. Блека Колониального Горного О-ва устроена на производительность 1500 куб. метр. в 18 часов. Весь сырой материал перемешивается в барабане с водой, поступающей по трубопроводу длиною 25 км. от моря, и таким образом производится первоначальная классификация мокрого материала. Струйчатые аппараты, вследствие сильно меняющегося состава россыпи, оказались для этого не пригодными.

Пустая порода и круглый песок, получающийся при отсадке выводится в большие отстойные бассейны. При помощи экскаваторов-грейферов этот материал опять забирается из этих бассейнов и ссыпается в бункер, из которого наполняются вагонетки отвальной дороги. Вследствие того, что особенно мелкий материал ниже 1 мм. содержит глину, а также вследствие сотрясений, производимых ударами грейфера в бассейне, вся масса сдавливается и сцепляется, и потому производительность грейфера ниже нормально полагающейся.

В последнее время этот недостаток был устранен, и вся дальнейшая операция обогащения происходит по следующей схеме А.

Схема А.

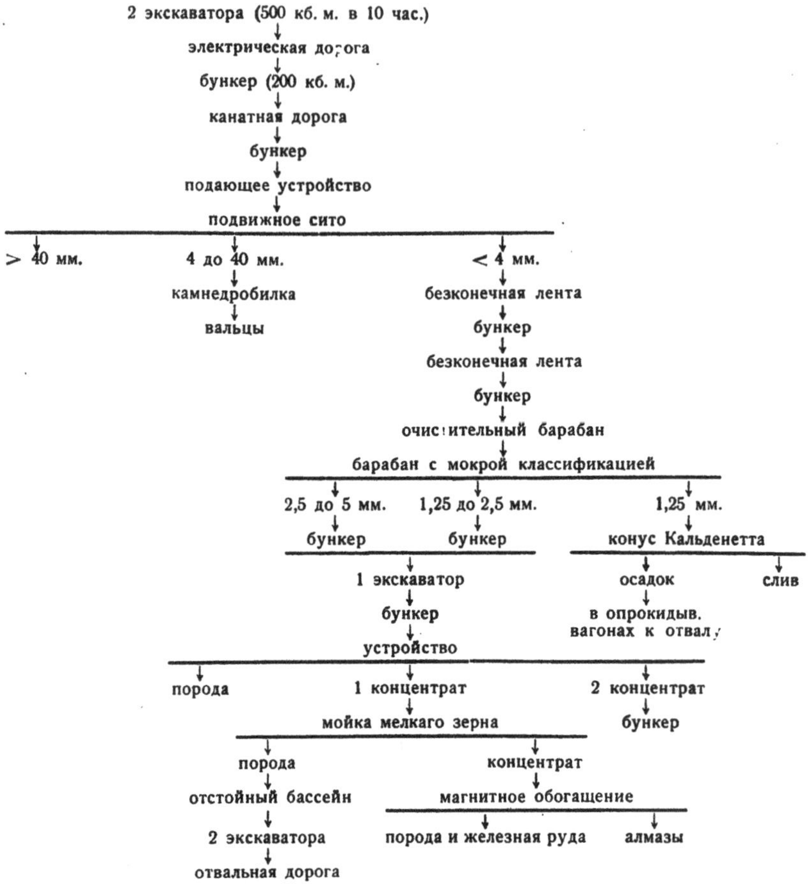

B. Нормальное обогащение алмазов.

Выше было указано, что при нормальном способе обогащения материал для промывки получается на самом месторождении посредством просеивания в барабанных ситах. Этот материал подвергается дальнейшему обогащению или на самом поле, или в больших центральных обогатительных установках.

а) Мокрое обогащение материала на поле.

В начале развития алмазного промысла, когда не имелось в распоряжении больших установок, были принуждены промывать пески на поле. Но при дальнейшем техническом развитии выяснилось, что этот способ работы оказывался экономически выгодным лишь при небольших расбросанных предприятиях, куда трудно было проводить откаточные пути, или расположение их было таково, что они не могли быть удобно присоединены к большим установкам, или же которые, наконец, обладали таким небольшим запасом алмазоносной россыпи, что подведение пути было невыгодно. В таких долинах приходится производить мокрое обогащение на месте. Вначале эта работа была очень грубой. Зерно от 1,25 до 5 мм. отсаживалось в известных ручных ситах. Тяжелыми составными частями являются минералы, содержащие железо, гранаты и алмазы. Обыкновенно на 1 куб. метр песка приходится около 10 литров концентрата. Если в ручном отсадочном сите помещается 10 куб. литров песку, то из этого количества получится $^1/_{10}$ литра концентрата. Если после такой отсадки опрокинуть сито вверх дном, то тяжелый концентрат лежит сверху и алмазы могут быть выбраны.

Этот практический метод применялся долгое время. Но вскоре было замечено, что при этом получаются большие потери. Точнейшие опыты показали, что потеря составляет по меньшей мере 30%, а иногда до 100% и более добытого количества аламазов. Повторной промывкой потеря могла быть понижена до 10%. С этим была связана малая производительность и постоянная зависимость от краснокожих рабочих и поэтому возможность краж. Поэтому явилась насущная потребность в получении ручной отсадочной машины, в которой с большей производительностью была бы связана лучшая работа. Был испробован целый ряд моделей, которые имеют, однако, только исторический интерес, а именно: гравитатор, проспекционная машина Шихеля, машина Каспаройтуса, ручная кривошипная отсадочная машина, ручная промывальная машина Гумбольда и Круппа и так называемая ручная промывальная машина Шульца, на которую машиностроительный завод Людериц имеет патент. Наиболее принятым типом этих машин является последняя со снабженным так называемым дифференциальным ситом, усовершенствованным Г. Глокмейером. (Рис. 13 и 14.)

При работе обогащения этим способом, надо указать на

ту разницу, какая существует при рудном и алмазном обогащении.

1. При рудном обогащении состав сырой руды не постоянен, а оттого и различно количество получаемого концен-

Рис. 13. Установка Гумбольдта для промывки алмазов в Ю.-З.-Африке.

Рис. 14. Сепаратор зав. Гумбольдта для обогащения алмазов.

трата. Алмазоносные же пески обладают почти одинаковыми количествами концентратов, а именно, не больше 70 литров на куб. метр, в среднем же гораздо меньше, чем 70 литров, а в бухте Людериц даже меньше 10 литров тяжелых составных частей.

2. При рудном обогащении требуется достижение высокой концентрации. При алмазном обогащении высокая концентрация является второстепенной целью, а большее значение придается полному извлечению алмазов.

3. При рудном обогащении приходится считаться с вкрапленными зернами, в то время, как при алмазном обогащении приходится иметь дело только с пустой породой и концентратом, состоящим из составных частей коренных пород и галек кварца (так называемый агат), а также железосодержащих минералов, гранатов и алмазов.

Так как в конце концов алмаз является единственным улавливаемым материалом, то возможно совершенно точное

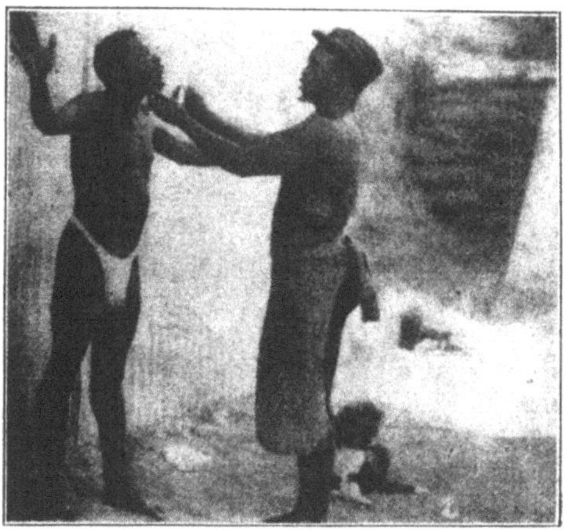

Рис. 15. Осмотр негров после смены при добыче алмазов в Ю-З-Африке.

определение потери алмазов при отсадочном процессе. Например, если ручная отсадочная машина дала 100 алмазов или 100 карат за большой промежуток времени и контрольная отсадка породы дала еще 5 алмазов или 5 карат, то говорят, что ручная отсадочная машина работает с 5% потери.

При разработке коренной породы предполагается, что имеют дело с содержащими алмаз породами, заключающими в себе не черезчур большие количества глины и пустых пород. Сырой материал, доставляемый от места разработки в вагонах к месту, где он перерабатывается, сперва высыпается на решетку (1) — см. схему В — с отверстиями в 50 мм. Куски величиной свыше 50 мм. отправляются в дробилку, тогда как материал, прошедший через решетку величиною меньше 50 мм., подается в приемную воронку (2), под которой находится механическое приемное приспособление (3), подающее равномерно материал элеватору (4), благодаря чему достигается регулярное поступление также и ко всем остальным аппаратам.

Элеватор (4) подает материал к разделительному барабану (5), снабженному продырявленными металлическими листами с отверстиям 15—10—6 мм. Отсеянный материал от 6 до 0 мм. поступает в разделительный барабан (6) с отверстиями в 3 и 1,5 мм. Отсеянная мелочь мельче 1,5 мм.

Рис. 16. Осмотр негров после смены при добыче алмазов в П.-З.-Африке.

поступает в отвал также, как и крупные зерна величиной больше 15 мм., так как предполагается, что в этом материале алмазы не содержатся. Конечно, ничто не может помешать материал крупнее 15 мм. подвергнуть дальнейшей обработке частью на машинах для осаждения, частью на разделительных машинах.

Полученные в разделительных барабанах (5 и 6) зерна различной величины обрабатываются как это указано ниже:

Зерна 15—10 мм. на одной машине для осаждения с тремя сетками и коленчатым рычагом (7).

Зерна 10—6 мм. на одной машине для осаждения с тремя сетками и эксцентриком (8).

Зерна 6—3 мм. на одной машине для осаждения с тремя сетками и эксцентриком (9).

Зерна 3—1,5 мм. на одной машине для осаждения с тремя сетками и эксцентриком (10).

На всех машинах для осаждения материал разделяется на тяжелый продукт и легкий. В тяжелом продукте

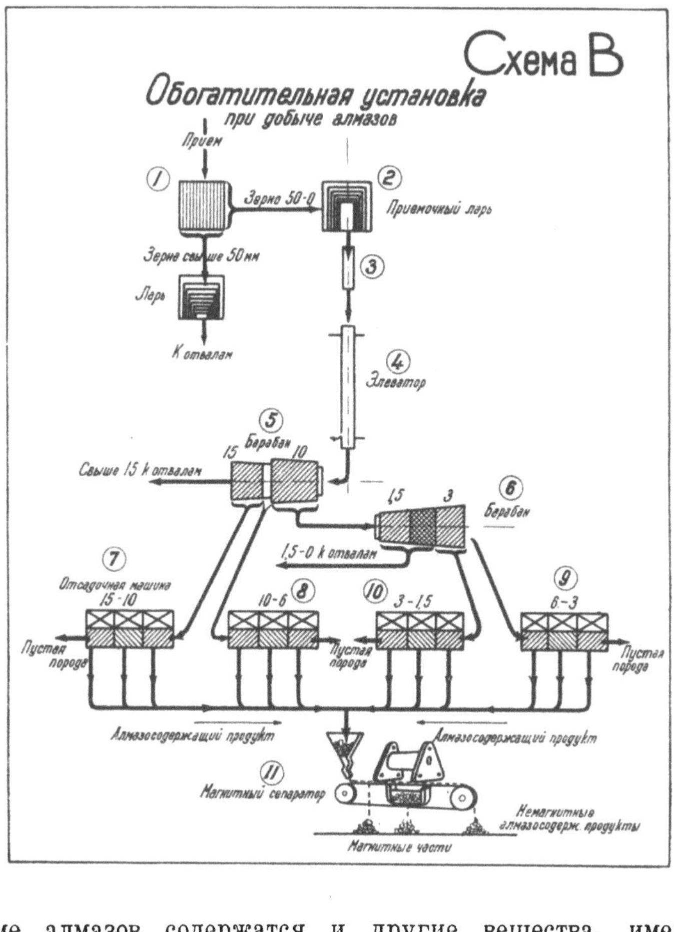

кроме алмазов содержатся и другие вещества, имеющие такой же высокий удельный вес, как и алмазы. Если в тяжелом продукте имеется большое количество магнитных составных частей, например, титанистое железо или гранит, что случается довольно часто, то дальнейшая переработка тяжелого продукта производится на магнитном разделителе (11), на котором весь продукт разделяется на подверженный действию магнитов и на неподверженный, содержащий в себе алмазы. Количества материала, содержащего алмазы, после магнитной обработки значительно уменьшается, и таким образом имеют сравнительно небольшие массы материалов, из которого алмазы легко могут быть отобраны.

Различные применения алмаза.

Добытые тем или иным способом и обогащенные алмазы применяются в промышленности для различных технических целей. А именно:

Рис. 17.

а) Для резки стекла различного качества: оконного и зеркального, орнаментного, черного, сырого, стеклянной проволоки, а также для так называемого «палубного» стекла, стеклянных трубок. Для этой цели пользуются алмазами самых разнообразных мелких размеров, вправленными или в соответствующую рукоятку (держатель), или же в соответствующие машины, в которые закрепляется алмаз при помощи латунных или железных наконечников.

в) Для обработки точильных (наждачных) шкивов. Для этой работы применяются различные сорта алмазов: карбонаты, борты. Эти камни, вставленные в конпческий или цилиндрический держатель, употребляются для обтачивания и обделывания сделавшихся неровными точильных (наждачных) шкивов. (Рис. 17 и 18.)

Всякая фабрика, пользующаяся наждачными шкивами для оттачивания инструментов, круглых точильных машин, осей, валов и плоскостей, нуждается в таких алмазах.

Рис. 18.

c) Для художественных целей — художество на стекле, письмо, рисунки, черчение на стекле и пр. Рис. 19.

Рис 19.

d) Для оптической промышленности. Здесь алмазы находят всестороннее применение, например, при распиливании стеклянных плит медными шкивами с насаженными мелкими алмазами, для разрезывания круглых или овальных плит для получения глазных и т. п. стекол, для просверливания глазных стекол, гравировки скал, оттачивания (отшлифовывания) и т. д. (Рис. 20.)

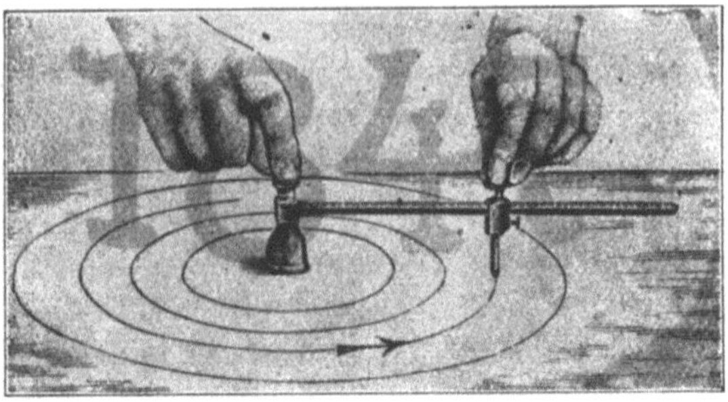

Рис. 20.

e) Для обработки драгоценных и полудрагоценных камней, подделки бриллиантов. Отчасти для оттачивания и просверливания пользуются или Boart или острыми алмазами.

f) При распиливании мрамора и различных крепких горных пород. В особенности же здесь применимы борты, вделанные или в круглые диски диаметром до 3—4 метров, или в лезвие стальных пил длиною до 6—8 метров. (Рис. 21 и 22.)

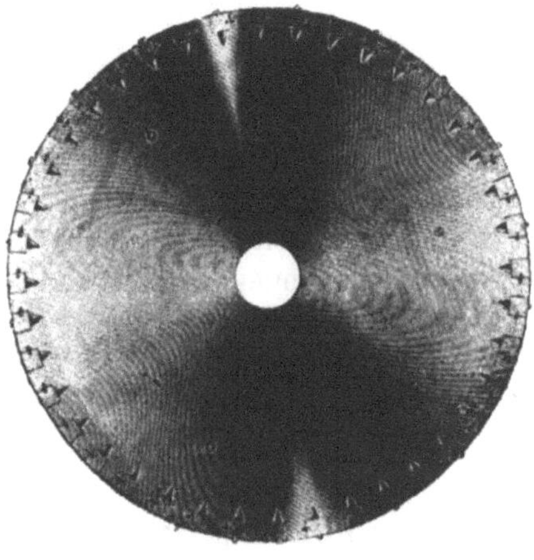

Рис. 21.

g) Для волочения тонкой проволоки. Такие алмазы снабжены коническими отверстиями и, для удобства пользования, вставлены в круглые металлические пластинки, применяемые фабриками для медной и стальной проволоки.

i) Для литографских целей, работ на камне, меди.

Рис. 22. **Различные применения алмазов.** По материал фирмы **E. Winter & Sohn.**

k) В зубоврачебной практике и часовой индустрии.

l) При оптических прецизионных работах, при изготовлении точных масштабов.

m) Для обработки фарфоровых катков для шоколадных фабрик, жерновов для рисовых мельниц.

Также применяются алмазы для обработки мягких металлов в соединении с твердой резиной и ее суррогатами (коллекторы, коммутаторы).

n) Для придания надлежащей формы резиновым каткам для пишущих и копировальных машин.

Большое значение имеют алмазы для обработки мягких металлов, например, в бумажном производстве для бумажно-каландерных катков и т. п.

Наконец, обширное применение алмаз нашел в горном деле — а именно, в буровом деле, при проведении буровых скважин, и во взрывном деле, при проведении шпуров для заложения патронов [1]).

Как указано было выше, в практике бурового дела применяются три сорта алмазов: борты, баласы и карбонаты. Рассмотрим их подробнее.

Борты. Борты представляют из себя отобранные из белых кристаллических алмазов камни, предназначенные для бурения. По своему виду они похожи на драгоценные ювелирные, но не годятся для этой цели, потому что отличаются мутноватым не совсем белым цветом, несовершенной формой и иногда какими нибудь другими небольшими повреждениями. В большинстве случаев белый цвет их имеет желтоватый или красноватый оттенок, или же похож на цвет льда. Этот последний сорт, т. е. специальной окраски цвета льда, идет главным образом для бурения. Форма бортов всегда кристаллическая. Встречаются они как в Бразилии, так и Африке, и являются самыми дешевыми камнями из всех остальных сортов алмазов. (Рис. 24.)

Существенными, но не благоприятными свойствами их являются: а) присутствие в них незаметных для глаза трещин, б) малое сцепление по плоскости спайности и сростания; поэтому, хотя твердость их велика, но они не в состоянии выдерживать значительного давления, т. е. крепость их небольшая, и потому, при применении их в твердых породах и при увеличении предельного давления, они крошатся, скалываются и быстро изнашиваются.

---

[1]) „Der Arbeitsdiamant“ von Dr. E. Dannmeyer und Dr. O. Hartleb, Hamburg, Zeitschr. des Internat. Vereins der Bohringenieure und Bohrtechniker No. 17, 1922.

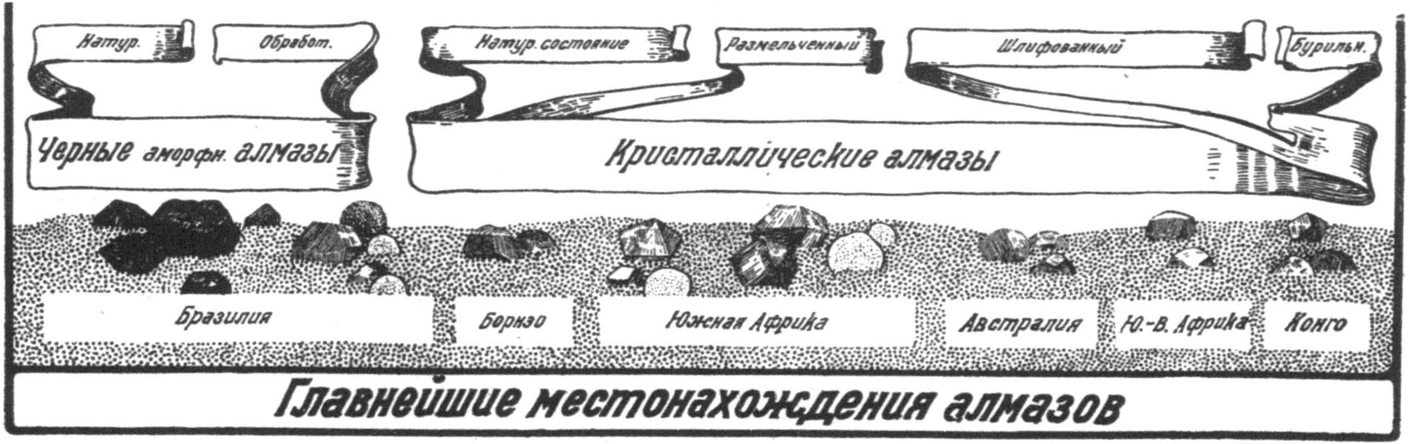

Рис. 23. Применение алмазов.

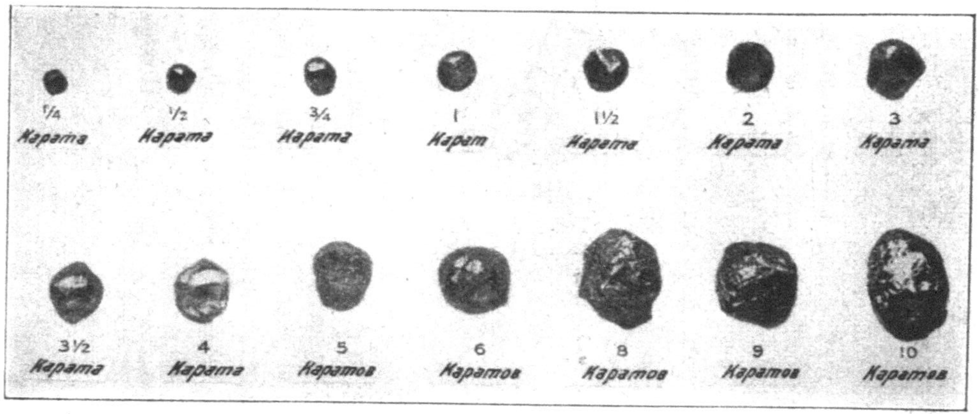

Рис. 24. Борты. Натуральные размеры.

По данным буровой техники заграницей, можно установить, что предельным давлением на 1 карат алмазов является нагрузка не свыше 5-ти килограммов, при коронке до 2 дюймов диаметра и скорости оборотов 60 в минуту. Обыкновенно борты рекомендуются к употреблению для буровых работ в породах мягкой и средней твердости: маргелях, нетвердых известняках, сланцах и т. п. породах, однородных по своей структуре. Основанием для этого служит также следующее весьма важное соображение. Для того, чтобы возможно было осуществить процесс разрушения горных пород с помощью вставленных в коронку алмазов, последние, как это будет об'яснено ниже, вставляются таким образом, чтобы одна острая грань выступала бы из коронки (рис. 3). Во время бурения эта грань испытывает двоякого рода деформации: с одной стороны на нее действует сила, производящая давление на нее, с другой же стороны сила,

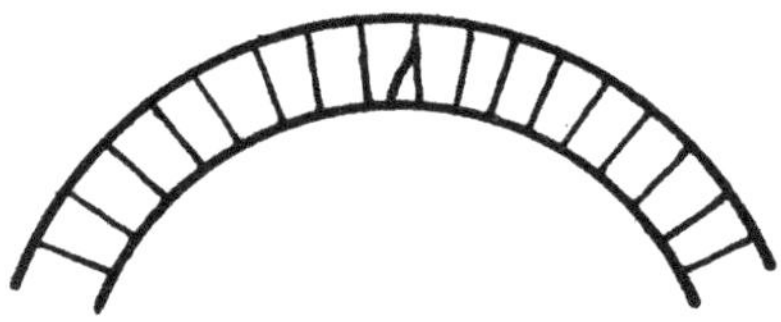

Рис. 25.

производящая скалывание. В результате действия обоих сил происходит постепенное истирание грани, что вызывает собою местное незначительное повреждение и в тоже время весьма существенное ослабление общего свода кристалла подобно тому, как если бы в каком либо каменном своде, благодаря повреждению отдельных камней, была бы повреждена кривая свода (рис. 25). Поэтому борт, однажды поврежденный и так сказать растревоженный в своем месте, не долго служит. Он становится негодным к употреблению, несмотря на остальную сохранившуюся его вторую половину своего веса. Иногда даже при бурении более или менее твердых породах это явление в особенности бывает неблагоприятным для буровых работ, так как это сильно отражается на корпусе буровой коронки, сталь которой вследствие истирания быстро изнашивается. Это изнашивание происходит в следующие фазы (рис. 26): 1-ая фаза — грань алмаза выступает на одинаковую величину по обе строны своей оси a b от тела коронки; II-ая фаза (рис. 27) — под влиянием работы сталь коронки истирается и алмаз выступает на большую величину, чем в начале работы, но еще не настолько, чтобы вид коронки мог подать повод к разрушению. III-ая фаза — при дальнейшем бурении, в связи с продолжающимся истиранием коронки, вдруг внезапно наступает момент перегруженности алмаза и он растрескивается, как показано на рисунке 28. Результатом этого является полное разрушение и выпадение алмаза. Кроме того, лопнувший алмаз по большей части истирает и другие камни до тех пор, пока струя воды не удалит алмазные расколки. Если бурение производится не на очень большой глубине, то иногда бывает слышен ясно даже треск алмазов. В очень же твердых породах избежать подобного явления весьма трудно, несмотря на самую тщательную пре-

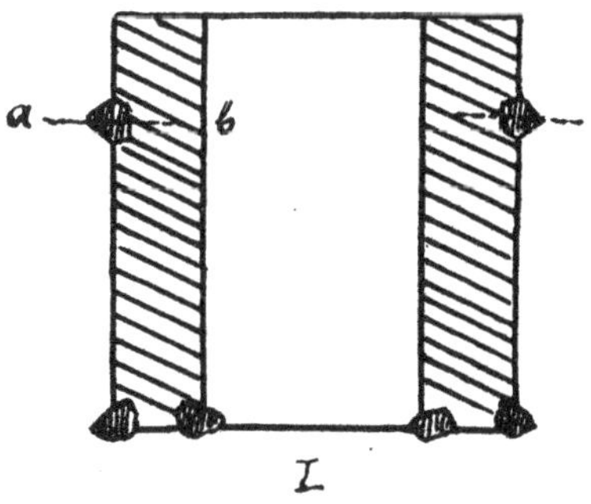

Рис. 26.

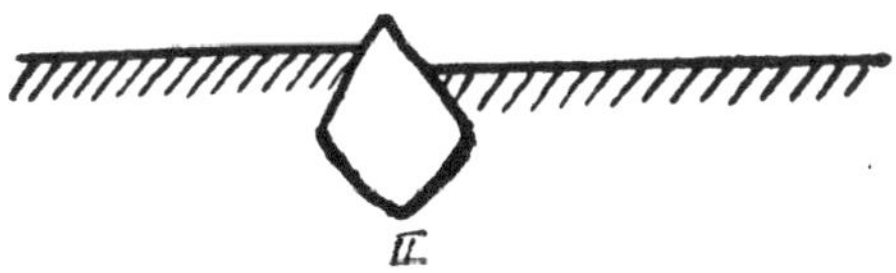

Рис. 27.

Рис. 28

досторожность при бурении и давление на коронку. Вместе с этим при употреблении бортов производительность работы менее благоприятна еще потому, что гладкие поверхности (плоскости) кристаллических граней имеют всегда склонность к скольжению. Кроме этого по сравнению с карбонатами борты более чувствительны к толчкам и ударам, что имеет значение, как при вставлении их в коронку, так и при бурении в горных неоднородных трещиноватых породах.

Благодаря этим свойствам бортов, несмотря на то, что они являются самыми дешевыми сортами алмазов, употребление их не так значительно: в большинстве случаев, как самостоятельные д о н н ы е рабочие алмазы, они не употребляются, но ими можно пользоваться, как вспомогательными боковыми, и для этой последней цели применяют обыкновенно маленькие почти круглые алмазы, которые отличаются гораздо большим внутренним сцеплением своих частиц, нежели крупные борты.

Балласы: Более лучшим сортом алмазов являются балласы, добываемые главным образом в Южной Африке — так наз. кабалласы. Весьма характерным свойством их строения является присутствие наружной мелкозернистой твердой оболочки, или корки, равномерно окружающей центральное крупно-кристалическое ядро шаровидной формы. Эта оболочка увеличивает крепость балласа, и как только во время работ она истирается, то баллас быстро разрушается.

Рис. 29. Ручная промывка алмазов в Бразилии.

Поэтому лишь только замечают это истирание, алмаз поворачивают в гнезде коронки на обратную сторону и работу продолжают иногда даже очень долго до разрушения другой стороны указанной оболочки. Подобно бортам балласы в небольшом количестве (1—2) применяются в качестве наружных или боковых алмазов вместе с донными карбонатами, которые главным образом выдерживают главную часть давления во время работы. Балласы обыкновенно тверже бортов и даже карбонатов, и этим свойством пользуются для испытания на твердость последних: чертят балласом испытуемый карбонат и в зависимости от того, как сильно или нет получается отчетливость черты, заключают о твердости карбоната. Давление на коронку со вставленными балласами на основании практики нельзя допускать свыше 10 киллограмм на 1 карат при числе оборотов от 60—100 в одну минуту.

Карбонаты. Самым распостраненным сортом и наиболее подходящим для бурения является сорт карбонатов. Они добываются исключительно в Бразилии из речных рассыпных месторождений в песке, смешанном с речным илом и галькой. Способ добычи самый несложный и состоит в том, что местные туземцы или ныряют в воду и достают со дна реки в маленьких корзинках возможно больше песку и ила, из которых затем ручным способом извлекают алмазы, или добывают их прямо из россыпей круглыми лотками (рис. 29). Машинный способ этой добычи не выгоден вследствие неравномерности в строении дна рек. Главнейшие месторождения в Штате Bahia-Chapada, Bagajem, Morro de Chapeo, San Isabel. Карбонаты представляют из себя плотные алмазы (рис. 30). Часто их называют черными алмазами, но это определение не точно, так как хотя они темной окраски, но не всегда черные; очень часто встречаются коричневые, серо-коричненые, темно-красные и зеленоватые разновидности со всеми переходами в черный цвет.

Качество карбонатов весьма разнообразно, а соответственно этому изменчива и цена их. Карбонаты с большей твердостью обладают на своей естественной поверхности черным сочным блеском, тогда как карбонаты меньшей твердости имеют натуральную поверхность сажисто-черного цвета без блеска; следовательно, этот признак присутствия блеска, сочность или, как это иногда говорят, жизненность его цвета служит для определения главнейшего свойства, а именно твердости; тогда как плотность, т. е. отсутствие пор, пустот и трещин, характеризуют крепость его. Такое изменение этих двух основных свойств карбоната можно наблюдать в широких пределах, что затрудняет в значительной степени выбор подходящих особенно натуральных камней.

В отношении истирания карбонаты выдерживают большее и равномерное сопротивление, чем, напр., борты. Хотя их грани и истираются, но внутренне строение остается неповрежденным. Иногди попадаются такие камни, которые в состоянии работать до ½—2 лет в самых неблагоприятных условиях, они почти не изнашиваются, но только полируются при трении о твердые горные породы и приходят в негодность лишь благодаря какой либо случайности. При перегруженности во время работ бывает, что карбонаты также трескаются, в особенности, когда бывают взяты большие куски и плохого качества. Подобные экземпляры могут быть

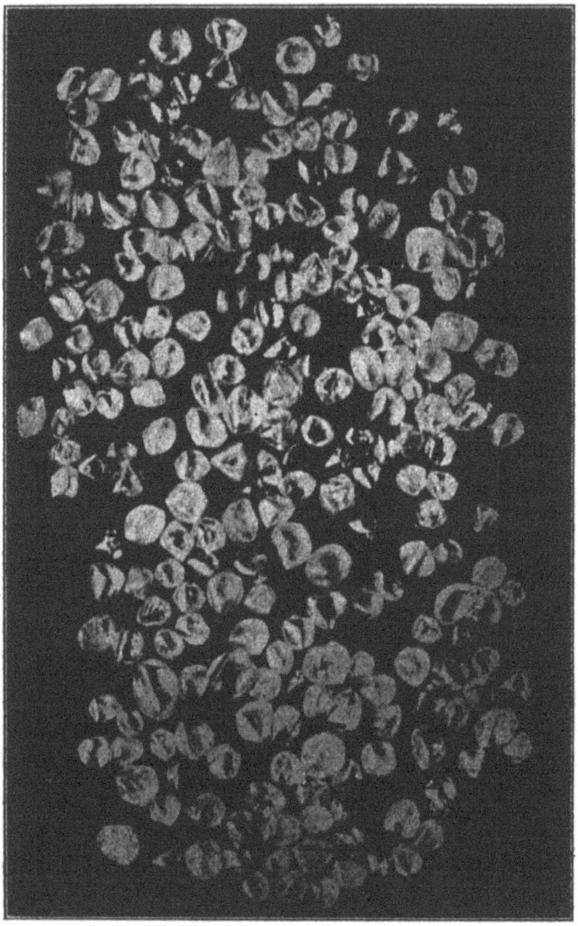

Рис. 30. Бразильские алмазы.

использованы несколько раз, но гарантиями они уже не обладают (рис. 31).

В то время, как при выборе бортов часто решается случайно, будут ли приобретены хорошие камни или же камни неважного свойства, так как последнее зависит от внутреннего строения кристалла, которое не всегда поддается наблюдению и исследованию при массовых приемках, при выборе карбонатов опытный знаток без труда выберет наиболее подходящие экземпляры. При этом необходимо обращать внимание как на удельный вес, так на форму и особенно наружный блеск, похожий на блеск смолы. Удельный же вес легко определяется на алмазных весах способом нескольких взвешиваний. Многие карбонаты имеют пористое и ячеистое строение. Подобные камни не годны для твердых пород, потому что слишком быстро изнашиваются. Некоторые же карбонаты хотя и плотны, но отличаются хрупкостью, мало

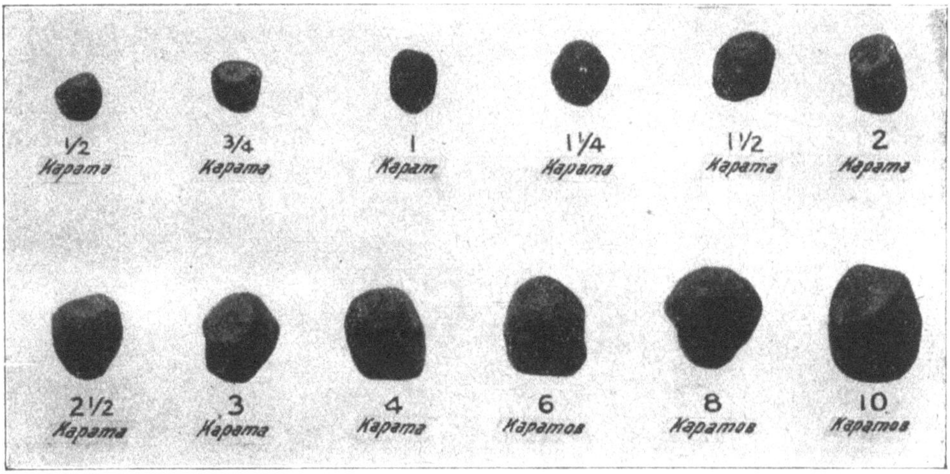

Рис. 31. Натуральные размеры карбонатов.

изнашиваются и склонны к растрескиванию при перегрузке, ударе или работе в трещиноватых породах. Узнаются они иногда по раковистому излому. Настоящие же хорошего качества карбонаты не так чувствительны к толчкам, как это принято думать: бывают примеры, когда бурение очень твердых и сложных конгломератов все же дает удовлетворительные результаты. По данным G. Glockmeier'a, Diamantbohrungen, автором применялись карбонаты в $1^1/_8$ карата для бурения в подобных породах. После проходки около 300 метров, вес алмаза все же еще был около $1^1/_{16}$ карата; его грани были гладко стерты, но в остальном не было никаких изменений. Случайно он был вставлен в коронку таким образом, что он сильнее выступал, чем другие вставленные алмазы и работал потому почти один. Это не было замечено и можно было только констатировать это по медленному подвиганию вперед буровых работ; применяя затем более сильное давление, была установлена работа коронки толчками и даже весь буровой станок (легкого типа), несмотря на нагрузку его тяжелыми предметами для увеличения его устойчивости, испытал сотрясение и поднимался и опускался приблизительно на 1½—2 см. После того, как этот карбонат был удален из коронки, к работе приступили все остальные карбонаты и была достигнута нормальная работа и подача вперед; упомянутый же карбонат нисколько не был поврежден и годился вновь для работы. Обыкновенно рекомендует-

Рис 32. Натуральный размер карбоната в 922.10 карат.

ся брать карбонаты таких размеров, чтобы было удобно и возможно вставление их в коронку, т. е., напр., для употребительных, выбуриваемых 22 мм. колонок, алмазы берутся $1^1/_8$ карата. Такие размеры, как 15—20/64 служат наименьшим пределом, при котором они применяются в качестве главных алмазов. После этой границы можно употреблять только в качестве боковых вспомогательных алмазов, если при этом допускает это их форма (неколотая, но круглая). Так как при бурении вообще установлено, что чем больше удельный вес алмаза, тем больший будет процент его изнашивания, то потому понятно, что надо при выборе алмазов отдать предпочтение большим кускам (рис. 32).

Сорт карбонатов может быть подразделен на следующие два вида, обычно применяемые в практике бурового дела:

1. крупные естественные или натуральные карбонаты,

2. более мелкие колотые карбонаты. Рис. 33 и 34. Из первых можно указать на следующие 4 главнейшие разновидности:

Рис. 33. 6351 карат.

а) естественные карбонаты, обладающие разноцветной и плотной эмалевой наружной оболочкой, а также и большой твердостью;

б) коксовидные черноматовые карбонаты;

Рис. 34. 4200 карат.

в) шлаковидные с внутренними пустотами зеленовато-серые или черно-серые карбонаты и

г) округленные и отполированные, блестящие, слабопористые серые и темно-зеленые карбонаты.

Из них коксовидные и шлаковидные отличаются весьма малой твердостью и крепостью, и потому они не применимы для бурения даже в мягких породах. Карбонаты с эмалевой оболочкой в том случае, если они обладают малой внутренней пористостью, пригодны для бурения в породах средней твердости до тех пор, пока не сотрется оболочка, после этого алмаз быстро разрушается. На приложенных ниже микрофотографиях из ломов алмазов этой группы можно видеть их характерные свойства, указывающие на применимость их для бурения в зависимости от пористости. Карбонаты эти способны выдерживать давление не свыше 10—15 кил. на 1 карат при скорости вращения 120 оборотов в 1 минуту.

Рис. 35. Взвешивание алмазов на аналитич. весах.

Самым лучшим сортом карбонатов являются округленные и как бы отполированные камни, когда они или совсем непористы или слабо пористы. Допускаемая нагрузка на карат может доходить до 20—25 кил. при скорости вращения в 120—180 оборотов в минуту.

Что же касается колотых карбонатов, то, благодаря наружному их излому, можно сравнительно безошибочно сделать надежный выбор наиболее подходящих камней. Излом алмаза, по словам И. С. Васильева, всегда почти непористый, мелкозернистый, цвет — темно-зеленоватый, серый, темно-серый или розовато серый[1]).

[1]) Выбор алмазов для бурения, И. С. Васильев, 1917 г.

Обычно при употреблении алмазов для бурения не рекомендуется ставить хорошие алмазы рядом с плохими; последние быстро изнашиваются, и вся нагрузка ложится на хорошие камни.

При бурении среди мягких пород нельзя бурить алмазами высокого качества и лучше сохранять их до более твердых пород. Весьма рационально при смене пород иметь две коронки: одну с алмазами низкого качества для мягких пород и другую высокого качества для твердых.

Рис. 36. Взвешивание алмазов на весах другой конструкции. (Гамбург, E. Winter.)

Для взвешивания алмазов пользуются весами различных конструкций. На рис. 35 и 36 показаны подобные весы, позволяющие производить весьма точное взвешивание, при чем разновески подсчитаны не на миллиграммы, а прямо на доли каратов.

На рис. 37 показан станок, служащий для раздробления алмазов на мелкие части (голландский). Рис. 38 и 39 показывают раздробленный пополам и на 329 частей алмаз в 936 карат.

Для исследования алмазов в отношении их свойств,

внутреннего и наружного строения, структуры, кристаллизации, трещиноватости и пр. необходимо пользоваться лупой или простым микроскопом. Но весьма положительные результаты дает исследование при помощи бинокул. микроскопа стереоскопа, позволяющего сделать весьма точные опреде-

Рис. 37. Станок для раздробления алмазов на мелкие части.

ления указанных свойств; благодаря значительному увеличению и чрезвычайно ясному и отчетливому наблюдению маленьких включений, трещин, спайности, различных цветов, окраски и пр., все положительные и отрицательные качества алмазов при стереоскопически-микроскопическом исследовании выступают настолько рельефно и определенно, что заключение о том или другом сорте алмазов, или отдельном

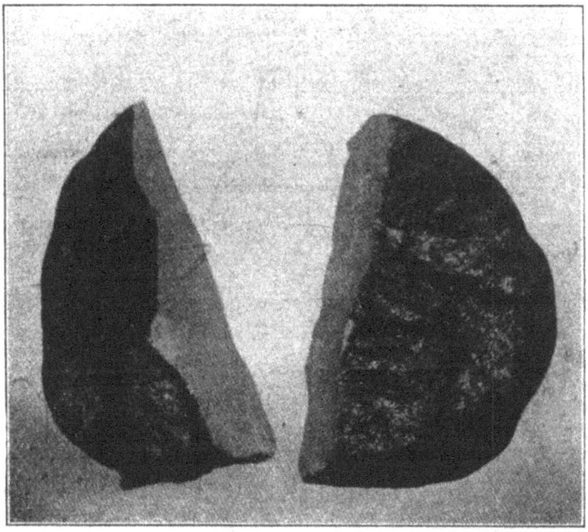

Рис. 38. Натуральный размер алмаза, расколотого на две части машинным способом при 50 atm. давления.

Рис. 39. 329 частей алмаза в 936 карат.

алмазе может быть сделано безошибочным. В то же время ни при каком другом исследовании алмазов нельзя наблюдать чрезвычайного разнообразия в строении и наружном виде алмазов, как при стереоскопически-микроскопическом их определении. Достаточно сказать, напр., что из 500 шт. алмазов различных сортов рядом поставленных, почти всегда в каждом из них можно найти особенные черты, какие не

Рис. 40. Микроскопическое определение и исследование алмазов.

свойственны любому другому из них. Поэтому, указанное обстоятельство должно быть принято в соображение при покупке, продаже, вставлении и вообще использовании алмазов.

Нижеприведенной таблицей можно пользоваться при стереоскопе-микроскопе Zeis'a.

На рис. 40 показано определение указанным стереоскопом-микроскопом алмазов, поставляемых известной фирмой в Германии Ernst Winter & Sohn в Hamburg'e.

Таблица 13.

Увеличение бинокулярных микроскопов.

	Окулярная пара.						
	1	2	3	4	5	f=15	f=9
55	8	9	13	16	23	26	44
a_0	14	15	22	27	39	46	77
a_2	20	23	32	40	57	67	112
a_3	31	35	50	61	88	103	172
Pl.	37	42	60	73	105	121	200

Для получения большего увеличения бинокулярных инструментов, кроме окуляров 1—4, предназначены также окуляр 5 и ортоскопические окуляры f = 15 мм. и f = 9 мм.

Приобретение алмазов связано обыкновенно с некоторыми условностями, выработанными практикой продавцов. Обыкновенно предлагаются покупателям целые наборы, причем перед выбором покупателем гарантируется обязательство покупки заранее устанавливаемого процента со всего веса набора или всей партии алмазов. Такие требования в особенности пред'являются таким покупателям, которые обладают большим опытом в выборе камней, но покупают небольшое количество. В противном случае продавцы рискуют тем, что будут выбраны самые лучшие алмазы, вследствие чего огромные алмазы из всей партии будут сильно обесценены. Иногда продавцы имеют обыкновение рекомендовать такие камни, которые получились от раскалывания больших алмазов, поясняя это тем, что у колотых карбонатов лучше можно будет видеть и изучить их внутреннее сложение, тонокозернистость и пр. Но на основании опыта можно утверждать, что гораздо предпочтительнее покупать крупные камни, внутреннее строение которых можно узнать другим соответствующим способом.

Главнейшие торговые фирмы — в Германии E. Winter & Sohn, Hamburg; в Франции Jacques Roszanger, Paris; в Англии Ehrmann & Bahlsen, London; в Голландии J. Smit & Zonen. При приобретении алмазов на непосредственные буровые работы обыкновенно необходим запас в 2—3 набора, несмотря на

Таблица 14. Сорта алмазов.

Название сорта	Цвет	Твердость и крепость	Допускаемая нагрузка на 1 карат	Форма и строение	В каких породах применяется	Трата алмазов	Вспомогател. боковые или главные донные алмазы
1. Борты	Мутновато-белый цвет льда	Тверды, но трещиноваты; крепость не большая	5 клгр. при 60 оборотах в 1 мин.	Кристаллическая	Мягкие и средней твердости	Малая	Боковые наружные
2. Балласы	Бесцветны или слабожелты	Благодаря наружной оболочке крепки; очень тверды	10 клгр. 60—100 оборотов	Шаровидные	Средние и иногда твердые	Средняя	Боковые и донные
3. Карбонаты: а) натуральные с эмалевой оболочкой	Темные, коричневые, зеленоватосерые и сочныйблеск	Большая твердость	10—15 при 120 об.	Мягко-зернистое и плотное сложение	Средняя твердость	Очень прочны	Донные
б) коксовидные в) шлаковидные	серый, матовый. черно- или зелено-серый	Малая твердость и крепость	Слабы	Неправильная	Негодны даже в мягких породах	Непрочны совсем	—
г) округленные	Темный или стально-серый смолистый или черный блеск	Тверды и крепки	20—25 при 120—180 оборотов в 1 мин.	Зернистое сложение	В твердых породах	—	Донные
д) колотые	Излом темно-зеленоватый, темно-серый или розовато-желтый, серый	Тверды, если не пористы	20—25 кгр. при 180 оборот.	Тонко-зернистой структуры	В твердых	Прочны	Донные

то, что это вызывает иногда значительные расходы; дело в том, что в начале бурения приходится чуть не 50% алмазов считать потерянными для дальнейших работ: в начале бурения идут как-бы на риск, — характер породы не известен, пуск в ход двигателя и станка еще не выработан равномерно, и потому не совершенен, характер алмазов практически не определен, в виду чего рекомендуется для этой последней цели вставлять алмазы первые донные 6—8 с таким расчетом, чтобы 1—2 из них были разнообразного качества, что позволяет опытным путем определить сравнительную пригодность, в зависимости от встречаемых горных пород. В этом отношении умелое распределение по качествам алмазов и их сравнительная оценка во время работ позволяет произвести значительную экономию в расходе алмазов, а это, понятно, зависит от опытного бурового мастера, к которому при алмазном бурении пред'являются требования не только знания техники бурения, но и обращения с алмазами, техникой их вставления, а главное и оценки во время работ.

Главными потребителями буровых алмазов были Германия и Сев.-Амер. С. Штаты. Немецкая Юго-Западная Африка давала такую массу алмазов, что в Германии были совершенно независимы от английской монополии. Неудачный для Германии исход мировой войны, благодаря которому она лишилась вышеназванного владения, передал в руки англичан их прежние богатства и нанес сильный ущерб Германской промышленности. С 1917 года Африканский алмазный Унион поставил очень высокую таможенную пошлину. Англия, быстро захватив всю массовую добычу, использовала это против других. Голландцы, которые находились в сношениях с немцами, стали теперь в зависимость от английской алмазной торговли. Англия поставляет голландцам сырые алмазы, но под условием, что они не будут иметь доступа в другие страны. Для обеспечения этого была произведена к продажной цене надбавка в 28%, которая увеличивалась, если вышеуказанное условие хотя немного нарушалось. Для контроля Англия открыла в Амстердаме собственное бюро. Голландия сама потребляет мало алмазов, много больше алмазного порошку для полировальных кругов. Поставка производится в штемпелеванных жестяных ящиках. Англия оставляет там только шлифовальный порошок, а содержимое пустых жестяных ящиков получает обратной посылкой. Таким образом очевидно, что английские рабочие алмазы не могут попасть в Германию, чем и нанесен большой ущерб германской алмазнобуровой промышленности.

Воломит, триамант.

Это обстоятельство, в связи с высокой ценой алмазов, вызвало в алмазно-буровой технике мысль о замене дорого стоющих алмазов другими какими-либо материалами, естественными горными породами или минералами, или искусственными сплавами различных металлов между собою, или же сплавом металлов с другими веществами.

Из первых надо указать на такие минералы, более распространенные, чем алмаз, но обладающие меньшей твердостью — как карборунд, сапфир, кварц и др.

Что же касается вторых, т. е. искуственных сплавов, то в настоящее время можно указать на

a) „Silundum“, изготовляемый О-вом Prometheus в Франкфурт на Майне, и

b) Воломит или триамант, из которых второй получил значительное применение в практике.

В какой степени воломит является веществом заменяющим дорого стоящие алмазы, можно судить по данным материалам, предоставленным мне фирмой Lohmann Metall-Gesellschaft, m. b. H., Berlin W 8, Mohrenstr. 6, изготовляющей воломит. —

Известны очень многие опыты, в особенности Муассана и его сотрудников, для изготовления алмаза синтетическим путем, на подобие тех способов, по которым в настоящее время удается изготовлять искусственные драгоценные камни в очень широких размерах. Во всяком случае все опыты, производимые в этом отношении, не удаются благодаря невозможности их проведения экономично в большом масштабе; поэтому ко всем новейшим сведениям в этой области нужно относится с большой осторожностью, так как, если изготовление и удалось, остается еще открытым вопрос — будет ли производство настолько дешевым, что допустит возможность выработки таких суррогатов в достаточном для практики масштабе.

Научные работы последнего десятилетия, в особенности исчерпывающие работы Муассана относительно получения карбидов и их свойств, дали возможность получить целый ряд тел, которые могли бы подойти для этой цели. Для этого пригодными оказываются в первую очередь карбид кремнезема, карбид бора, карбид молибдена и карбид вольфрама. Тогда как алмаз, вероятно благодаря чрезвычайно большим давлениям, под которым происходит его образование, представляет из себя тело с сравнительно большой механической прочностью и поэтому может быть, при применении соответствующих методов, употребляем как инструмент, например, для волочильных отверстий для проволки, для буровых коронок, сверл и т. д., вышеупомянутые углеродистые соединения при их получении кристаллизируются в виде более или менее связанных отдельных кристаллов, и благодаря этому они не пригодны для тех напряжений, которые возникают при применении инструментов.

Первоначально пробовали из этих углеродистых соединений получать прочные тела тем способом, что их подвергали прессованию, сплавляли или же связывали соответственными связывающими веществами. Однако, всетаки оказалось невозможным таким способом достигнуть поставленной цели, так как применение даже самых высоких давлений и сильного сплавления не могло обезпечить необходимых для них механических связей при одновременном сохранении первоначальной твердости самого вещества. Также и применение связывающих веществ и нагревание до высоких температур не дали никакого успеха, так как или происходило испарение связывающего вещества при высоких температурах, и результат получался такой же самый, как при прессовании и сплавлении, или связывающее вещество во время нагревания входило в соединение с самим телом. В последнем случае, правда, часто получалось повышение механической прочности. Но одновременно с этим, как выяснилось из опытов, возникает понижение твердости начального вещества в большой степени, благодаря добавочным материалам, что отзывается неблагоприятно на изготовляемых предметах. Благодаря этому оказалось необходимым найти новые пути для изготовления рабочих предметов из материалов, приближающихся по твердости к алмазу. Такой путь нашел инженер Ломан после многолетних опытов по своему весьма усовершенствованному способу.

Само собой разумеется, что, как начальный материал, должно было бы быть выбрано такое вещество, которое одновременно при возможно наибольшей твердости обезпечивало бы и экономичность при изготовлении в любых количествах при совершенно однообразных качествах. Из всех материалов, подходящих как суррогаты, самым подходящих оказался карбид вольфрама, который, имея по Моссовской шкале твердость в 9,8, превосходит значительно этим карбид силиция и приближается к алмазу, твердость которого по этой же шкале равна приблизительно 10.

Правда, Муассан достиг в сконструированной им пламенной дуговой печи температуры плавления вольфрама приблизительно в 3000, и имел возможность получать вольфрамо-углеродистые соединения W_2C с 3,06% содержания углерода и WC с 6,12% содержания углерода, но всетаки этот способ, оказавшийся пригодным для открытия и отделения до тех пор неизвестных соединений, оказался непригодным для расплавления таких карбидов вольфрама, которые должны были послужить начальным материалом для изготовления больших количеств техническим путем и совершенно равномерного качества. В пламенной дуговой печи источником тепла служит вольтова дуга между двумя угольными электродами, причем температура от дуги по мере приближения к стенкам тигля падает довольно значительно. Высота температуры, однако, имеет наибольшее значение при соединении вольфрама с углеродом, так что при высоких температурах вольфрамом принимается больше, при низких температурах — меньше углерода. Благодаря этому невозможно получить таким путем совершенно равномерно карбид вольфрама с вполне однообразными свойствами, а также и достичь возможно большей твердости, если во время плавления не озаботиться о совершенно равномерном распределении температуры.

Поэтому оказалось нужным первоначально сконструировать такую печь, которая бы удовлетворяла этому основному положению, и, в конце концов, Ломану удалось после многих неудачных опытов сконструировать печь, которая обезпечила возможность как получения материала с необходимыми химическими и физическими однообразными свойствами, так и добычи многих килограммов во время одной плавки.

После того, как эта задача была разрешена, оказалось необходимым из застывшего карбида, представляющего из себя слабо-связанные друг с другом кристаллы, изготовлять рабочие предметы такой прочности, которые бы отвечали механическим напряжениям, встречающимся на практике, причем нужно было не уменьшать твердость их при обработке.

Благодаря внимательному изучению особых свойств карбидов-металлов, в особенности карбида вольфрама, Ломан применил для этого особый метод, который позволил разрешить задачу в совершенстве и изготовлять из первоначального материала инструменты любой формы и величины при твердости, очень мало отличающейся от алмаза, и достаточно большой механической сопротивляемости. Такие продукты появились в торговле под названием «воломит» и нашли весьма широкое распространение несмотря на те затруднения, которые представлялись для их изготовления в военное время.

Таким образом волочильные камни из воломита для изготовления проволоки с большим успехом смогли конкуррировать с матрицами, изготовленными из алмаза. Посредством способа, выработанного Ломаном, оказалось возможным изготовлять из карбида вольфрама волочильные отверстия, которые могут снабжаться отверстиями, начиная от 0,01 мм. и до 20 мм. диаметром и даже больше. В особенности это последнее обстоятельство является, по сравнению с алмазными волочильными отверстиями, большим преимуществом, так как цены на алмазные волочильные отверстия большой величины становятся невероятно высокими, а механическая прочность таких алмазных волочильных отверстий, благодаря кристаллическому строению алмаза, оставляет желать много. Дальнейшим большим преимуществом способа отливки воломита является то, что канал не должен быть выработан в целом камне, а может быть предусмотрен уже при изготовлении его, так что необходмое отверстие получается уже при отливке. Сверление и полирование камней производится немного более твердым алмазным шлифовальным порошком.

Само собою разумеется, что, благодаря значительной разнице в строении и материале между алмазом и воломитом, нельзя ожидать, что для применения волочильных отверстий из воломита пригодны без дальнейшего все те способы, которые употребляются при алмазах. Относительно формы волочильного канала, скорости волочения проволки, нагрузки на проволоку, качества смазочного материала, а также и калибров отдельных волочильных отверстий имеются определенные данные, которые должны быть по возможности соблюдаемы для того, чтобы волочильные отвертстия из воломита могли быть использованы на проволочных заводах с возможной производительностью. Кроме того распространению воломита помешал целый ряд других условий, как например, боязнь всего нового, нежелание многих фирм изменять способы фабрикации применением новых методов, несмотря на получение при этом значительного удешевления, и, наконец, самые разнообразные затруднения, которые производились фабрикантами алмазных волочильных камней с целью конкурренции.

Несмотря на это многочисленные опыты, произведенные со стороны совершенно незаинтересованных лиц, при соблюдении всех необходимых условий, доказали, что изготовленные из воломита волочильные отверстия ни в коем случае не уступают таковым же из алмазов и в полной мере могут их заменять. Цены воломитовых волочильных отверстий при этом составляют только дробную часть цен на алмазные.

Естественно, что воломит нашел значительное применение и при бурении скважии.

Большим преимуществом применения воломита пред алмазамы является возможность придавать материалу, благодаря способу его отливки, любые формы. Благодаря этому оказалось возможным снабжать коронки насадками такой формы, которые вполне соответствуют теоретическим условиям для любого применения и вследствие этого обезпечивают наилучшую производительность. При насадке коронки алмазами, само собою разумеется, оказываются связанными от имеющихся в продаже величин и главным образом формы алмазов. Если бы хотели применить большие алмазы определенной формы, то цена коронки поднялась бы настолько, что об экономичности не было бы никакой речи и никто бы не рискнул принять на себя ответственность за могущий произойти случай потери коронки. Уже благодаря этой причине применению алмазов в этой области положен известный естественный предел, который уже достигнут и не может быть превзойден. В этом смысле воломит, при соответственной форме для различных целей применения, также как и при подходящем выборе числа оборотов и давления при бурении, обещает по мнению фирмы, изготовляющей воломит, значительно превзойти по производительности те результаты, которые были получены с алмазами.

Само собою разумеется, что необходимы многочисленные подробные опыты для определения наилучших форм насадки из воломита для буровых коронок, служащих для различных целей; эти опыты еще не вполне закончены. Однако, даже не применяя всех необходимых условий, производительность буровых коронок с воломитовыми насадками оказалась по сравнению с таковыми же алмазными по меньшей мере равной.

Здесь можно привести несколько примеров производительности воломитовых буровых коронок.

При применении буровой коронки размером в 133 мм. при 40 оборотах в минуту, производительность бурения 10 см. за время 8 минут в породе, состоящей из острого конгломерата с гипсом в виде связывающего вещества. После четырехчасовой непрерывной работы буровая коронка имела самый незначительный износ. В этой же самой породе оказалось совершенно невозможным произвести бурение с получением колонки посредством алмазной буровой коронки, так как износ алмазов был чрезвычайно большим. Благодаря этому до применения воломитовой коронки в этой породе работали долбежным способом.

Другая воломитовая коронка размером в 89 мм. при 70 оборотах в минуту имела успех в работе в 10 см. за промежуток времени в 15 минут в мелко зернистом сланце, подобном твердому песчаннику. После 20-часовой непрерывной работы износ быд почти незаметен. Буровая коронка с алмазами в той же породе достигла успеха в 10 см. в течении 33 минут.

Работы с воломитом или как его теперь называют — триамантом были произведены во многих странах Германии, Франции, Австрии, и также при бурении в С. С. С. Р. во время исследования Курской Магнитной Аномалии в 1924—1925 г.

Все эти работы показали достаточную применимость триаманта при встрече мягких пород и пород средней твердости.

Производительность работ, зависящая от правильной организации, в некоторых отдельных случаях была довольно высокая, не уступавшая работам с алмазной коронкой.

При породах же твердых производительность бурения триамантом лишь при благоприятных условиях может быть сравниваема с алмазным бурением. Цена воломит. коронки составляет от $^1/_{30}$—$^1/_{10}$ цены алмазной.

Помимо своего прямого назначения при бурении — производить разрушение горных пород, воломит, как это показала уже его практика, может применяться для ловильных инструментов. В время одного из бурений в Германии, буровые штанги засели на глубине приблизительно в 390 м. в горной породе, оказывавшей очень большое давление, и вытащить их не было возможным никакими ловильными способами. Поэтому решено было применить фрезер. Фрезерная работа была начата первоначально посредством лобовой шарошки, причем, в продолжении 8 дней фрезерной работы, при применении 4 лобовых шарошек, которые после 2-часовой работы поднимались на поверхность и наново затачивались, достигли успеха только в 4 см. Так как в работах не было видно никакого успеха, то решено было произвести опыт с массивной воломитовой коронкой в 150 мм. наружного диаметра и 45 мм. внутреннего диаметра, т. е. с шириной резца приблизительно 50 мм. Воломитовая коронка имела 8 рядов по 5 воломитовых камней, причем был получен неожиданный результат, так как за 24 часа работы было просверлено 16 см. После того как воломитовая коронка была поднята, оказалось, что ее диаметр сработался с 155 мм. на 153. Поэтому была применена другая коронка, устроенная таким же образом, как и первая, и в течении двух дней вся толща в 25 см. была просверлена воломитом. — Отсюда видно, что воломит стал необходимым вспомогательным средством при глубоком бурении, ловильных работах и фрезерных работах; из ниже приложенной таблицы можно видеть сравнительные данные между воломитом, алмазом и инструментальной сталью по их применению для проволочных волочильных отверстий.

Сравнение
между алмазными, воломитовыми и стальными волочильными отверстиями.

Материал	Алмаз	Воломит	стальное отверстие
a) род	Алмазы весом от 1/8 до 14 карат штука	Карбиды тугоплавких металлов, например карбид вольфрама.	Быстрорежущая сталь или закаленая инструментальная сталь
b) Твердость по Моос'у	10	9,8	5—6
c) Механическая прочность.	Кристаллическое строение, благодаря этому стремление к расщеплению по кристалическим плоскостям.	Большая, чем у алмаза; как у быстро режущей стали.	Меньшей твердости соответствует большая вязкость, благодаря этому большая механическая прочность.
d) Сопротивляемость высоким температурам	Применим до 1100° С	Применим до 1100° С	Твердость уменьшается заметно после 450°.
e) Сопротивляемость действию кислот.	Индифферентен. В связи с теплотой от трения алмаз медленно растворяется в серной кислоте.	Индифферентен. Азотно-кислый калий, раскаленный до красна, растворяет воломит.	Подвержено действию всех кислот.
f) Применение для волочения проволоки. 1) Какие диаметры возможно изготовить.	0,01—2,0 мм. для отверстии в 2 мм. уже необходимы камни в 14 карат, встречающиеся очень редко, а потому дорогие.	От 0,05 до любой величины.	От 0,10 до любой величины.
2) Производительность определенного калибра без возобновления.	В зависимости от твердости алмаза, напр., для железной проволоки при допуске в 0,05 мм. около 400 кг. = 400 000 М.	Приблизительно равна алмазу.	Через один калибр протягивается один-два кольца проволоки, после чего отверстие выработано; I кольцо 0,40 = 10 кг.
3) Срок службы.	В зависимости от веса в каратах камень может быть отшлифован на большие диаметры, напр., 0,5 на 0,6, при камне в 3/4 карата.	В зависимости от величины камней отверстия могут быть отшлифованы на большие диаметры, напр., камень величины I от 0,05 до 2 мм; камень величины II от 2 до 4 мм; камень величина III от 4 до 6 мм.	Может быть рассверлено на любую величину.
4) Отношение к волочению при высоких температурах.	Возможно до 1100° С	Возможно без затруднений до 1100° С.	Непригодны для горячего волочения.
5) Стоимость.	Необработанный алмаз стоит от 10 до 40 раз больше, чем готовое воломитовое волочильное отверстие.	Камень величина I 0,05 до 2 мм. стоит около 175—190 марок уже шлифованный и готовый к употреблению (продажная цена 1. 8. 1920).	Материал дешевый. Из за необходимости иметь мастерскую для рассверливания работа удорожается.

Кроме этого можно указать на следующие результаты, полученные мною из Прусского Геологического Комитета, предпринявшего обследование в Германии этого вопроса. Правда, эти материалы крайне незначительны, чтобы возможно было сделать окончательное суждение о воломите.

Различные буровые предприятия дали следующие сведения на пересланном им опросном листе:

Наружные диаметры примененных буровых коронок равнялись 92 до 170 мм., а внутренние от 65 до 135 мм. Количество насаженных в коронку воломитов колебалось между 6 до 20 с расстоянием между ними от 15 до 75 мм. Как вертикально, так и косо насаженные воломиты на $^3/_4$ до 2 мм. превышали рабочую поверхность, а также и внутренний и внешний края. Отдельные резцы были применены только в одном случае на внешней поверхности. Число оборотов коронки составляло от 50 до 130. Относительно нагрузки коронки только 2 предприятия сообщили данные; было дано 80 и 3000 килогр. нагрузки, что является значительным отклонением от обычно принятого для алмазных буров давления в 200—400 килогр. Испытание при давлении в 3000 килогр. было, вероятно, предпринято вследствие утверждения изготовляющей фирмы, что воломит обладает большой механической твердостью. Использованная для промывки, в большинстве случаев, чистая вода находилась под давлением в 3 до 15 атм.

Опыты, достигнутые в работе и продолжительности работоспособности воломита, естественно колебались в сравнительно больших границах в зависимости от рода и твердости проходимых горных пород. Так, в одном случае в твердом песчанике при глубине в 1190 м. производительность равнялась только 4 см. в час, и притом буры уже после 26 см. стали негодными. Зато в глинистых породах скорость бурения доходила до 80 м. без замены буров. Остальные цифровые данные опытов колебались в указанных границах. Большинство воломитов, будучи перевернуты, могли быть использованы еще раз. На важные вопросы покупной цены и стоимости бурения, только две фирмы ответили цифровыми данными, но и те не могут быть использованы, в виду того, что из них нельзя усмотреть точного времени покупки насадочного комплекта и времени производства буровой работы, вследствие чего не может быть сделано сравнение с одновременным бурением алмазами.

В общем, мнение о пригодности воломита таково: для твердых горных пород, в которых алмазы сильно изнашиваются и для которых равноценный суррогатный материал особенно желателен, воломит почти не пригоден, и применение алмазов выходит значительно экономнее. Напротив, в мягких породах и в породах средней твердости воломит может дать удовлетворительные результаты.

Следует также упомянуть, что при пользовании воломитом не существует риска утери вследствие кражи. Особенно же выгодна работа воломитом во всех тех случаях, когда возможно застревание буровой коронки в скважине.

Опыты, послужившие основанием для вышеприведенного сообщения, к сожалению еще не достаточны. Из 6 предприятий, высказавшихся на затронутую тему, только 4 возвратили заполненные опросные листы, но и в этих листах отдельные вопросы остались без ответа, другие же были неверно поняты. Главнейшим же фактором, не допускающим окончательного вывода, является то обстоятельство, что в опросных листах такие выражения; «песчаник» и проч., приведены в слишком общем смысле, вследствие чего по ним не может быть определена действительная производительность и невозможно сравнение с алмазами.

В целях исследования этого вопроса, необходимо переменно производить бурение воломитом и алмазом в одной и той же горной породе и уже тогда возможно сделать более точные заключения о воломите.

Глава V.

Буровые инструменты.

Алмазная коронка.

Самым существенным инструментом при всем алмазном буровом оборудованни является коронка с закрепленными алмазами.

Существующее мнение, что алмаз все может перенести вследствие своей твердости, далеко не правильно. Алмаз при всякой работе требует к себе внимательного отношения и осторожности в обращении.

Правильное з а к р е п л е н и е а л м а з о в имеет громадное практическое значение, — лучший камень при плохой насадке скоро портится. Плохо насаженный камень быстро используется, выпадает и из-за этого теряется. Теряться, однако, судьба почти всех буровых алмазов, независимо от того, долго или коротко находились они в буровой скважине.

От с т е п е н и правильности устройства коронки, верности и точности расположения установки алмазов, умелости обращения с ней во время работ зависит иногда исход всего алмазного бурения. Правильность, прочность, экономичность и точность ее устройства — суть те главные факторы, которые имеют решающее значение при применении этого вида бурения, а потому на это обстоятельство должно быть обращено особенное внимание при организации алмазно-буровых работ. Простой недосмотр, небольшое упущение, ошибки при вставлении на ½ миллиметра — могут иногда, если не приостановить совсем весь процесс буровых работ, то сильно удорожить их вследствие неправильного обращения с коронкой или неточной вставки алмазов.

Если при ударном бурении, так сказать, более грубом и несовершенном, заправка буровых долот должна быть проведена с большой точностью во-избежание излишнего уменьшения диаметра буровой скважины, для чего служат буровые долотные лекала, шаблоны, правила и пр., то при алмазном бурении это требование точности является в несколько раз ощутительнее; в большинстве случаев диамеры алмазно-буровых и вообще вращательных скважин, в среднем 6—8—10 дюймов, бывают обычно меньшими, нежели при ударном, в особенности при глубоком бурении с диаметром, доходящим до 20—30 и свыше дюймов и, следовательно, даже такая малая ошибка в размерах долот, как 1 мм., может при последнем виде бурения пройти иногда без всяких неблагоприятных последствий, тогда как при первом, т. е. при алмазом бурении — это может повести к полной приостановке работ.

В виду этого техникой алмазно-бурового дела выработаны следующие главнейшие требования, которым должна удовлетворять правильно устроенная алмазная коронка:

а) п р о ч н о с т ь ее устройства, что достигается, с одной стороны, выбором соответствующего сорта стали для корпуса коронки и, с другой, прочной заправкой всех буровых алмазов, как главных (донных, наружных и внутренних), так и вспомогательных боковых; каков бы способ вставления алмазов не существовал, алмазы должны быть так укреплены в коронке, чтобы ни один из них не шевелился;

b) точность устройства коронки достигается, помимо идеальной расточки корпуса ее, точным расположением алмазов таким образом, что края их выступали бы на одинаковую величину, как наружу от корпуса, так и внутрь его; кроме этого все края главных донных алмазов должны строго находиться в одной плоскости перпендикулярно к оси коронки.

Точность в расположении алмазов доказывается еще и тем, что диаметр скважины является постоянным. а это бывает, когда величина диаметров окружностей, очерчиваемых во время вращения наружных и внутренних алмазов, должна оставаться постоянной и сверх того согласована с диаметром рвателя, который должен быть меньше диаметром.

c) правильность расположения алмазов достигается тем, что края алмазов должны быть по возможности округленны, так как острые скорее склонны к разрушению; более же крупные грани алмазов должны быть обращены в сторону вращения коронки. Сверх этого, выступающие наружные края донных и боковых алмазов должны находиться в одной плоскости, параллельной оси коронки.

Наконец, алмазы должны быть так вставлены (рис. 41), чтобы при вращении коронки не происходило бы истирание и шлифование дна самой коронки, что вполне возможно, если донные алмазы наружные и внутренние не будут производить резания по всей кольцевой поверхности забоя скважины и часть ее будет не затронута алмазами;

d) экономичность достигается, помимо вышеуказанного, соответствующим выбором алмазов, согласованием их свойств с характером проходимых горных пород, тщательностью надзора за коронками при всяком вынимании из скважины штанг, опытностью бурового мастера и целым рядом других подобных обстоятельств.

Для закрепления алмазов в коронку, существуют три следующих наиболее распространенных способа:

a) обыкновенный,

b) немецкий способ и

c) английский.

Первый состоит в том, что в корпусе коронки высверливаются в соответствующих местах отверстия, куда и вставляются алмазы, предварительно завернутые в тонкий свинцовый лист; после этого сначала легкими, а потом более сильными ударами по положенной сверху медной пластинке алмаз загоняется все глубже и глубже и, когда подвигание алмаза прекращается, производят весьма тщательную зачеканку всего отверстия. Таким образом при этом способе надо различать следующие отдельные стадии работ:

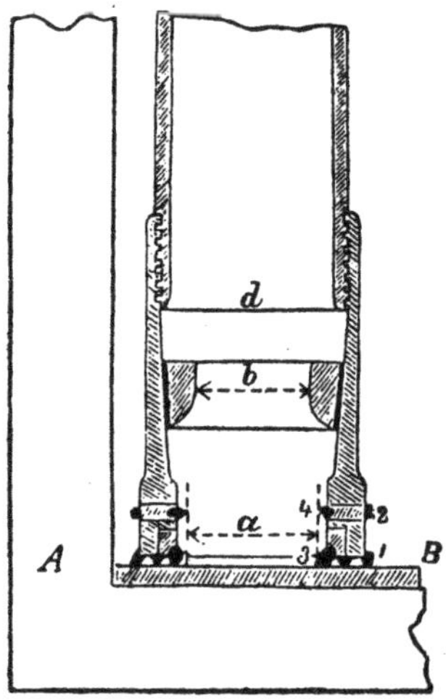

Рис. 41.

a) Градуировка коронки с целью определения отдельных точек для будуших отвестий для алмазов. Для этой цели с помощью циркуля наносят деления на торцевой поверхности коронки и делят ее таким образом, как это показано на рис. 42. Деления отмечаются керном и между двумя такими кернами производится вырез от наружной к внутренней части коронки для облегчения напряжения стали.

b) Высверливание в намеченных точках отверстий посредством ручного или механического сверла диаметром от $2\frac{1}{2}$ до 5 мм. в зависимости от диаметра коронки и от размера вставляемого алмаза.

c) Расширение высверленных отверстий соответственно форме применяемых алмазов. Для этого пользуются одним или несколькими из указанных видов (рис. 43) долотом, стамеской, стремясь к тому, чтобы сделанное отверстие

Рис. 42.

могло бы совершенно плотно охватывать вкладываемый алмаз. Понятно, что в математической точности при этом нет необходимости.

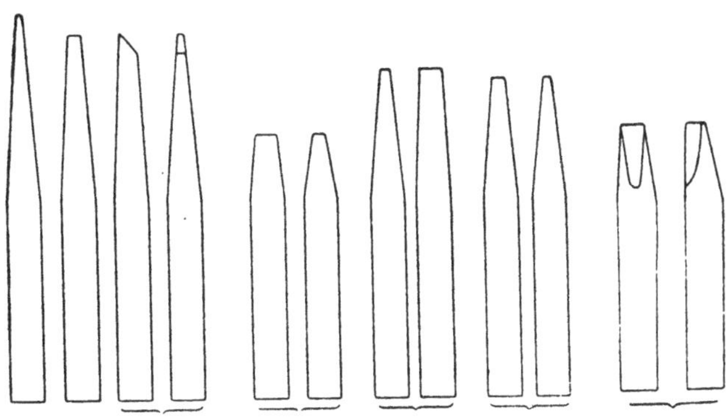

Рис. 43.

d) Заполнение окончательно выделанных отверстий соответствующим механическим припоем, путем осаждения гальваническим путем меди, олова или свинцового листа. Без этого отверстие с приложенным алмазом имеет вид, показанный на рис. 44. Если бы при таких условиях производить прямо зачеканивание стали, то с одной стороны между алмазом и сталью все равно существовали бы пустоты, способствовавшие расшатыванию алмаза, а с другой — не исключена возможность лопания алмаза в местах плотного соприкосновения его со сталью коронки. Толщина осаждаемого слоя меди или взятого для обвертывания свинцового листа может доходить до 1—1½ мм. Медь заслуживает большего предпочтения в особенности, если она берется в месте со свинцовой пластинкой.

e) Прилаживание алмаза. Это осуществляется тем, что алмаз вдавливают в желательном положении в отверстия, для чего поверх прикладывается медная пластинка около 10 см. длины и 1 см. толщины, по которой сначала легкими и осторожными ударами молоточка алмаз постепенно загоняется вниз до тех пор, пока он не будет стоять на надлежащей высоте, а края его не будут соответственно выдаваться из корпуса коронки.

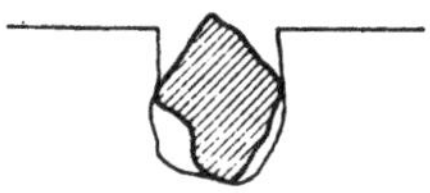

Рис. 44.

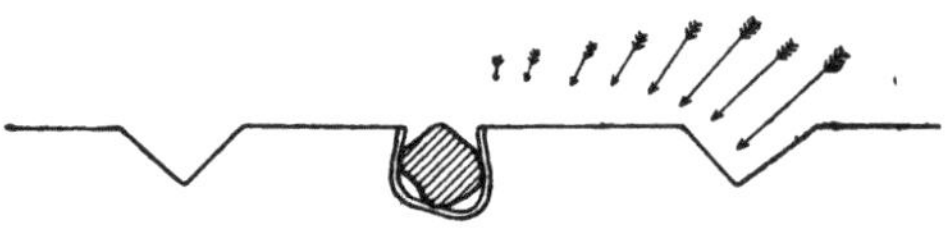

Рис. 45.

f) Зачеканивание стали производится зубилами различного вида и ударами различной силы. На рис. 45 можно видеть, как постепенно возрастает сила удара (соответственно длине стрелок), начиная от прилегающего к алмазу края стали и далее до выреза. При этой стадии работ, заполняющий состав постепенно выдавливается из отверстия и начинает заполнять все пустоты, которые существовали между алмазом, неплотно прилегающим к стали и стенкам отверстия, в результате чего давление зачеканиваемой стали распределяется равномерно по всей поверхности отверстия.

Если предполагаются работы в очень плотной и крепкой породе, при которой возможно сильное истирание стали, то следует брать большее количество заполняющего отверстие алмаза вещества, так как, вследствие применяемого в этом случае более сильного давления сверху, алмазы хотя и будут вдавливаться в заполняющий состав, но их режущая поверхность все же будет достаточно выступать из коронки, т. к. при этом будет происходить соответствующее истирание стали.

Употребление большего количества заполняющего состава имеет еще и то преимущество, что при этом будет труднее повредить тот или другой вставляемый алмаз, и при небольшом навыке можно во время изменить положение алмаза и поставить его надлежащим образом.

g) Последней стадией является сглаживание краев, осторожное шлифование, обчистка выступающей стружки стали и окончательный осмотр коронки, за которыми идет поверка ее правильности и точности.

Все указанные отдельные стадии, показаные на рис. 42, производятся обычно при вставлении алмазов по этому первому самому обыкновенному способу.

Рис. 46.

Ниже приводятся практические указания для вставления алмазов по этому способу, применяемом фирмой Sullivan.

При буровых коронках диаметром 36 мм. применяют 8 алмазов; при менее твердых и мягких породах достаточно 6 алмазов. Для больших буровых коронок применяется от 10 до 12 алмазов. При очень твердых породах вставляются снаружи приблизительно на расстоянии 10 см. от торцевой поверхности коронки еще два или четыре алмаза, расположенные диаметрально друг против друга (рис. 46—6). Эти наружные алмазы, называющиеся боковыми предохранительными или калибровыми камнями, служат главным образом для того, чтобы сохранить долгое время установленный диаметр буровой коронки. Все коронки должны быть так изготовлены, чтобы внутренний и внешний диаметры их в точности равнялись таковым первой коронки, посредством которой бурение было начато.

Алмазы вставляются попеременно с наружной и внутренней стороны коронки (рис. 46—6). Наружные алмазы немного выступают над внешней стороной торцевой поверхности и образуют внешнюю обкладку, в то время как внутренние алмазы немного выступают над внутренним краем торцевой поверхности и образуют внутреннюю обкладку, позволяющую свободно проходить буровому столбику.

После того как буровую коронку, рис. 46—1, завинтят в ея держатель, ее делят на 8 равных частей и намечают керном (рис. 46—2) те места, на которых должны быть укреплены алмазы. Затем берут коловорот со вставными сверлами и рассверливают в торцевой поверхности вертикальное углубление (рис. 46—2). Каждый алмаз должен быть весьма точно исследован и изучен, и соответственно его величине изготовляется отверстие. Так как наружные алмазы вставляются легче, чем внутренние, то для них выбираются большие камни и они вставляются первыми.

Маленькими, или крестообразными долотами просверленное отверстие расширяется настолько, чтобы оно в точности соответствовало форме алмаза (рис. 46—3, 4) и при том таким образом, чтобы последний был в одной плоскости с торцевой поверхностью и выступал бы на 0,4—0,6 мм. над внутренней или внешней поверхностью тела буровой коронки. При мягких породах наружные алмазы должны выдаваться вдвое больше для лучшего удаления буровой грязи.

После того, как углубление в точности пригнано по алмазу, и произведены необходимые измерения, алмаз еще раз вынимается. Берут кусочек мягкого свинца, расплющивают его до толщины бумаги и выкладывают им углубление для алмаза; затем алмаз опять вкладывают в углубление и, так как он выступает только немного больше, чем прежде, то посредством долота из меди или латуни и легких ударов молотка его опять забивают на прежнее место. Выкладывание углубления алмаза свинцом имеет то назначение, чтобы дать алмазу, как было указано выше, прочное положение при следующем затем штамповании.

Когда алмаз укреплен на своем месте и произведенные

прежде измерения еще раз проверены, то металл сгоняется к камню и постепенно над ним собирается (рис. 46). Это производится следующем образом: острым долотом на торцевой поверхности коронки, приблизительно посредине между двумя алмазами, делают поперечный прорез, около двух мм. глубиной (рис. 46—5), затем тупым долотом, удар за ударом, сгоняют металл к алмазу. При этом должно заметить, что, так как вложенный прежде в углубление тонкий свинец время от времени выдавливается, его надо счищать посредством иглы, чтобы иметь возможность лучше наблюдать алмаз и обкладку.

Мастер должен стараться придать алмазу такое положение, чтобы на торцевой поверхности был острый и режущий край его, а на боковой поверхности — широкий и крепкий край, который выступал бы из коронки снаружи (рис. 46—5). Тем, что снаружи находятся крепкие поверхности алмаза, уменьшается, по возможности, сужение диаметра скважины при бурении.

Алмаз нужно удерживать в его положении четвертым пальцем левой руки, а долото держать между большим и вторым и третьим пальцами. Сначала гонят металл на торцевой поверхности до тех пор, пока он не укрепит алмаза в его положении; после этого можно сгонять металл на боковой поверхности. Нужно следить за тем, чтобы не сдвинуть алмаз с его точного положения, ибо этим можно изменить диаметр коронки. Как только металл коснется алмаза, нужно взять инструмент с тонким острием; легкими ударами металл замыкают осторожно вокруг алмаза. Алмаз лопнет, если металл будет слишком сильно надавлен, или если металл будет прижат к нему только с одной стороны, в то время, как с другой стороны камень еще открыт. Поэтому нужно металл сгонять таким образом, чтобы он оказывал на алмаз равномерное давление со всех сторон. Не нужно забывать, что алмаз выносит сильное давление, если оно распределено равномерно, но что он раскалывается от бокового давления, или легкого толчка.

Когда вставляют внутренние алмазы, то рекомендуется противоположную сторону коронки закрывать листом железа или жести, чтобы этим предохранить уже вставленные алмазы от возможного удара при соскальзывании инструмента. Когда алмазы все окончательно закреплены, нужно между ними на наружной и внутренней поверхности коронки сделать напильником канавки, чтобы этим облегчить прохождению воды и буровой грязи и, таким образом, уменьшить износ.

Каждый раз, когда коронка вытаскивается из буровой скважины, нужно ее тщательно исследовать и, если один из алмазов расшатался или металл стерся так, что один или несколько алмазов лежат незащищенными, то вокруг них металл должен быть тщательно восстановлен. Если коронка настолько истерлась, что алмазы могут выпасть, то разрезают металлическую оправу их, вынимают их и вставляют в другую коронку.

Если во время бурения наружные алмазы настолько откололись или истерлись, что размер буровой скважины уменьшился, то нужно сейчас же взять новую коронку и позаботиться, чтобы та часть скважины, которая проходилась с истертыми алмазами, осторожно была расширена новой буровой коронкой. Таким образом скважине придают диаметр первоначально примененной коронки, ибо каждая попытка ввести насильно новую коронку в узкую скважину имела бы следствием разрушение наружных алмазов.

Для удаления алмазов из старой коронки, в трех миллиметрах от них, на лобовой поверхности коронки, делают ножевой поперечный разрез; затем долотом сгоняют металл и удаляют его маленькими кусочками до тех пор, пока алмаз может быть свободно удален легким ударом молотка по латунному стержню.

Для заделки алмазов по этому способу нужны следующие инструменты:

1 тиски, 1 коловорот со вставными сверлами, 1 набор алмазных долот, 1 пластинка свинца, одна рама для ножевки и несколько ножевок, 1 набор маленьких напильников и один держатель буровой коронки для укрепления ее в тисках.

Следующий способ такой: алмаз обматывается тонкой медной полоской в 1½ веса и 20 мм. ширины до тех пор, пока общий их диаметр станет равным около 12 мм. Затем, образовавшийся после этого цилинхр, заливается твердым припоем и по охлаждении соединяется при помощи гайки с держателем. Гайка крепко держит цилиндр. Этот способ имеет то преимущество перед первым, что алмаз, вмотанный указанным образом, обыкновенно лучше захватывается, чем при вплавке в расплавленную сталь.

Кроме этих 2-х способов, надо указать на следующий весьма распроспространенной способ, патентованный Peiner Masch.-Ges. в Pein'е, провинция Ганновер в Германии, и известный под именем способа Bade (Дисковый метод).

Сначала изготовляются диски из лучшей специальной стали (рис. 47, 1 и 2), куда впрессовывается или зачеканивается алмаз. Из этого куска изготовляется диск посредством шлифования, фрезирования и опиливания, причем каждый диск состоит из головки и цапфы. Форма головки диска представляет из себя прямоугольник, большая сторона которого соответствует толщине стенки буровой корон-

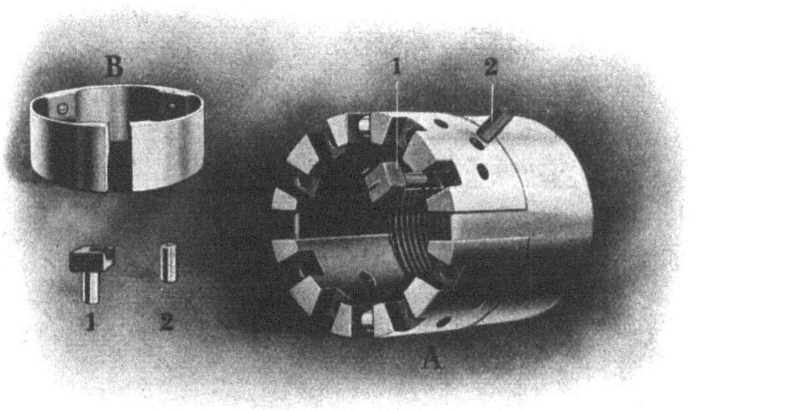

Рис. 47. Отдельные части алмазной коронки, изготовляемой по способу Bade.
A) Корпус коронки. 1) Донные диски.
B) Кольцо рвателя. 2) Боковые диски.

ки; цапфа диска имеет диаметр, равный приблизительно половине толщины стенки коронки. У нормальных дисков алмаз имеет расположение, видное из рис. 48, он режет как сверху, так и с боковой стороны, причем длина верхнего режущего канта всегда немножко больше, чем половина толщины стенки коронки. Высота h всегда одинакова для дисков одной и той же величины, так же, как и расстояние b от середины цапфы диска до наружного режущего края алмаза. В теле коронки (рис. 47) выфрезованы пазы одинаковой глубины для головок дисков; центры всех отверстий для цапф — дисков лежат точно на одном и том же расстоянии от центра коронки по окружности круга, проходящего по середине венца коронки. Для насадки дисков необходимо следующее: рабочие края всех алмазов должны обязательно лежать на одной и той же аксиальной высоте; кроме того у алмазов, насаженных внаружу, также как и у алмазов, насаженных внутрь, внешние и внутренние края должны одинаково отстоять в радиальном направлении. (Dm + 2 b = Da, Dm — 2 b = Di). Благодаря величине головки диска возможно применять большие алмазы, которые сидят вполне равномерно

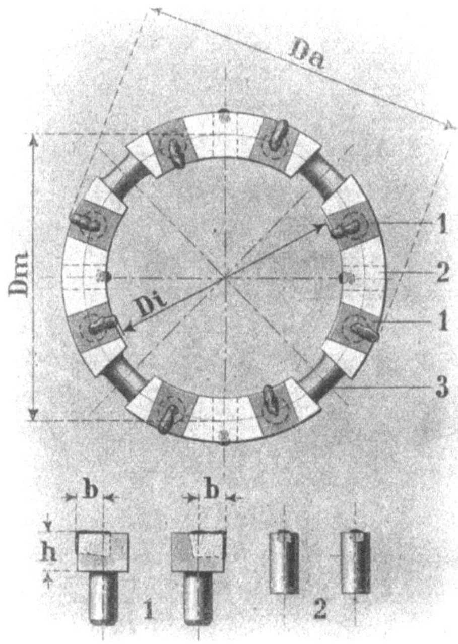

Рис. 48. Отдельные части коронки и соотношение их размеров.

в стали и поэтому расположены очень прочно. Так же само цапфы дисков находятся полностью в материале коронки и не подвергаются износу.

Кроме вышеописанных режущих камней, коронки снабжаются еще так называемыми добавочными камнями (рис. 47, 2 и 2). Последние представляют из себя маленькие алмазы, вставленные в диски круглого сечения. Они помещаются на теле коронки более высоко; часть их режет снаружи, часть изнутри. Они служат для круговой обшлифовки буровой скважины и колонки и для предохранения коронки от чрезмерного изнашивания. (Рис. 49 — готовая алмазная коронка Bade.)

Диски, так же как и отверстия и пазы в коронке, вылужены. Укрепление дисков производится таким образом, что посредством пламени паяльной лампы нагреваются диски и соответствующие места коронки до плавления олова, после чего диски вдавливаются в свои места, причем, в случае нужды, применяются легкие удары деревянным или медным молот-

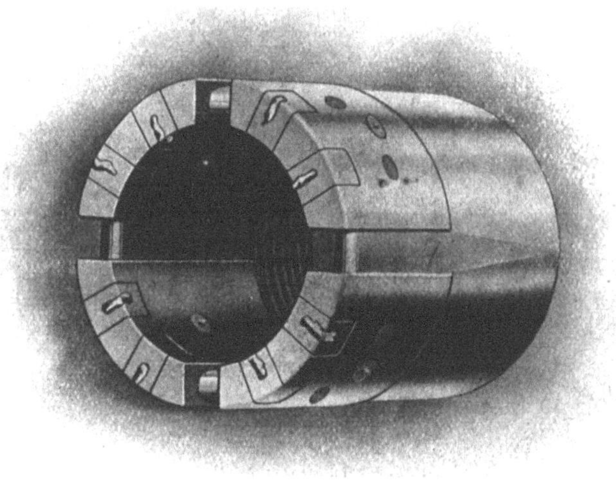

Рис. 49. Готовая алмазная коронка по способу Баде.

ком. После этого зазоры между дисками и коронкой запаиваются, также и каналы, оставленные для вынимания дисков. Таким же образом укрепляются и добавочные камни, причем алмаз должен выдаться над стенками коронки приблизительно на 0,5 мм. Для вынимания дисков поступают наоборот: они нагреваются до плавления олова и потом выталкиваются посредством пробойника.

Так как при таком способе, после вставления дисков, не требуется никакой обработки, то имеется возможность поставлять коронки, закаленные до твердости стекла, благодаря чему износ стали весьма уменьшается. Закалка до твердости стекла рекомендуется, однако, только для очень твердых горных пород, так как в других случаях алмазы скоро перестают выступать из коронки. Нагревание при пайке не производит никакого влияния на закалку коронки.

На рис. 50 показаны диски круглые для вставления алмазов по способу Lange, Lorcke.

Вообще алмазы требуют заботливаго отношения вследствие их большой хрупкости. Шлифовщик, во время свер-

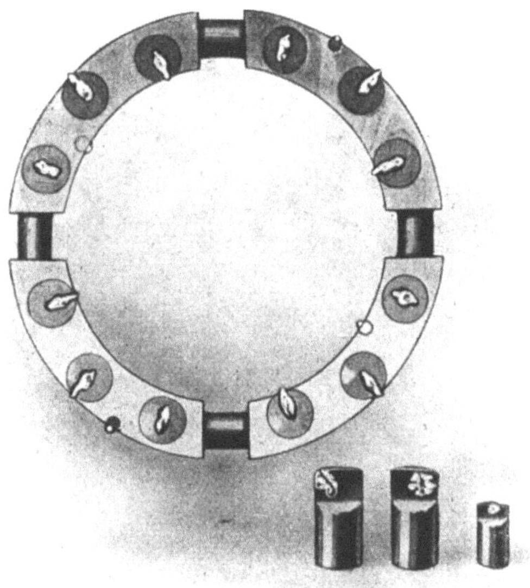

Рис. 50. Круглые диски по сист Lange, Lorcke.

лильных работ алмазом, не должен насильно давить против диска, иначе алмаз может поломаться. Необходимо также наблюдать, чтобы держатель находился под возможно правильным углом к периферии шлифовального круга.

Необходим контроль работы каждаго отдельнаго алмаза. Для этого каждый камень нумеруется с точным обозначением его веса. Каждый раз использование камня, а также каждое новое вставление заносятся в книгу.

Выбор камней производится с большой осторожностью. «Sullivan Company» предпочитает возможно круглые камни и немаленькие. Ясно, что очень угловатый камень при насадке причиняет много трудностей. Узкий, длинный камень считается лучшим по сравнению с большим, неправильной формы.

Камни со свежими плоскостями слома дают выгодную возможность верно определять их структуру и таким образом годность их для дальнейшего соответственного употребления.

Камни хорошей массы с плотной структурой, с бурой или зеленоватой окраской, напоминающие по слому хорошую сталь, должны быть тверды и сопротивляемы и следовательно обещают хорошую работоспособность.

Каждое зерно в таких камнях при употреблении сохраняет хорошую полировку.

Камни с грубыми пористыми зернами, напоминающие кокс с темной окраской, указывают, что они скоро износятся.

Работа коронки.

При начале работы надо следить, чтобы коронка начинала бурить сразу всею поверхностью. Для этой цели выравнивают в месте соприкосновения коронки с забоем поверхность земли или же дают коронке нужное направление другим каким-либо способом. Затем, следует убедиться в исправности ли насос и достаточно ли воды в распоряжении. Сначала пускают насос и после того, как вода снова покажется из скважины, начинают бурение; при этом давление на коронку производится лишь нажимом руки на давящий рычаг, пока коронка не войдет на несколько сантиметров; постепенно увеличивают давления. Чтобы найти наиболее подходящее давление, лучше всего произвести пробное испытание; указать же вперед, какой силы оно должно быть в каждом случае, очень трудно; например, для песчанника достаточно при коронке в 60 мм. (диаметром) — 100 клгр., тогда как для гранита — 400 клгр. и более. Совершенно неправильно стараться достичь более высокого давления путем чрезмерного увеличения нагрузки коронки. Машина должна работать легко и без дрожания штанг; особенно должен легко и свободно вращаться буровой шпиндель. Малейшая неправильность в работе выражается в нечистом ходе машины; в таких случаях коронку приподнимают от забоя скважины.

Если промывка почему либо приостановилась — поступают так же; никогда не следует бурить до предельной длины колонковой трубы, надо оставлять всегда запасное расстояние. При каждой подаче штанга, перед ее опусканием, включается в промывочную струю уже за несколько метров, чтобы удалить шлам. Коронку надо еще за несколько сантиметров до соприкосновения с забоем скважины пустить во вращение; безусловно избегают пускания ее в ход при совершенном опускании коронки. Зажимы бурового шпинделя всегда должны быть прочно завинчены. При таких условиях работа коронки будет нормальна, и дальнейшим вопросом является правильное и своевременное извлечение буровой колонки.

Извлечение образцов из буровой скважины.

Работа по извлечению образцов из скважины является одной из главнейших, так как по этой работе только и можно судить о результатах бурения. От степени совершенства ее зависит точность и верность заключения о всех пройденных породах, их мощности, условиях залегания, процентном содержании руд, количестве и качестве прослойков и пр.

При алмазном бурении извлекаемые образцы бывают 2-х родов:

a) буровые колонки или столбики пород и

b) буровая муть.

Как те, так и другие при правильной организации работ должны быть извлечены по возможности полностью. Техника современного бурения, особенно в Сев. Американских Штатах, позволяет извлекать, как это видно из приложенных таблиц, чуть на все 100% пройденных пород, и потому это преимущество алмазного бурения является неоценимым и несравнимым ни с одним из всех остальных видов бурения.

На рис. 51 показаны образцы пород, извлеченные при бурении в Virginia на уголь на глубину 1500 фут., причем было извлечено 97% всех образцов. Расположенные рядом, эти образцы позволяют читать геологическое строение данной местности, так как для этого имеется все:

a) характер, строение, возраст, род встреченных пород;

b) мощность пересеченных пластов каменн. угля, прослойков;

c) условия залегания;
d) анализ;
e) запас, суждение о благонадежности и пр.

Рис. 51.

Таблица 15.

Извлечение образцов.

Местонахождение	Породы	Извлекаемые образцы в %
Аризона	Монзонит	33,5
	Кварц порфировидный	48,4
	Брекчиа и андезит	54,1
Алабама	Уголь	94,8
Мичиган	Уголь, конгломерат и амигдаланд	66,4
Menominee	Песчанник	18,8
Range	Глина	36,0
Gogebic Range	Железистые образования	16,1
	„ „	28,6
Mesabi Range	„ „	42,9
Cuyuna Range	„ „	19,9
Висконзин	Гранит	83,5
Нью-Иорк	Сланец известковый	69,1
Кентуки	Известняк	60,5
Куба	Сланец	23,7
Куба	Пирит	80,3

Таблица 16.

Извлечение образцов при алмазном бурении в Трансваале[1]).

№	Глубина	Диаметр		Средний % извлеченн. образцов	% извлеченных образцов в:				
		Скважина	образц.		Сланцев. глине	Песчанике	Кварцах	Доломите	Известняке
1	608	$1\frac{7}{8}$	1	87,7	—	—	—	—	87,7
2	300	$1\frac{7}{8}$	1	70,7	—	—	—	—	70,7
3	355	$2\frac{7}{8}$	$1\frac{7}{8}$	41,4	38,5	—	53,4	—	—
4	350	2	$1\frac{1}{2}$	72,6	—	—	52,6	—	—
5	330	2	$1\frac{1}{2}$	61,1	5,0(a)	—	95,0	—	87,0
6	828	$1\frac{3}{4}$	$1\frac{3}{16}$	57,7	41,3	—	66,7	51,0	84,5
7	431	$2\frac{1}{8}$	$1\frac{3}{8}$	53,6	16,6	—	81,2	69,2	85,1
8	160	$2\frac{1}{16}$	$1\frac{3}{8}$	91,5	—	66,0	—	—	97,0
9	78	2	$1\frac{3}{8}$	—	—	—	—	—	—
10	642	$2\frac{1}{16}$	$1\frac{3}{8}$	84,2	91,6	81,0	91,6	—	44,0
11	596	$2\frac{1}{16}$	$1\frac{3}{8}$	85,5	98,7(b)	71,0	97,3	—	88,7
12	289	$1\frac{1}{2}$	$1\frac{1}{8}$	76,1	75,0	75,0	—	—	78,5
13	456	$1\frac{1}{2}$	$1\frac{1}{8}$	52,3	48,1	—	68,5	—	—
14	180	$1\frac{1}{2}$	$1\frac{1}{8}$	25,7	29,8	—	23,2	—	—
15	289	$1\frac{1}{2}$	$1\frac{1}{8}$	59,48	—	—	59,3	—	—
16	2172	$2\frac{1}{16}$ $2\frac{9}{16}$	$1\frac{3}{8}$ $1\frac{1}{2}$	92,68	87,4	—	94,9	—	—
17	1160	$2\frac{1}{8}$	$1\frac{3}{8}$	84,74	—	—	—	—	84,7
18	232	$2\frac{3}{16}$	$1\frac{3}{8}$	83,47	—	—	83,47	—	—
19	1328	$2\frac{3}{4}$ 2	$1\frac{7}{8}$ $1\frac{3}{8}$	91,20	—	—	91,2	—	—

Для отрывания и извлечения образцов служат особые инструменты: рватели и колонковые цилиндры, помещенные между алмазной коронкой и буровыми штангами.

Рис. 52 — общий сборный чертеж: h — алмазная коронка, g — рватель, d — колонка породы (столбик), c — колонковый цилиндр, a — буровые штанги, b — переходная муфта с колонкового цилиндра на штанги, f — пружинное кольцо рвателя.

Конструкция рвателей бывает различна.

Как показывает самое слово, р в а т е л ь служит для отрывания колонок породы.

На таблице 17 приведены практические данные, показывающие размеры буровых скважин, штанг, коронок, извлекаемых образчиков, обычно принятых у американских фирм.

[1]) По R. Peele.

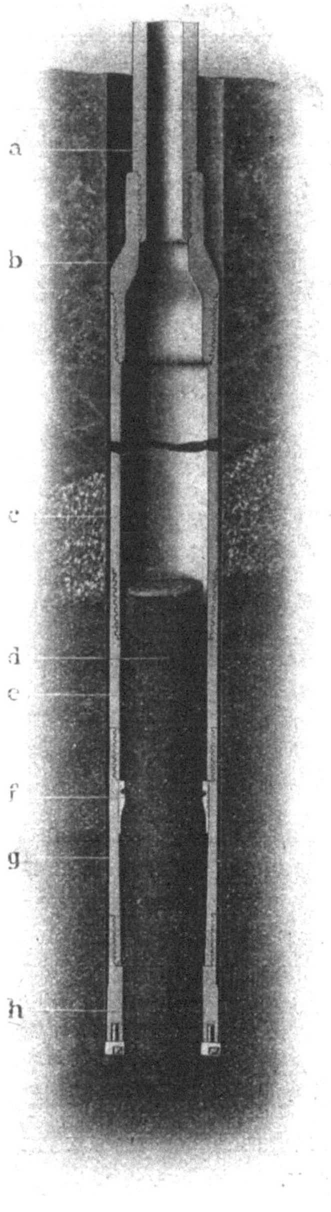

Рис. 52.

Таблица 17.

Размеры алмазных коронок, цилиндров, штанг и пр., применяемых Американскими фирмами.

Диаметр		Коронки		Колонкового цилиндра		Штанги		Тип машины	Марка [1])
Скважины	Столбики	Наружн.	Внутр.	Наружн.	Внутр.	Наружн.	Внутр.		
$1\frac{3}{8}$	$\frac{15}{16}$	$1\frac{11}{32}$	$\frac{31}{32}$	—	—	—	—	B.	1
$1\frac{15}{32}$	$\frac{29}{32}$	$1\frac{7}{16}$	$\frac{15}{16}$	—	—	—	—	B.	2
$1\frac{1}{2}$	$\frac{7}{8}$	$1\frac{15}{32}$	$\frac{15}{16}$	$1\frac{7}{16}$	1	—	—	E.	2
$1\frac{17}{32}$	1	$1\frac{1}{2}$	$1\frac{1}{32}$	—	—	—	—		3
$1\frac{9}{16}$	$\frac{15}{16}$	$1\frac{17}{32}$	$\frac{31}{32}$	—	—	$1\frac{5}{16}$	—		4
$1\frac{9}{16}$	$\frac{29}{32}$	$1\frac{17}{32}$	$\frac{31}{32}$	$1\frac{1}{2}$	1	$1\frac{5}{16}$	$\frac{27}{32}$		2
$1\frac{9}{16}$	$\frac{27}{32}$	$1\frac{17}{32}$	$\frac{29}{32}$	—	—	—	—		2
$1\frac{9}{16}$	$\frac{25}{32}$	$1\frac{17}{32}$	$\frac{27}{32}$	—	—	—	—		2
$1\frac{3}{4}$	$1\frac{3}{16}$	$1\frac{23}{32}$	$1\frac{7}{32}$	—	—	—	—		1
$1\frac{13}{16}$	$1\frac{1}{8}$	$1\frac{25}{32}$	$1\frac{5}{32}$	—	—	$1\frac{5}{8}$	—		4
$1\frac{13}{16}$	$1\frac{3}{32}$	$1\frac{25}{32}$	$1\frac{5}{32}$	$1\frac{3}{4}$	$1\frac{1}{4}$	$1\frac{41}{64}$	$1\frac{5}{64}$		2
$1\frac{13}{16}$	$\frac{31}{32}$	$1\frac{25}{32}$	$1\frac{1}{32}$	—	—	—	—		2
2	$1\frac{7}{16}$	$1\frac{31}{32}$	$1\frac{15}{32}$	—	—	—	—		1
$2\frac{1}{32}$	$1\frac{3}{8}$	2	$1\frac{13}{32}$	—	—	—	—		3
$2\frac{1}{16}$	$1\frac{3}{8}$	$2\frac{1}{32}$	$1\frac{13}{32}$	—	—	$1\frac{15}{16}$	—		4
$2\frac{1}{16}$	$1\frac{3}{8}$	$2\frac{1}{32}$	$1\frac{7}{16}$	2	$1\frac{1}{2}$	$1\frac{29}{32}$	$1\frac{17}{32}$		2
$2\frac{17}{32}$	$1\frac{3}{4}$	$2\frac{1}{2}$	$1\frac{29}{32}$	—	—	—	—		3
$2\frac{5}{8}$	2	$2\frac{19}{32}$	$2\frac{1}{32}$	—	—	—	—		1
$2\frac{13}{16}$	2	$2\frac{25}{32}$	$2\frac{1}{16}$	—	—	$2\frac{3}{8}$	—		4
$2\frac{13}{16}$	2	$2\frac{25}{32}$	$2\frac{1}{16}$	$2\frac{11}{16}$	$2\frac{1}{8}$	$2\frac{3}{8}$	2		2
$3\frac{1}{32}$	$2\frac{1}{4}$	3	$2\frac{9}{32}$	—	—	—	—		3

Расход алмазов. При алмазном бурении стоимость его в значительной степени зависит от количества приобретенных, заправленных, испортившихся, утерянных и отработанных алмазов; к этому необходимо прибавить возможную кражу алмазов при несовершенной организации работ и отсутствии специального для них и алмазных коронок хранения.

Главными преимуществами алмазного бурения являются получение буровых колонок в породах, пригодных для этого, и возможность применения на любых глубинах при самых маленьких диаметрах.

Известные глубокие бурения в Чухове на 2240 м.,

---

[1]) 1. Standard Diamond Drill Co.; 2. E. J. Longyear Co.; 3. H. R. Ameling Prospecting Co.; 4. Sullivan Mach'y Co.

Шубине на 2149 м., Парушувице на 2003 м., произведенные Прусской горной разведкой, а также произведенные буровые скважины в Алгуампах (Аргентина) на 2111 м. и в Дентинген (Лотарингия) на 1806 м. и многие другие были закончены посредством алмаз. бурения. Скважина в Алгуампах имеет диаметр в 92 мм. и Дентинген в 76 мм.; бурение было приостановлено вследствие достижения цели, а могло бы быть произведено и глубже.

Как известно, большое влияние на алмазное бурение оказывают свойства и перемена горных пород. Обе эти причины оказывают большое влияние на износ алмазов, а, следовательно, и на расход их. Расход алмазов меньше всего в соли, а больше всего в кварцевом и мелком конгломерате. Наиболее благоприятны расположенные горизонтально равномерные прослойки; не благоприятны наклонные прослойки и частая перемена слоев с неодинаковой твердостью. При бурении вес буровых штанг должен быть настолько уравновешен, чтобы коронка была нагружена давлением, соответствующим горной породе. Вес штанг уравновешивается у приспособления, служащего для опускания. Чем тверже горная порода, тем меньше должно быть давление, а чем мягче горная порода, тем больше может быть давление на коронку.

Необходимо всегда учитывать, следует ли в пластах, неподходящих для бурения посредством алмазной коронки, переходить в тех случаях, когда диаметр буровой скважины еще достаточно велик, к ударному бурению или же к дробовому бурению.

Вообще, факторами, влияющими на то или иное количество требующихся алмазов, а, следовательно, и на расход их, являются следующие:

a) масштаб работ, т. е. глубина и диаметр скважины;

b) состояние всего бурового оборудования, буровых станков; наличность необходимых инструментов для вылавливания выпавших в скважину алмазов;

c) наличность удовлетворительного оборудования для вставления алмазов и ремонта коронок;

d) геологическое строение местности, характер пересекаемых пород, частое или редкое чередование тведрых, мягких и трещиноватых пород; крупнозернистое, среднезернистое или мелкозернистое строение их, однородность, мощность;

e) способ вставления алмазов в коронку;

f) сорт употребляемых алмазов;

g) опытность бурового мастера;

h) общая организация работ;

i) способ промывки и пр.

В нижеследующих таблицах приведены практические данные о расходе алмазов.

Как видно из таблицы 18, расход карбонатов во время работ в Сев.-Американских Соединенных Штатах, Аляске, Мексике, Пенсильвании и др. составляет от 0,0016 до 0,0692 каратов на 1 пог. англ. фут.

Таблица 18.

Расход карбонатов[1]).

Местонахождение	Порода	Число каратов на 1 фут
Витватерсранд	Кварцит — частью изломанный, частью превосходный для бурения	0,0692
Аляска	Диорит, кварц, диорит-зеленоватый сланец	0,0071
Пенсильвания	Сланцеватая глина и песчанник . . .	0,0018—0,0029
Нью-Иорк	Известняк, сланцеватая глина и песчанник	0,012—0,042
„	Известняк, сланцеватая глина и песчанник	0,016—0,007
„	Известняк и сланцеватая глина . . .	0,0016
„	Сланцеватая глина и песчанник . . .	0,0024
„	Известняк и кварцит	0,015
„	Кварцит	0,0115
Калифорния	Твердый фельзит	0,04—0,08
Витватерранд	Твердая однородная порода	0,02
Мичиган	Яшма, железистый сланец, гематит, диорит и сланец	0,012—0,027
Онтарио	Известняк и гранит, соединенный с роговой обманкой и кварцем	0,0108
„	Превосходный твердый гранит . . .	0,08
Мичиган	Яшма, гематит, смешанный с рудой, и диоритовый сланец	0,0182
„	Трапы и конгломераты	0,066—0,0082
Мексика	Мягкие и твердые породы	0,002—0,006
Верхнее озеро	Сланцы и кварц	0,0028
„	Сланцы	0,0028
„	Сланцы	0,006
„	Твердые руды и кварц разбитый . .	0,014
„	Твердые руды и кварц разбитый . .	0,0054
„	Исключительно твердая разбитая яшма и кварц	0,0025
„	Черный сланец, твердая руда, кварц, яшма	0,0032
„	Большая часть мягкие сланцы . . .	0,0019

[1]) По R. Peele.

Расход алмазов при бурении в других странах, а также в России указан в нижепомещенных таблицах, из рассмотрения которых можно видеть, насколько все перечисленные факторы, взятые вместе и порознь влияют на этот расход, а, следовательно, и на общую стоимость алмазного бурения.

Таблица 19.

Расход карбонатов и бортов при Burra Burra и Лондонском Mines, Ductown, Tenn.

Пробурено шпуров:						всего
По жиле (a)	411	65	226	90	228	1020
По твердой породе (b)	1026	481	572	77	612	2768
Всего	1437	546	798	167	840	3788
Истрачено алмазов	25.859	{7.203 9.063}	14.703	{6.656 8.469}	5.031	70.063
Род алмазов	Борты	Борты	Борты	{Борты Карбонаты}	Карбонаты	
Стоимость за 1 карат в доллар.	10	{10 15}	15	{15 85}	85	
Расход каратов на 1 фут.	0,01799	0,02037	0,01843	0,05071	0,005984	—

a — твердые кремнистые породы. b — сланцы.

Таблица 20а.

Расход алмазов при бурении на каменный уголь.

Диаметр коронки	в Англии			в Лотарингии		
	Произведено бурения метр.	Расход алмазов в каратах		Произведено бурения метр.	Расход алмазов в каратах	
		всего	на метр		всего	на метр
182	219	50,80	0,232	—	—	—
155	764	118,26	0,154	664,05	137,00	0,21
130	1127	120,12	0,121	1163,24	418,10	0,36
111	606	94,92	0,156	1137,51	485,50	0,48
92	83	21,60	0,251	684,40	364,10	0,53
76	—	—	—	609,90	527,30	0,58
62	—	—	—	104,90	103,50	0,98
в среднем	2799	405,70	0,145	4664,00	2035,50	0,44

Таблица 20b.

Расход алмазов по таблице в зависимости от пород.

Породы	Пробурено метров	Расход алмазов в каратах	
		всего	на метр
Известняк (раковистый)	135,73	6,22	0,046
Сланец	517,10	29,01	0,056
Угольные породы:			
Сланец	534,54	64,95	0,122
Сланец и песчанник	1599,14	304,98	0,191
Конгломерат, песчанник и сланец	623,10	148,89	0,239
Сланец и конгломерат	472,25	122,92	0,272
Песчаный сланец	132,00	41,02	0,311
Песчанник	66,00	53,70	0,820
Конгломерат и песчанник	177,20	250,04	1,410
Конгломерат	406,94	1013,77	2,500
в среднем	4664,00	2035,50	0,440

Инженер Флекен сообщает ниже приведенные данные о расходе алмазов при бурении на каменный уголь в Англии и Лотарингии.

Согласно этим данным средний расход алмазов, который в некоторых отдельных случаях на таблице указан большим, был в Англии 0,145 и в Лотарингии 0,44 карата на метр. См. Табл. 20a, b.

Во время наиболее глубокого бурения на земном шаре, в Чухове в Верхней Силезии, на глубину в 2240 м., было пройдено 1672 м. алмазной коронкой в каменноугольных породах. При этом расход алмазов был всего 704 карата, т. е. на 1 пройденный м. приходилось 0,421 карат.

В таблице 20a приведен расход алмазов в зависимости от пройденных горных пород при бурении в Лотарингии. Наибольшие расходы происходили в меняющихся наслоениях конгломерата и песчанника, а также и в чистом конгломерате. По большей части это были конгломераты с большим содержанием кварца или же мелкий конгломерат, не содержащий связывающих веществ. Благодаря этому средний расход равен 0,44 карата и приближается к расходу при бурении в Чухове.

Для того, чтобы избежать такого расхода, будет рациональнее вместо бурения алмазной коронкой, в таких неподходящих для этого горных породах, перейти к дробовому.

Бурение стальной дробью, как известно, рекомендуется в твердых породах в таких, как гранит, кварцевый порфир, кварцит, твердых и крупно-зернистых песчанниках, конгломератах и т. п. При менее твердых породах, как сланец, известняк, доломит, можно тоже применить дробовое бурение, так как и здесь надо принять во внимание, что в таких породах расход алмазов довольно значителен. Если после бурения стальной дробью желают перейти к алмазному бурению, то забой буровой скважины должен быть тщательно очищен от стальной дроби.

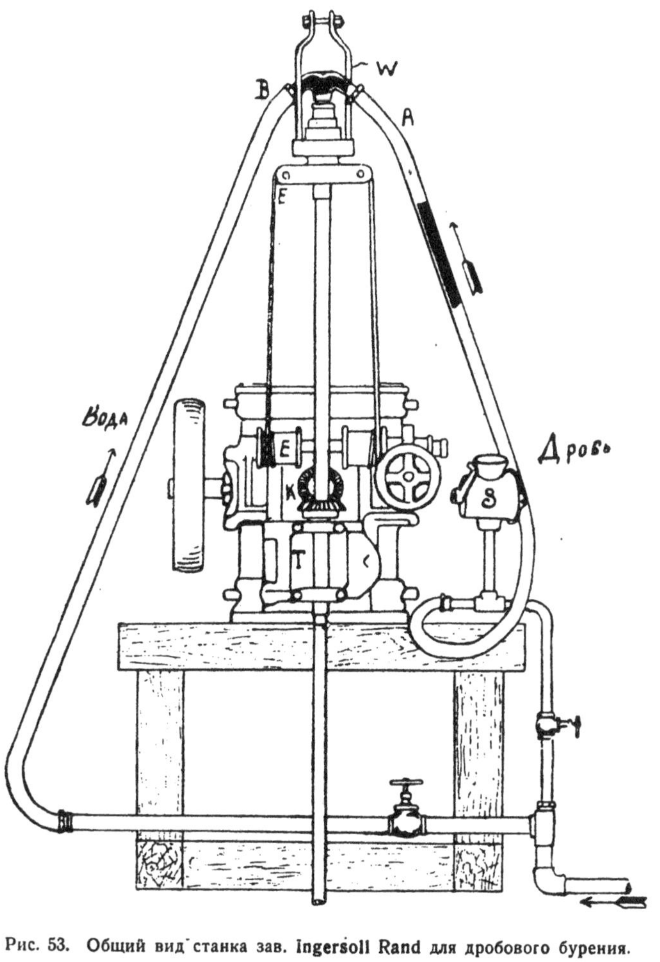

Рис. 53. Общий вид станка зав. Ingersoll Rand для дробового бурения.

Производство работ при бурении стальной дробью само по себе очень не сложно. Стальная дробь вводится через специальный кран (рис. 53), приподнимается вместе с промывной водой по тонкому трубопроводу и, вместе с идущей вниз водой, поступает под вращающуюся буровую стальную коронку (рис. 54). Если бурение начинает замедляться, то прибавляется постепенно дробь. Полученный при бурении столбик защемляется посредством кварцевой мелочи или других подобных обломков горных пород, или же посредством свинцовой дроби. Эти вещества вводятся в особый кран и с промывной водой поступают через буровые штанги в верхнюю коническую часть коронки. При этом давление от насоса может быть повышаемо на 6—10 атмосфер. Легкое поварачивание буровых штанг помогает отламыванию бурового столбика.

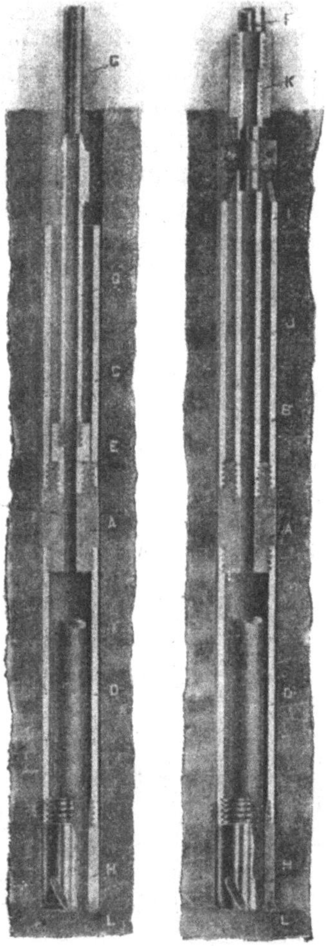

Рис. 54. Каликс бур.

A — Пробка.
D — Колонковый цилиндр.
H — Дробовая коронка.
L — Дробь.
E — Муфта для штанг.
C — Каликс.
G — Штанги.
J — Каликсодержатель.

При самом производстве бурения посредством стальной дроби, давление насоса не должно превышать одной атмосферы, так как иначе дробь будет приподниматься с подошвы сильной струей воды. Для наблюдения за давлением насоса в подающий трубопровод включен манометр со скалой, разделенной на дробные части атмосфер. Если при работе, в остальном идущей равномерно, давление воды само по себе все время повышается, то рекомендуется вытянуть буровые инструменты[1]) (рис. 55 и 56).

[1]) A. E. Liwehr, Der moderne Ersatz der Diamantbohrmethode.

Получаемая при работе мелочь от истертой горной породы и стальные опилки накопляются в колонковой трубе. Слабая струя промывной воды имеет в промежутке между

Рис. 55. Общий вид установки станка Type Fl Ingersoll Rand для дробового бурения.

буровой трубой и стенами буровой скважины достаточную скорость для того, чтобы увлекать за собой буровую муть и поднимать ее до отстойной трубы. Колонковая труба имеет длину в 1 м. для того, чтобы в ней могла накопляться полученная во время бурения мелочь. Буровая труба обычно имеет только 3 м. длины, так как весь буровой инструмент должен часто подниматься, а при этом большая длина буровой трубы не рациональна. Изношенные коронки для бурения стальной дробью могут быть приведены опять в пригодное состояние тут же на месте бурения.

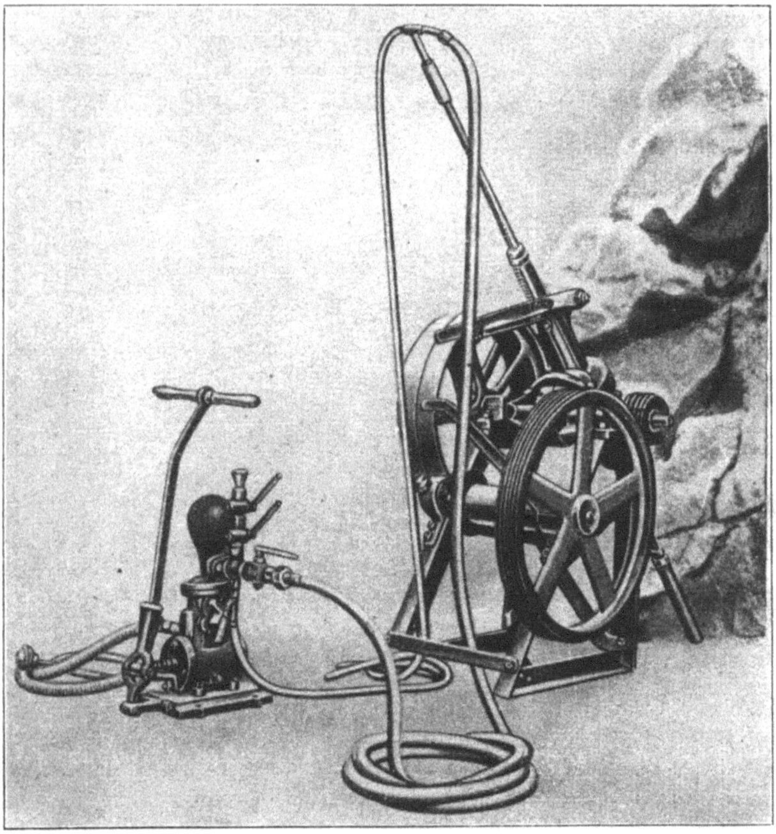

Рис. 56. Общий вид станка зав. Lange, Lorcke и Co. для дробового бурения.

Величина стальной дроби зависит от твердости горной породы. В менее твердых слоях применяют более крупные, в более твердых слоях — более мелкие зерна. Сорта дроби обозначаются цифрами, причем 1 представляет из себя самые мелкие, 0 средние и 00 крупные зерна.

Расход стальной дроби зависит от твердости и свойств породы, подлежащей бурению. В рыхлых породах стальные зерна теряются.

Таблица 21.

Сравнительная стоимость дробового и алмазного бурения в глине и песчаннике в Nova Scotia за 1910—1913 г.

Способ бурения	Диаметр столб. дюйм.	Полная глубина фут.	Средняя глубина фут.	Средняя скорость за рабоч. час. фут.	Средняя стоимость 1 фут. доллары
Ручное алмазное бурение	15/16	1,652	331	0,98	0,866
Паровое алмазное бурение	15/16	1,144	286	0,91	1,040
Ручное дробовое	1,75	268	134	0,68	1,570
Дробовое с конн. прив.	1,75	459	115	1,05	1,340
Паровое алмазн.	2	5,943	594	1,00	1,020
Паровое дробовое	6	6,326	575	1,05	1,650

Таблица 22.

Сравнительная стоимость 1 пог. фут. 2 д. алмазного парового бурения и 6-ти д. парового дробового бурения при работе в глине, песчаннике, конгломерате и угле 1910—1913 г.

Глубина скважин фут.	Глуб. наносов	Скорость		Рабоч. сила	Топливо освещение, нефть и пр.	Извлечение образчик	Под'ем и спуск труб.	Постройны для оборудован.	Фрахт, переноска	Ремонт., вода и пр.	Всего	Способ бурения
		Максимум за 1 час действ. бур.	Среднее за 1 час работы									
462,6	20	5,33	1,93	0,49	0,06	0,08	0,03	0,05	0,06	—	0,775	D
1217,6	8	5,25	1,2	0,42	0,07	0,15	0,01	0,01	0,06	—	0,724	„
435,7	24	4,0	1,13	0,68	0,06	0,18	—	0,01	0,04	0,02	1,006	„
705,7	13	3,25	1,0	0,51	0,03	0,13	—	—	0,01	0,01	0,700	„
317,0	22,7	3,5	0,8	1,8	1,60	0,07	—	—	0,03	—	1,845	„
621,5	11,9	3,0	0,68	1,15	0,10	0,22	—	—	—	0,09	1,569	„
681,8	5,0	3,25	0,9	0,73	0,05	0,04	—	—	0,01	—	0,846	„
128,7	7	2,67	0,58	1,76	0,05	0,11	—	0,01	0,08	—	2,012	„
900,5	8,3	5,0	0,8	0,84	0,06	0,12	—	—	0,01	—	1,040	„
472,2	7,3	2,5	0,67	1,08	0,05	0,20	—	0,01	—	—	1,354	„
559,0	11	6,4	1,27	0,68	0,33	0,04	0,02	0,08	0,28	—	1,441	S
827,5	19,5	6,58	1,0	0,64	0,23	0,15	0,01	0,01	0,03	—	1,070	„
500,5	16	5,58	1,08	0,66	0,38	0,10	0,01	0,02	0,26	—	1,433	„
670,0	29	4,58	0,94	1,00	0,26	0,15	0,05	0,09	0,26	—	1,822	„
1117,0	19	5,5	1,0	0,75	0,07	0,14	0,12	0,06	0,15	—	1,292	„
1134,5	25	5,5	1,25	0,62	0,11	0,15	—	0,01	0,14	—	1,031	„
696,8	19	3,16	0,82	1,31	0,37	0,12	0,47	0,04	0,15	—	2,455	„
208,1	31	4,0	—	1,47	0,14	0,05	0,18	0,10	0,37	—	2,323	„
339,2	11	5,0	—	1,90	0,20	0,05	0,73	0,01	0,33	—	3,231	„
206,1	—	—	—	1,13	0,23	0,12	—	—	—	—	1,480	„
167,6	—	—	—	3,17	0,23	0,31	—	—	—	0,27	3,994	„

D — Алмазного бурения скв. 2″. S — Дробовой скв. 6 д″.

О бурении стальной дробью инженер Флекен дает следующие данные: расход дроби на 1 м. в пестром песчаннике около 1 кг., в каменноугольных горных породах в среднем 1,2 кг, в кварцевом порфире до 1,5 кг. Буровая коронка должна была подниматься в пестром песчаннике после пройденных 2,60 м., а в других, названных выше породах, после пройденных 0,85—1,50 м.

Износ буровой коронки на 1 м. бурения от 50 до 70 мм., а в пестром песчаннике только 20 мм.

Расход дроби при дробовом бурении в России, в Донецком Бассейне, был 4 фунта на 1 пог. фут скв. при цене дроби 8—10 руб. за 1 пуд (по данным Проф. А. И. Терпигорева)[1].

Таблица 23.

Результаты опытов, произведенных в Америке Горным Департаментом в Штате Nova Scotia для сравнения алмазного и дробового бурения[2].

	Дробовое бурение		Алмазное бурение	
	1908 г.	1909 г.	1908 г.	1909 г.
1. Стоимость бурения на 1 погон. фута	Дол. 1,34	Дол. 2,166	Дол. 0,845	Дол. 0,79
2. Стоимость расхода дроби на 1 фут	Дол.0,056	Дол. 0,055	—	—
Стоимость расходов алмазов на 1 фут	—	—	Дол. 0,077	Дол. 0,037
3. Число пробуренных фут за одно и то же время испытания	2198		3378	
4. Средняя скорость бурения за 1 рабочую смену в 10 часов.	6 фут.		13 фут.	
5. Средняя стоимость рабочей силы на 1 фут бурения	Дол. 1,17		Дол. 0,58	

[1]) Описание Донецкого Бассейна т. II, в. 1.

Примечание. Подробное описание дробового бурения намечено во 2-й ч. II тома Библиотека Горного Знания. Г. Ключанский.

[2]) По данным The report of the Departement of Mines of Nova Scotia Sept. 1909.

Таблица 24.

Стоимость бурения 1 пог. фута парового и ручного алмазного бурения; парового, ручного и конного привода; дробового бурения в глине и песчаннике в Nova Scotia 1910—1913.

Глубина скважин, фут.	Глубина поверхн. пор. пород, фут.	Скорость: Максимум за 1 час бурения	Скорость: Среднее за 1 час работы	Рабоч. сила	Топливо	Образчики и пр.	Крепление трубами	Постройки	Фрахт	Различн.	Всего	Род бурения
299,8	5,0	—	1,4	0,47	0,15	0,05	—	0,01	—	—	0,684	A
84,0	4,0	4,42	0,65	1,29	0,09	—	—	0,04	0,40	—	1,811	"
635,5	21,6	8,17	0,69	0,88	0,14	0,05	0,06	—	—	—	1,082	"
125,0	—	3,75	1,0	0,80	0,04	0,05	0,032	—	0,24	—	1,172	"
361,5	14,5	—	1,2	0,67	0,04	0,05	0,002	0,03	0,02	—	0,816	B
285,2	20,0	—	0,92	0,69	0,03	0,05	0,004	—	0,02	—	0,805	"
363,5	26,0	2,87	0,90	0,89	0,05	0,06	0,004	—	—	0,10	1,105	"
281,5	28,0	4,0	0,9	0,68	0,04	0,06	0,006	—	—	0,05	0,837	"
360,0	53,0	4,5	1,0	0,61	0,05	0,04	0,009	—	0,02	—	0,741	"
151,92	12,5	9,0	0,95	1,15	—	0,04	—	—	0,07	—	1,255	C
94,8	1,8	—	1,2	1,21	—	0,06	—	—	0,11	—	1,380	"
118,2	27,5	3,0	0,9	0,98	—	0,05	—	0,04	0,09	0,33	1,497	D
95,0	25,0	3,0	1,3	0,90	—	0,03	—	—	0,06	0,25	1,251	"
61,5	7,5	—	0,77	1,47	—	0,01	0,006	0,05	0,43	—	1,920	E
206,3	4,0	4,25	0,65	1,21	—	0,01	—	—	0,18	0,05	1,458	"

A — $^{15}/_{16}$ дюйм. парового алмазного бурения; B — $^{15}/_{16}$ ручного алмазного бурения, малая машина; C — $1^{3}/_{4}$ дюйма дробового бурения с конным приводом; D — $1^{5}/_{8}$ дробового бурения с конным приводом; E — $1^{3}/_{4}$ дюйма ручного дробового бурения.

Инструменты при бурении.

Буровые штанги. Одним из самых необходимых средств при бурении являются буровые штанги, которые, кроме передачи вращения буровой коронки, служат также для промывки водой буровой скважины. Вследствие чрезвычайно скорого использования штанг, материал, из которого они сделаны, должен быть весьма хорошего качества. Для этой цели применяются обыкновенные нормальные штанги, изготовленные из лучших стальных труб без шва с весьма большой крепостью, и отличающиеся большим сопротивлением на изгиб, кручение и разрыв.

Трубы для штанг должны быть точно выверены и гладко протянуты. Для соединений их между собой служат вутренние ниппеля с чисто выполненной гладкой нарезкой. (Рис. 57.)

Обыкновенно штанги бывают длиной от 1½—3—5 метров и кроме того к каждой машине прилагается набор более коротких концов для смены. Но на некоторых заводах могут быть

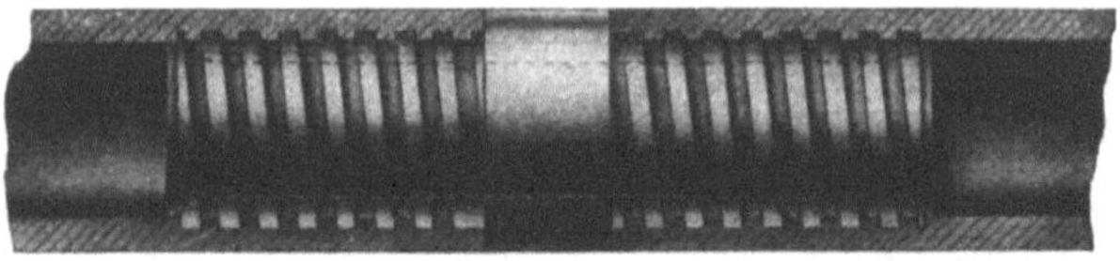

Рис. 57. Соединение штанг.

изготовлены по заказу штанги любой длины; диаметр штанг находится в зависимости от глубины скважины и колеблется от ¾—2—3″.

Наружный диаметр штанги	Вес погонного метра килогр.
32	3,7
38	4,6

Для бурения большим диаметром и на большую глубину, необходимо применение более крепких штанг, которые, для более удобной приемки и под'ема из скважины, соединяются между собой при помощи муфт, так называемых «штуцеров»; для этого каждая штанга на своих концах имеет только внутреннюю резьбу.

Штанги английской конструкции соединяются между собой посредством расширяющихся на концах труб муфт. Трубы стальные; толщина стенок доходит до 1 см.; наружный диаметр 8,75 см.; длина 1½ м.

В е р х н я к - с а л ь н и к. Сверх рабочей штанги навинчивается верхняк — сальник, который бывает разнообразной конструкции.

На рис. 59 показан сальник завода Peiner Masch.-Ges.

На рис. 60 показан сальник для промывки буровой скважины завода Sullivan.

На рис. 61 показан сальник зав. Alfred Wirth (быв. Intern. Bohr-Ges.).

П о д к л а д н ы е с к о б ы. Во время под'ема штанг для развинчивания их, штанги поддерживаются подкладными

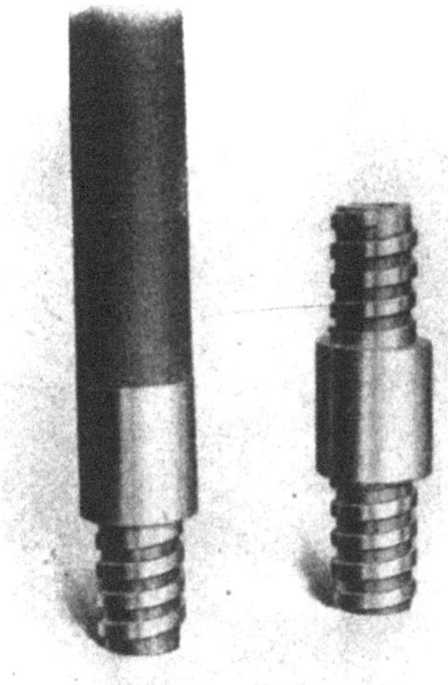

Рис. 58.

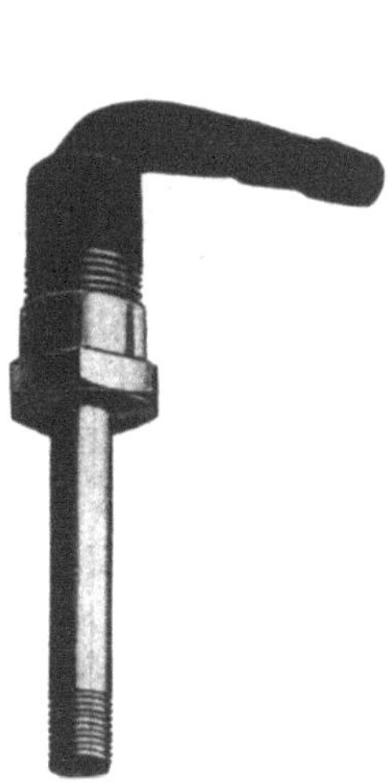

Рис. 59.

Рис. 60.

скобами, имеющими различную конструкцию. На рис. 62 показано устройство такой скобы, имеющей зазубренные вкладыши, которые под действием опускаемых штанг сжимаются и не позволяют им скользить вниз, но допускают свободный под'ем их наверх.

Рис. 61.

Рис. 62. Подкладная скоба Sullivan'a.

Ловильные инструменты. В качестве ловильных инструментов при алмазном бурении употребляются

ловильный метчик (рис. 63);
ловильный колокол (рис. 64).

Рис. 63.

Рис. 64.

Рис. 66.
Фарштуль.

Рис. 67.
Шарнирная пробка.

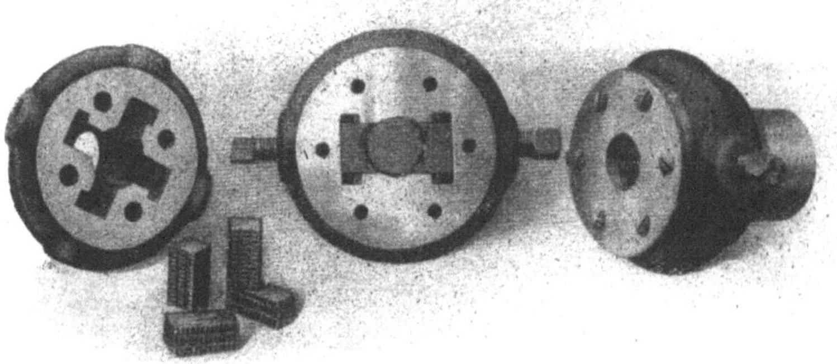

Рис. 65.

Для свинчивания и развинчивания штанг служат

клещи;
хомуты.

Для зажима буровых штанг в буровом шпинделе служат винты зажимной головки, показанной на рис. 65. Головка имеет четыре или две плашки, зажимающие благодаря действию винтов буровые штанги в центре головки. Буровая штанга может быть весьма точно центрирована.

Для под'ема буровых штанг служат фарштули (рис. 66) или шарнирные пробки (рис. 67).

При прохождении мягких глинистих пород, применяют долото, показанное на рис. 68, а также долота, показанные на рис. 69.

Рис. 70.

Рис. 69.

Рис. 68. Спиральный бур. Остроконечный бур.

Рис. 71.

Рис. 72.

При встрече валунов, крепких пород конгломератов пользуются крестовым буром, показанным на рис. 70.

Кроме указанных выше ловильных инструментов, могут быть применены еще следующие инструменты:

для вылавливания штанг направляющий колокол с ловильным метчиком (рис. 71);

для ловли мелких предметов, каната, и частей инструментов змеевик (рис. 72);

для ловли штанг — счастливый крюк (рис. 73);

ловильные клещи (рис. 74);
для извлечения — труболовки (рис. 75);
для резания труб — труборезы (рис. 76).

Когда бурение производится в мягких и выветренных слоях, а также при прохождении кам. угля, трудно получить колонку с помощью обыкновенного рвателя, и для этого пользуются двойным колонковым цилиндром. Он состоит из наружной и внутренней трубы, подвешенной на шариковом подшипнике. Внутренняя труба не вращается, и когда вода проходит между (рис. 77) трубами, то колонка предохраняется от трения, колебаний и размельчения, производимого промывной водой. Этот цилиндр обычно изготовляется в 10-футовых отрезках и применяется только тогда, когда жела-

Рис. 73.

Рис. 74.

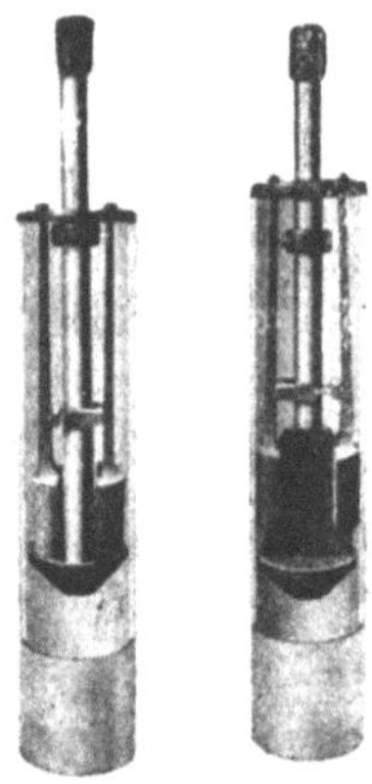
Рис. 75.

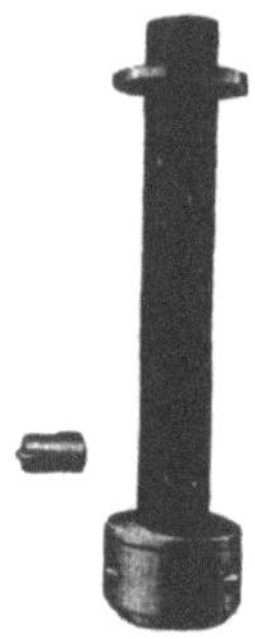
Рис. 76.

тельно получить абсолютную точность при очень неблагоприятных условиях. Этим аппаратом возможно достигнуть превосходных результатов, получая иногда до 100% колонок пройденных пород.

Крепление трубами. Если в верхних частях бурение приходится производить через аллювиальные и наносные отложния или же ломкие породы, то требуется крепление скважины трубами. Диаметр и крепость труб, а также и соединения для них зависят от местных условий. Для производства работ, после крепления буровой скважины, в мягких породах применяют, смотря по тому, что удобнее в данном случае — зубчатую коронку, винтовой, спиральный или же остроконечный бур, причем в трудных случаях приходится прибегать к помощи ударного бурвого долота (резца) (рис. 70). Иногда для дальнейшей осадки труб бывает нужным прибегнуть к ударной бабе.

Данные для рассчета стенок буровых труб.

При креплении буровых скважин, из экономических соображений очень часто пользуются тонкостенными трубами.

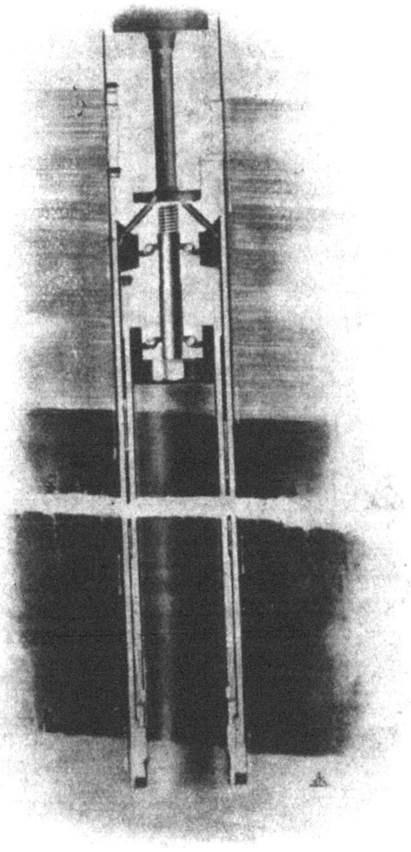

Рис. 77. Двойной колонковый цилиндр для извлечения колонок угля и др. мягких пород. Стрелки показывают направление струи воды.

Это соображение не всегда бывает рациональным. Как только, при переходе из одной породы, вследствие непредвиденных причин, трубы, при вращении их, встречают сопротивление, то от сильного давления, вследствие слабой сопротивляющейся способности, они получяют деформацию, сопровождающуюся изгибом, искривлением или поломкой их. Вся последующая работа, вызванная этим расстройством, является одной из самых затрудительных и продолжительных, результатом чего будет не только потеря времени, но и потеря значительного количества обсадных труб, которые увеличивают общую цифру расходов.

Исследуя это явление, мы наталкиваемся на самые разнообразные причины. Главным образом приходится считаться с большим давлением горных пород которое, при отсутствии водяного столба внутри труб, не встречает достаточного сопротивления.

От этого давления (Gebirgsdruck), вызывающего часто обвалы, если во время не закрепить скважину обсадными трубами, вся работа бурения межет быть легко уничтожена. Обвал влечет за собой образование выемки, иногда значительных размеров; падение стенок буровой скважины задерживаетя до тех пор, пока в скважние находится столб воды. Как только уровень ея понизится, то противодействие ее на стенки постепенно исчезнет и сила давления всецело перенесется на стенки трубы.

Точный расчет для определения толщины стенок труб не возможен, ибо общая величина давления горных пород не может быть точно установлена.

Кроме давления горных пород, другие опасные моменты во время крепления труб наступают тогда, когда трубы встречают на пути песчаные пласты, насыщенные газами. Газы действуют между стенками скважины и стенками труб и, если таковые достаточно крепки, то газы выбрасываются мимо стен вместе с водой, разрушенной породой и пр. Вокруг обсадных труб образуются большие обвалы. Удары и сотрясения так велики, что самые прочные стенки труб не выдерживают, так как оказывают ничтожное сопротивление.

Присутствие плывунов в скважине и пр. т. п. явления также требуют труб с прочными стенками.

Обычно на практике придерживаются следующих правил: крепление скважин вначале производится толстостенными крепкими трубами, но потом экономят на стенке следующих колон. Без сомнения, такого рода экономия лишь кажущаяся: неожиданно наступит тот момент, когда стенки могут оказаться очень слабыми, например, при выкачивания воды из труб, здесь внутреннее сопротивление уступает место превосходящим внешним действующим на стенку, и в результате происходит разрушение труб.

Следующие рассчеты можно рекомендовать для определения толщины стенок цилиндров обсадных труб. Для расчета труб, подвергающихся высшему давлению, пользуются формулой Lamé:

$$\frac{p}{c} = \frac{D^2 - d^2}{2D^2}, \text{ где}$$

p — означает высшее давление в килог. на квадр. миллим.

c — означает допускаемое давление на 1 кв. миллим. трубн. материала,

D — означает внешний диаметр труб в милл.,

d — означает внутренний диаметр труб в милл.

Приведем численный пример: Предполагается исследовать насколько 16″ труба (390—406 мм.) может противостоять внешнему давлению столба воды, высотой 300 метр. Допускаемое давление в трубе предполагается 6 клг. на квадр. милл. Переводя на квад. миллиметры 300 м. водяного столба, получим давление 0,3 клг. Вставив численные значения в формулу Lamé получим:

$$\frac{0{,}3}{6} = \frac{D^2 - d^2}{2D^2} \text{ отсюда } 2D^2 \cdot 0{,}3 = 6(D^2 - d^2) \text{ или}$$

$$\frac{2D^2 \cdot 0{,}3}{6} \times d = D^2; \; d^2 = D^2 - 0\,1\,D^2, \text{ и отсюда}$$

$$d = \sqrt{406^2 - 01 \cdot 406^2} \cong 385.$$

Толщина стенки в действительности будет $\frac{(406-390)}{2} = 8$, а подсчет показывает $\frac{406-385}{2} = 10{,}5$ мил. Цилиндрическое тело таким образом на 2,5 мил. меньше, чем должно быть.

Чтобы узнать, какому давлению могут противостоять буровые трубчатые штанги размерами 126/140 мм., необходимо в этом случае определить p, которое вычисляется по формуле следующим образом:

$$p = 6\,\frac{140^2 - 126^2}{2 \cdot 140^2} = 0{,}57\ \mathrm{kg}$$

Буровые штанги могут противостоять давлению столба воды высотою в 570 метров.

Для приблизительного подсчета допускается $2\,D = D + d$; вставив в формулу

$$\frac{p}{c} = \frac{D^2 - d^2}{2\,D^2} = \frac{(D + d)(D - d)}{2\,D^2} = \frac{2\,D\,(D = d)}{2\,D^2} = \frac{D - d}{D}$$

$D - d$ означает двойную толщину стенки цилиндра. Означим толщину стенки цилиндра через s, получим

$$\frac{p}{c} = \frac{2\,s}{D} \text{ и } s = \frac{p\,D}{c\,2} = \frac{p}{c} \cdot R$$

Из формулы $s = \frac{p}{c}$ можно заключить, что толщина стенки прямо пропорциональна высоте давления столба воды, радиусу и качеству материала труб.

Для большей безопасности необходимо все последующие трубы также рассчитать, т. к. давления меняются. Также необходимо делать испытание материала труб на прочность, т. к. практика показала, что на деле значения для c не соответствовали показаниям и гарантиям поставщиков.

В случае предстоящих сомнений, необходимо решиться на более толстые стенки, нежели показывает рассчет. В противном случае безполезные расходы и потеря времени могут оказаться губительным для предпринимателя.

Глава VI.

Алмазно-буровые станки.

Общая характеристика.

Буровые станки для алмазного бурения могут быть разделены, в зависимости от места своего изготовления, на станки:

I. русского производства, представителем которых является станок Войслава;

II. шведского, представителем которых являются станки Craelius'a.

III. немецкого, — Lange, Lorcke & Co., Peiner Maschinenbau-Ges., Alfred Wirt & Co., Joh. Urbanek & Co., идр.

IV. английского — Schram, Harker & Co.

V. американского — Sullivan Maschinery Companie, American Diamond Rock Drill и др.

В зависимости же от применяемой к ним силы, они могут быть ручные и механические.

Независимо от этого станки могут быть разделены на типы, смотря по тому принципу, который заложен в них для получения поступательного движения коронки и регулирования давления ее на забой скважины.

Как известно, все буровые машины при вращательном бурении, а, следовательно, и при алмазном, должны удовлетворять следующим двум основным требованиям.

1. Они должны обладать соответствующим вращательным механизмом для получения вращательного движения буровых штанг, вместе с насаженной на них алмазной коронкой.

2. Они должны обладать соответствующим устройством для поступательного движения вперед буровой коронки и для одновременного регулирования давления на забой скважины.

Первое требование достигается различным образом, и по этому принципу можно разделить все станки на:

а) станки, у которых передача движения производится посредством двух равновеликих или неодинакового диаметра конических шестерней, из которых первая, сидящая на главном валу, вертикальная, и другая, несущая патронную трубку, горизонтальная;

б) станки, у которых передача движения производится парой конических шестерен, действующих не непосредственно на патронную трубку или буровой шпиндель, а сначала на целую серию зубчатых колес, вращающих ту шестерню, которая находится на буровом шпинделе.

Второе же требование осуществляется также различным способом и, если этот принцип положить в основу классификации буровых станков, то их можно разделить следующим образом:

а) станки с простым устройством для подачи коронки;

б) станки с рычажным нажимным устройством для поступательного движения;

в) станки с применением дифференциального механизма для этого движения;

г) станки с применением гидравлической подачи.

Подача коронки в станках первой группы а) обычно производится или вследствие подвешивания соответствующего груза, производящего давление сверху на штанги, коронку и, следовательно, забой, или же, при увеличении глубины скважины, это давление осуществляется исключительно за счет веса штанг. При значительной глубине 70—80 саж. и получающемся от этого значительном давлении создается полная возможность быстрого и нерационального изнашивания коронки и преждевременной порчи алмазов. В случае же встречи на больших глубинах пород такой твердости, при которой не требуется сильного давления, уменьшить его в подобных станках является невозможным, что опять таки весьма неблагоприятно отражается на содержании и использовании коронки. Поэтому станки этой группы являются менее совершенными, нежели станки всех остальных групп, где поступательное движение может быть регулируемо рационально и весьма точно.

В станках второй и следующих групп, главным образом немецкого типа и английско-американского типа, принципы поступательного движения более сложны, более точны, в особенности принципы дифференциальной и гидравлической подачи, вследствие чего и бурение является более экономичным, производительным и технически совершенным.

Подробное описание этих способов производства поступательного движения сделано ниже, при описании главнейших типов алмазно-буровых машин, к рассмотрению которых мы и приступим.

Общие сведения.

Характерные особенности всякой буровой машины определяются специальной выработкой всех ее главнейших частей, а также в значительной мере способом их соединения станка с двигательной силой машины. Надо заметить, что алмазные буровые машины впервые были выработаны английскими и американскими фирмами. В Германии лишь за последнее время начали обращать больше внимания на машины этого рода, причем необходимо признать, что большинство из сконструированных машин были сделаны без всякого заимствования с иностранных образцов. Следует указать на то, что очень ошибочно при покупке буровой машины руководствоваться лишь ее качеством и ценой одной лишь машины: прилагаемый иногда при ней инструмент в некоторых случаях имеет также значительную ценность, как и сама машина.

Первоначальная французская конструкция алмазных буровых станков,, изобретенная еще Leschot, представляла из себя обыкновенный вращательный перфоратор, устроенный со скоростью вращения бурового шпинделя не более 50—60 оборотов в минуту. Подающий механизм отличался своим несовершенством, вследствие чего не мог самостоятельно быть приспособлен к постоянным изменениям твердости горных пород.

Станок был соединен с паровым стационарным или передвижным котлом горизонтального или вертикального типа, или его приспособляли к какому нибудь самостоятельному паровому котлу.

Станок не имел ни вращательной головки, ни полого стержня. Оставаясь в примитивном состоянии под названием станка «французского типа», этот тип механического станка должен был уступить место американской машине.

Американская конструкция очень быстро получила должное развитие. Американский буровой станок сразу был приспособлен для различных целей бурения: исследования руд, угля, солей, источников вод на различных глубинах и при всевозможных условиях залегания разведываемых месторождений.

Существенной особенностью станков этого типа является регулирование давления буровой коронки на забой буровой скважины и подача ее посредством фрикционной муфты и системы зубчаток, имеющих различную передачу. Зубчатки по мере надобности могут быть попарно включены и выключены. Регулирование также было возможно посредством гидравлического давления, действующего автоматически в зависимости от твердости пород.

Вблизи станка или на одном фундаменте устанавливался паровой питательный насос и под'емный механизм; в качестве паровых котлов употреблялись передвижные, устанавливаемые обыкновенно в стороне отдельно от котла. Для привода двигательного вала прибегали к одному или двум горизонтальным паровым цилиндрам. Применение сжатого воздуха было очень редко. Для под'ема штанг при ручном бурении применялся деревянный копер. При большой же глубине требовалась буровая вышка.

Английская конструкция станков значительно отличается от двух вышеуказанных. Станки этой конструкции, обычно сделанные из прочного железа, состоят из двух вертикально стоящих Т — образных стоек, располагаемых по сторонам скважины, вращательного механизма, коромысла для уравновешения веса штанг, под'емного механизма и промывного насоса. Посредством локомобиля и ременной передачи приводится в движение целый ряд вертикальных и горизонтальных валов, прикрепленных к раме. Один из валов вращает полый цилиндр, передающий поступательное движение на штанги посредством скользящего вниз и вверх поперечного ползуна.

Немецкие алмазные буровые станки дают возможность посредством особого применения нажимного рычага передать, смотря по имеющимся геологическим условиям, то или иное давление коронки на забой буровой скозожны. Кроме того, некоторые из этих станков позволяют перейти от алмазного к обыкновенному ударному бурению с промывкой буровой скважины. Приводной механизм непосредственно сидит на раме и состоит из двух конических зубчатых колес, ременного приводного шкива и горизонтального зубчатого колеса, сидящего на передвигающейся вверх и вниз винтовой патронной трубке.

Под'ем буровых штанг во время работы производится посредством обыкновенной лебедки, пристроенной к станку, для уменьшнии же давления штанг применяется противовес, прикрепленный к коромыслу. Под коромыслом устанавливается ударный цилиндр с автоматическим или ручным пуском, который, после соответствующего включения, производит вместо вращательного бурения поступательное или ударное бурение. Рассмотрим теперь алмазно-буровые станки по группам.

Станки I-й группы:
Ручной буровой станок Войслава.

Главные части станка следующие:

a) основная деревянная рама с двумя вертикальными и двумя наклонными стойками;

b) главный вал, состоящий из двух горизонтальных осей, вращающийся в подшипниках;

c) две конические вертикальные шестерни, насаженные на внутренние концы горизонтальных осей;

d) две рукоятки, присоединенные к наружным концам горизонтальных осей и служащие для вращения главного вала;

e) одна коническая горизонтальная шестерня, получающая вращение своей вертикальной оси вследствие передачи вертикальными шестернями;

f) вертикальный подшипник, в котором вращается вертикальная втулка вместе с шестерней;

g) патронная трубка с продольным выступом, входящим в соответствующий паз втулки (вращающаяся вместе с втулкой), служащая для вращения вместе со втулкой укрепленных в нее посредством трех зажимных винтов буровых штанг, постепенно удлиняющихся сверху.

Вращающийся механизм этого станка состоит, таким образом из трех вышеуказанных шестерен, передающих движение от горизонтальной оси вертикальной.

Кроме указанных выше частей, станки имеют еще боковую дугу с прорезом для болта, позволяющего изменить горизонтальное положение вертикального подшипника, а, следовательно, и втулки и допускающего благодаря этому поставить патронную трубку под тем или иным углом к горизонту, и тем самым проводить наклонные, горизонтальные и вообще в любом направлении буровые скважины.

Действие станка сводится к получению вращения закрепленных в патронную трубку штанг, что и осуществляется благодаря вращению рукояток и передачей этого вращательного движения последовательно горизонтальной шестерне, втулке, патронной трубке и, наконец, штангам.

Поступательное движение осуществляется вначале бурения благодаря подвешиваемому к скобе у верхняка-сальника, соответствующего груза, производящего свое давление на штанги, а, следовательно, и на присоединенную к ним коронку с алмазами; по мере же увеличения глубины скважины поступательное движение, или иначе подача коронки, достигается благодаря постепенно увеличивающемуся и постоянно существующему весу буровых штанг.

Сальник n гибким рукавом соединяется при этом бурении с небольшим ручным насосом, подающим воду по штангам для промывки буровой скважины.

Таким образом, главнейшей характеристикой этого станка является:

a) в отличие от других станков, позволяющих изменять скорость своего вращения вследствие применения размеров соответствующих шестерен, у описанного станка Войслав скорость вращения является постоянной, и, так как размеры шестерен здесь неизменны, то эта скорость зависит исключительно от движения рукоятки, т. е. от мускульной силы руки рабочего;

b) отсутствие постоянного регулирующего устройства для изменения поступательного движения штанг, и, как результат этого, будут: невозможность точного и правильного регулирования давления алмазной коронки на забой скважины, невозможность получения отчетливых указаний об изменениях породы при переходе из одной породы в другую, что может повлечь за собой быстрое истирание алмазов и общее нерациональное их использование;

c) простое устройство станка, соединенное с достаточной для ручного бурения прочностью и не требующее сложного ремонта и ухода за ним;

d) отсутствие сложных частей и возможность быстрой замены поврежденных шестерен новыми такими же запасными.

Механически станок может быть получен дополнением ременного шкива на главном валу.

Двигатель для этого станка обыкновенно помещается отдельно на особой станине.

Ниже приведены практические данные работы станком Войслава в Кривом Роге по р. Желтой, на Урале (Табл. 25, 26 и 27) и в донецком Бассейне (Табл. 28).

Таблица 25 [1])

Скорость бурения и расход алмазов при ручном бурении. Диаметры коронки: наружный 48 мм. внутр. 25 мм., (средние величины).

№№ по порядку.	ПОРОДА.	Наибольшая скорость в смену метров.	Средняя скорость в смену метров.	Расход алмазов на 1 пог. метр бурения. Черных каратов.	Расход алмазов на 1 пог. метр бурения. Белых каратов.
1	Кварциты и роговики трещиноватые	1,1	0,65	1/8	Работа очень трудная и невыгодная.
2	Кварциты и роговики сплошные	1,3	0,75	1/10	
3	Кремнистые доломиты, известняки и сланцы с гнездами кварца, трещиноватые	1,0	0,5	1/5	
4	Кремнистые доломиты, известняки и сланцы с гнездами кварца сплошные	1,5	1,0	1/9	
5	Граниты красные	1,75	1,25	1/15	
6	Граниты серые	1,4	0,9	1/12	
7	Гнейсы	1,5	1,2	?	—
8	Диориты, магнитные железняки	2,0	1,35	1/20	1/5
9	Песчаники крупнозернистые	3,0	1,75	1/32	1/8
10	„ мелкозернистые	3,5	2,0	1/40	1/12
11	Глинистые сланцы	2,5	1,45	1/100	1/20
12	Известняки (чистые)	4,0	2,8		

Таблица 26 [2]).

Сравнительная скорость бурения и расход алмазов при ручном разведочном бурении на Магнитной горе 1899—1900 г.

Шведский станок системы Крелиус (диаметр скважины 33 мм.).									Станок С. Войслава (диаметр скважины 48 мм.).								
№ скважин.	Число смен.	Пройдено всего.		В 1 смену.		Расход алмазов.			№ скважин.	Число смен.	Пройдено всего.		В 1 смену.		Расход алмазов.	
		ф.	д.	ф.	д.	Черн. шт.	Бел. шт.			ф.	д.	ф.	д.	Черн. шт.	Бел. шт.
12	28	44	8	1	7	?	?	14	32	98	4	3	1	1	1
15	12	27	8	2	3	1	8	16	77	240	8	3	1,5	1	5
17	20	51	—	2	6	2	3	20	11	36	6	3	4	0	0
19	13	33	—	2	6	2	2								
21	5	13	2	2	7	1	1								

(Подписано)
Горный Инжен. Л. Л. Арцт.

Примечание. Условия бурения совершенно одинаковые.

[1]) С. Г. Войслав. К вопросу об алмазном бурении. Изд. Бюро Исследов. Почвы 1901 г.

[2]) Тоже.

Таблица 27 [1]).

Гора Магнитная.

скв. № 16, шурф № 173.

Месяц.	День.	Пройдено. Ф.	Пройдено. Д.	ПОРОДЫ	Состояние коронки.
Авг.	4	2	6	№ 1. Мартит с магнитн. железняком и каолинов. примесями.	Хорош.
"	5	11	4	тоже	"
"	7	2	—	"	"
		15	10	Результ. 3 смены 15′ 10″. 1 " 5′ 3″.	
"	8	5	2	№ 2. Венисовая порода более или менее разрушен. с инфильтрациями водной окиси железа, а равно примесями мартита и магнитн. железн. и вторичн. кварца (примеси кварца начинаются на глубине 20 арш.).	"
"	9	9	—	тоже	1 бел. алмаз вык.
"	10	8	7	"	
"	11	4	11	"	
"	12	7	—	"	"
"	14	5	6	"	"
"	16	2	6	"	"
"	17	2	6	"	"
"	18	1	6	"	"
"	19	1	6	"	"
"	21	2	—	"	"
"	22	4	—	"	"
"	23	2	—	"	"
"	24	2	10	"	"
		61	0	Результ. в пор. № 2: в 14 смен 61′ 0″ " 1 смену 4′ 4″	
"	25	1	10	№ 3. Мартит с магнит. железн. и преобладающим количеств примесей известковаго шпата, хлорита и сернаго колчедана.	Хорош.
Авг.	26 день	2	4	тоже	"
"	26 ночь	6	0	"	"
"	28	2	4	"	"
"	29	2	5	"	"
"	30	2	9	"	"
"	31	5	0	"	"
Сент.	1	5	0	"	"
"	2 день	1	5	"	"
"	2 ночь	5	1	"	"
"	4	6	0	"	"
"	5	6	0	"	"
"	6	1	6	"	"
"	7	4	0	"	"
"	9 день	1	8	"	1 бел.
"	9 ночь	4	6	"	алмаз вых.
		57	10	Результ. в пор. № 3: в 16 смен 57′ 10″ " 1 " 3′ 7″	
"	11	2	8	№ 4. Хлорит с мартитом, магнитным железнякомъ и серным колчеданомъ.	Хорош.
"	12	3	0	тоже	"
"	13	2	6	"	"
"	14	3	0	"	"
"	15	2	6	"	"
		13	8	Рез. в пор. № 4: в 5 см. 13′ 8″ в 1 см. 2′ 8″	
"	—	—	—	№ 5. Мартит с магнитным железняком и пре-	"

Таблица 27 [1]).

Гора Магнитная.
скв. № 16, шурф № 173.

Месяц.	День.	Пройдено Ф.	Пройдено Д.	ПОРОДЫ	Состояние коронки.
				обладающим количеств. примесей известковаго шпата, хлорита и серн. колчедана.	
Сент.	16	4	0	тоже	Хорош.
"	18	2	6	"	1 бел
"	19	0	6	"	аламаз
"	20	0	10	"	вык.
"	21	1	6	"	Хорош.
"	22	1	2	"	"
"	23 день	2	2	"	"
"	23 ночь	2	10	"	"
"	26	0	2	"	"
"	27	2	0	"	"
"	28	3	0	"	"
"	29	2	4	"	"
"	30 день	2	9	"	"
"	30 ночь	2	9	"	"
Окт.	2	2	2	"	"
"	3	2	10	"	"
"	4	3	0	"	1 бел.
"	5	3	0	"	алмаз
"	6	3	0	"	вык.
"	7 день	2	0	"	Хорош.
"	7 ночь	5	0	"	"

Результат в пор. № 5:
в 39 смен 92' 4"
" 1 смену 2' 4"

Месяц	День.	Пройдено. Ф.	Пройдено. Д.	ПОРОДЫ.	Состояние коронки.
Окт.	9	2	0	тоже	Хорош
"	10	2	0	"	"
"	11	3	0	"	"
"	12	1	6	"	1 бел.
"	13	1	6	"	алмаз
"	14 день	3	0	"	вык. Хорош
"	14 ночь	3	0	"	
"	16	2	0	"	"
"	17	3	0	"	"
"	18	3	0	"	"
"	19	3	6	"	"
"	20	2	0	"	"
"	21 день	2	6	"	"
"	21 ночь	3	0	"	"
"	23	1	6	"	1 черн.
"	24	2	0	"	алмаз
"	25	1	10	"	вык.
		92	4		

Результат в пор. № 5:
в 39 смен 92' 4"
" 1 смену 2' 4"

Всего . . . 240' 8"

Общий результат в скв. № 16:
в 77 смен 240' 8"
" 1 смену 3' 1,5"

Таблица 28.

Работа станком Войслава в Донецком Бассейне (По данным проф. А. М. Терпигорева, Оп. Д. Б. Т. II, в. 1).

Глубина скваж.	100 саж.	Глубина скваж.	100 саж.
Диаметр скв	1/2"	Десятник	1 по 45 руб. вмесяц
Диаметр коронки	1 3/8"	Ночной сторож.	1 р. 10 к.
Толщина стенок	1/4"	Наибольшая производительн. на глуб. 90 м.	3 метра в песчанике, извест.
Длина коронки	5"		
Диаметр штанг	1 1/4"		
Длина штанг	2 метра	Наименьшая в гл. сланце	1 метр.
Толщина стен. шт.	1/8"		
Число рабочих:		Под'ем } на гл. 100 м.	30 минут
		Спуск } на гл. 100 м.	"
a) при насосе	2 (на 1/4 часа)	Свинчиванние и развинчивание шт. за 11-ти часовую смену	2—2 1/2 часа
Сменных-запасных	2		
b) при станке	2 (на 1/4 часа)		
запасных	2		
c) При штангах под'ем, свинчив. развинчивание	1	Стоимость I пог. метр	от 6—15 руб.
Всего в смену	9 рабочих	Стоимосгь всего оборудования (кроме алмазной коронки) на глуб. 100 м.	ок. 800 руб.
Плата в смену	11 руб.		

Станки II-й группы: Шведско-немецкие.

Представителями этой группы являются: шведский алмазно-буровой станок системы „Craelius“ и такой же станок, изготовляемый фирмой Lange, Lorcke b. Heidenau близ Дрездена, в Саксонии.

Алмазная буровая машина системы Craelius известна с 1887 года. Этот станок обыкновенно применяют для бурения скважин в 35 мм. диаметром, вполне достаточном для получения ясного представления об исследуемой местности, так как диаметр вынимаемого столбика выбуренной породы обыкновенно не превышает 22 мм. Станок может быть применяем в действие, как для ручной, (рис. 78), так и механической силы; в последнем случае, при работе на поверхности, может быть использован любой мотор; в подземных же работах, для которых необходима хорошая вентиляция, предпочитают электромоторы и двигатели для сжатого воздуха. Для избежания ременного привода, буровой станок непосредственно присоединяется к электромотору. В этом случае (рис. 79) мотор устанавливается внизу на станине, и соответствующее колесо непосредственно от мотора действует посредством трения на маховик и приводит его в движение. Буровая машина устанавливается на разбирающейся на 4 части станине из углового железа; вся машина очень удобно располагается на станине и легко доставляется человеческой силой к месту работы, что без сомнения имеет

Рис. 78. Ручной станок „Craelius'a“ тип А до 300 м.

значение при затрудненном транспорте в гористых местностях. Станина, прикрепляемая к балкам винтами, устанавливается к тому же на каменном фундаменте, благодаря чему положение машины делается особенно устойчивым. На станине помещаются 2 длинных подшипника, в которых, собственно говоря, и расположена машина.

Весь станок (рис. 80) весьма удобен для переноски установки, отличается малым весом, компактностью; требует по одному рабочему на каждую рукоятку для вращения его и позволяет производить буровые работы до 200 метр. глубины при отдельно стоящем ручном насосе.

Рис. 79. Тип А с электромотором.

Большим преимуществом этого станка является присутствие указанного нажимного рычажного устройства, позволяющего с большой точностью и в то же время осторожностью производить регулирование давления алмазной коронки на забой скважины. Опытный буровой мастер по своему мускульному ощущению во время регулирования может своевременно усилить или ослабить это давление и, тем самым, предотвратить коронку и алмазы от излишнего изнашивания, порчи и траты алмазов.

Рис. 80. Станок **Craelius'a** с раскрытым вращательным механизмом, рычагом и сальником для промывки.

Стоимость станка находится в зависимости от глубины; без оборудования станок стоит 2500 м.

Фирма Lange, Lorcke & Co. строит станки до глубины:

Тип A	300 меестров,
Тип AB	600 ,,
Тип B	1000 ,,

Общие сведения о работе станком Craelius'а.

После того, как машине дадут направление, необходимое для бурения, подшипники должны быть прочно прикреплены. Вследствие такой установки можно быть всегда застрахованным от самопроизвольного изменения направления бурения. Маховики укреплены на валу посредством клиньев. При ручной работе (ручном приводе в действие машины), к маховикам приделывается рукоятка; если же пользуются мотором, то надобность в рукоятках отпадает, и один из маховиков работает ременным шкивом, в то время как предохранительная втулка заменяется холостым шкивом. Вращательное движение вала посредством винтовой зубчатой системы колес переносится на буровой шпиндель. Оба колеса этой системы сконструированы так, что одно может заменять другое. При ручной работе большее из зубчатых колес монтируется на валу буровой машины. Если скорость вала доходит до 40 оборотов в минуту, то шпиндель и коронка соответственно (в ту же единицу времени) делают 60. При переходе от ручной к механической работе перемещают зубчатые колеса таким образом, что малое колесо насаживается на конец вала. 240 оборотов вала соответствуют 160 оборотам коронки и шпинделя (в минуту). Вращательное движение коронки должно соответствовать диаметру столбика добываемой породы и твердости проходимых слоев. Чем больше диаметр и чем тверже порода, тем менее оборотов должна делать коронка, ибо в противном случае при несоответственно большем числе оборотов коронки алмазы снашиваются более нормального. В породе средней твердости 35 мм. (в диаметре) коронка делает до 160 оборотов в минуту. Хотя при ручной работе алмазы стираются все-же меньше, чем при работе двигателем, однако, в соответствии с этим, и результат бурения является несравненно меньшим, чем в последнем случае. Для ручной рабты нужно 3—4 человека. 2 работают у рукояток (маховиков), 3-й накачивает воду в скважину и 4-й обслуживает подачу штанг и всего механизма. При значительных глубинах, с большим чем 35 мм. диаметром скважины, необходимы еще 2 человека. Общая сила (мощность) мотора устанавливается в зависимости от глубины и величины скважины и равна около 2—3 лош. сил. При механическом обслуживании, насос обслуживается таким же образом, как и аппарат.

В этом случае у него (насоса) устанавливаются предохранительный вентиль и манометр. Движение индикатора на манометре позволяет вести постоянный контроль водяного давления, проходящего по скважине и буровой коронке. Сле-

Рис 81.

дует еще принять во внимание, что и для насоса необходима еще одна сила. Следовательно, мощность двигателя для станка и насоса должна равняться 3—5 л. с. Более легкое и простое извлечение штанг из скважины достигается при употреблении следующих частей:

а) При ручной работе — 1. посредством рычага подающего механизма (в это время нагрузка снимается); 2. приспособления для поднимания труб в виде простого рычага (при малых глубинах); 3. при больших глубинах пользуются канатным барабаном, приводимым в движение валом буровой машины (применение зубчатых колес, ворот и привод зубчатого колеса) (рис. 81).

б) При работе двигателем, пользуются канатным барабаном, приводимым в движение валом буровой машины применение фрикционной системы колес). Вороты фрикционных и зубчатых колес установлены в таком расстоянии между 2-мя валами, что представляется вполне

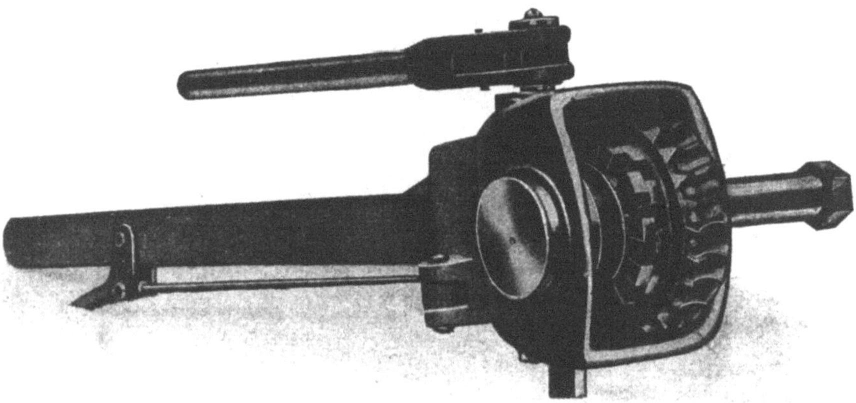

Рис. 82

возможным их перемещение (при переходе от ручной к моторной работе). Таким образом, вместо зубчатой системы можно пользоваться фрикционной системой. Вал канатного барабана проходит через эксцентрические, находящиеся в подшипниках и двигающиеся параллельно ему, части; таким образом и та и другая система (зубчатая и фрикционная системы колес) устанавливаются в зависимости от надобности как во время движения, так и во время остановки.

Давящий рычаг обслуживается исключительно руками, вследствие чего является возможным сообразоваться с проходимой породой; этим всякие поломки коронки сводятся до минимума. Только в равномерных и нетрещиноватых породах возможно использование вместо ручного рычага установки, постоянно действующей на коронку. Для этого имеется специальный рычаг, употребляющийся вместо придаваемого всякой машине ручного рычага. Постоянное давление на коронку производится путем установки системы винтовых колес рычага давления в постоянном горизонтальном положении (рис. 82). После полного опускания и освобождения храпчатки, рычаг поднимается просто рукой и устанавливается в должном положении.

В нижеследующей таблице видно соотношение между диаметрами колонковой трубы, буровой скважины и столбика выбуренной породы станком Крэлиуса.

Диаметр колонковой трубы.	**Диаметр скважины.**	**Диаметр столбика выбуренной породы.**
50 мм.	около 56 мм.	около 34 мм.
63,5 „	„ 68 „	„ 45 „

На рис. 83 показан общий вид установки с нефтяным мотором.

На рис. 84 показан станок Craelius'а с фрикционной передачей.

Таблица 29.

Практические данные работы станком «Craelius» в Швеции.

1. Диаметр буровой скважины 35 мм.
2. Вертикальная глубина вниз 350 м.
3. Вертикальная глубина вверх 120 м.
4. Горизонтальная глубина 500 м.
   при d коронки 68 мм.
   при d штанг 33,5 мм.
5. Пройденные породы: каменно-угольные отложения, калийные и антрацитовые.
6. Средняя производительность за 10-часовую смену в породах хлорида, слюды, роговой обманки, смешанной с глинистым сланцом, 2,5—3,5 м.
   В кварце и железном колчедане 1,8—3,5 м.
   В твердом известняке, железных и марганцевых рудах 7 м.
7. В течении 190 дней сделано 15 буровых скважин глубиной от 44—80 м. при
   средней производительности 3,4 м.

Рис. 83. Станок **Craelius'a** с нефтяным мотором.

Рис. 84. Станок **Craelius'a** с фрикционной передачей.

Нормальное оборудование буровой машины системы Крелиус, Тип „A“ до 300 метров глубины (завод Lange, Lorcke).

1. Для ручного привода.

1 чугунная рама, состоящая из пяти частей и двух упоров;
1 комплектный вращательный аппарат;
1 нажимной рычаг с грузом и автоматическим запором;
2 маховых колеса;
2 рукоятки к ним;
1 шкив для холостого хода;
1 тормаз для труб;
2 клещей для буровых штанг;
1 универсальные газовые клещи до 2″;
1 цепной ключ для труб;
2 бугеля;
1 двойной держатель для труб;
1 штуцер для присоединения водяной шланги;
2 шпонки для маховых колес;

1 рычаг для вынимания шпонок;
4 винта для дерева
по одному гаечному ключу I" × 7/8", 3/4" × 5/8", 1/2" × 3/8"
по одному гаечному ключу для гаек винтового колеса и для штауферовых масленок;
1 торцовый ключ;
2 зажима для канатов или 1 большой блок;
1 рычаг для ключа;
2 ключа для круглых головок бурового шпинделя;
1 ключ для круглых головок втулки большого винтового колеса;
1 ключ для круглых головок втулки малого винтового колеса;
1 ключ для круглых головок штуцера для водяной шланги;
1 запирающийся ящик приблизительно 700×400×350 мм.;
1 молоток;
1 вилочный ключ;
1 ручные тиски;
1 комбинированные плоскогубцы;
1 кронциркуль;
1 циркуль;
1 отверка;
1 станок для ножовок;
1 монтажные тиски;
2 полотна ножовок;
1 плоское зубило;
1 стальная линейка;
1 масленка;
1 плоский напильник приблизительно 16";
1 трехгранный напильник приблизительно 6";
1 круглый напильник приблизительно 10";
2 круглых напильника приблизительно 6";
5 ручек для напильников;
1 бунт вязальной проволки;
1 бурав для дерева;
1 метр набивочного шнура для штуцера водяной шланги.
Общий вес нетто около 620 кг.
Общий вес брутто около 720 кг.
Размеры ящика около 12×1000×900 мм.;
1 тюк, содержащий раму тисков для труб, нетто около 20 кг. весом;

Подходящие для этой машины буровые трубы имеют внешний диаметр в 33,5 мм. и весят около 3 кг. на погонный м.

2. Для ручного и механического привода.

Кроме перечисленных выше частей, принадлежащих к ручной буровой машине, здесь еще добавляются:

1 ременной шкив для холостого хода с приспособлением для смазки;
1 направляющая для ремня;
1 фрикционный привод тип „В", состоящий из:
  1 большого конического колеса (железное фрикционное колесо);
  1 малого конического колеса (железное фрикционное колесо);
  1 дуга из стального литья;
  2 эксцентрика с винтами для дуги;
  1 рукоятка для дуги;
  1 вал с пружинной шпонкой;
  1 канатный барабан с зажимным винтом;
  1 проволочный канат 15 м. длины, 15 мм. диаметра, с двойным крюком;
  2 шпонки для конических колес;
  1 тормозной башмак из твердого дерева;
2 винта для тормозного башмака;
4 гайки для укрепления подшипников на раме бурровой машины.

Вес комплекта без привода нетто около 700 кг
Вес комплекта без привода брутто около 800 кг.
Размер ящика около 1200×1000 мм.
Вес привода нетто около 200 кг.
Вес привода брутто около 300 кг.
Размер ящика около 1000×1000×500 мм.

Нормальный комплект промывного насоса. Тип „А" для ручного привода.

1 насос с штутцерами для шланг и т. д.;
1 ручной рычаг с деревянными рукоятками;
1 манометр до 15 атм.;
1 всасывающая;
1 пресс для изготовления поршневых манжет;

4 хомута для присоединения шланг.;
2 гаечных ключа $1/2'' \times 3/8''$;
1 гаечный ключ $15/16''$ для гайки сальника;
1 гаечный ключ 60 мм. для штуцеров шланг;
1 торцовый ключ для гайки поршневого штока;
4 винта для дерева;
2 запасных кожанных манжета;
4 запасных резиновых клапанных шарика;
¼ квадр./м. резиновой пластины для прокладок;
1 м. набивочного шнура;
1 всасывающая шланга 4,5 м. длиной;
1 нагнетательная шланга 9 м. длиной.

Вес нетто около 110 кг.

Вес брутто около 160 кг.

Размер ящика около $950 \times 600 \times 460$.

Нормальный комплект промывного насоса. Тип „Е“ для механического привода. (Завод Lange, Lorcke).

1 насос комплектный с переменным ходом, всасывающим и нагнетательным штуцерами для шланг, выключателем и манометром до 50 атм. с красной маркой на 30 атм.;
1 предохранительный клапан;
1 всасывающая решетка с клапаном;
4 хомута для укрепления шлангов;
2 запасных бронзовых шарика для клапанов;
1 специальный ключ для шарнирных болтов;
2 гаечных ключа $1/2'' \times 3/8''$;
1 гаечный ключ $5/8'' \times 1/2''$;
1 гаечный ключ $3/4'' \times 5/8''$;
1 гаечный ключ 53×42 мм.;
1 лист промасленной бумажной прокладки;
1 м. набивочного шнура;
4 гайки с подкладными шайбами $5/8''$;
1 всасывающая шланга 4,5 м. длиной;
1 нагнетательная шланга 9 м. длиной, обвитая снаружи железной проволокой;

Вес нетто около 550 кг.

Вес брутто около 650 кг.

Размер ящика около $1100 \times 900 \times 750$ мм.

Нормальный комплект буровых труб для буровых колонок.

86 мм. ⌀ **76 мм.** ⌀ **66 мм.** ⌀

1 колонковая труба 1500 мм. длиной;
1 колонковая труба 500 мм. длиной;
1 труба для шлама 500 мм. длиной;
1 ниппель с тремя нарезками для шламовой трубы;
1 ниппель с двумя нарезками для колонковых труб;
1 держатель для коронки;
1 клещи для буровой коронки;
1 метчик для вылавливания буровых труб;
1 метчик для валавливания колонковых труб;
1 рычаг для колонок;
1 крейцмейссель;
2 рвателя без алмазов (кольца);
2 рвателя (муфты);

Вес нетто 86-ти мм. колонковой трубы: 36,300 кг.
Вес нетто 76-ти мм. колонковой трубы: 30,615 кг.
Вес нетто 66-ти мм. колонковой трубы: 24,540 кг.

56 мм. ⌀ **46 мм.** ⌀

1 колонковая труба 1500 мм. длиной;
1 колонковая труба 500 мм. длиной;
1 ниппель с двумя нарезками для стержневых труб;
1 держатель для коронки;
1 клещи для буровой коронки;
1 метчик для буровых труб;
1 метчик для колонковых труб;
1 рычаг для колонок;
1 крейцмейссель;
2 рвателя без алмазов;
2 муфты;

Вес нетто 56-ти мм. колонковой трубы: 20,250 кг.
Вес нетто 46-ти мм. колонковой трубы: 13,230 кг.

36 мм. ⌀

1 колонковая труба 1460 мм. длины;
1 держатель для коронки;
1 клещи для буровой коронки;
1 метчик для буровых и колонковых труб;

1 колонковый рычаг;
1 крейцмейссель;
2 рвателя;
2 муфты.

Вес нетто 36-ти мм. колонковой трубы: 12,400 кг.

Нормальный комплект промывного насоса, тип „B", для механического и ручного привода.

1 насос комплектный с переменным ходом и с штуцерами для шланг;
1 марнир для ручного рычага;
1 ручной рычаг с деревянной рукояткой;
1 манометр;
1 предохранительный клапан;
1 всасывающая решетка;
1 пресс для изготовления поршневых манжет;
4 хомута для присоединения шланг;
2 гаечных ключа $1/2'' \times 3/8''$;
1 гаечных ключ $5/8''$;
1 гаечный ключ 1″ для гайки сальника;
1 гаечный ключ 60 мм. штуцеров шланг;
1 торцовый ключ для гайки поршневого штока;
1 угловая отвертка;
4 винта для дерева;
2 запасных кожанных манжет;
4 запасных резиновых клапанных шарика;
$1/4$ кв/м. резиновой пластины для прокладок;
1 м. набивочного шнура;
1 всасывающая шланга 4,5 м. длиной;
1 нагнетательная шланга 9 м. длиной;

Вес нетто около 275 кг.
Вес брутто около 350 кг.
Размеры ящика около 1100×800×800 мм.

Станки Peiner Maschinenbau-Gesellschaft, b. Peine, в провинции Hannover.

Этот станок состоит из следующих частей:

1. Устройства для привода во вращательное движение буровых штанг и буровой коронки, причем коронка должна

быть в достаточной мере нагружена, а штанги ослаблены соответственно подаче вперед коронки.
2. Устройства для постоянной подачи сильной струи промывочной воды к коронке насоса или же, при более глубоких работах, другого какого-либо, заменяющего его, приспособления.

Главные отличительные особенности этих буровых станков, сконструированных по системе Баде, таковы:

a) цепная подача с выходящим наружу нагрузочным рычагом;

b) безопасный привод;

c) выдвижная буровая рама.

Всем машинам присуще вращательное буровое устройство. В остальном их можно разделить в зависимости от приводного устройства на машины:

a) с непосредственным ручным приводом;

b) с ременным приводом от любого двигателя;

c) с непосредственно пристроенным двигателем,

в зависимости же от соединения ее отдельных частей, на машины:

a) с простой вращательной буровой конструкцией;

b) с вращательным буровым устройством и приспособленным к нему насосом;

c) с вращательным буровым устройством и приспособленной лебедкой;

d) с вращательным буровым устройством и приспособленным насосом и лебедкой.

Следующая таблица 30 дает все характерные данные конструированных нормальных типов.

Устройство ротационного бурового приспособления.

Все построенные типы имеют одинаковую установку в отношении вращательного приспособления. Трубообразный буровой шпиндель позволяет без всякого затруднения прохождение буровых штанг, скрепляющихся на переднем конце шпинделя специальными зажимими. Буровой шпиндель A заложен (рис. 85) в крепкой стальной буровой раме, которая лежит двумя шипами на замыкающихся подшипниках, при-

Таблица 30.

Нормальные типы буров. станков, изготовляемых зав. Peiner Maschinenbau-Gesellschaft.

№№	Тип машины	Передача	Производительность станка.	Производительность насоса	Произв. подемн. бараб. Сила каната kg	Скорость под'ема m. sec.	Буровой шпиндель Длина подачи mm	переход	Вес netto около kg	Об'ем ящика mm*)	Сила двигателя PS	Цена золот. Мк. 1922 г. октябрь
1	DH	ручная	200—250	—	—	—	400	40	470	1200×1050 ×1400	—	
2	DHW	„	200—250	—	1000	0,1	400	40	580	„	—	
3	DR1; a	ременная	250—300	—	—	—	400	40	500	„	5—6	
4	DR1; b	„	250—300	40—50	—	—	400	40	660	„	6—8	
5	DR1; c	„	250—300	—	1600	0,28	400	40	640	„	6—8	
6	DR1; d	„	250—300	40—50	1600	0,28	400	40	870	„	6—8	3850.—
7	DR2; a	„	600	—	—	—	500	50	720	1400×1100 ×1500	8—10	
8	DR2; b	„	600	70-80	—	—	500	50	940	„	10—12	
9	DR2; c	„	600	—	3000	0,25	500	50	900	„	10—12	
10	DR2; d	„	600	70—80	3000	0,25	500	50	1125	„	10—12	4650.—
11	DEM	электромот.	100—150	—	—	—	400	40	160 машина 180 станина	1000×1000 ×1200	3—4	
12	DLM	Воздушный цилиндр.	200—250	—	—	—	400	40	640	1200×1050 ×1400	5—6	2950.—
13	SH	ручная	—	40—60	—	—	—	—	110	1000×600 ×700	—	
14	KH	„	—	—	—	—	—	—	300	1000×1000 ×1200	—	
15	KnW	„	—	—	1000	0,1	—	—	450	„	—	

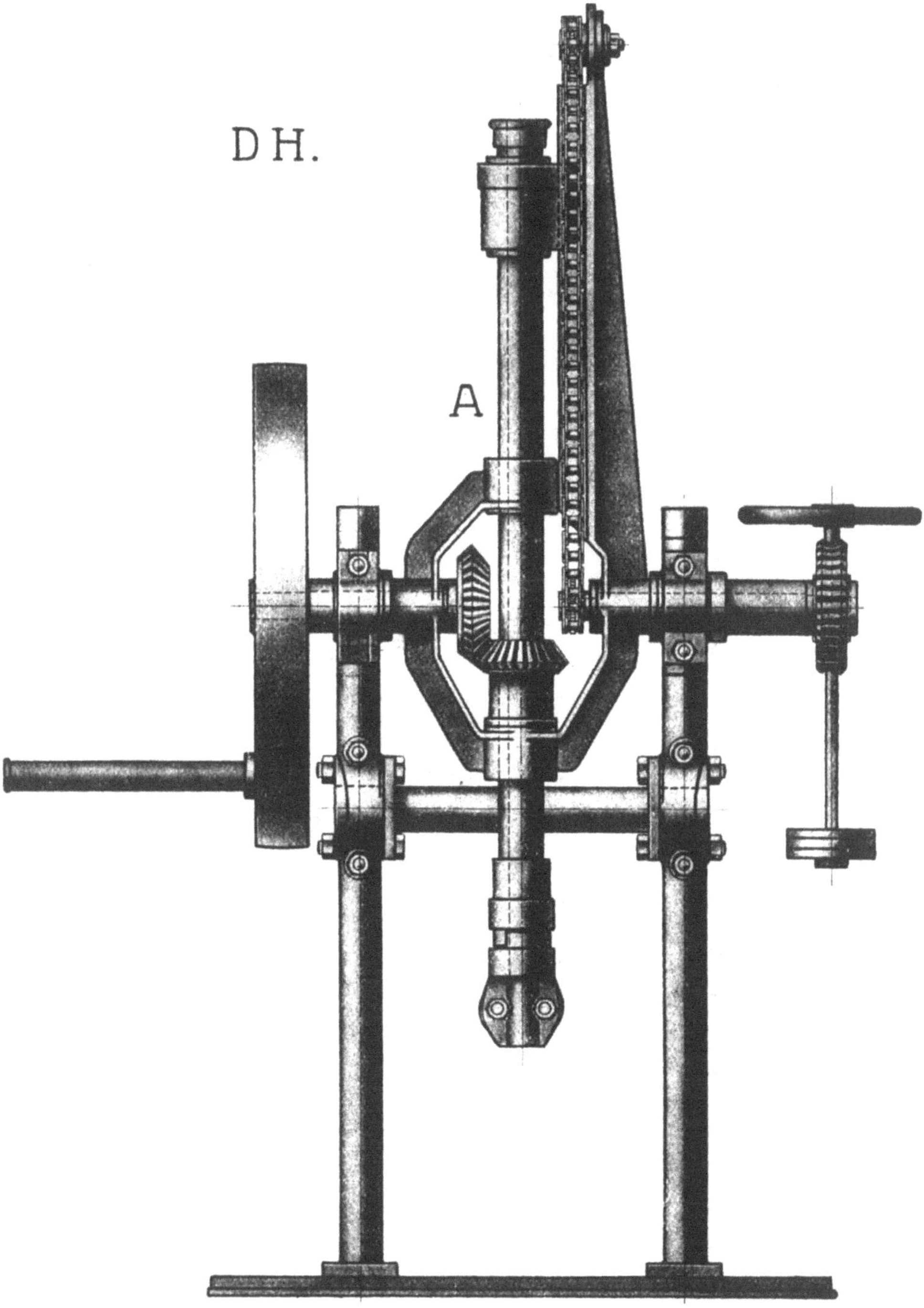

Рис. 85.

строенных к остову машины. Рама может вращаться на этих шипах и может быть поставлена под любым углом посредством натяжения вышеуказанных подшипников. Всякий угол наклона указывается градуированной скалой. Буровый шпин-

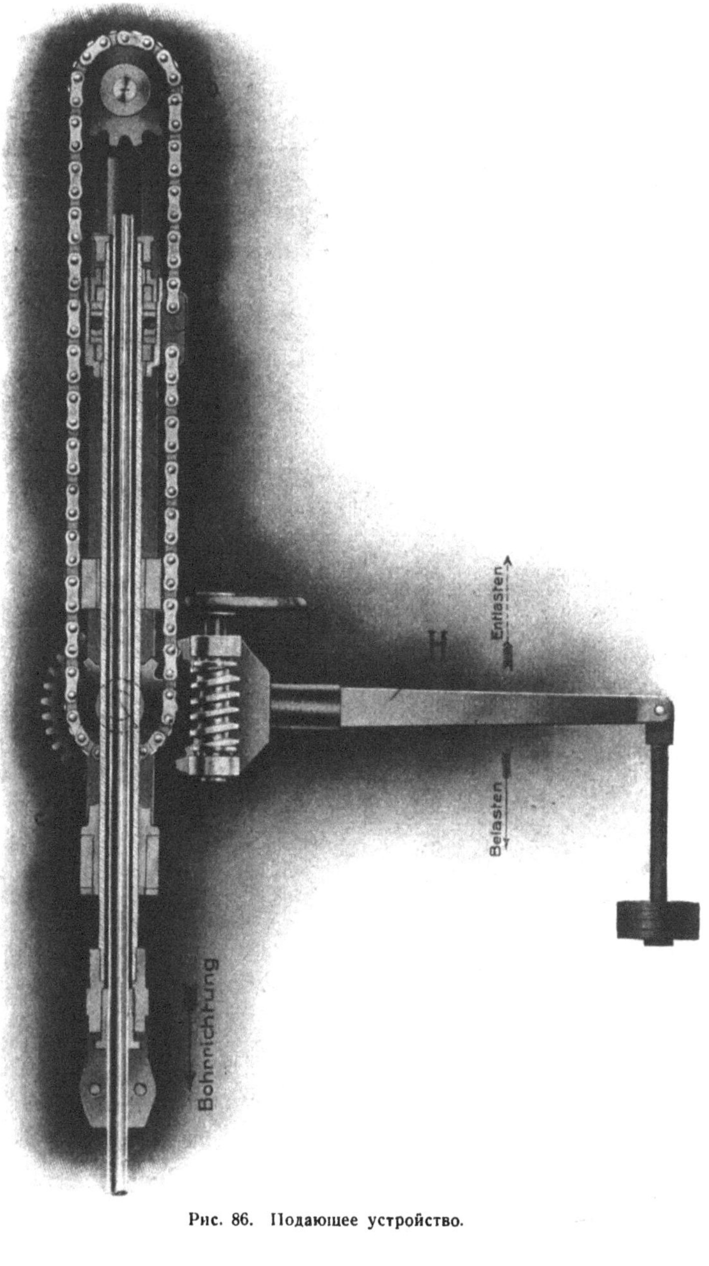

Рис. 86. Подающее устройство.

дель приводится — за единственным исключением типа DEM, с пристроенным снизу электромотором — в движение одним из шипов буровой рамы; во втором шипе у всех машин расположено выдвижное приспособление. Здесь надо указать на то, что приводы у этих машин производятся шестернями с прямыми зубьями (рис. 86).

Подача штанг и коронки производится при помощи особого рычага с подвешиваемым грузом. При этой рычажной подаче не требуется никакой передачи действующих сил, а давление производится просто грузом по законам рычага. Подшипник бурового шпинделя пристроен на полозьях *a*, которые захватываются бесконечной цепью (рис. 86 и 87).

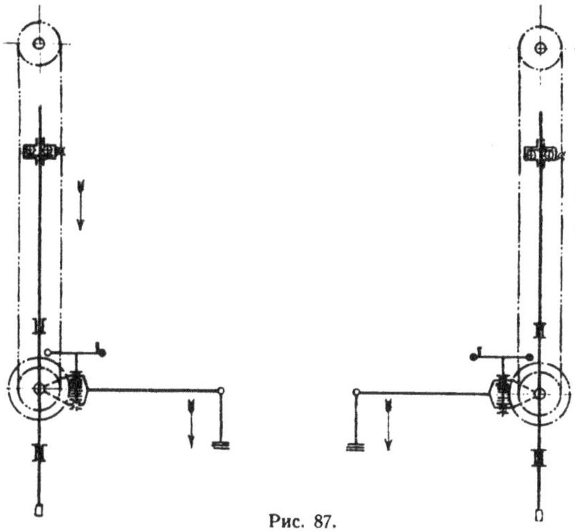

Рис. 87.

Цепь проходит по шестерням *b* и *c*, зубчатка которых *b* служит лишь как направляющая, и подтягивается передачей для натягивания цепи. Зубчатка *c* надета на внутреннем конце вращающейся цапфы нажимного рычага *H* и передает таким образом производимую рычагом силу цепи, а также и буровому шпинделю. Вращающаяся цапфа *d* нажимного рычага *H* проходит через один из шипов буровой рамы, и ось вращения ее совпадает с осью вращения буровой рамы. Благодаря вышесказанному, ни в каком положении буровой рамы не может произойти столкновения частей грузового приспособления с другими частями машины. Лежащий снаружи грузовой рычаг *H* захватывает помощью червяка и шестерни вращательную цапфу *d*. Когда при бурении соответственно с продвижением коронки грузы опускаются, то тогда при помощи вращения ручного колеса *e*, и тем самым червяка, рычаг снова приводится в горизонтальное положение, — наивыгоднейшее для действия грузов. Передача давления происходит в отношение 1 : 20. Маленькая гиря производит в 50 kl, большая уже в 100 kl разницу давления на буровой шпиндель (рис. 87a и b).

Здесь же надо указать на значительное выдвигание бурового шпинделя, доходящее у легких машин до **400 мм.** и у больших до 500 мм. Тем не менее длина машины не велика, что достигается применением натяжных цепей вместо

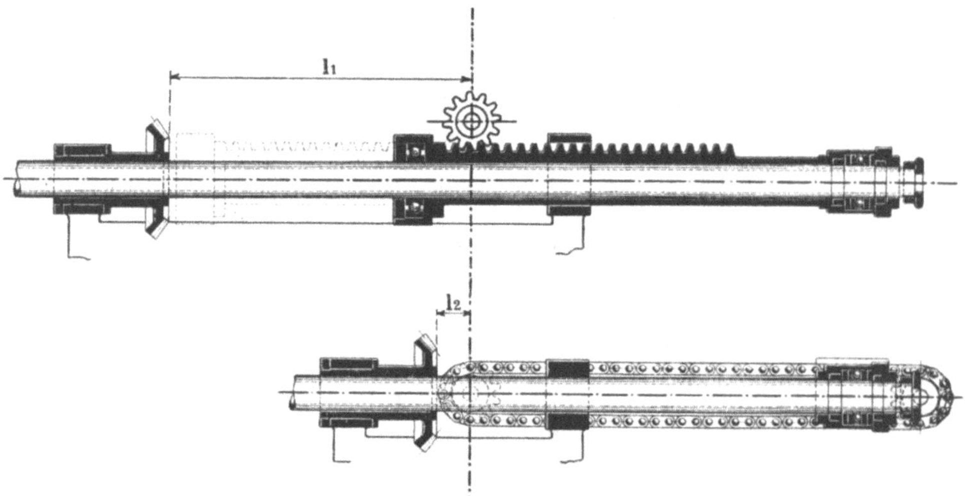

Рис. 88.

несгибающихся зубчатых стержней. Рис. 88 показывает преимущества этого распределения. При применении зубчатого стержня, приводное колесо может быть приспособлено только при соответствующем расстоянии от точки передачи давления, натяжная же цепь не требует этого расстояния, так как она в этой точке перегибается. (Рис. 88.)

При известных условиях, например, при горизонтальном бурении, возможно снабдить эти машины гораздо большей способностью подачи. При глубоких буровых работах вес штанг увеличивается по мере продвижения в глубину, так что для избежания поломок коронки давление, производимое грузовым рычагом, должно быть уменьшено. Как только вес штанг превзойдет допустимое давление, излишек должен быть урегулирован посредством грузового рычага. Это производится простым поворотом рычага (см. рис. 89).

Вследствие этого он действует уже не как увеличивающий, но как уменьшающий давление рычаг. Отношения передачи остаются в общем одни и те же, так как ведущий стержень буровой рамы может быть поставлен вверх и вниз (рис. 87, 89 a—d). Из этого вытекают 4 случая нагрузки: рис. 87 a и рис. 89 d — нагрузка при бурении вниз; рис. 87 b и рис. 89 c разгрузка при бурении вниз с нагрузкою при бурении вверх. При переходе рычага из положения a в b и из c в d ручное колесо червяка должно быть также переставлено.

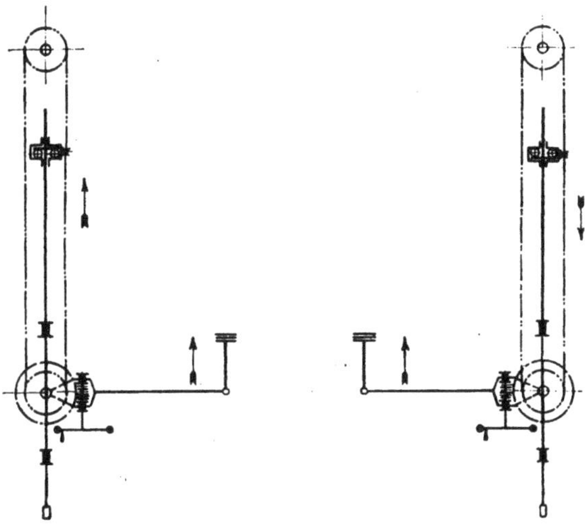

Рис. 89.

Положим, коронка в состоянии выдержать нагрузку в 400 kl и погонный метр штанг весит 4 kl; в этом сучае в начале бурения следует подвесить на рычаг 400/50 = 8 малых или 400/100 = 4 больших гирь. При глубине в 50 метров вес штанг производит давление в 50 × 4 = 200 кил., так что приходится оказать на долю рычага давление, равное в 200 кил. При 100 метр. глубине нагрузка уже не требуется и рычаг должен быть переведен. На 200 метр. глубине штанги весят уже 200 × 4 = 800 кил., вследствие чего необходимо уменьшить давление на 400 кил., т. е. надо подвесить для разгрузки 400/100 = 4 больших гири. Подающее приспособление, производимое рычагом, отличается тем большим преимуществом, что оно дает возможность следить за ходом бурения. Обслуживающий подачу рабочий уже после некоторого навыка чувствует, как работают алмазы.

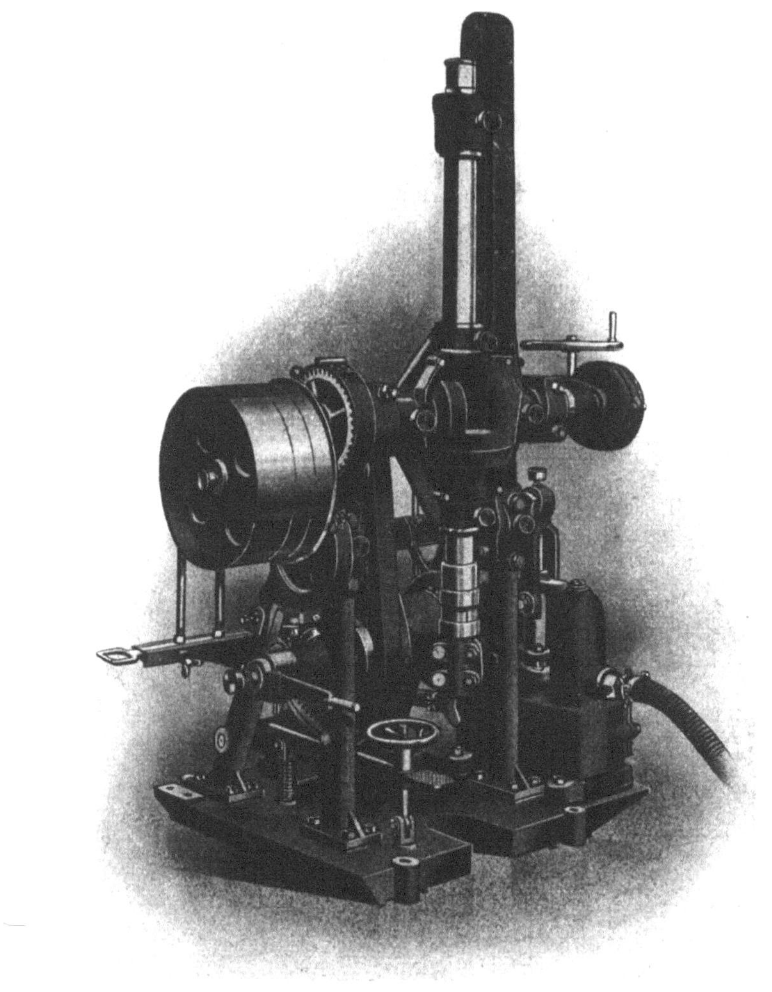

Рис. 90. Тип D R 2 для бурения до 6000 метров.

Неправильности замечаются сразу по дрожанию рычага. В опасных случаях можно сразу соответственным движением рычага приподнять коронку. В кратких словах преимущества этого бурового устройства таковы:

a) применение зубчаток с прямыми зубьями, чем достигается легкий ход и незначительное изнашивание;

b) всестороняя возможность подачи, достигаемая применением давления, производимого несущей и вращающей цапфу буровой рамой;

c) удобное обслуживание, благодаря лежащему снаружи рычагу, чем достигается точное регулирование бурового давления;

d) постоянный контроль хода бурения и

e) надежность работы.

Расположение лебедки. При более глубоких буровых работах вес штанг возрастает до такой степени, что их продвижение ручным способом становится невозможным, и для этой цели кроме насоса присоединяется непосредственно к машине и лебедка. Барабан лебедки обслуживается крепкой муфтой трения. Приводная цепь лебедки может быть подтянута посредством натяжного рычага. (Рис. 90. Тип. DR 2.)

Большое облегчение оказывают все буровые машины при под'еме штанг, благодаря раздвижной буровой раме. Это приспособление имеет целью открывать поперечный разрез буровой скважины, чем избегается неприятное продевание штанг через буровой шпиндель. Лежащий на приводной стороне натяжной подшипник буровой рамы можно раскрыть. (Рис. 91, DR 1.)

После освобождения колопок, буровая рама устанавливается приблизительно вертикально и затем, после открытия вышеупомянутого натяжного подшипника, поворачивается вместе с другим натяжным подшипником вокруг несущей колоны этого последнего. Этим достигается полное обнажение буровой скважины, и подача штанг и колонок происходит беспрепятственно. При отнятии буровой рамы, целесообразно снять буровой рычаг.

Безопасный привод.

Из вышесказанного видно, что большая, приводимая механическим способом в движение, машина состоит из трех самостоятельных по конструкции отдельных механизмов: вращающейся буровой части, насоса и лебедки. Все эти части приводятся в движение ременным приводом посредством одного ремня и тем же самым двигателем.

Этот патентованный привод сконструирован безопасным, благодаря чему вращение бурового шпинделя без предварительной или одновременной работы насоса не возможно. Насос

Рис. 91.

может быть приведен в движение не зависимо от вращения штанг.

Этим, с одной стороны, предотвращается насколько возможно сухое бурение, что в высшей степени вредно для алмазов и опасно для буровых работ; с другой стороны, имеется возможность освобождать от грязи при больших глубинах буровую скважину посредством промывки без вращения штанг. Значительная выгода применения в работе одного ремня и одного двигателя повышается еще тем, что приводные шкивы машины вращаются очень быстро, и поэтому не имеют больших размеров (обстоятельство, допускающее применение быстро вращающихся и поэтому легких двигателей).

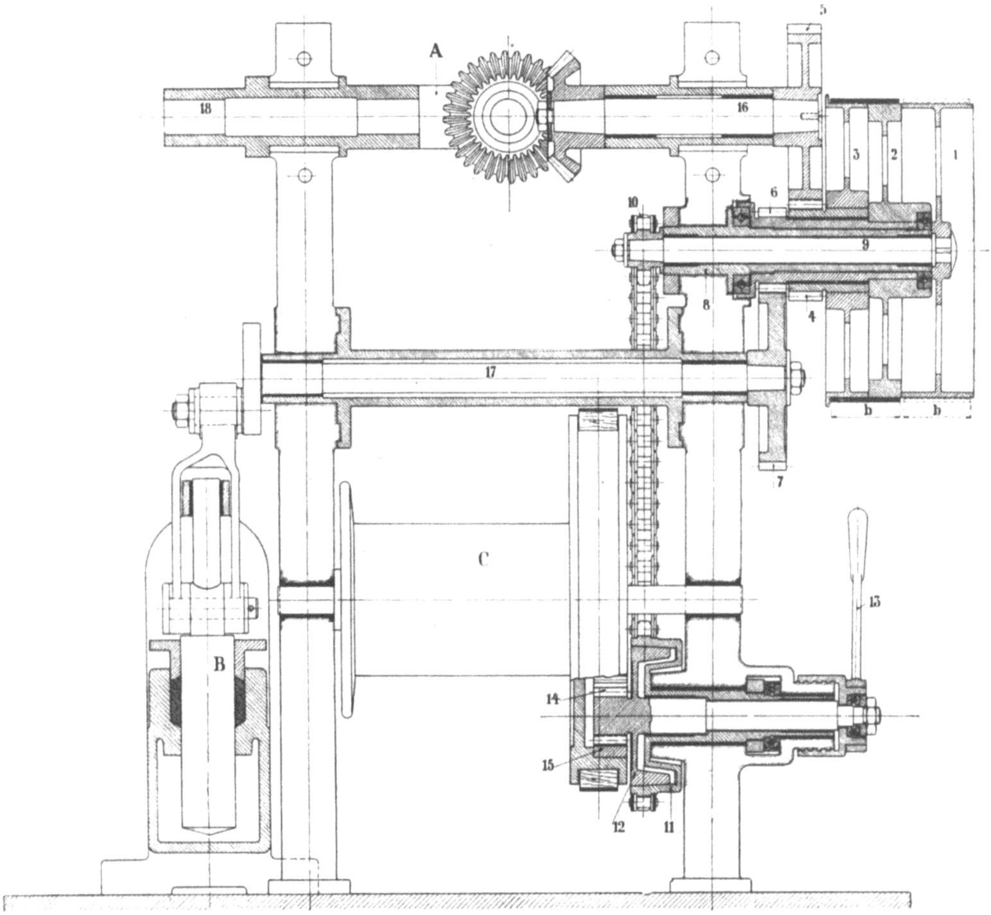

Рис. 92. Безопасный привод. Патент Баде.

Рис. 92 представляет чертеж устройства безопасного привода к буровой машине DK, с пристроенным к нему насосом и лебедкой. Рис. 93 представляет ту же машину. На чертеже 92 буквой *А* обозначена буровая рама ротационного вращательного станка, *B* — промывный насос и *C* рабочий барабан лебедки. Три, служащие для привода, шкива расположены в ряд на стержне 8, укрепленном на остове машины, причем — 1-й шкив является холостым шкивом или же для при-

Рис. 93.

ведения в движение лебедки; 2-й — для работы насоса, и 3-й для привода ротационного устройства. Шкив 1, насаженный на вал, приводит в движение с зубчатки 10 цепью зубчатку 11. С этой последней сила передается на часть 14, захватывающую зубчатое колесо рабочего барабана помощью обычного конусного соединения. Включение конуса происходит рычагом 13, который помощью нарезки двигает конус по его оси. Если пустить мотор в ход с ремнем на 1-м шкиве, то все эти три приспособления остаются в покое. Поворотом рычага 13, т. е. включением конуса можно пустить в ход лебедку.

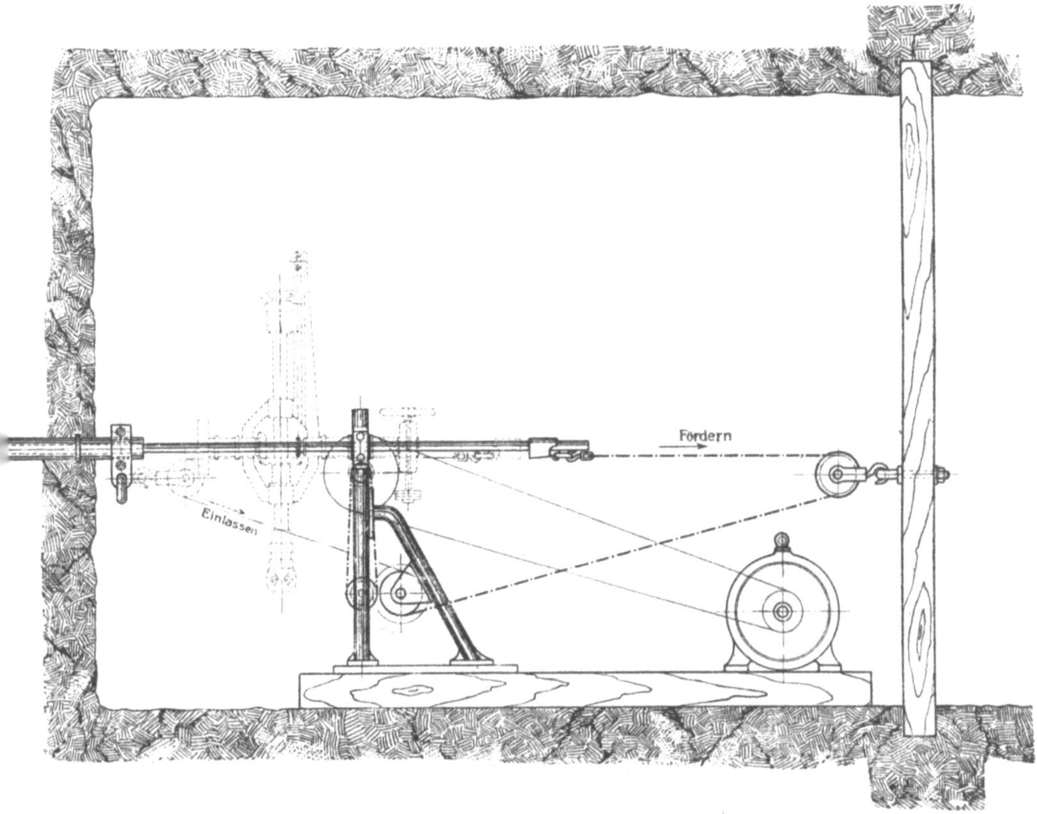

Рис. 94.

Если же перевести ремень влево, на соседний шкив 2, сидящий на втулке зубчатки 6, то он совместно с зубчаткой 7 приводит в движение коленчатый вал 17 насоса B. При дальнейшем передвижении ремня на 3-й шкив, приводится в движение посредством зубчаток 4 и 5 вал 16 конусно-зубчатого соединения бурового шпинделя. Ширина шкива 1 равна ширине 2 и 3, взятых вместе, а ремень немного уже шкива 1. Из этого следует, что ремень может захватить только шкив 2, т. е. приводить в действие насос; при том шкив 3 движется только после того, как пущен в ход шкив 2 и при том с ним вместе. Таким образом приводом достигается вышеуказанное действие. При самом вращении, ремень лежит на 2 и 3 шкиве; 1-й же стоит, так что цепь, приводящая в движение лебедку, не вращается беспрерывно.

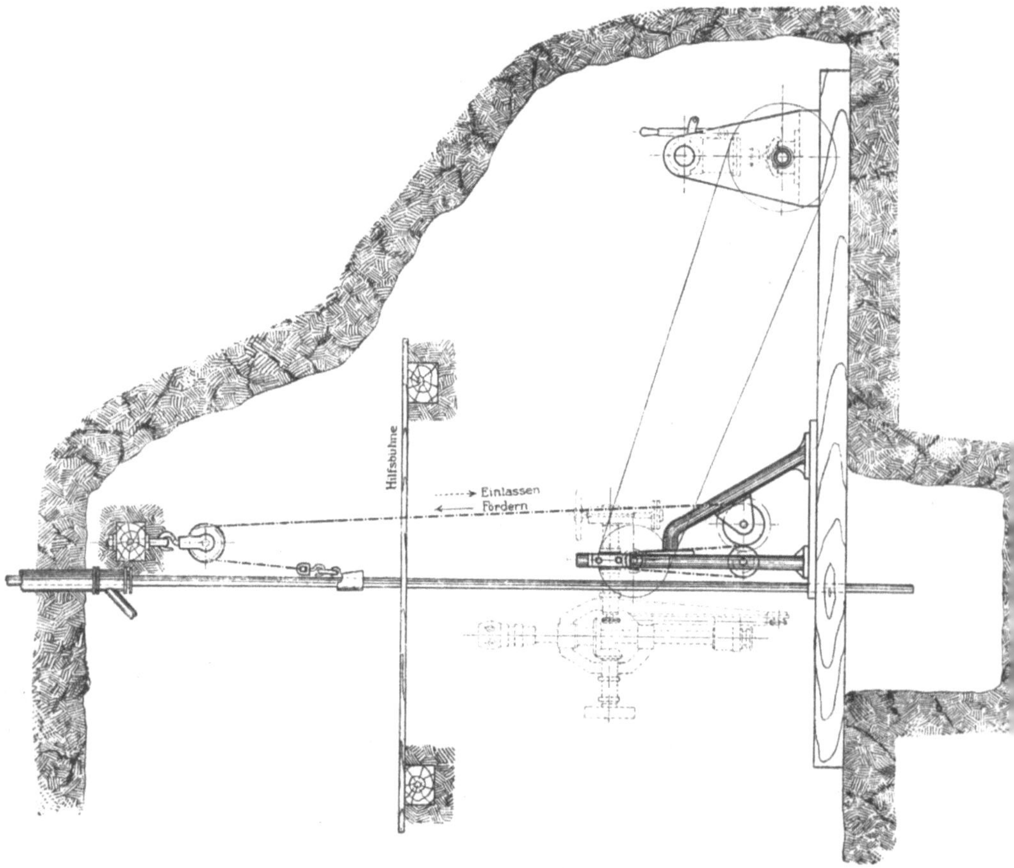

Рис. 95.

В том случае, когда при промывке пользуются имеющимся в распоряжении водопроводом, безопасный привод может быть легко приспособлен путем соединения вилки, передвигающей ремень с включенным в промывающие трубы краном. На рис. 91 изображено это приспособление. Тип машины DK 1.

При закрытом кране штифт *b*, соединенный с рукоятью *a*,

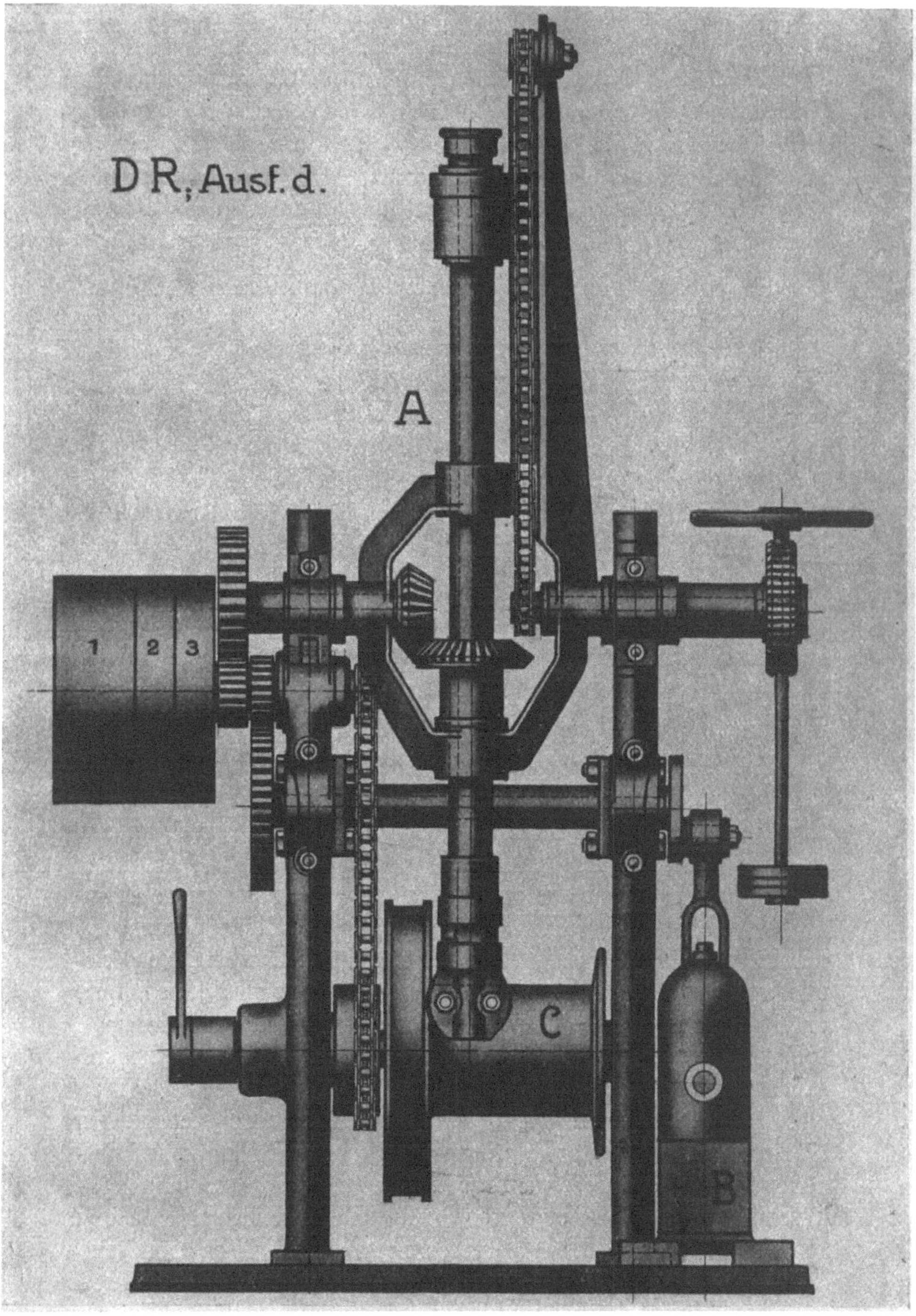

Рис. 96. Тип DRd для бурения до 300 метров.

задерживает вилку, передвижение которой возможно лишь в том случае, когда штифт при открытом кране достаточно оттянут вниз. Очень простое применение этого принципа при электрическом приводе, т. е. при отдельных работах бурового станка и насоса; например, при пользовании машиной DE с самостоятельно приводимым электрическим насосом. Этот патентованный, безопасный привод дает возможность простого расположения всей буровой установки.

На рис. 94 показано расположение станка при горизонтальном бурении.

На рис. 95 то же при вертикальном бурении.

На рис. 96 показан станок типа DRd для бурения до 300 м.

Немецкие буровые станки (Maschinen- und Bohrgeräte-Fabrik Alfred Wirth & Co., Erkelenz (бывш. International-Rohrgesellschaft).

Эти станки приспособлены, как для вращательного бурения стальной или алмазной коронкой, так и быстроударного бурения долотом с жесткими штангами; отдельные модели могут быть снабжены приспособлениями для канатного бурения или бурения с свободно падающими инструментами.

Изображенный на рис. 97 буровой станок, модель системы Раки, приспособлен для бурения от 1000 до 2000 метров глубины и соответственно своей большой производительности сконструирован очень солидно. Железный или деревянный балансир установлен на пружинах и расположен на деревянной стание, монтированной на железной раме. Непосредственно к этой раме присоединены привод балансира и приспособление для подачи. Приводные части имеют большие размеры, стальные валы покоятся в регулируемых подшипниках с бронзовыми вкладышами; зубчатые колеса, муфта, тормозной барабан изготовлены из стального литья. Зубчатые колеса для привода кривошипного вала снабжены выфрезованными зубьями. Привод станка происходит посредством фрикционной муфты. Патентованное кулачковое сцепление с предохранителем для обратного хода облегчает холостую работу под'емного барабана. Рычаги для приведения в действие тормаза и кулачкового сцепления расположены на передней стороне станка, вблизи буровой скважины.

Балансир расположен на пружинной подушке посредством качающихся подвесов, причем упругость подушки может быть изменена в зависимости от нагрузки балансира посредством увеличения количества пружин. Пружины не только позволяют достичь большого числа ударов посредством жестких штанг, но предохраняют также приводные части от жестких ударов. Действующие в противоположном направлении и регулируемые винтовыми шпинделями пружины сообщают балансиру спокойный ход, ограничивая действия нижних пружин. Сам балансир подвешен на качающихся подвесах на башмаке. Два установительных болта сохраняют нужное положение при бурении; после того как эти

Рис. 97.

болты удалены, балансир может быть отодвинут для освобождения буровой скважины для поднимания штанг или опускания труб и т. д. Балансир качается около оси, подвешенной к шпинделям опускной лебедки; посредством двух ползунов он сохраняет свое направление между направляющими шинами. Спускная лебедка может в случае нужды поднимать и опускать балансир.

Привод бурового станка производится посредством ремня от паровой машины, локомобиля или мотора. Ремень получает натяжение благодаря натяжному ролику, снабженному грузом и передает движение посредством фрикционной муфты на так называемый фрикционный вал; этот приводит посредством пары зубчатых колес в движение кривошипный вал, от которого посредством шатуна получает движение и балансир. Зубчатое колесо на фрикционном валу прижимается гайкой к фрикционному кольцу; при освобождении этой гайки привод коромысла выключается. Зубчатое колесо на кривошипном валу может быть передвигаемо для того, чтобы сделать износ зубьев равномерным.

Привод под'емного приспособления. На фрикционном валу находится пара зубчатых колес различного диаметра, причем они могут быть передвигаемы посредством винтового шпинделя с рукояткой и попеременно включаемы с маленьким или большим зубчатым колесом на так называемом промежуточном валу. Оба последних зубчатых колеса плотно насажены на промежуточный вал. На промежуточный вал свободно насажен зубчатый обод, связанный прочно с тормозным шкивом, причем этот обод может включаться с промежуточным валом посредством кулачкового сцепления с предохранителем. Зубчатый обод сцеплен с зубчатым колесом на валу барабана, который соединен с обоими под'емными барабанами. Это приспособление позволяет включение и выключение под'емного приспособления, работу с различными скоростями под'ема, помещение сильно действующего тормаза на валу контрпривода и, наконец, холостой ход под'емного барабана.

Привод промывного приспособления. На свободном конце промежуточного вала насажена цепная зубчатка у промывного приспособления. Верхняя цепная зубчатка может быть прочно соединена с валом посредством кулачкового сцепления. На валу насажен барабан промывного приспособления и тормозной шкив; привод промывного барабана может происходить также непосредственно от фрикционного вала посредством ремня и натяжного ролика.

Установка под'емного приспособления при вращательном бурении. При вращательном бурении тяжесть штанг должна быть уравновешена для того, чтобы давление вращающихся инструментов на забой скважины не было бы через чур большим, и для того, чтобы мастер, заведующий бурением, мог бы регулировать давление коронки на горные породы. Штанги подвешены к помещенному на под'емном барабане стальному канату. От под'емного барабана вращающий момент передается промежуточному валу посредством зубчатых колес. Насаженная на свободном конце промежуточного вала зубчатка передает вращающий момент опускающему приспособлению, помещенному у подшипника балансира. На опускающее приспособление наложен проволочный канат, переброшенный дальше через направляющий ролик на станке рамы и снабженный на конце грузами, которые уравновешивают вращающий момент под'емного барабана. Для более легкого приведения в действие опускающего приспособления оно соединено роликовой цепью с штурвальным колесом. Штурвальное колесо насажено на эксцентрически расположенном болту, перестановкой которого можно регулировать натяжение роликовой цепи.

Рис. 98. Буровая тележка для вращательного движения станка Ракп.

Опускное приспособление служит не только для уравновешивания веса штанг, но и для опускания штанг при продвижении бурения. С постепенным опусканием штанг груз поднимается кверху. Опускное приспособление устроено таким образом, что при вращении колесика с рукояткой, грузы могут быть опять опущены без прекращения уравновешивания штанг.

Привод буровой тележки производится ремнем от шкива, насаженного на фрикционном валу.

Буровая тележка, рис. 98, подвозится к буровой скважине по рельсам и приводится в движение приводным ремнем.

Буровые штанги защемляются во вращающейся скобе, которая может подниматься и опускаться на направляющих штангах тележки и приходит в движение при передаче вращения.

Рис. 99. Опускное приспособление для штанг при алмазном бурении по системе Раки.

Для того, чтобы предупредить повреждения и преждевременный износ, вес штанг не должен передаваться на буровые инструменты (коронку), а часть веса штанг должна быть уравновешана опускным приспособлением.

Опускное приспособление для штанг, рис. 99, действует посредством под'емного барабана и под'емного каната на штанги.

Оно состоит из следующих частей:

Зубчатого колеса, насаживаемого на промежуточный вал крана, опускающей лебедки, штурвального колеса, устанавливаемого в своем подшипнике с роликовой цепью, проволочного каната с направляющим роликом и грузами.

Алмазный буровой станок того же О-ва (Alfred Wirth & Co.) для глубин до 200 метров.

Изображенный на рис. 100 и 101 буровой станок приспособлен для бурения в вертикальном или горизонтальном направлении в одну или в другую сторону, или же под любым углом, с применением алмазной коронки диаметрами от 39 до 92 мм. Наружный диаметр коронки и размеры колонки, получаемой в подходящих для этого горных породах, приведены в следующей таблице:

Диаметр коронки в	мм.	39	51	63	76	92
Диаметр колонки в	мм.	24	36	48	61	77

Относительно конструкции и способа работы этой машины можно заметить следующее: все рабочие части установлены на шариковых подшипниках, благодаря чему достигнуто возможно наименьшее трение и легкий бесшумный ход. Машина может быть легко разобрана и собрана; транспорт ее может быть легко произведен посредством переноски отдельных частей даже при самых трудных условиях.

Для маленьких глубин и небольших диаметров машина приводится в движение рукой. Для применения механического привода насаживается самым простым способом холостой шкив, поставляемый вместе с машиной, и посредством ремня, наложенного на одно из маховых колес, можно производить работу двигателем внутреннего сгорания, электромотором или двигателем для сжатого воздуха. Также и насос для промывной воды может приводится в движение как от руки, так и механически, от мотора, приводящего в движение буровую машину посредством установки эксцентрикового привода.

Как особое преимущество этой конструкции, следует указать на то, что для опускания и под'ема штанг и буровых инструментов с требуемой глубины не нужно применять особой лебедки с блоком и козлами, и что буровой мастер находится всегда в состоянии точно определять работу буровой коронки на подошве буровой скважины.

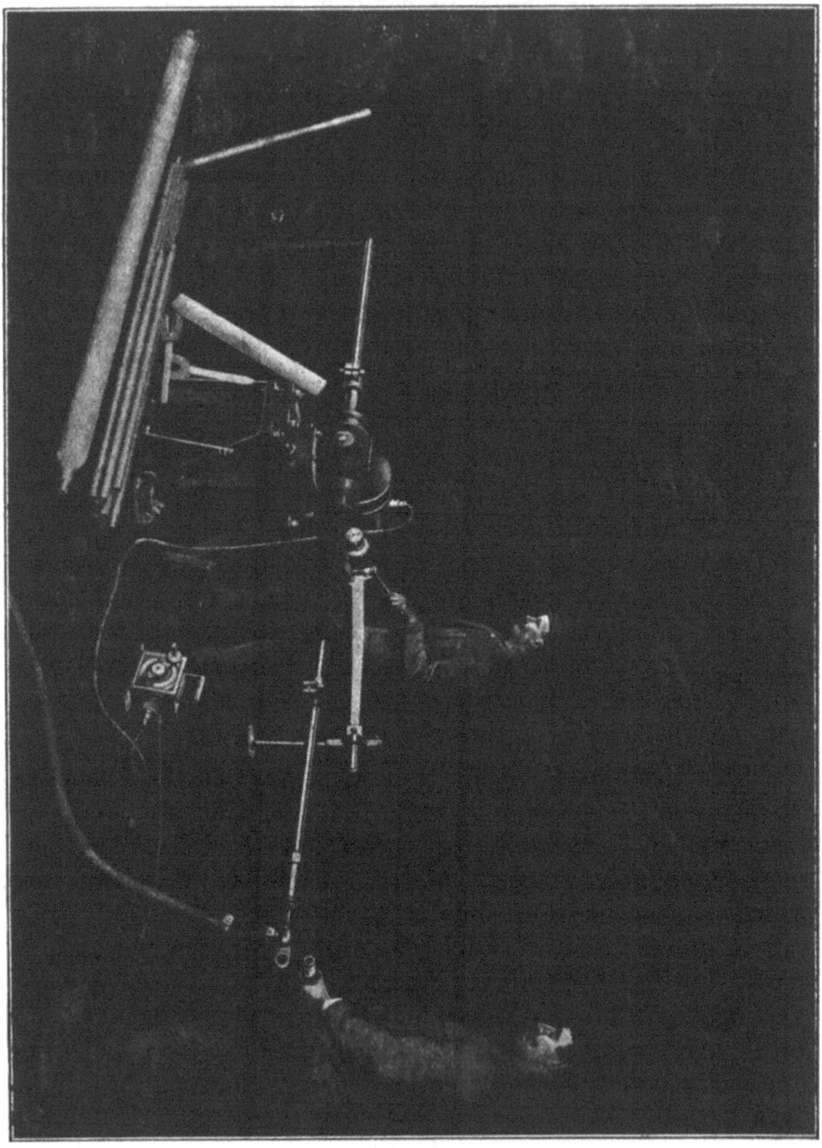

Для обслуживания всей машины достаточно двух человек на одну смену. На рис. 102 показане станок, тип HB, той же фирмы A. Wirth. Erkelenz. Главные части станка, известного под' имепем «Interbohr» — следующие: *g* — буровой шпиндель, *a* — головка его, *c* — нажимной рычаг, *p* — груз для уравновешивания на забой, *b* — рукоятка, служащая для удержания рычага в среднем положении.

Рис. 101. Тоже, но с воздушным цилиндром. Тип **EB.**

Фирмой Alfred Wirth станки системы «Interbohr» изготовляются трех типов:

1. Тип НВ для ручного и механического бурения; с ременной передачей от электромотора, нефтяного или бензинового двигателя, паровой машины или сжатого воздуха.

Рис. 102. Алмазный станок, тип **HB, Alfred** Wirth & Co., Erkelenz.

2. Тип ЕВ с электромотором или с пневматическим двигателем, непосредственно пристроенных к станку.

3. Тип ТВ механический станок для большой производительности.

Универсальный алмазный буровой станок Joh. Urbanek & Co., в Франкфурте на Майне, (рис. 103 и 104).

Станок может быть применяем для бурения на глубину до 300 метров в любом направлении и для диаметров буровой скважины до 72 мм. над и под землей, для разведок руды, калия и угля, для исследования строительного грунта, для тунельных буровых работ и т. д. В особых случаях можно получать и больший диаметр буровой скважины.

Рис. 103.

Конструкция станка видна из рисунков. Станок состоит из вращающего механизма, опускающего приспособления и станины.

Вращающее приспособление помещено в кожухах A и B, сделанных из стального литья. Передача силы производится парой чугунных конических и цилиндрических колес с фрезированными зубьями, причем, для изменения передачи, колеса могут быть заменяемы. В передней части кожуха A пропущена стальная втулка C, двигающая вверх и вниз зубчатую рейку. Во втулке помещен буровой шпиндель D на шариковом подшипнике. Буровой шпиндель получает вращательное движение и вместе с втулкой C движение вверх или вниз.

Нижняя часть бурового шпинделя снабжена буровой головкой E, в которой закрепляются буровые штанги посредством центрирующих стальных губ.

Передняя часть кожуха соединена с задней посредством шарнира, причем, обе части скрепляются болтом F. В зависимости от того, в какую сторону надо открыть переднюю часть машины для освобождения входа в буровую скважину — на-

Рис. 104.

право или налево — вытягивается один или другой болт. Первый рисунок изображает машину с открытым кожухом.

Оба маховых колеса G снабжены для работы вручную двумя прочно укрепленными рукоятками. При механическом приводе обе рукоятки снимаются, а оба колеса насаживаются на один удлиненный конец вала. Одно колесо снабжено втулкой из бронзы и приспособлением для смазки, и применяется как холостой шкив, другое колесо — как рабочий шкив. Благодаря этому машина пригодна как для ручного привода, так и для механического, без каких либо добавочных приспособлений.

Опускное приспособление состоит из рычага с грузом H, вилкообразная часть которого заключает в себе червячный винт и червячное колесо. Червячное колесо связано прочно посредством болта с зубчатым колесом, находящемся в сцеплении с зубчатой рейкой втулки C. Когда часть бурения произведена и рычаг с грузом опустился из своего горизонтального положения, то посредством ручного колеса или же находящейся у червячной передачи трещетки, он приводится в свое первоначальное положение.

Простым перебрасыванием рычага на противоположную сторону, его действие может быть изменено для противовеса.

Станина состоит из фундаментной рамы J, склепанной из корытообразного железа и из колонок, изготовленных из Манесмановских труб. При бурении, производимом с поверхности земли, станок применяется в том виде, как он указан на рисунке. При подземном бурении фундаментная рама J и косые подпорки K отвинчиваются и колонки L укрепляются посредством распорных винтов в любом положении между кровлей и почвой. Благодаря такому приспособлению станок требует весьма мало места.

На колонках L могут передвигаться ползуны N, на которых расположен вращающий механизм машины. Посредством освобождения двух винтов станок может быть наклонен в любом направлении и посредством затягивания винтов укреплен для бурения в любом виде.

Здесь нужно еще указать на специальные типы этой машины, особенно пригодные там, где применяются исключительно бурения под землей, в узких штольнях. Об этом будет указано дальше.

Буровые штанги изготовлены из лучшего материала и подвергнуты пробе в 350 атмосфер. Соединительные ниппеля с плоской резьбой изготовляются на специальных машинах, богодаря чему обеспечено точное изготовление и тщательная обработка материала. Если этого не требуют какие нибудь особенные обстоятельства, то обычно буровые штанги доставляются длиной в 1,5 метров, так как на практике такая длина зарекомендовала себя, как наиболее рациональная. Для под'ема штанг при малых и средних глубинах, применяют запор O и автоматически захватывающую часть P.

Приспособление для промывки. Для промывки применяются специальные насосы для ручного привода или же такие-же для ручного и механического привода. При ручном приводе бурового станка, для приведения в движение насоса достаточен малолетний работник. К комплекту промывного приспособления принадлежит, кроме насоса, всасывающий рукав с сеткой и нагнетательный рукав, служащий для соединения вращающихся буровых штанг с подающим отверстием насоса. При применении промывки в соляных водах, различные части насоса изготовляются из бронзы.

Расход промывочной воды очень незначителен и там, где вода может быть применена опять, она отстаивается и расход ее почти равен нулю.

Буровые инструменты. В качестве буровых инструментов применяются почти без исключения алмазные коронки, и только там, где нужно проходить через очень мягкие горные породы, можно применять стальные фрезеры. Для алмазного бурового станка поставляются три нормальные величины коронок и фрезеров, а именно: диаметром в 70, 53 и 36 мм., дающие колонку — столбик в 53, 36 и 23 мм. Где требуется производить бурение возможно дешево и быстро, там достаточна меньшая коронка, которая и получает поэтому наибольшее применение. Коронки изготовляются как с постоянной насадкой алмазов, так и с заменяемыми дисками.

Стальные фрезеры получают наиболее благоприятную форму и число зубьев в зависимости от той горной породы, где они находят применение.

Буровые трубы соответствуют размерам коронки. Их длина зависит от глубины, которую хотят пробурить за один раз без под'ема штанг. Обычно длина не превосходит 3 мет. При буровых трубах большого диаметра поставляется еще особая труба для сбора буровой мути.

Под'емная лебедка изготовляется с тормазом для обратного давления, а для тех установок, у которых имеет значение возможно быстрый и легкий транспорт, изготовляются легкие лебедки, монтированные непосредственно на станине.

Приводные двигатели. Для привода посредством двигателя может быть применена любая двигательная сила. Вышеописанная машина требует, в виду своего легкого хода, весьма незначительной силы, так что двигатель в 3—4 лош. с. оказывается вполне достаточным для бурения на глубину до 300 метров. Вообще, станки изготовляются двух типов, причем у обоих типов сама машина может быть применяема без каких либо изменений как для ручного, так и для механического привода, разница только в том, что у типа А промывочное приспособление устроенно для ручного привода, у типа В как для ручного, так и для механического привода. Тип А приспособлен для бурения до 150 м., тип В для бурения до 300 метров.

Рис. 105. Станок Urbanck'а для подземных работ.

Алмазный буровой станок с двигателем и тележкой для подземных работы. Рис. 105 изображает специальный тип бурового станка для горных промыслов, приспособленный для подземного бурения. При конструкции этой машины было принято во внимание то условие, что машина должна легко транспортироваться от одного места бурения до другого, без потери времени, при тяжелых условиях работы под землей. Вся установка вместе с мотором устроена поэтому перевозной и получила такие размеры, что комплектная машина не занимает больше места, чем обычная вагонетка и также как вагонетка может легко поместиться в под'емнике. Размеры машины следующие: длина 1200 мм., ширина 850 мм., высота 1100 мм., общий вес 300 кг. На снабженной колесами тележке, установлен поворотный круг, на котором установлены двигатель и машина. В случае применения машины, она может быть доставлена на место назначения по рельсам, проложенным в шахте, и затем укреплена к рельсам посредством скоб. Не освобождая этого укрепления, можно производить бурение в любом направлении. Поворот всей машины в горизонтальной плоскости производиться посредством поворотного круга, установленного на тележке. Повороты в вертикальной плоскости достигаются благодаря наклону вращающегося механизма между обоими колонками.

Для привода станка может быть применен любой двигатель. В выполнении, изображенном на рисунке, машина снабжена двигателем для сжатого воздуха в 2 лош. с., так как этот тип двигателей в настоящее время является наиболее рациональным.

Комбинированная универсальная установка для алмазного и ударного бурения. Рис. 106 изображает универсальное применение алмазного бурового станка.

При вертикальном бурении в мягких горных породах, не дающих колонки в сыпучих и мергелевых горных породах, для которых должно быть, следовательно, применено крепление трубами, предпочитают в некоторых случаях ударное бурение вращательному. Для этого необходимо особое приспособление, которое, однако, должно позволять при встрече с горными породами, допускающие получение колонки, опять переход к алмазному бурению. Главное условие для этого приспособления это — возможность перехода от одного метода бурения к другому без потери времени. При описываемом комбинированном приспособлении, это достигается вполне, так как установка и уборка его занимает меньше часу времени.

Машина, изображаенная на рисунке, приспособлена для вращательного и ударного бурения, причем добавочные части, необходимые для ударного бурения, изображены пунктиром.

Посредством удлинения вертикальных колонок L станины надеваемыми на них трубами, получается вышка Q для блока R, через который перекидывается под'емный канат S. Снабженная тормазом под'емная лебедка T устанавливается посредством стоек между откосами и колонками станины. Укрепление вышки достигается посредством натяжных канатов.

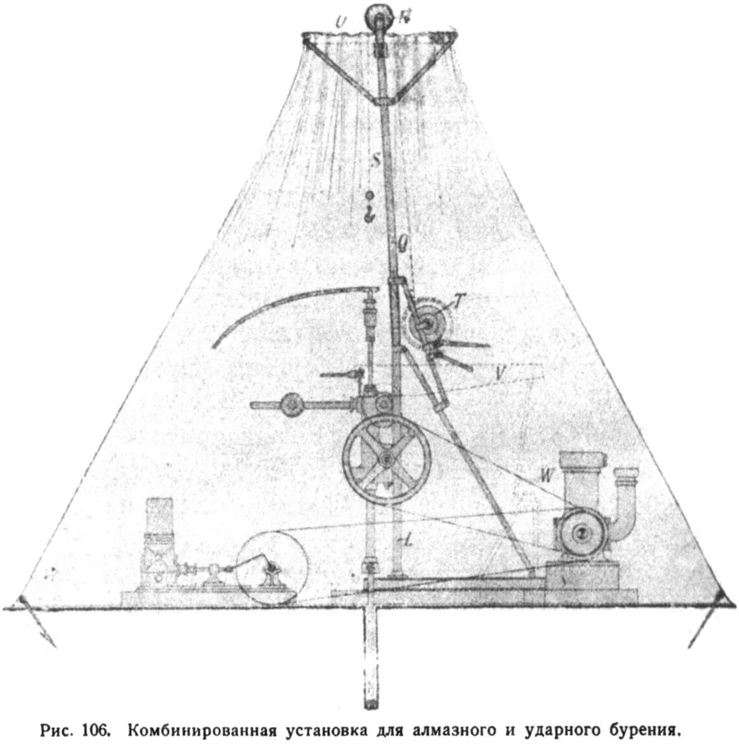

Рис. 106. Комбинированная установка для алмазного и ударного бурения.

Для того чтобы избежать необходимости трудно транспортируемой буровой вышки и все таки доставить буровому станку и обслуживающему его персоналу защиту от непогоды, предусмотрено помещение всей установки в палатке.

Трубы, заменяющие вышку, снабжены для этой цели кольцом U с соответствующими отверстиями и крючьями, для укрепления непромокаемых полотнищ палатки.

При переходе от алмазного бурения к ударному,

оказывается необходимым вынуть из станины вращающий механизм и вместо него установить балансир *V*, связав последний с устанавливаемым отдельно коленчатым диском *W*. Маховые колеса, также как и ременные шкивы вращающего механизма, получают применение также и при приспособлении для ударного бурения.

Как указано было раньше, в качестве механизмов более совершенных для производства подачи коронки служат механизмы с:

a) дифференциальной подачей и

b) с гидравлическим устройством.

Сущность первого устройства, по принципу которого построен немецкий буровой станок Ulrich'a, состоит в следующем:

Механизм с дифференциальной подачей коронки. (Рис. 107.) Коническая зубчатая передача приводит в движение втулку *c*, движущуюся в части *e*. Посредством трех пазов и пружин втулка *c* связана с буровым шпинделем. Благодаря этому каждый оборотт втулки передается буровому шпинделю, не мешая ему в его поступательном движении. Втулка снабжена плотно насаженным на нее зубчатым колесом *f*, сцепленным с зубчатым колесом *i*; вместе с зубчаткой *i* на один и тот же вал насажена зубчатка *h*. Тогда как *h* скреплена с валом прочно, *i* может на нем свободно вращаться. (Первоначально предположим, что *i* также насажена прочно.) Зубчатка *h* сцеплена с зубчаткой *g*, насаженной на втулку *b*. Втулка *b* представляет из себя ничто не иное, как винтовую гайку бурового шпинделя. Если посредством вышеупомянутых зубчатых колес вращать втулку *b* с той же быстротой, как и буровой шпиндель, то само собою понятно, что последний не будет иметь поступательного движения. Если же втулке *b* придать посредством соответствующих зубчатых колес большую или меньшую скорость вращения, чем буровому шпинделю, то последний будет продвигаться вперед или назад в зависимости от того: имеет ли он левую или правую резьбу. Машины почти всегда снабжаются левой резьбой. Когда шпиндель дошел до конца, то остается только освободить фрикционное сцепление и удержать гайку *b* в ее положении специальным приспособлением. Если при этом заставить шпиндель вращаться в том же направлении, как и при бурении, то он вернется в свое первоначальное положение. Подача машин при описанном устройстве находится в зависимости от числа оборотов приводной конусной зубчатки и выбранной зубчатой передачи. Для последних обычно предлагается фирмами нормальные величины. Фирма American Rock Drill дает четыре различных передачи, благодаря которым можно получить подачу в 1 дюйм на 100, 300, 700 и 1100 оборотов приводного вала.

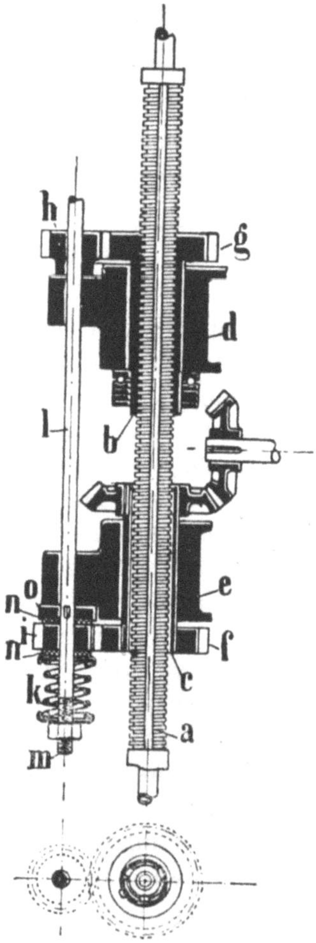

Рис. 107. Дифференциальный механизм.

Этот способ регулировки до известной степени весьма груб, но он дополняется регулирующим фрикционным сцеплением, благодаря которому оказывается также возможным регулировать давление на дно буровой скважины. Зубчатка *i*, насаженная свободно на вал *l*, прижимается к диску *o* посредством двух промежуточных кожанных колец *n* благодаря действию пружины *k*, давление которой может быть регулируемо гайкой *m*. Если противодавление, передаваемое буровым шпинделям на *c*, *e*, *o* станет большим, чем установленное напряжение пружины, то *i* скользит в холостую на валу *l* и втулка *b* вращается вместе с буровым шпинделем, так что подачи не происходит до тех пор, пока противодавление не ослабнет и фрикционное сцепление не придет опять в действие.

Если такая дифференциальная подача действует грубее, чем подача посредством груза, то все — таки она оказывается вполне достаточной для маленьких моделей буровых станков. Каждый, имеющий знакомство с буровым работами, по опыту знает, что при хорошо насаженной коронке и опытном персонале и в особенности при знании подночвенных условий можно производить оценку всей работы, также как и замену коронки, очень просто по часовому успеху буровых работ, причем особенных тонкостей и затруднений не встречается, так что приспособление для грубой подачи вполне соответствует потребностям практики.

Кроме постоянных станков, обычно прочно устанавливаемых на месте бурения, применяются также и станки переносного типа, из которых опишем комбинированный станок для промывного, быстро-ударного и вращательного бурения с приводом от бензинового двигателя системы Генрих Лапп, Акционерное Общество Глубокого бурения в Aschersleben, в Германии (рис. 108).

Установка состоит из рессорной тележки со всеми механизмами, прикрепленной к фундаментной балке, нагруженной ногами буровой треноги или вышки. Привод канатного барабана, эксцентрикового вала также и промывного насоса происходит от главного вала посредством включаемых и выключаемых зубчатых колес. Непосредственно у места машиниста находятся рукоятки для включения ремней и канатного барабана, также и рычаг тормаза канатного барабана. Рукоятка выключателя для насоса и эксцентрикового вала видна снаружи, рядом с контрприводом эксцентрикового вала. Впереди около места машиниста расположен перестановочный вал, служащий для получения достаточного под'ема болота. Холостой шкив выполнен в виде махового колеса и поверхность для приводного ремня сделана настолько широкой, что ремень при работе захватывает холостой шкив и вращает его для приведения в действие маховое колесо. Обод махового колеса сделан шире, чем обод рабочего колеса с той целью, чтобы возможно было получить холостой ход. Опускание каната вместе с штангами производится посредством тормаза канатного барабана.

Рис. 108. Станок переносного типа, Генр. Лапп, **Aschersleben.**

Станок сконструирован таким образом, что он может приводится в движение и от руки. Для этой цели одна спица рабочего шкива снабжена очком для помещения рукоятки, а главный вал на другой стороне продолжен для прикрепления к нему ручки.

Канат проведен от барабана через ролик эксцентрикового вала под ролик перестановочного вала и дальше наверх к блоку на вышке, откуда идет непосредственно вниз к буровой скважине. К канату подвешены посредством промывного сальника и пружинной подвески буровые штанги с долотом. Поднимающееся и опускающееся движение эксцентрикого вала поднимает и опускает буровые инструменты. Ударные действия регулируются отпусканием тормаза от совсем слабого до наиболее сильного.

При переходе к вращательному бурению, эксцентриковый вал вынимается и вместо него вставляется прямой вал с ременным шкивом. От этого ременного шкива приводится в движение буровая тележка обычным образом.

Этот буровой станок сконструирован для производства буровых скважин небольшой глубины. Диаметр барабана 240 мм. Циркуляция охлаждающей воды для бензинового мотора возможна посредством рукавов, что облегчает установку всего прибора.

Рис. 109. Ударно-вращательный станок переносного типа завод A. Wirth & Co., Erkelenz. Тип 15.

Кроме этого станка, можно указать на станки *переносного* типа фирмы Alfred Wirth, в Erkelenz'е. Эти станки являются комбинированными с канатным станком. Отличаясь весьма солидным устройством, станки эти весьма рационально сконструированы и могут быть применены для бурения в самых разнообразных породах, так как возможно ими пользоваться для

a) канатного бурения,
b) штангового ударного,
c) штангового вращательного с алмазной коронкой,
с зубчатой стальной коронкой,
с дробовой коронкой,
d) с применением промывки водой скважины,
e) для сухого бурения.

На рис. 109 и 110 показаны эти станки.

Станки III. Группы.

Американские буровые станки завода „Sullivan Maschinery Company, Chicago“.

Буровые станки Sullivan принадлежат к станкам более тяжелого типа и применяются для бурения более глубоких скважин. Они относятся к группе станков, обладающих гидравлическим устройством для поступательного движения коронки; но некоторые модели строятся и с дифференциальной подачей.

Рис. 110. Вращательное устройство станка A. Wirth, тип. 15.

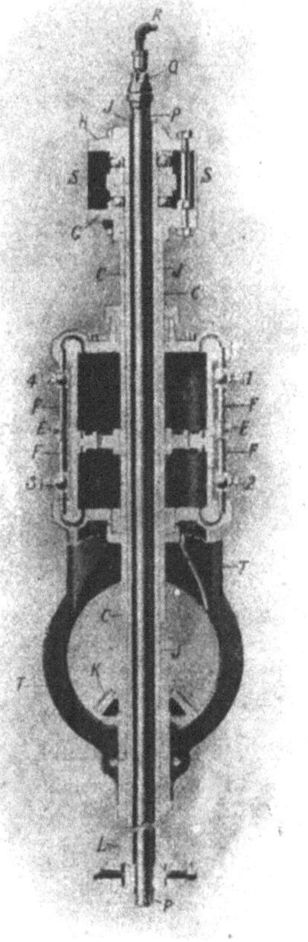

Рис. 111. Гидравлическое устройство для подачи штанг и коронки станка Sullivan.

Необходимое при бурении, поступательное движение штанг и коронки достигается следующим гидравлическим устройством, свойственным этому станку; в других станках оно несколько видоизменено. (Рис. 111.)

Буровые штанги P при помощи болтов, зажимной головки L, навинченной на нижний конец бурового шпинделя, или патронной трубки, получают вращательное движение от конической горизонтальной шестерни K, благодаря соединению посредством шпонки, скользящей в пазу трубки J.

Рис. 112. Передняя часть станка Sullivan.

Буровой шпиндель J окружен бронзовым цилиндром C с закрепленным на нем поршнем B, находящемся в гидравлическом цилиндре A. Благодаря поступлению в этот цилиндр через тройник E под давлением из насоса воды, поршень (рис. 112) может то подниматься вверх, то опускаться вниз, вследствие чего и буровые штанги, не прекращая своего вращательного движения, будут находиться то в крайнем верхнем своем положении, то в крайнем нижнем, имея величину хода, равную величине хода поршня. Из тройника *E* вода через краны 1 и 2-й, медные трубки и каналы в крышках цилиндра поступает то сверху, то снизу поршня в цилиндр, а через краны 3 и 4 и тройник *E* вода выходит из него. (Рис. 113.)

Рис. 113. Гидравлический цилиндр станка Sullivan.

При открывании 1 и 3 кранов и одновременном закрытии кранов 2 и 4, вода нагнетается над поршнем, а вода, находящаяся под поршнем, уходит прочь из нижней части цилиндра и поршень опускается; при открывании же кранов 2 и 4 и одновременном закрытии кранов 1 и 3, поршень поднимается вверх, пока вода, находящаяся над поршнем, не выйдет через кран 4.

К верхнему концу бронзовой трубки *C*, являющейся таким образом штоком поршня, привинчен нижний фланец *G*, присоединенный с помощью трех болтов к верхнему фланцу *H*, между которыми помещены два ряда стальных шариков вокруг муфты *J*, навинченной на трубу J, передающей ей и штангам вертикальное движение. Один ряд шариков служит для поддержания штанг при поднятии их вверх, а другой — для воспринятия на себя давления во время бурения (рис. 114). Под влиянием гидравлического давления, при опускании поршня и штанг, опускаются также фланцы, муфта *J*, а, следовательно, и вращающиеся штанги.

Рис. 114. Верхняя часть гидравлического устройства с шариковыми подшипниками, служащими для a) поддерживания штанг и b) для воспринятия давления во время бурения.

Допускаемое гидравлическое давление, указываемое манометром, расчитанным на 50 атм., бывает в среднем от 5 до 15 атм., и зависит от характера встречаемых пород: при очень твердых, наприм., твердые кварцевые песчаники, кварциты, оно доводится до 30—35 атм.; при мягких же породах — глинистых сланцах — буровые штанги получают свое давление под влиянием своего веса и, если он незначителен, то можно работать без гидравлического давления; если же он таков, что может вызывать излишнюю изнашиваемость коронки, то можно пользоваться указанным гидравлическим устройством, снова нагнетая воду под поршень, и тем самым ослабляя излишнее давление веса штанг на коронку и забой. При опускании поршня во время работы в крайнее его нижнее положение, необходимо выключить мотор станка из электрической сети и с помощью поворота ключа головки N расцепить конические вращательные шестерни, после чего освободить болты n на зажимной головке L и раз'единить штанги от вращательного механизма. Вслед за этим подводится под давлением вода под поршень, поднимающийся вверх и увлекающий с собою все соединенные с ним части на величину хода поршня, равную 30 см. При включении теперь штанг в буровой шпиндель и пуске в ход мотора, бурение продолжается с применением давления воды на поршень в верхнем его положении. По мере опускания штанг, можно точно отсчитывать подвигание буровой скважины по шкале M, разделенной на 30 см. и помещающейся рядом с трубкой C.

Во время работы необходимо постоянное наблюдение за величиной давления, показываемой манометром.

Мотор при буровом станке (постоянного тока) мощностью в 10—15 HP работает при числе оборотов, доходящих до 500 в 1 минуту.

Вся установка при таком станке должна состоять из:

а) бурового станка на одной раме с мотором,

б) насоса с мотором и реостатом и

в) водопровода.

Станок указанного типа годен для бурения на глубину 1000 футов.

Между прочим этот же станок может быть приспособлен и для ударного (безбалансирного) бурения с помощью долота.

На рис. 115 показан общий вид станка Sullivan, тип H, годный для бурения на глубину от 200—1600 фут.

На рис. 116 показан общий вид станка Sullivan, тип P, годный для бурения на глубину от 3500—5500 футов, при диаметре колонки от $2-1^3/_8''$.

Преимущества гидравлической подачи. В станках Sullivan, помимо вышеуказанного, впускные и выпускные вентили регулируют количество входящей и выходящей воды. Так как подача всецело зависит от этого, то ее можно изменять с большой точностью. Это последнее чрезвычайно важно, и рабочий, замечающий (посредством ма-

Рис. 115. **Sullivan**, тип „H" по 300–1600 фут. глубины. Диаметр колонки 1½".

нометра и хода двигателя) перемену в породе, дает тотчас же нужную скорость. При нетвердом слое скорость подачи, следовательно, и работы повышается. При твердой же породе

Рис. 116. Станок Sullivan „P“ на глубину от 3500—5500 фут., при диаметр колонки от 2—$1^3/_8$ ".

скорость работы уменьшается, а с последней и опасность перенапряжения двигателя и алмазов. Таким образом уменьшается опасность в некоторых поломках машины и порче алмазов. Следовательно, можно сообразоваться с породой и работать с постоянным давлением, предпочитая последнее постоянной подаче. То, что подача совершенно не зависит от вращательного движения, является очень важным, так как дает возможность по мере надобности уменьшать и увеличивать подачу и во время хода машины. В особенности же важно в следующих случаях: когда коронка грозит остановиться, ее, вращая, поднимают и опускают, пока она не станет свободной; если неожиданно, при изыскании в мягкой породе (например, угле), попадают на более твердую породу (это тотчас же покажет манометр); не приостанавливая вращения, останавливают подачу, позволяют выйти воде на поверхность, исследуют ее и, если находят следы минералов, извлекают штангу, затем продолжают дальнейшую подачу более пустой трубой для бурения, как только пласт был обнаружен.

При этом же устройстве исключена возможность падения штанги вниз. Конструкция гидравлического цилиндра и труб такова, что скорость воды при выходе равна ее скорости при входе. Нижняя часть всегда полна воды; если бы даже буровая штанга и должна была опуститься, то вес штанги был бы удержан поршнем, в свою очередь, удерживаемым водой; следовательно, не может быть никакого сжатия, и падение штанги является абсолютно невозможным. Подача всегда происходит равномерно и манометр всегда показывает всякое происшедшее изменение.

Преимущества гидравлического цилиндра. Так как штанга проходит через его ось, то силы, действующие от середины, центрируются; нет никаких нависаний в сторону и вредных трений.

Манометр. Манометр всегда показывает давление коронки вместе со столбиком породы. Вследствие этого измельчение в порошок не возможно, и всякое изменение в работе становится ясным.

Шариковый подшипник. Очень важная часть, как было указано выше, это шариковые подшипники. Одна из накладок удерживает штанги, если последние опускаются вследствие собственного веса; другая — противостоит взаимному удару при бурении. Такой механизм доводит трение до минимума, вследствие чего вся сила двигателя переносится на эффективную работу. Шариковый подшипник заключен в коробку для защиты от пыли и воды.

Гидравлическая подача не может быть применена к маленьким машинам M, E, S, R и RS; к этим машинам (рис. 117) применяют особую подачу. Посредством двух конических рабочих колес сила с вала двигателя переносится на второй

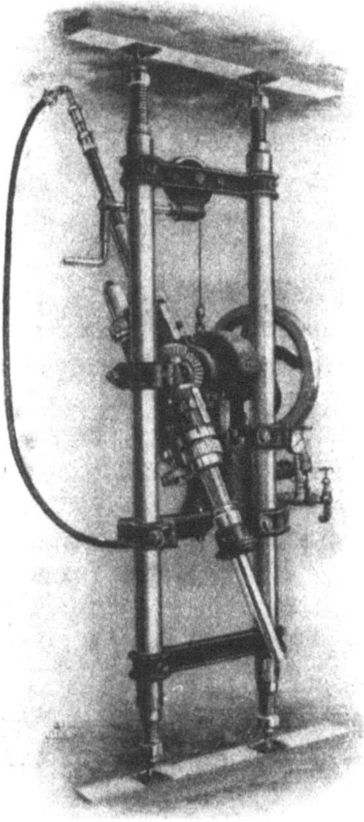

Рис. 117. Разведочный станок Sullivan „E" для подземных работ при диаметре колонки $^{15}/_{16}$", с дифференциальной подачей.

вал, двигающийся параллельно указанной муфте; они связаны двумя группами передаточных механизмов: на одной и другой стороне вала. Первое колесо приводит в движение дифференциальный, вызывающий подачу, винт и укреплено находящейся в трубе и наводящей друг на друга две кожанные шайбы пружиной. Пока еще не превзойдено определенное давление, обе кожанные шайбы не скользят одна по другой; когда-же уже превысили это давление, они (шайбы) скользят одна по другой и приводят во вращение другую, до сих пор стоявшую, систему колес, однако без подачи. В твердой породе машина регулярно приостанавливается, продолжая время от времени совершать вращательные движения, однако, без хода вперед; после такой остановки, она опять начинает ход вперед. Регулирующую пружину в зависимости от твердости породы сводят более или менее сильно; это дает возможность маленьким машинам изменять скорость также, как и при гидравлической подаче.

Машина «Sullivan» отличается простотой конструкции. Это в особенности важно для машин, предназначенных для работы в рудниках, горных и трудно проходимых местностях, где всякое повреждение машины должно отнимать много времени. Но так как поломки всегда возможны, то все трущиеся части легко заменимы.

Общий вид установки алмазно-бурового станка Sullivan и насосом, локомобилем, трубопроводами и остальным оборудованием показан на рис. 118.

Общая характеристика алмазно-буровых станков «Sullivan Maschinery Co.» показана на таблие 31.

Таблица 31.

Характеристика машин Sullivan'a.

Машина	Глубина скважины в футах	Диаметр скважины в дюймах	Диаметр колонки в дюймах	Количество алмаз.	Приблизительный вес алмазов
„Браво" (Руч.)	50— 500	$1^9/_{16}$	$1^5/_{16}$	6	$1^1/_2$ карат
„Браво" (Пояс)	50— 600	„	„	6	„
„E"	50— 500	„	„	6	2 „
„Бьюви"	400— 800	„	„	6	„
„H" и „H 9"	200—1600	$1^{13}/_{16}$	$1^1/_8$	8	„
„C"	500—2200	„	„	8	2 до $2^1/_2$ кар.
„B"	1500—3200	$2^1/_{16}$	$1^3/_8$	8	3 „ $3^1/_2$ „
„HN"	100— 900	$2^{13}/_{16}$	2	8	3 „ $3^1/_2$ „
„CN"	200—1200	„	„	8	„
„N"	1200—2500	„	„	8	„
„P"	3500—5500	„	„	8	„
„PK"	5000—6500	„	„	8	„

Главные преимущества машины Сулливан могут быть вполне использованы, когда бурение производится на большую

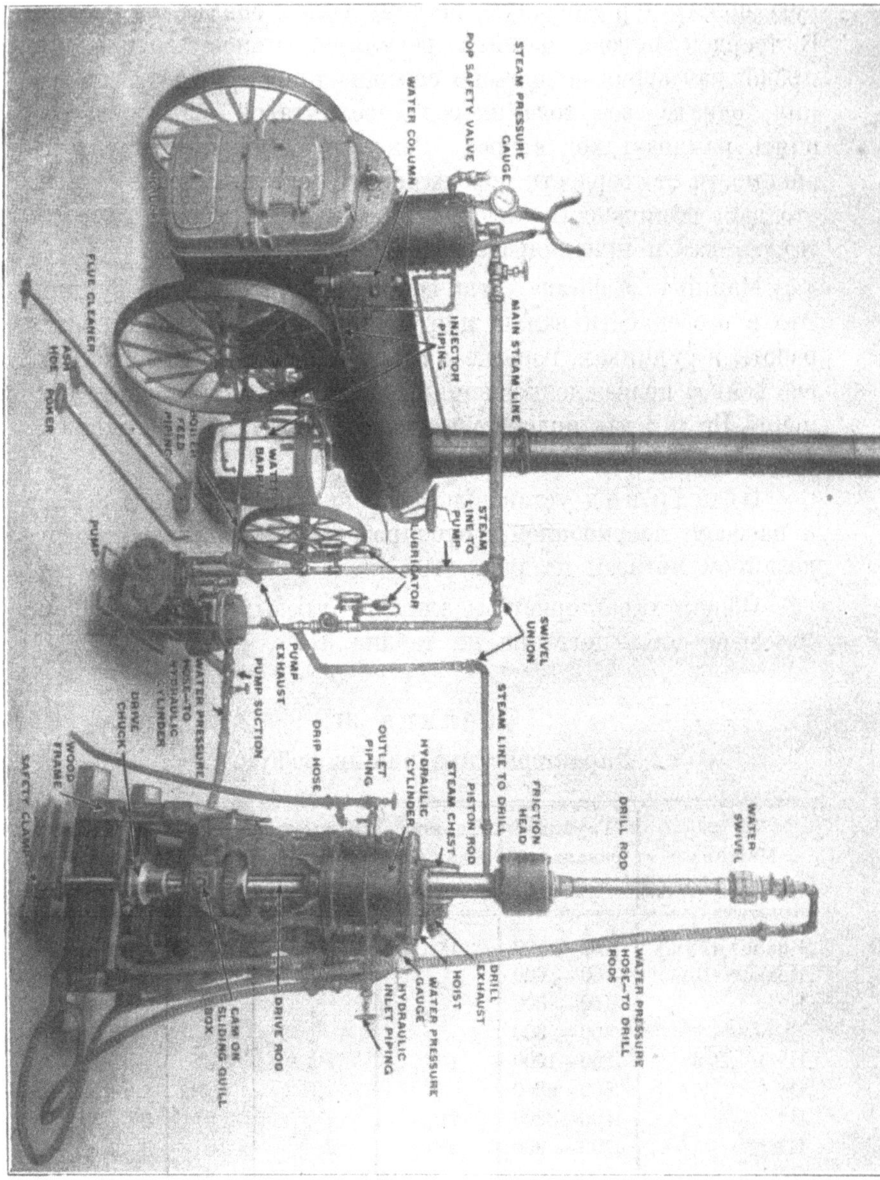

Рис. 118. Общий вид установки алмазн.-буров. станка Sullivan с насосом, локомобилем, трубопроводами и остальным оборудованием.

глубину. Когда глубина бурения увеличивается, то относительная экономичность алмазного бурения становится все более и более значительной. Способность машины Сулливан проникать до глубины 1 мили и больше с поверхности земли, и

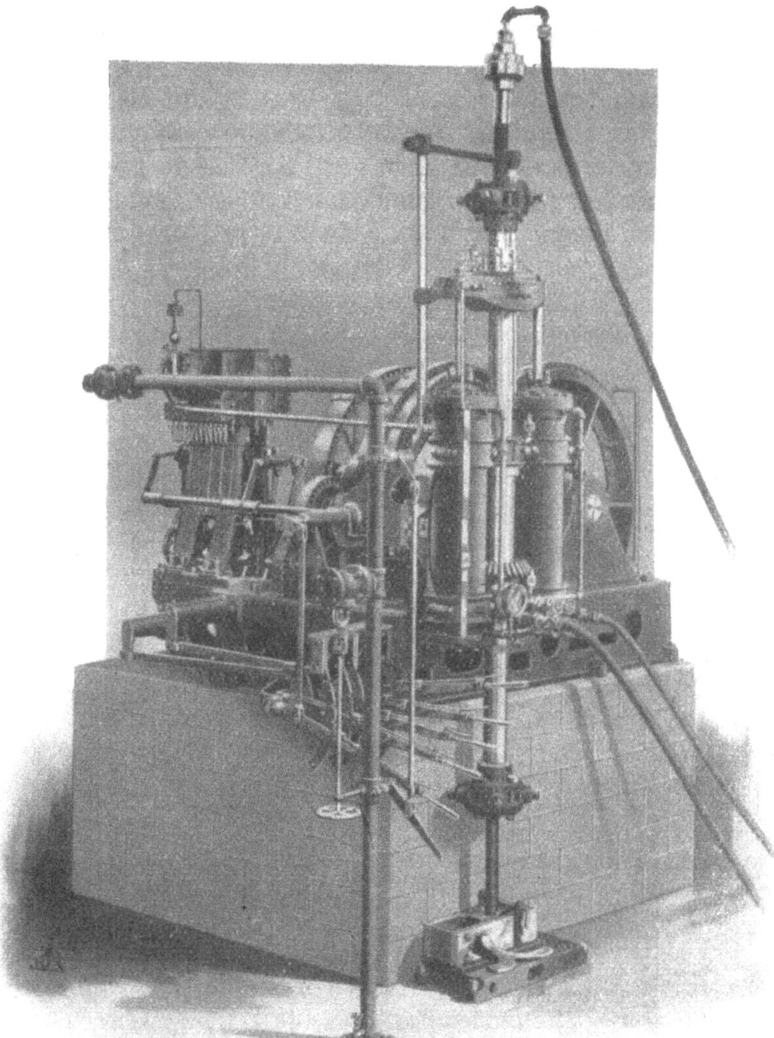

Рис. 119. Мощный станок **Sullivan „PK“** на глубину от 5000—6500 фут. при диаметре колонки от 2—1³/₈".

давать комплект колонок, является весьма ценной. Можно указать на следующие скважины, произведенные этой машиной. Скважина глубиной в 3200 футов была произведена Warren окр. Arisonn; в угольной области вблизи Calgary, Albert'a, была сделана скважина в поисках газа глубиной в 3000 футов; глубиной в 3265 футов была сделана разведка машиной Сулливан класса В в Северном Мичигане, и в той же местности пробурена скважина в 3475 футов машиной Сулливан того же типа. В New Jersey машиной Суллиан класса Р была сделана скважина глубиной в 4920 футов — это глубочайшая скважина Америки. В Oklahoma новая скважина была начата ударной машиной и кончена машиной Сулливан в 5000 футов глубиной. (Рис. 119.)

Рис. 120. 4 установки **Sullivan** для исследования геологич. строения реки **Chilhowee**, в **Tennesee**.

Наибольшее количество глубоких бурений было произведено на золотых приисках Южной Африки. На промыслах Іоганнисбурга многочисленные скважины пробурены машиной Сулливан, из которых 300 были пробиты до глубины от 4000 до 5000 футов. В конце концов 4 из них были доведены до глубины более мили и закончены на 5560, 5582, 6340 и 6700 футов глубины. Успешное бурение каждой из этих трех скважин доказало высокое качество машин. Скважина в 5560 футов сделана в Doorn Kloöf, вблизи Randfontain, и потребовалось 17 месяцев для окончания, при работе 24 часа в сутки. Общий вес штанг при этой глубине был между 15 и 16 тонн.

Они были подымаемы на 50 футов вышины при 66 футовой трубчатой стальной вышке.

Все современные алмазные машины Sullivan так сконструированы, что представляют из себя законченную установку для производства бурения, включая штанги и все остальные буровые инструменты. Они предусмотрены для под'ема 2-мя или 3-мя скоростями. При под'еме значительного груза, употребляется рабочий блок с двумя шкивами, при очень же большой глубине двойной блок.

Рис. 121. Разведочное бурение при трудных условиях установки станка Sullivan, тип „E".

При установке или пользовании алмазной машиной требуется опытный машинист и 1 или 2 обученных рабочих. Надсмотрщик руководит всей работой, ведет записи, следит за снабжением и оправкой алмазов. Днем и ночью он должен производить наблюдение и следить, чтобы машина работала экономично и продуктивно (рис. 120).

В начале работы, когда буровая машина установлена над скважиной, бурение начинается долотом в виде рыбьего хвоста до тех пор, пока не встретятся валуны или крупный гравий. В таком случае нужно остановиться и двигать наружной трубой до тех пор, пока такая порода будет находиться по пути. Это долото соединено с машинной штангой специальным сцеплением; к верху штанги укреплен водяной патрубок и вода или муть выкачиваются через штангу и коронку. Машина тогда приводится в движение и долото опускается вниз гидравлическим цилиндром. Гидравлическая подача дает алмазно-буровой машине большое преимущество над другими типами машин, так как подача так точна и аккуратна, что может проходить до 4 или 5 футов в минуту, или же так медленна, что движение не может быть замечено глазом. Это дает возможность в породах, поддающихся резанию, а также в липкой глине работать с точным расчетом, при котором гидравлиеская подача может действовать, не задерживая работу, что часто случается с подачей менее чувствительной и налаженной. (Рис. 121.)

В указанных ниже таблицах приведены многочисленные практические данные, характеризующие алмазные станки Sullivan'a, их работу, производительность, стоимость бурения, сравнительную оценку и пр.

Станки IV. Группа.

Английские станки.

Из станков этой группы опишем здесь паровой алмазный буровой станок Schram, Harker и Ко., Лондон, для глубин до 1000 метров. Рис. 122, 123.

Станки изготовляются 3-х размеров для буровых скважин глубиной до 300, 600 и 1000 метров. Рисунок 122 изображает вид спереди, рисунок 123 вид сбоку. К полному оборудованию принадлежит двухцилиндровая машина с под'емным барабаном и валом, мощный насос, буровые штанги, коронка, снабженная черными алмазами, и соответствующий вертикальный паровой котел.

Контроль работы производится не только паровпускным вентилем, но и двумя рукоятками на передней стороне машины. Одной рукояткой возможно устанавливать автоматическую передачу от 0 до ее максимума даже во время полного хода машины. Второй рычаг служит для моментальной остановки подачи также, как и для перемены направления подачи, и таким образом под'ема буровых штанг быстрым обратным ходом в то время, как машина продолжает свое нормальное вращение. Это имеет то преимущество, что буровая коронка может быть приподнята со дна буровой скважины, и скважина может быть промыта без остановки машины.

Пределы подачи очень велики и для практических целей не имеют определенных границ. При обычном выполнении

Рис. 122. Английский станок Schram, Harker & Co., Лондон. Вид спереди.

его устройства, рукоятка может быть устанавливаема для 16 различных скоростей подач, причем изменение может быть произведено от 0,000 до 0,3725 сантиметров на каждый оборот буровых инструментов. Быстрый обратный ход равен 0,725 сантиметров, т. е. оказывается в 10 раз большим наиболее быстрой подачи.

Кроме этого машина имеет следующие преимущества:

Весь общий вес штанг поддерживается самой машиной, и для уравновешивания этого веса не нужно никаких противовесов; коронка никогда не может быть нагружена большим давлением, чем это позволяется автоматической подачей, которая к тому же моментально может быть переменена или

Рис. 123. То же, вид сбоку.

остановлена. Если бурением встречается пустота в горных породах, то буровые инструменты не могут провалиться и коронка предохранена от повреждений.

Буровой шпиндель вместе со всем приводным механизмом может быть отклонен от буровой скважины, так что буровые штанги остаются свободными для под'ема посредством под'емного барабана; машина не должна быть отодвинута для этой цели от буровой скважины. Буровой шпиндель может быть установлен в любом направлении и под любым углом, что не оказывает никакого влияния на подачу.

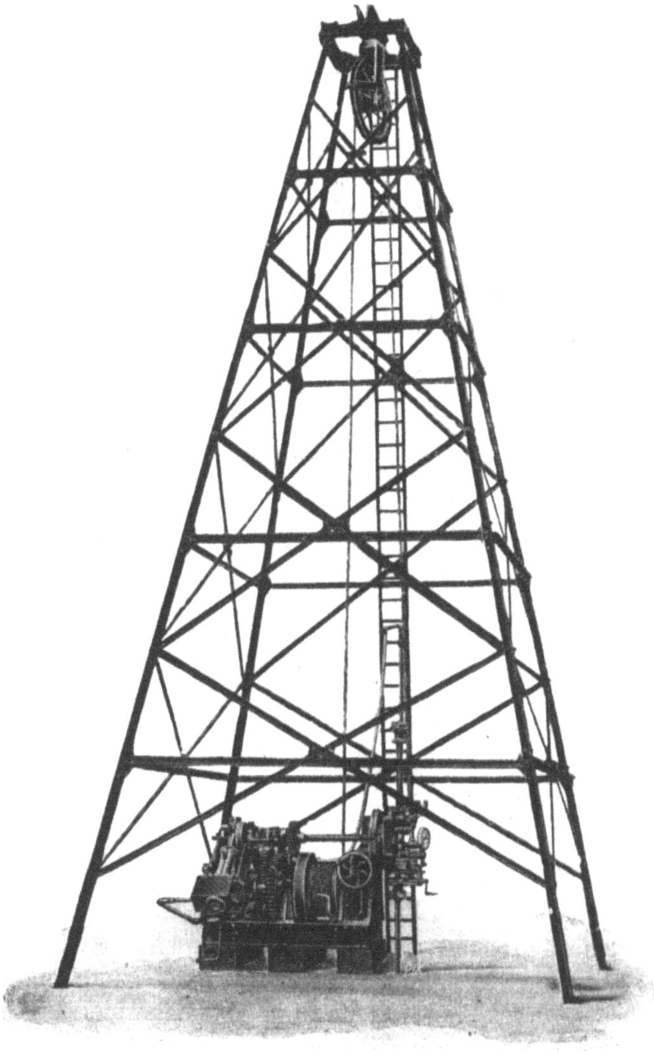

Рис. 124. Установка английского станка **Schram, Harker & Co.** вместе с стальной буровой вышкой.

Главный шариковый подшипник, поддерживающий весь вес буровых штанг, устраивается больших размеров так, что и длинные штанги могут быть подвешены при небольшом трении.

Все передаточные механизмы изготовлены из литой стали, все валы и части, подвергающиеся особой нагрузке, из также стали.

На передней стороне машины помещен саморегистирующий циферблат. Он указывает ясно вес буровых штанг и их давление на буровую коронку, так что последнее можно в любой момент менять в зависимости от горной породы.

Кроме описанного станка Schram, Harker & Co., (Patent Harker & Allcock's), Cannon Street House, London, E. C., можно указать еще на станки следующих английских фирм, описанных у T. Tecklenburg'a, Handbuch der Tiefbonkkunde, Band III, Das Diamantbonksystem:

a) Алмазно буровой станок до глубины 800—900 м. Thos. Doewra & Sohn, London.
b) На глубину до 1000 м. Continental Diamond-Rock-Boring Co., London.
c) C. Thom & Son, Riccarton в Ayr County, North Britain.
d) Aqueous Works and Diamond Rock-Boring Co., Lambeth, G. E. 90 м.
e) Cunningham & Claring, Kapstadt.

Глава VII

Буровые двигатели и насосы.

В качестве двигательной энергии при алмазном бурении может быть применяема:

а) ручная сила,
б) сила лошади и
в) механические двигатели.

Ручное алмазное бурение менее производительно, оно ограничено глубиною скважины, возможной лишь не свыше 100 метров. Далее бурение хотя и возможно, но становится совершенно не производительным.

Одним из главнейших недостатков ручного бурения является невозможность использовать ручную силу одновременно для работы бурения и промывки скважины водой: при ручном бурении ручной насос независимо должен работать, требуя отдельной мускульной силы, результатом чего является меньший, а иногда и недостаточный расход воды для промывки. (Рис. 78.)

О наиболее выгодном приведении в ход буровой машины следует сказать следующее: машины с непосредственным ручным приводом, напр. типа DH (Peiner Masch.-Ges.) (рис. 85) рекомендуются только для незначительных глубин, и целесообразны только при нетвердых породах. Иначе производительность машины будет слишком низка. Все же можно достичь довольно сносных результатов, если не ставить себе целью быстрое продвижение работ. Весьма целесообразное исполнение ручного привода для бо́льшей производительности изображено на рис. 122.

В этом случае применяется нормальная буровая машина для ременного привода типа DK; самоприведение происходит посредством особого колеса с рукоятками, установленного на козлах. Это приспособление имеет то преимущество, что при нем могут работать одновременно 4—6 человек, и тем самым значительно облегчить перевод силы на скорость. Можно, однако, применением машины, с пристроенным насосом, использовать преимущества безопасного привода. Иногда ручную лебедку удобнее всего непосредственно приспособить к ручному приводу.

Кроме этого все остальные операции по бурению, как — то: под'ем и спуск штанг, применение крепления и пр., все это при ручном бурении при более или менее значительной глубине вначале затруднительно, потом не производительно и наконец, совершенно невозможно.

Применение конной силы с помощью тормазного зацепления и зубчатой передачи является более производительным, и при породах средней твердости оно возможно до 300—400 метров глубины, достигая средней скорости бурения до 3-х метр. в 8-час. смену, в отличие от ручной, где при тех же условиях будет не свыше 0,75—1 метр.

Установка с помощью конной силы видна на рис. 125, для станка фирмы Sullivan Machinery Company для скважины глубиною не свыше 90 метров.

Оба вида указанной энергии несравнимы с таковой при механических двигателях, при которых поступление вперед коронки в несколько раз больше, чем при ручной работе; изнашивание же алмазов не только не больше, но по большей части меньше, в связи с чем, как общая производительность, так и экономичность работ весьма высоки.

В качестве механических двигателей, наиболее распространенными и общепринятыми, являются газовые, за которыми идут электромоторы, затем паровые машины и, наконец, машины, работающие сжатым воздухом.

Мощность газовых двигателей для обычной средней глубины бурения равна около 2—3 HP. При бурении свыше 100 метров, мощность доходит до 5—8 HP.

Рис. 125. Установка станка Sullivan для конного привода.

При установке двигателей возможны, как отдельные установки последних от станка и применения ременной передачи, так и непосредственное соединение вала станка с двигателем.

Машины с непосредственно пристроенным к ним мотором рекомендуются в тех случаях, когда место для установки работы говорит не в пользу применения ременого привода.

Для двигателей внутреннего сгорания в качестве горючего могут быть бензин, бензол, спирт и нефть (рис. 126). Что же касается конструкции двигателей, то для бурения идут главным образом техномоторы, а не автомобильного типа, так как они более прочного устройства, в то же самое время не тяжеловесны и выдерживают сравнительно грубый уход. Кроме того, число оборотов их более всего соответствует требуемому числу оборотов буровых станков, допускающих определенные нормы для своего вращения. Вне всякого сомнения, что нефтемоторы имеют наибольшее применение при буровых работах на поверхности; пользование ими при подземном бурении не рационально веследствие недопустимого в подземных выработках выделения каких бы то ни было продуктов горения.

Расход бензина составляет около 10—12 ф. на 1 HP час при цене около 35—40 пф. за 1 кгр. бензина. (1911—1912 гг.).

Рис. 126. Общий вид установки для бур. скв. станком Craelius'а с бензиновым мотором, насосом и 4-мя резервуарами для отстаивания воды.

Из следующей таблицы можно видеть главнейшие данные, характеризующие двигатели, применяемые в Германии на буровых работах. Двигатель изготовляется фирмой Nouvelet und Lacombe zu Asnières около Парижа (рис. 127).

Таблица.

PS.	1	2—2½	3—3½	5
Число оборотов	700	550	500	450
Вес	100	150	290	375 клгр.
Цена (франки) 1912—1913 гг.	600	850	1400	1600

При употреблении же в качестве горючего материала спирта или нефти цена немного выше; то же самое для электрического зажигания.

Из двигателей внутреннего сгорания особенно зарекомендовали себя недавно появившиеся на рынке маленькие двухтактные Дизель-моторы. Вследствие отсутствия клапанов и электрического зажигания, а также дешевизны и легкого приобретения горючего материала (преимущественно керосин), эти моторы, при их небольшом весе, становятся для от-

Рис. 127. Нефтяной двигатель для бурения.

даленных мест наиболее рекомендуемыми. Кроме них зарекомендовали себя с хорошей стороны легкие, с большим числом оборотов, бензиновые двигатели. Также имеет применение в соответствующих условиях паровые машины в виде локомобиля. Рассчет силы двигателя рекомендуется делать всегда с запасом. В общем, можно признать достаточным для малых сооружений 6—8 л. с., для больших 10—12 л. с. По возможности следует выбирать моторы, позволяющие значительное изменение в числе оборотов.

Машины, работающие **сжатым воздухом** (американский тип), непосредственно соединены с буровым станком посредством зубчатой передачи. Американское О-во Diamond Rock Drill снабжает свои машины исключительно двойными цилиндрами, чем достигается плавный и свободный от толчков ход (рис. 128).

Некоторые машины немецкого типа работают на одном цилиндре и при том с помощью ременной передачи.

Электромоторы за последнее время нашли весьма обширное применение в алмазном бурении; этому способствовал

Рис. 128. Двухцилиндровый мотор для сжатого воздуха зав. Peiner Masch.-Ges.

в значительной степени прогресс в отношении совершенства установки с зубчатой передачей. Новейшие буровые машины американской конструкции обычно снабжены электромоторами.

Паровые машины употребляются главным образом с переносными паровыми котлами. В этом отношении локомобили — наиболее распространенный вид двигателя, позволяющий быстро производить механическое бурение в нескольких местах (Рис. 118.)

Что же касается постоянных котельных установок, то они, понятно, возможны лишь при глубоком бурении, рассчитанном на более или менее продолжительный срок. Из переносных котлов можно указать на котлы, изготовляемые специально для этой цели фирмой Sullivan в 4 НР. (рис. 129 и 130).

Если же необходима большая сила, то берутся несколько таких котлов, соединенных общим паропроводом.

Рис. 129. Паровой котел Sullivan'a.

На таблице 32 даны сведения о котле:

Таблица 32.

Диаметр	**457 мм.**
Высота	**1473**
Наиболее тяжелая часть	**1000 клгр.**
Общий вес	**545 кг.**
Цена	**1000 франков (1913—1914 гг.)**

Для больших машин рекомендуются котлы в 25 лошадиных сил. На некоторых работах применяются котлы в 45 лошад. сил; выбор одного из этих типов зависит от возможности транспорта и других местных условий. Во многих случаях установка может быть перевозима лошадьми, мулами, для чего лучше всего применять несколько разборных котлов. Эти котлы весьма продуктивны и удовлетворительны, но стоимость приобретения больше, чем у стационарных котлов. Обычно употребляется огневая коробка, и рекомендуется питательный водяной насос с одним инжектором.

Следует применять рабочее давление в 125 фунтов, но для очень глубоких скважин котел должен выдерживать

Рис. 130. Бурение для исследования дна реки **Boise** в **Idaho** U. S. A.

140 или 150 фунтов. В виде горючего может применяться уголь, нефть, газ или дрова. Если применяются нефть или газ, то необходимо снабжать соответственной горелкой и топочным порогом. Если применяются дрова, то требуется котел с большой площадью колосниковой решетки. Обычно котлы устанавливаются на 50 или 200 футов от машины. Это зависит от местных условий.

При станках Sullivan кроме электромотора могут быть быть применяемы и другие двигатели, напр., вертикальные, двух-цилиндровые, обслуживаемые паром, керосином или сжатым воздухом. Благодаря соответствующему расположению золотников, лежащих между цилиндрами, действующих один на другой и потому уравновешивающихся, имеется постоянная возможность точно и быстро регулировать вход и выход пара, чем устанавливается спокойный ход. Конденсатор или выпускной кран удаляет из паровой трубы всю воду, прежде чем та успеет пройти в распределительную камеру; маленькие же краны осушают цилиндры при пуске в ход. Машины E и S типа обладают одно-цилиндровыми дви-

Рис. 131. Насос Lange, Lorcke, тип „B“.

гателями для пара или сжатого воздуха. У них очень немного двигающихся частей, которые при удовлетворительной смазке легко регулируются и не требуют частой починки. Если последняя и необходима, то ее производит опытный механик. Маленькие исправления делает сам мастер при наличии необходимых инструментов и легко переносимой маленькой кузницы.

Ниже показаны насосы различной конструкции употребляемые при алмазном бурении.

Рис. 132. Насос **Lange, Lorcke,** тип „C“ высокого давления.

Завод Lange, Lorcke & Co. строит насосы 3-х типов:

a) для ручной передачи (рис. 78);

в) для ручной и механической передачи (рис. 131);

c) для механической передачи (рис. 132).

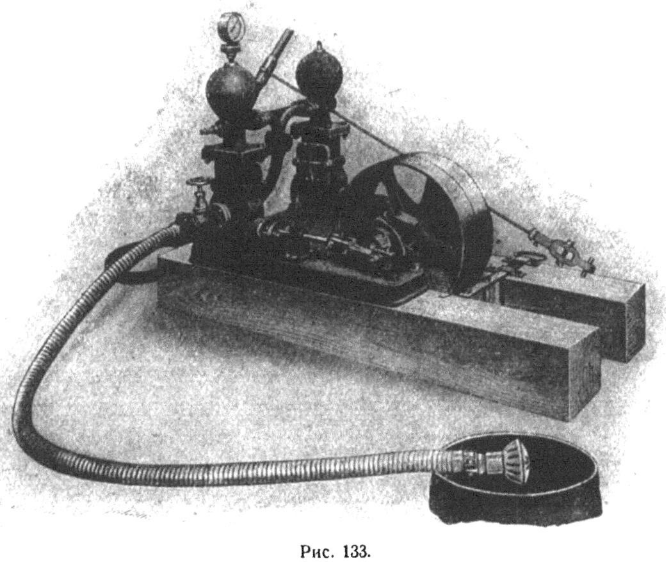

Рис. 133.

Все насосы могут быть приспособлены, если это требуется, для перехода

а) с алмазного на дробовое бурение,

б) с промывки скважины водой к применению цементных растворов.

На рис. 133 показан насос двойного действия завода Alfred Wirth & Co. в Erkelenz'e.

Глава VIII.

Практические указания при бурении. Выбор станков, установка. Указания для буровых мастеров. Буровой журнал.

Выбор станка.

Обыкновенно станок выбирается с небольшим запасом с таким рассчетом, чтобы он превышал работу на 50—100 м.; это делают с целью иметь запас для непредвиденных случаев, так как, например, отыскиваемая руда может быть и глубже, чем это предполагалось. При станке, выбранном на меньшую глубину, можно не достигнуть желаемых результатов.

Обыкновенно, прежде чем приобретать тот или другой станок, должны быть вполне определенные данные относительно будущих работ, именно:

1. Где должна происходить работа — на поверхности или в руднике?

2. Если в руднике, то каково имеющееся в распоряжении, особенно в направлении штанг, пространство.

3. Какие породы первоначальные, приблизительная их мощность.

4. Какова твердость породы — крепка ли она или склонна к разрушению.

5. Какова цель бурения — разведки на руду, на уголь, нефть, калий и др.

6. Максимальная глубина бурения.

7. Какая двигательная сила имеется в распоряжении: пар, электричество, сжатый воздух, двигатели внутреннего сгорания.

8. Имеется ли по близости вода, каков запас ее, расстояние.

9. Есть ли насос, тип насоса, производительность.

Установка бурового оборудования.

Условия установки настолько бывают различны и зависят от целого рода обстоятельств — от места, климата, почвы, глубины скважины, цели бурения — что возможно только общее описание производства установки.

Выбор места. Приблизительное положение буровой скважины определяется заранее. Обыкновенно останавливаются на возможно ровной почве вблизи хорошего источника воды, необходимой для промывки, если же поблизости воды нет, то должна быть организована весьма правильная и систематическая организация ее доставки. Как видно из приведенных различных примеров буровых работ, количество и своевременная подача воды является весьма существенным фактором, от которого зависят как производительность, так и стоимость бурения. Если же количество воды ограничено, то ее используют по несколько раз, спуская ее в отстойные резервуары, откуда она вновь поступает в работу. Новая же вода необходима лишь для котла, взамен использованной на парообразование.

Фундамент и платформа. Обыкновенно берут деревянные брусья, шпалы, пропитанные дегтем или креазотом, приблизительно $0{,}15 \times 0{,}30$ или $0{,}20 \times 0{,}30$ и 3,60 м. длиной более, в зависимости от станка, чем покрывают площадь 3,60 м. Буровая машина и насос, напр., при станке Sullivan устанавливаются на станине, машина немного сзади середины, на двух расположенных в длину шпалах, скрепленных с рамой болтами. В этом досчатом основании перед машиной прорезывают отверстие (ось) для будущей буровой скважины.

Вышка. Род применяемых под'емных устройств зависит от имеющагося материала, предназначенного для выполнения той или иной работы. Обыкновенная тренога из трех 11 — 12 м. штанг, связанных вверху крепкими железом с болтом для треноги и серьгой для подвешивания блока, служит для всех потребностей для глубины до 300 м. и для малых моделей.

Для больших глубин и больших моделей рекомендуется буровая башня с 4 столбами.

Высота, однако, должна быть такова, чтобы можно было производить различные манипуляции штанг 6,9 и 12 м. Такая вышка имеет внизу 3,6 м. в кв. и вверху 0,40—0,60.

Нижняя часть внутри, с платформой, около 3 м.; это делается с той целью, чтобы при развинчивании штанг там мог стоять помощник.

Разборная металлическая буровая башня. Эта буровая башня легко и быстро разбирается. Она изготовлена без винтов из стали и железа, почему и отличается прочностью.

Откосы. Барак делается с целью помещения в него зимой под'емных устройств и котла. Он состоит из отдельных частей, крепко связанных между собой; этим значительно облегчается производство установок. При 4×4 его размер вполне достаточен. Крыша идет вниз в одну сторону; ее высота спереди 3 м. и сзади 2,30 м. Она должна быть достаточно солидной и соответствовать для помещения людей. Обишвка — различна, от 0,27 м. Сверху в ней д. б. отверстие, вполне достаточное для извлечения и опускания штанги.

Паровой котел. Лучше всего если он горизонтален и монтирован на колесах, так как тогда его легко перевозить с места на место. Иногда же применяется вертикальный котел. Если же транспорт затруднительный, то для перевозки лошадьми, мулами и пр. употребляются разбирающие котлы. Мощности котла указаны выше при оборудовани станком Sullivan. Они дают количество пара для насоса и буровой машины и вычислены так, что содержат в себе на всякий случай и резервную мощность. С той целью, чтобы трубу между машиной и насосом взять возможно короче, котел обыкновенно устанавливают влево от платформы. Печные дверцы располагают перед бараком. Благодаря этому рабочий может легко управлять паровыми кранами.

При работе в мягкой почве вырывают возможно малую скважину, но достаточно глубокую для вставления направляющей трубы. Снизу привинчивают фрезер и сверху подбабник. Ударяют по концу бабой и башмак врезывается в почву; в минуту ударяют до 25—30 раз. Для этого убирают от шкива металлический канат. Прикрепляют к молоту манильский канат, проводят последний по верхнему блоку, а противоположный его конец к другому блоку. Машина и канатный блок работают непрерывно, и рабочий то тянет, то отпускает канат. В первом случае (если рабочий тянет) баба поднимается, при опускании же каната, она, вследствие собственного веса, падает. В середину названной рабочей трубы вставляют промывочную трубу, которая движется вслед за врезывающимся башмаком; порода сильной струей воды через промывочную трубу выносится на поверхность. Эта струя воды достаточно сильна для поднятия песчанных и вообще разрушенных зерен с диаметром 30—40 мм. Большие же зерна разбиваются.

Опускание штанг. После подачи буровой машины назад скважина освобождается; рватель и коронку привинчивают снизу к колонковой трубе, которая вставляется в скважину и поддерживается подкладной скобой в то время, как первую штангу привинчивают к колонковой трубе. Затем, к первой этой штанге привинчивают под'емное кольцо, к которому прикрепляют под'емный канат, и все медленно поднимают, чтобы снять скобу. Освобождают ворот и опускают вниз колонковую трубу и первую штангу так, чтобы под'емное кольцо было удалено на 0,15—0,30 м. от дна. При движении вниз нажимают на педаль — вкладыши скобы открываются; как только педаль оставляют в покое, они закрываются. Механизм действует вполне автоматически и предохраняет штангу от падения в скважину, в случае обрыва каната или поломки блока. Прежде чем опустить последнюю штангу вниз, ее пропускают через муфту.

Штанги направляются с большой осторожностью, если скважина чиста внизу. Укрепляют сальник, — насос переходит в верхнюю часть цилиндра, — закрывают штангу у конечной обоймы и пускают машину в ход. Если дно скважины грязно или нагружено неразрушенными кусками, закрепляют сальник и пропускают через него струю воды; при этом штанги, вращая, направляют вниз.

Главнейшие практические указания для буровых мастеров.

I. Сборку буровых инструментов производят по способу, указанному на рис. 134 или 136, но не так, как показано на рис. 135.

II. Прежде чем опустить новую или исправленную коронку в буровую скважину, дно скважины должно быть хорошенько очищено, чтобы на нем не лежали куски оторвавшейся породы или потерянные буровые столбики. (Применить для этого крестовый бур.)

III. Новую или исправленную коронку опускать медленно и точно наблюдать, чтобы она не была защемлена в с'уженной внизу скважине, не достигнув дна ее. Если наблюдается защемление, то коронку нужно осторожно немного приподнять, и скважина должна быть с этого места расширена с применением при промывке быстрого вращения при медленном опускании без давления; (давящий рычаг придерживать рукой). Не забыть промывки!

IV. Если алмазная коронка правильно достигла дна, то сначала дать только легкое давление и затем, когда она правильно вработалась, давление должно быть постепенно повышаемо.

V. Если бурение остановилось, т. е. давящий рычаг больше не опускается, то буровый столбик защемлен. Тогда можно один — два раза осторожно приподнять буровые штанги на 1—2 см. (не больше), и медленно опять опустить, вследствие чего защемленный буровый столбик освободится и бурение может быть опять продолжено. Если же бурение не подвигается, то насос должен быть тотчас остановлен, выступающая из скважины буровая штанга точно измерена, и затем все буровые штанги должны быть вынуты.

VI. В таких случаях буровой столбик обыкновенно довольно плотно сидит в алмазной коронке, и должен быть осторожно выбит из нее посредством твердого дерева или медного шеста. Никогда не применять железного шеста, ибо им легко могут быть повреждены алмазы.

VII. Очищенный буровый инструмент точно осмотреть, кольцо рвателя смазать маслом и все опять опустить в скважину, но при этом проверить выступающую часть буровой штанги в точности ли она соответствует измеренной раньше длине. Если это измерение соответствует прежнему, то бурение можно осторожно продолжать после того, как произведена промывка. Если эта мера не совпадает и выступающая часть буровой штанги длиннее, то алмазная коронка еще стоит не на дне буровой скважины, а на обломках породы или потерянном буровом столбике. В таком случае бурение ни при каких обстоятельствах нельзя продолжать, но буровая коронка должна быть опять вынута из скважины и последняя сначала очищена. (При этом надо применять ловитель для столбика или крестовое долото и бурить им вращательно, как алмазной коронкой, пока не будет достигнуто гладкое дно.) После этого только продолжать бурение алмазной буровой коронкой.

VIII. Не изнашивать слишком алмазов. Сталь, облегающая алмазы, подвержена естественному износу от буровой грязи. Алмазы от этого выступают наружу и могут потеряться. Поэтому необходимо алмазы почаще наново заделывать.

IX. Никогда не завинчивать и не вывинчивать буровой коронки посредством клещей, но применять для этого специальный ключ. Буровые клещи портят алмазы.

X. Во время бурения, буровую коронку нельзя приподымать со дна скважины. Некоторые буровые мастера имеют привычку приподнимать буровую коронку при помощи давящего рычага через короткие промежутки времени на несколько сантиметров; это не правильно и ни в коем случае не допустимо, ибо небольшие части бурового столбика и осколки, при этом способе бурения, выпадают из буровой коронки и попадают под нее. При опускании буровой коронки, алмазы должны размельчить эти обломки, но так как эти последние не лежат неподвижно под коронкой, а перекатываются, то алмазы, естественно, очень страдают, трескаются и даже вырываются из оправы.

XI. Если колонковая трубка заполнена буровыми столбиками, или если вследствие защемления бурового столбика, буровая коронка должна быть вынута, то прежде чем ее поднимать, должна быть точно измерена часть буровой штанги, выступающая из скважины, или напильником должен быть нанесен знак на буровой штанге против устья буровой скважины. Это делается для того, чтобы потом, при опускании буровых штанг, можно было установить — опустилась ли буровая коронка правильно на дно скважины или она, быть может, остановилась выше на потерянных столбиках или обломках породы. Если большое значение придают получению всего бурового столбика, то потерянные части столбика можно, вместо того, чтобы измельчить их крестовым долотом, вынуть ловильным прибором, имеющим три приклепанных пружины, привинтив его вместо буровой коронки к патронной трубке для столбика и, опустив в скважину, легко им постукивать и немного вращать, чтобы на-

16*

крыть им лежащий на дне столбик. Если ловитель столбика не схватит весь столбик, потому что последний, быть может, свалился на бок, то дополнительно должно быть введено крестовое долото и все измельчено, как описано выше. Введение крестового долота должно быть сделано, ибо если дно скважины держится постоянно чистым и свободным от обломков, то от этото весьма существенно увеличивается срок службы и производительность алмазной коронки, не происходит растрескивание алмазов, и бывает равномерное и естественное обтачивание их.

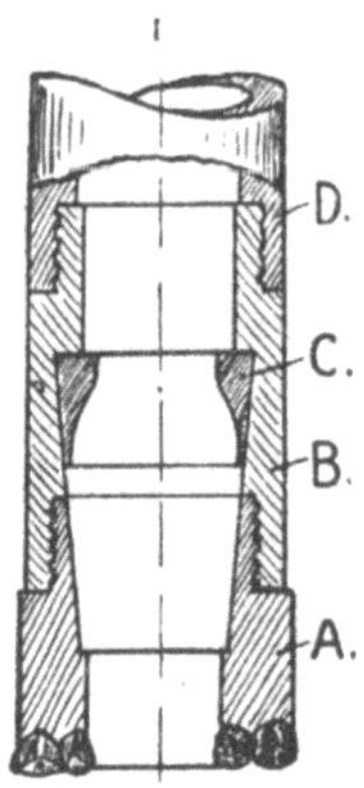

Рис. 134

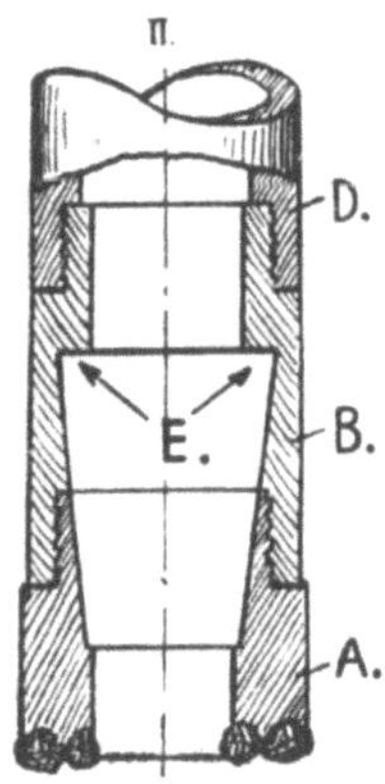

Рис. 135.

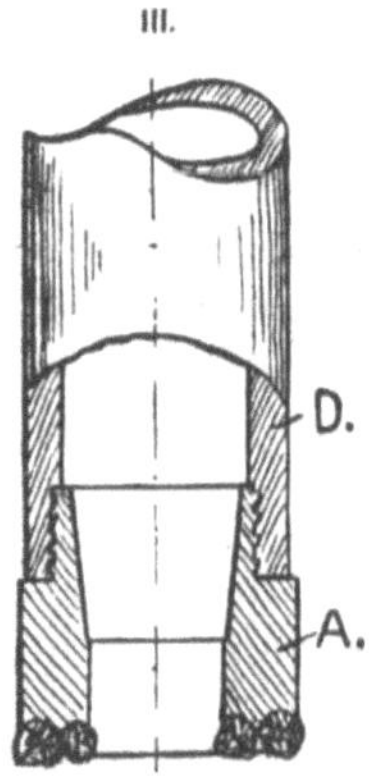

Рис. 136.

На рис. 134 показано.

I. П р а в и л ь н о е с о с т а в л е н и е бурового инструмента, состоящего из:

A — алмазной коронки,

B — цилиндра для рвателя,

C — кольца для него,

D — трубы для столбика.

Буровой столбик свободно проходит через кольцо C и поступает в колонковую трубу.

На рис. 135 —

II. Н е п р а в и л ь н о е с о е д и н е н и е бурового инструмента.

Недостает кольца для рвателя C. Буровой столбик упирается в края E цилиндра рвателя B, ломается и этим забивает алмазную коронку A. При дальнейшем бурении в этом случае алмазы разрушаются.

На рис. 136 —

III. Также правильное соединение бурового инструмента, состоящего из:

A — алмазной коронки,

D — трубы для бурового столбика.

В данном случае отсутствует цилиндр рвателя B и кольцо рвателя C; несмотря на это, буровой столбик беспрепятственно входит в колонковую трубу D. Это составление применяется главным образом при очень трещиноватых или очень мягких породах и может всегда применяться при некоторых системах бурения, если нарезки одинаковы. Удерживание бурового столбика, при таком составлении бурового инструмента, производится самостоятельным защемлением его в алмазной коронке, при совершенно заполненной колонковой трубке; или посредством бурения от 1 до 2 см., без промывки, в том случае, когда при трещиноватой породе буровой столбик бывает разломленным, но для этого нужна некоторая ловкость бурового мастера.

Надежней всего работать буровым инструментом, составленным по рис. 134.

Ни в коем случае не бурить инструментом, составленным по рис. 135.

Содержание в порядке бурового оборудования.

Само собой понятно, что буровые машины и принадлежности следует содержать в лучшем виде. Надо всегда смазывать подшипники и зубчатки, возможно чаще контролировать — плотно ли сидят части и т. д. Особенное внимание обращают на алмазную коронку. Нет ничего более неправильного, чем допускать стирания ее в значительной степени. Отдельные алмазы отламываются в этом случае легко; отломавшиеся или треснувшие алмазы необходимо немедленно заменить целыми.

При глубоком бурении, во время перерывов работы, следует подтянуть штанги; то же проделывается и при приостановке промывки. В противном случае, оседающий шлам может повести к опасным засорениям коронки. Буровая скважина должна быть всегда хорошо закрыта от проникновения

Буровой журнала за время от.................... до.................... 192.....

Место бурения:.................... Производитель работ, цель работ:.................... № буровой скважины:.................... Направление:....................

Время: Месяц	Время: Число	Смена	Породы	Способ бурения	Ручное или машиное	Диаметр скважины мм.	Производительность метр.	Пройденная глубина метр.	Действительное время бурения	Время на под'ем	Крепление, цементирование	Ловильные работы, ремонт	Остановки	Буров. мастер	Примечание о коронках, креплении, цементир, остановка и пр.

Мотор №.................... Тип.................... P. S....................

Буровой станок.................... Тип....................

Насос №.................... Тип....................

Подпись бурового мастера

....

Число Месяц

посторонних предметов. Дно ее всегда содержится в чистоте; алмазные коронки удаляются перед пусканием в ход новой коронки. Кроме этого следует приучить рабочий персонал к обдуманным и спокойным приемам и вниманию на точность работы, — этим достигается дешевизна и простота работы.

Получаемые при бурении образцы пород — колонки должны тщательно нумероваться, проверяться и сохраняться в специально изготовленных для них деревянных ящиках.

Все результаты буровых работ только тогда могут иметь какое либо значение и ценность, если они будут весьма тщательно записываться, для каковой цели необходимо ведение бурового журнала.

Форма его приведена на стр. 246.

Глава IX.

Искривление алмазно-буровых скважин. Примеры искривлений. Способ измерения искривлений. Причины искривлений. Методы исправления искривленных скважин.

Вопрос об искривлении алмазных буровых скважин имеет весьма большое значение при алмазном бурении. Достаточно сказать, что не только большие искривления скважин, т. е. более или менее сильные отклонения их оси от требуемого направления, но иногда и меньшие искривления могут совершенно свести на нет дорого стоющее алмазное бурение. Искривлению скважин особенно сильно подвержены наклонные скважины, у которых изменяются как простирание их первоначального направления на несколько десятков градусов, так и угол наклона, т. е. падение скважин, результатом чего является то обстоятельство, что скважина не может достигнуть намеченного пункта при разведке и, проходя иногда на несколько десятков метров от него, дает совершенно противоположные результаты, всецело обезценивающие бурение.

Особенное значение искривления имеют при разведках жильных месторождений, и без того обладающих трудными условиями работ: богатые рудные жилы могут быть иногда пройдены на 50—100 м. дальше их распространения и залегания, и потому заключение о всем районе может быть сделано отрицательное, так как вынимаемые из скважины образчики пород с больших глубин, доходящих до 500—1000—1500—2000 метров могли быть получены совершенно из других областей.

При других случаях, напр., при проведнии буровых скважин во время проходки шахт по способу замораживания, искривление не желательно, так как вертикальное и параллельное положение скважины является необходимым условием для выполнения работ по способу замораживания.

Эта необходимость об'ясняется тем, что образовавшиеся вокруг скважин цилиндрические замороженные колоны должны одновременно по всей высоте соприкасаться, чтобы таким образом иметь замкнутую замороженную стену, позволяющую безопасно вести работу по углублению шахты.

Большое отклонение одной лишь скважины от вертикального направления может послужить препятствием образования ледяной стены. Может легко случиться, что при опускании шахты, вода, пробиваясь между незамерзшими и несомкнутыми стенами, грозит затопить все устройство. Чтобы убедиться относительно правильного расположения скважины, прибегают к ряду скважин, находящихся на более близких расстояниях, нежели это необходимо, и действуют холодильными машинами продолжительней, чем предположено. Но если имеется возможность убедиться в том, что все скважины вертикальны и параллельны, так что при образовании ледяных цилиндров произойдет слияние без каких бы то ни было промежутков, то от этого получится значительная экономия, во первых, для устройства самих скважин, во вторых, на расходе холодильных машин и, наконец, на выигрыше времени, который связан с значительными затратами капитала, его амортизации и пр.

Насколько сильно может быть искривление скважин, абсолютно незаметное на поверхности при производстве буровых работ, можно судить из следующей серии примеров, приведенных по этому вопросу.

Таблица 33.
·ривaения алмазно-буровых скважин во время работ на Урале [1]).

Диаметр в м/м	Заданное падение.	Длина от — до в саж.	Отклонение.	На 1 саж.	Породы	Угол между падением скваж. и пород. В нач.	В конц.
					КАЛАТИНСКИЙ РУДНИК.		
35	70°	0— 30 с.	10°	0,33°	Твердые зелен. сланцы.	30°	40°
35	70°	0—100 „	40°	0,40°	„	30°	70°
45	70°	0—100 „	55°	0,55°	„	30°	85°
35	70°	0— 25 „	5°	0,20°	„	30°	35°
35		25— 56 „	9°	0,30°	„	35°	44°
35		56— 70 „	1°	0,08°	Мягкие белые сланцы.	44°	45°
35	45°	0— 32 „	15°	0,48°	Твердые зелен. сланцы.	55°	70°
35	45°	0— 37 „	15°	0,41°	„	55°	70°
35		37— 50 „	5°	0,38°	„	70°	75°
		Среднее . .		0,38°	„	—	—
					БЕЛОРЕЧЕНСКИЙ РУДНИК.		
35	45°	0—25 с.	5°	0,2°	Твердые зелен. сланцы.	55°	60°
35		25—50 „	15°	0,6°	„	60°	75°
35		50—87 „	15°	0,41°	„	75°	90°
35	70°	0—25 „	20°	0,8°	„	30°	50°
35		25—50 „	15°	0,6°	„	50°	65°
35		50—75 „	20°	0,8°	„	65°	85°
35	70°	0—25 „	25°	1°	„	30°	55°
35		25—50 „	20°	0,8°	„	55°	75°
35		50—75 „	15°	0,6°	„	75°	90°
35	70°	0—25 „	10°	0,4°	„	30°	40°
35		25—39 „	10°	0,53°	„	40°	50°
		Среднее . .		0,61	„	—	—
					КАРПУШИНСКИЙ РУДНИК.		
35	45°	0—37 с.	5°	0,13°	Нетверд. белые сланцы.	55°	60°
35		37—75 „	15°	0,40°	„	60°	75°
35	70°	0—50 „	10°	0,2°	„	40°	50°
35		50—70 „	10°	0,5°	„	50°	60°
35	50°	0—30 „	10°	0,33°	„	60°	70°
35		30—60 „	10°	0,33°	„	70°	80°
35	70°	0—50 „	15°	0,30°	„	40°	55°
		Среднее . .		0,31°	„	—	—

[1]) И. С. Васильев. Искривление алмазно-буровых скважин. Горн. ...л 1916 г. Т. IV.

№№ скважин.	Диаметр в м/м	Заданное падение.	Длина от — до в саж.	Отклонение.	На 1 саж.	Породы	Угол между падением скваж. и пород. В нач.	В конц.
			ЕЖЕВСКИЙ РУДНИК.					
39	40	70°	0—20 с.	0°	0°	Мягкие зеленые сланцы.	40°	40°
39	40		20—40 „	0°	0°	„	40°	40°
39	40		40—60 „	0°	0°	„	40°	40°
			Среднее . .		0°	„	—	—
			АЛЕКСЕЕВСКИЙ РУДНИК.					
41	35	60°	0—25 с.	0°	0°	Твердый несланцеватый кварцевый порфир.	20°	20°
41	35		25—50 „	0°	0°	„	20°	20°
41	35		50—73 „	0°	0°	„	20°	20°
52	35	60°	0—31 „	0°	0°	Мягкие сланцы и известн.	40°	40°
61	35	50°	0—28 „	0°	0°	Переслаивание мягких известняков и твердых сланцев.	30°	30°
61	35		28—51 „	0°	0°	Несланцевый кварц-порфир	30°	30°
			Среднее . .		0°	„	30°	30°

Искривление по простиранию за отсутствием прибора не измерялось.

Рассматривая эти таблицы, можно видеть следующее: наибольшим искривлением обладают скважины №№ 7 и 16, которые были пойманы подземными работами, и их простирание и наклон были установлены точной с'емкой.

На рис. 137 показаны план и разрез скважины № 7. Направление скважины, первоначально заданной, показано пунктиром на плане. Диаметр скважины 35 мм., проходимые породы — твердые зеленые сланцы. Скважина проводилась станков «Crälius» Шведским Обществом.

На горизонте 78 саж. скважина была обнаружена на 100 саж. длины при помощи подземных работ в точке b, которой проэкция на поверхности соответствует в точке B.

Простирание первоначального направления — 3°, а на горизонте 78 с. 39°.

Наклон первоначального направления 70°, на горизонте 78 саж. — 30°. Таким образом скважина на расстоянии 100 с. изменила наклон на 40°, а азимут на 37°. Скважина № 16 *т* диаметром в 45 мм., проведенная станком Sullivan на рас-

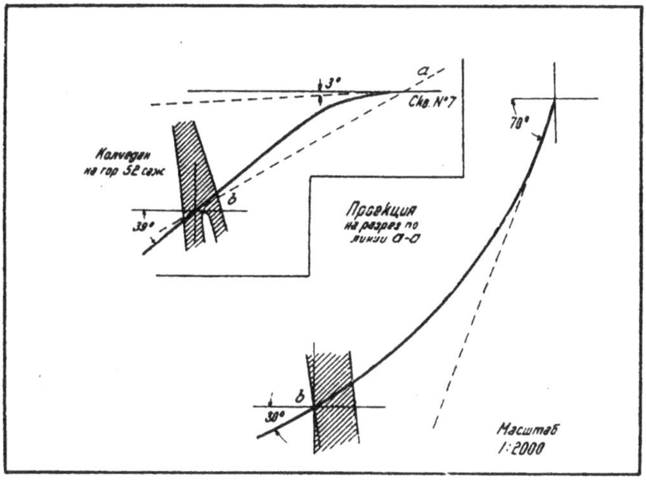

Рис. 137.

стоянии 25 саж. от скважины № 6 и имевшая параллельное ей направление, пересекла те же самые породы и дала следующие результаты:

Простирание первоначальное (рис. 138, план)	9°
Наклон	70°
Горизонт, на котором была поймана скважина	60 саж.
Наклон, обнаруженный на 100 саж. длины	15°
Простирание	20°

Но ввиду того, что первоначальное направление было задано с ошибкой в 11°, то простирание, обнаруженное в 20°, не изменилось, наклон же изменился на 55°.

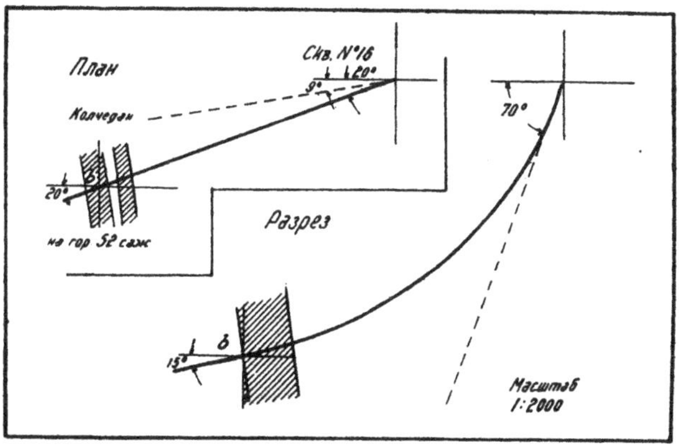

Рис. 138. План и разрез искривленной скважины.

Обе скважины по первоначальному заданию должны были выяснить условия залегания руд на горизонте 120 саж.; на самом же деле они выяснили эти условия на горизонтах 78 и 63 саж., то есть на таких глубинах, где эти условия были уже известны на основании произведенных подземных работ.

Таким образом, обе скважины не достигли поставленной цели и все бурение не дало ожидаемых результатов.

Рассматривая вышеприведенные таблицы, можно вывести следующие заключения:

1. Твердость пересекаемых пород имеет значительное влияние на величину искривления. Так, при пересечении сланцев

a) Ежевских с твердостью около 2—3 среднее искривление скважины на 1 погонную сажень было 0,17°

b) Карпушинских с твердостью около 4 на пог. саж. было 0,31°

c) Калатинских с твердостью около 5—4 на пог. саж. было 0,38°

d) Белореченских с твердостью около 5—6 на пог. саж. было 0,61°

2. Сланцеватость пород влияла в том направлении, что скважины, составляющие с падением пород угол не менее 30°, во всех случаях искривления в большей или меньшей степени приближались к перпендикулярности в отношении сланцеватости.

II. Искривление скважин во время разведочных работ в Трансваале, в области Гейдельберга, на участке, принадлежащем обществу Lace Proprietary Mine.

Скважина № 26 до глубины 1000 фут. шла вертикально; дальше начала отклоняться от вертикального направления и уже на глубине 2600 фут. имела падение 44°. На расстоянии от 2600 до 5000 фут. скважина оставалась прямолинейной, но, начиная с 500 фут., падение быстро увеличивалось и на глубине бурения 6656 фут. скважина имела падение в 58°. По простиранию, скважина имела направление к северо-востоку, составляя угол простирания около 30°.

При проведении в том же месте скважины № 4, наклон скважины всякий раз при троекратном бурении достигал весьма больших цифр, а именно: на глубине 1700 фут. скважина имела наклон в 35°, простиранис 32° NO. Другой раз на 765 фут. скважина имела наклон в 10°, простирание 33° NO; на 850 фут. наклон был 15°, простирание 42°. Скважина, начатая четвертый раз на 520 фут., дала наклон 8°, простирание 65° NO. Хотя наклон был допустим, но по простиранию скважина шла почти параллельно направлению падения пород.

Из приведенных выше примеров бурения, как в России, так и за границей можно видеть до каких цифр могут доходить отклонения скважины от заданного направления, вследствие изменения падения и изменения простирания.

Для измерения искривления скважин существует целый ряд соответствующих приборов и аппаратов, из которых нужно упомянуть про следующие, имевшие практическое применение в буровой технике Германии, Австрии и, вообще, в Европе.

1. Прибор C. Winter'a и Hugo Stein in Cöln, основанный на принципе фотографирования (описан в Handbuch der Tiefbohrkunde Tecklenburg B. III.
2. Прибор Burbach'a in Beendorf (опис. тамже и кроме того в Zeitschrift „Tiefbohrwesen" Frankfurt a. M. 1908. № 18).
3. Приборы для определения простирания и падения залежей и буровых скважин
    a) Gustav Nolten in Dortmund
    b) Bohringeneurs Lubisch
    c) Köbrich.
4. Стратаметр Маркшейдера Küppers in Hamm.
5. Стратаметр Hermann Gothan in Groß-Lichterfelde.
6. Стратаметр Dr. Meier'a.
7. Стратаметр der Deutschen Tiefbohr-Aktiengesellschaft.
8. Стратаметр Heinrich Lapp, Akt.-Ges. für Tiefbohrungen, Aschersleben.
9. Стратаметр Dr. Alfred Rapoport Edler von Porada in Wien.
10. Стратаметр Percy Fry Kendall in Mancher.
11. Стратаметр H. Thumann'a.

Опишем некоторые из этих приборов.

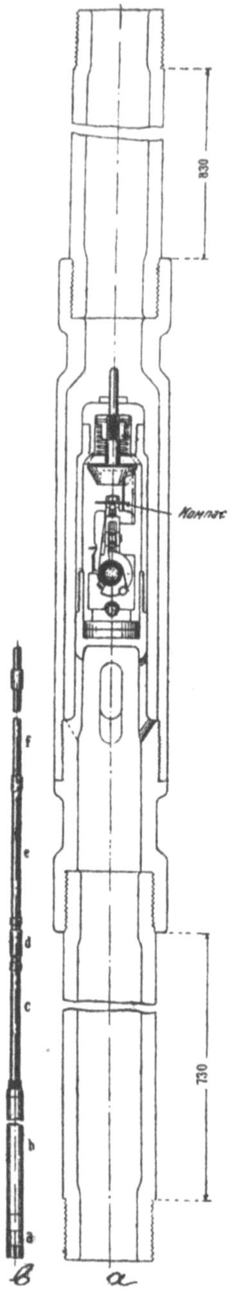

Рис. 139.
Стратаметр H. Thumann'a.

„Стратаметр“ Г. Туманна.

Kontinentale Tiefbohrgesellschaft vorm. H. Thumann, Halle a. S. Рис. 139 a, b.

Стратаметр состоит из гильзы и компасного аппарата. Над и под гильзой помещены бронзовые штанги для уничтожения магнитных токов, возникающих в железных штангах, причем над гильзой помещена штанга длиной в 83 см, а под гильзой — длиной в 73 см.; кроме того железные штанги удалены вверху и внизу на одинаковое расстояние от магнитного диска — именно на 1 метр. Гильза состоит из нижней части стратаметра, внутренней крышки и наружной гильзы.

В нижней части помещен компасный аппарат, укрепленный винтом. При под'еме аппарата, натягивается пружина, приводящая в движение остановочное приспособление в нужный момент и удерживающая магнитный диск или освобождающая его. Навинченная над компасным аппаратом крышка имеет с внутренней стороны остановочный конус, поддерживаемый спиральной пружиной с гайкой, служащей для натяжения пружины. Штифт конуса проходит через запорную гайку сверху наружу; помещенная над штифтом кожанная пластинка мешает проникновению буровой мелочи в аппарат.

Удар по штифту производит давление посредством остановочного конуса на остановочный рычаг и освобождает этим аппарат. Благодаря натянутой пружине, приходит в действие остановочное приспособление, задерживающее магнитный диск в его последнем положении.

Все подробности видны из чертежа.

Для того, чтобы загрязненная промывочная жидкость не могла проникнуть в аппарат, внутреннее пространство последнего наполнено керосином. Для этой цели стратаметр, соединенный с обсадной трубой, отделяется в своей нижней части, и внешняя гильза, также как и крышка, отвинчивается. Остановочный рычаг должен быть направлен наружу, а магнитный диск должен иметь свободную игру.

Теперь можно отвинтить крышку, не трогая верхней гайки, и наполнить пространство, в котором находится натяжная пружина, керосином; небольшое покачивание конического штифта помогает протеканию керосина, однако, штифт нельзя надавливать вниз, так как в этом случае он остановит преждевременно компасный диск. Когда аппарат совсем наполнен, навинчивают крышку, затягивают ее и запорную гайку плотно гаечным ключем; навинчивают внешнюю гильзу и бронзовую штангу, и опускают весь аппарат на буровых штангах в буровую скважину.

Когда колонка пробурена на достаточную длину, то пускают падать ударный болт в отверстие штанг; болт требует приблизительно две минуты времени для прохождения 100 метров глубины скважины. Как только болт ударил по штифту, можно тотчас же поднимать штанги.

Когда стратаметр поднят на поверхность, отвинчивают наружную гильзу и крышку и удостоверяются в том, что диск остановлен. Посредством навинченной опять внешней гильзы и под'емного колокола, поднимают вполне обсадную трубу, кладут ее горизонтально на двое козел, и отвинчивают опять гильзу. При этом поварачивают всю обсадную трубу так, чтобы север компасного диска указывал на верх, и отмечают на коронке у буровой колонки северное направление, которое, также как и север магнитного диска, находится наверху.

Стратиграф.

Вспомогательный аппарат для определения горных пород маркшейдера Jahr, Breslau. (*Рис. 140.*)

При алмазном бурении, пройденные горные породы определяются по получаемой колонке до тех пор, пока ее возможно получить. Если же буровая скважина попадает в такие горные породы, связность которых не достаточно велика для получения колонки, то при алмазном бурении, как и при ударом бурении, иногда бывает необходимо для определения их наблюдать скорость поступления буровой коронки, и определять из полученной скорости, в связи с выходящими на поверхность вместе с промывочной водой обломками горных пород, род и толщу пройденных пород.

Ясно, что при этом могут легко возникнуть ошибки и заблуждения уже потому, что обыкновенно эти наблюдения производятся недостаточно об'ективным и специально предназначенным для этого лицом, а лицами, производящими самое бурение и наблюдающими за ним, внимание которых само

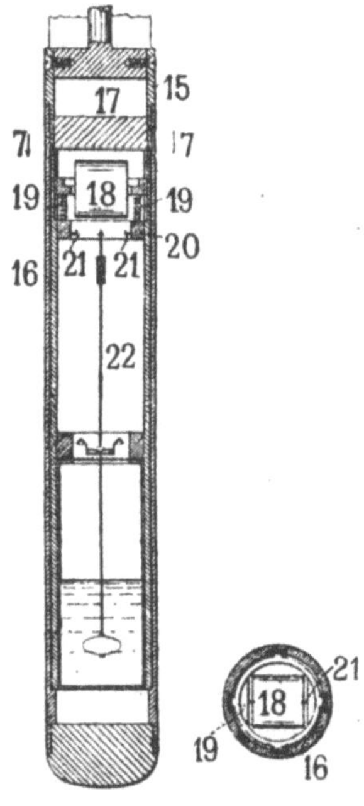

Рис 140.

собою направлено не на скорость прохождения буровых штанг, а на другие явления при бурении.

Благодаря этому происходит то, что, составленные таким способом таблицы бурения в большой степени не надежны, и без сомнения, имеющиеся пласты, присутствие которых доказано соседними буровыми скважинами или же шахтами, даже если они не очень незначительной толщины, могут оказаться неуказанными в буровых таблицах. Эта ненадежность буровых таблиц, может быть нередко источником ошибок, имеющих большое практическое значение.

Для избежания этого возможно отмечать особым образом меняющуюся скорость опускающихся буровых штанг, и по этой скорости, установленной эмпирически для каждой горной породы, сделать более или менее правильное определение пород.

Скорость, которую нужно отмечать для этой цели, дается не отношением пути, который проходят буровые штанги, к определенной единице времени, а к числу оборотов штанг, сделанных ими во время их поступления, так как скорость этой подачи будет прямо пропорциональна числу оборотов. Подобную таблицу бурения можно получить, укрепив пишущее острие у опускающихся буровых штанг и заставив его производить запись на таблице, передвигаемой в сторону пропорционально числу оборотов посредством передачи от приводного вала. Таким образом возможно получить кривую, которая в продолжении того времени, пока бурение происходит в одной и той же горной породе, оставалась бы прямой линией и становилось бы более наклонной по мере опускания, вследствие изменения твердости породы. Однако, так как при таком устройстве можно было бы нанести показания только для очень небольшой части буровой скважины, то для практического применения все устройство должно быть изменено. При этом оказывается рациональным, как это будет видно из дальнейшего, переменить порядок всего устройства так, чтобы пищущее острие передвигалось пропорционально числу оборотов, а таблица для записей пропорционально опусканию штанг, или, выражаясь другими словами, чтобы направление движения таблицы для записей было осью абсцисс, опускание буровой коронки абсциссой, а число оборотов ординатой, в каких либо определенных масштабах.

Это достигается прибором, изображенным на рис. 141. S обозначает (рис. с) локомобиль, передающий обычным способом движение посредством ремня r и конических зубчаток через так называемую ротационную тележку c на буровой шпиндель b, соединенный посредством зажимного патрона d с буровыми штангами a; у e буровой шпиндель охватывается кольцом с двумя крюкообразными выступами, с которыми соединены железные штанги балансира B.

Через насадку этого кольца пропущен шнур или цепочка по роликам g, g^1, g^2, натягиваемая грузом h. На оси g

насажена коническая зубчатка i (рис. d), которая сцеплена с другой конической зубчаткой k, благодаря чему приходят в движение два вальца l и m, также как и натянутая на

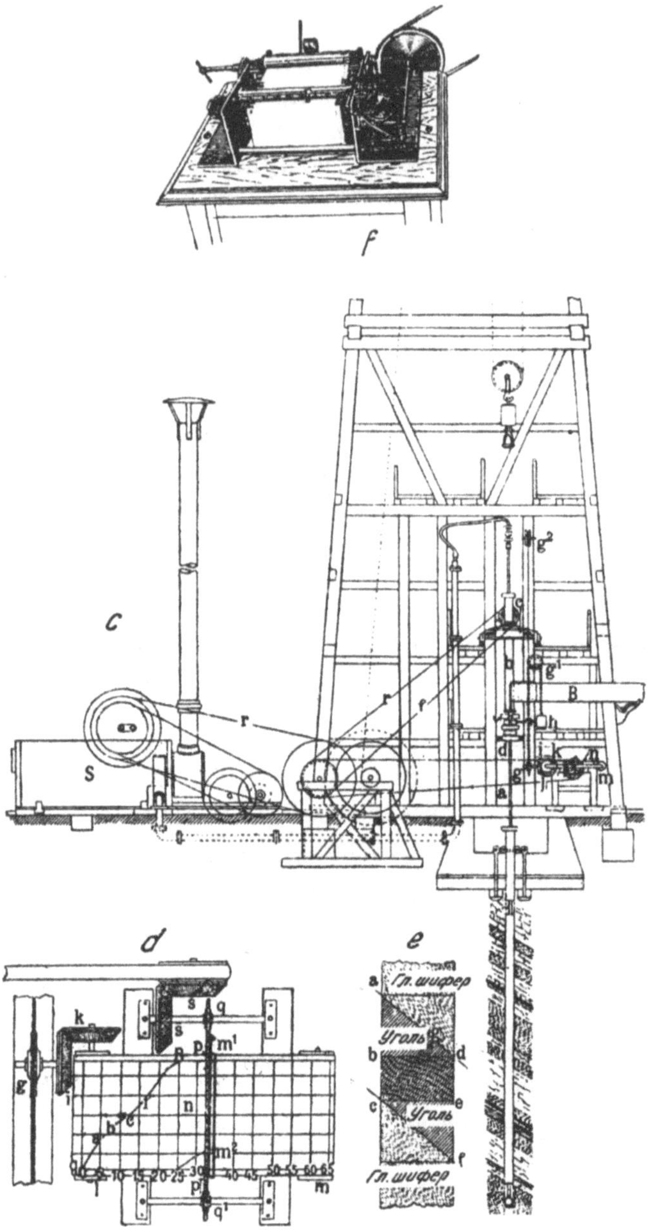

Рис. 141.

них полоска бумаги n, служащая для нанесения диаграммы.

Скорость движения бумаги, т. е. отношение ее движения к поступлению буровых штанг, зависит от передачи i и k.

У пишущего прибора устроено еще особое приспособление, посредством которого он может быть выведен из действия в нужные моменты, например, при опускании и поднимании штанг, пробуривании обломков пород, падающих в скважину, и т. д. Пишущее приспособление передвигается под прямым углом к продольной оси полоски бумаги. При этом не может быть применен обычный пишущий штифт, так как он через короткое время переходит за границу того узкого места, которое имеется на полоске бумаги в направлении ординат. Поэтому применяются несколько пишущих остриев m^1, m^2 и т. д., укрепленных на одинаковых расстояниях к бесконечной цепи p, на расстояниях, соответствующих высоте масштаба кривой. Эта цепь накинута на зубчатые колеса g и g^1, которые приводятся в движение пропорционально числу оборотов бурового шпинделя, посредством соответственных передаточных колес.

Способ действия всего приспособления состоит в том, что благодаря одновременному движению бумаги и пишущих остриев наносится кривая более или менее диагональная, состоящая, однако, из маленьких отдельных черточек, конечные точки которых у верхнего края лежат перпендикулярно к начальным точкам. Таким образом, можно сказать, что каждый раз в тот момент, когда пишущее острие подходит к краю бумаги, происходит сдвиг кривой на ширину полоски в направлении оси ординат. Но так как абсолютное значение ординат равноценно, то этот сдвиг не имеет никакого значения.

Записываемая кривая тем более приближается к направлению абсцисс, чем скорее опускаются буровые штанги, и каждое изменение скорости опускания буровой коронки вызывает отклонения кривой от первоначального направления. Как раз эти изменения направления имеют наибольшее значение для практики, так как по ним можно с уверенностью заключить о появлении другой горной породы, как только это отклонение превысит определенную величину. Для передачи для обоих имеющихся здесь движений, т. е. опускания и вращения штанг, берутся величины, определяемы практикой.

Рис. d указывает какой практический вид будет иметь буровая таблица, полученная таким аппаратом. Нижний край масштаба кривой дает непрерывный ряд глубин буровой скважины в уменьшенном масштабе, определяемом выбором передаточных колес *i*. Горизонтальные линии обозначают число оборотов.

Сравнительно резкий переход кривой от одного наклона к другому происходит только тогда, когда направление проходимых пластов почти горизонтально; если они расположены наклонно, то кривизна изменяется постепенно, так как буровая коронка также постепенно переходит сперва с одной стороны буровой скважины в новую породу до тех пор, пока совсем не углубится в него.

По длине перехода между двумя наклонами кривой, можно в благоприятном случае даже определить приблизительно угол падения залегания.

Из сечения, представляющего алмазную буровую скважину, видно, что кривая до глубины *a* должна иметь равномерной вид, так как до этого места колонка по всему своему диаметру состоит из одной и той же породы (глины), рис. e. Начиная от *a*, где буровая коронка входит в более мягкую горную породу (уголь), кривая становится более пологой; от *b* и *c*. где вся буровая скважина проходит через уголь, кривая становится еще более пологой, а на глубине *c* начинает опять подниматься. В прямоугольном треугольнике можно вычислить угол падения залегания из

bd = диаметр буровой скважины

ab = разница глубин по масштабу кривой;

$$\operatorname{tg}\alpha = \frac{ab}{bd},$$

причем, отклонение буровой скважины от вертикали не принято во внимание, так как оно очень мало. После того как угол α определен, может быть установлена действительная толща cg пройденного угольного залегания $adfc$, для чего длину прохождения по вертикали ac надо помножить на cos угла падения.

Описанный аппарат (рис. f изображает его общий вид) может оказаться во многих случаях очень желательным и ценным вспомогательным приспособлением для буровых работ.

Кроме этих аппаратов применяются следующие, ниже описанные, из которых отвесный метод, основанный на принципе пропорциональности, дает приблизительно верные результаты.

Аппарат состоит из следующих частей: на барабане диаметром $n = 0{,}314$ м. (1 м. в окружности) намотана медная проволока. В центре отверстия скважины был прикреплен блок, на котором опускается на 10 м. глуб. проволока с тяжелым отвесом. Отвес, свободно висевший в отверстии скважины, не цепляясь, опускается по направлению скважины и показывает на ролики отклонение. Посредством положенного креста из двух точных линеек, на отверстии скважины можно было определить отклонение оси при различных глубинах. Глубина определялась посредством количества оборотов размотанных проволок. Направление отклонения можно было уследить глазом и величину — определить посредством координат по формуле

$$x = a\frac{t + 10}{10}.$$

Прибор очень прост для его применения и пользование его доступно каждому. Прибор также показывает сравнительно правильные значения, достаточно годные для практических целей. К сожалению, для искривленных или дугообразных скважин этот прибор не пригоден и по простой причине. Если скважина в начале имела вертикальное направление, потом началось отклонение, то отвес, скользя по стенке, отклонения в начале отверстия не покажет. Так как почти все скважины имеют дугообразные изменения в искривлениях, то этот способ только пригоден для скважин незначительных глубин.

Другой прибор этого же самого изобретателя, описанный в журнале «Glückauf» в №№ 23 и 24 в 1907 г. и прибор профессора Haussmann'a, описанный в этом же самом журнале № 7 год 1908, дают также приблизительные результаты, но точные измерения от них получить весьма трудно, так как нет гарантий в том, чтобы результирующая ломанная линия не совпала бы с осью дугообразного направления скважины. Можно, конечно, натолкнуться на случай, когда эти совпадения не имеют места, а потому, предполагая противоположное, нельзя быть уверенным в правильности показания. На практические затруднения вышеуказанных приборов оказывают влияние такие обстоятельства, как сырость, а также и то, что электрические провода должны следовать одновременно с отвесом в скважину; кроме того, прибор требует, чтобы были опущены электрические лампы для производства фотографических снимков. Такие приборы очень хрупки и легко подвергаются порче. Вообще же надо сказать, что безупречный отвесный прибор должен отвечать следующим условиям:

a) прибор должен показывать направление ломанной линии скважины. Он не должен предоставляться слепому случаю, а планомерно показывать каждое встречное колено;

b) координатная система, служащая основой для измерения, должна оставаться неразборной и легко восстановлена в первоначальном своем виде для контрольных измерений;

c) передвижения аппарата в течении различных измерительных периодов времени следует избегать по той простой причине, чтобы не перепутать показания;

d) прибор должен быть прочным и нечувствительным по отношению к давлению, воде и жидкостям с химическими растворами;

e) прибор должен быть доступен пониманию интеллигентного технического персонала;

f) проверка показаний должна производиться автоматически; неправильные показания должны быть установлены самим аппаратом.

В значительной степени этим требованиям отвечает прибор Thumann'a, патент корого заявлен в Германии под DRP № 207 753 и 207 754. Этим прибором можно получать данные, весьма близкие к истине при бурении скважин, глубиной несколько сот метров.

Прибор, показанный на рис. 142, конструирован по принципу пропорциональности. Устройство для измерения ломанных линий в скважине состоит из отдельных трубок, составляющих в целом единый стержень. Трубки соединены между собой таким образом, что могут подвигаться во все стороны, но не перекручиваться. Эти трубки носят название «направляющих гибких труб». Каждая труба содержит подвесный механизм, на дне которого, сверху пробковой подкладки, помещена свинцовая бумага, с нанесенными осями координат. В верхней части механизма находится клещеобразное устройство с неподвижным и пружинистым коленчатым рычажком, удерживающим падающий отвес.

Кроме того имеются еще 2 одинаковых отвеса, подвешенные с помощью общего шнура на мостике, находящемся над клещами. В основание сосуда вправлен (рис. 142) прибор с двумя отверстиями, через которые выведены шнуры отвеса. Это устройство дает возможность точно определить острие от-

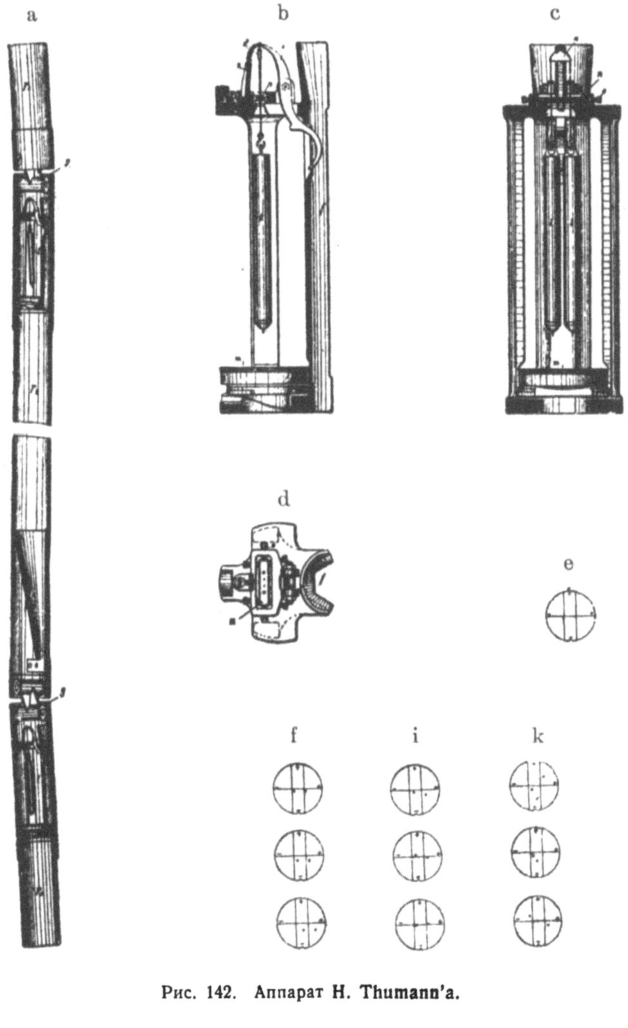

Рис. 142. Аппарат H. Thumann'a.

весов над точкой пересечения координат. Поворотные круги всех шарниров при вертикальном положении направляющих труб устанавливаются между собой под прямым углом. Оси координат устроены так, что их положение раз навсегда строго определено.

Каждое отдельное звено дает самостоятельное измерение, независимое от другого. В том случае, если ломанные пункты расположены не по оси скважины, предыдущими и последующими звеньями будет обнаружено и взаимно выравнено.

Если последовательно нанести на бумаге все показания звеньев, мы получим точное изображение горизонтальной проэкции пути буровой скважины. Достоинство этого прибора заключается еще в том, что он автоматически себя контролирует посредством свободно падающего отвеса, который в нужный момент выключается и задерживает все колебания и качания отвесов, не дающих таким образом никаких показаний.

Действие автоматического контроля прибора основано на том принципе, что два рядом висящих отвеса не могут показать качания одинакового свойства, если при том еще окажется, что длина их не одинакова. Поэтому каждые парные отвесы в аппаратах висят на общем шнуре; шнур положен на поперечение, допускающей различные передвижения и изменения относительно длины. Допустив падение при спокойном положении поперечины, упадут оба отвеса, которые оставят след своими остриями в виде линии, параллельной оси поперечной координаты. При качании отвесов во время критического момента, следы уколов будут более или менее заметными, нежели в момент их покоя, кроме того линия, соединяющая их, покажет наклонное направление. Для ориентирования всего прибора устроен на верхнем звене еще диоптр, визирная линия которого совпадает с одной из координатных осей. Указанный прибор требует большое количество звеньев. Например, для измерения скважины глубиною в 240 метров необходимо 60 звеньев, длиною каждый в 4 метра. Но можно этого избежать. С прибором Thumann'a можно также предпринять отдельные опыты с 10, 15 и с 20 звеньями на расстоянии от 40 до 80 метр. Для этого необходима достаточная ориентировка во время измерения аппаратом на соответствующей глубине. С этой целью прибегают к побочному направляющему стержню, состоящему из труб, равных по длине звеньев прибора; на концах труб попеременно приделаны зубья и соответствующие вырезы. Предостережением от перекручивания между собой труб, служат специальные соединительные контрагаечные муфты. Вышеупомянутый диоптр служит для установки направляющего стержня по определенному направлению.

На рис. 142 f, i, k и рис. 143 a показаны оттиски серии отметок, произведенных с помощью этого аппарата.

Более рельефное изображение скважин получается, если результаты отвесов нанести в уменьшенном масштабе на картонные или жестянные круги. Остается эти кружки нанизать один за другим на вертикальный столбик и соединить точки, показывающие путь скважин (рис. 144).

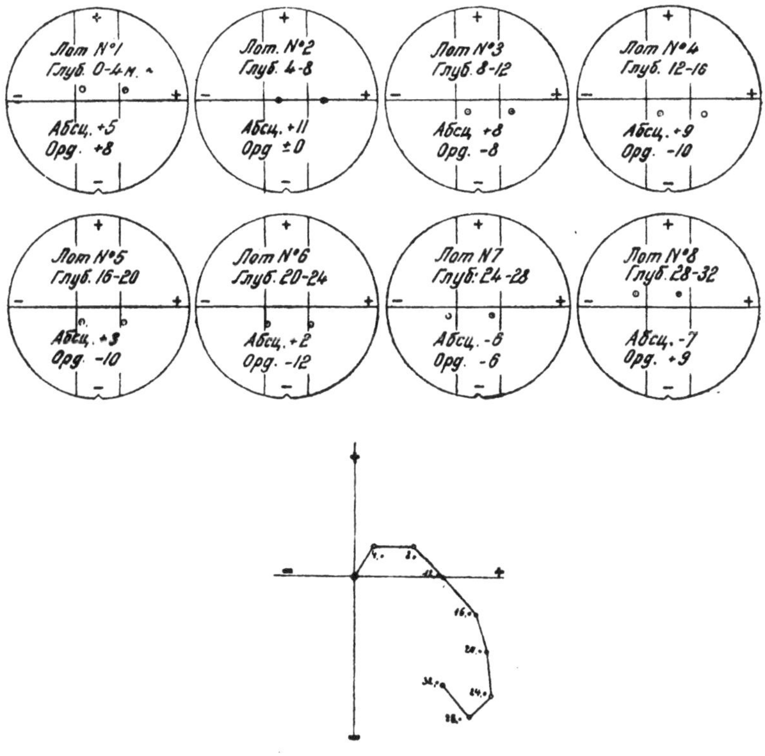

Рис. 143.

Другой прибор, запатентованный немецкими обществом Solvay in Barth bei Wesel за № 212 703, изображен на рис. 144.

Чтобы опустить этот прибор в скважину, избегая при этом самостоятельного поворота или кручения, прикрепляют для этой цели прибор к двум телескопным трубкам, вдвигающимся друг в друга. Аппарат вделан в цилиндр (16), на который навинчивается на верху крышка (15). На крышке (15) ввинчен еще кружек (17), который запирает за собой часовой механизм того же цилиндра (16). Часовой механизм разворачивает автоматически бумажную ленту перед самым острием отвеса. Через определенные промежутки времени механизм подает бумажную ленту вниз таким образом, что отвес начинает отмечать свое положение. Для этой же цели на часовом механизме сидит также кулачек, который посредством нажима приближает весь механизм с салазками к бумажной ленте, а имеющаяся пружина (19) возвращает его обратно к

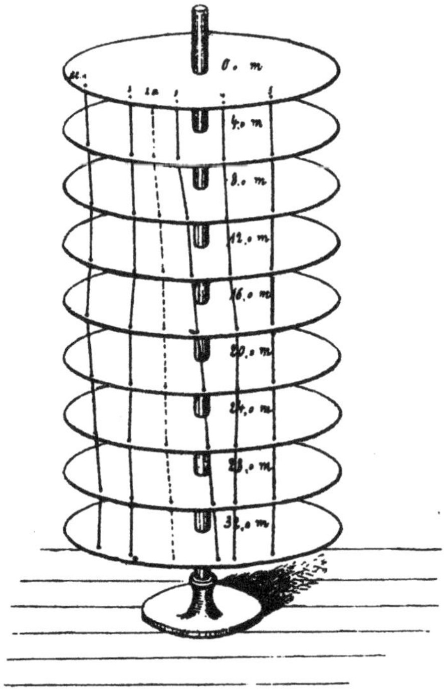

Рис. 144.

первоначальному месту. В определенные промежутки времени, напр., чрез три минуты, могут происходить эти нажимы. Под часовым механизмом висит на кольцеобразном звене по два пишущих штифта. Положение штифтов строго определенно. Отвес (22) с карданным соединением навешан таким образом, что, при приближении бумажной ленты, отмечает на ней свое положение и место отметки штифта. Для ослабления колебания отвеса, нижняя его часть опускается в сосуд с жидкостью, например, в масло.

Рассчет, после отвешивания скважин, и записи часового механизма на ленте производятся маркшейдерским способом.

Можно еще указать на прибор, записывающий самостоятельно отконение скважины от вертикали на бумажной ленте, двигающейся посредством отвеса; прибор патентован за № 196 238 P. Henje in Nordhausen рис. 145 и 146 a и b. Записи делаются на бумажной ленте, которая от времени до времени двигается вперед.

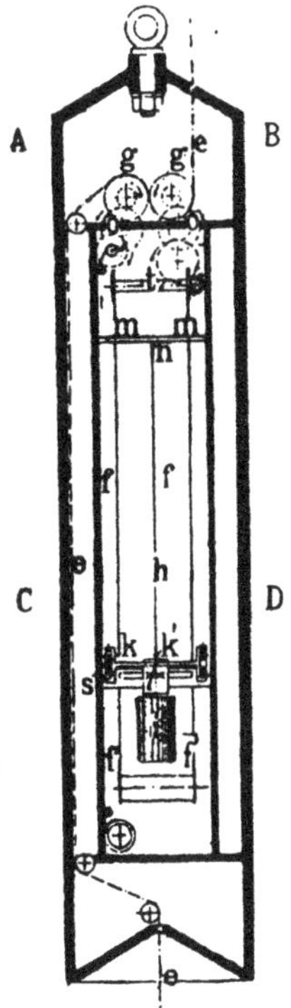

Рис. 145.

Рис. 146.

Этот прибор отличается от других тем, что записи делаются на двух лентах, положение которых между собой можно себе уяснить из рис. 145 и 146 b. Бумажные ленты f и f^1, двигаются помощью шнура e с равномерной скоростью по направлению, указанном стрелкой. На рис. 145 и 146 a показано также, как прикреплен шнур и каким образом происходит передвижение ленты. Над отверстием скважины шнур свободно прикреплен и защемлен между роликами g и g^1; ролики снабжены желобками, вследствие чего весь прибор ползет по шнуру *e*. Ролики приводят зубчатки *o* в движение, которые вращают барабаны *t* и t^1, вследствие чего разворачиваются бумажные ленты *f* и f^1. Отношение зубчатых колес *o* таково, что с увеличением диаметра барабана увеличивается скорость разворачивания бумажной ленты до определенных пределов. Бумажные ленты *f* и f^1 находятся под углом 90°; под этим же углом находятся пишущие штифты *k* и k^1, которые достигают передвижения в горизонтальной плоскости. Штифты *k* и k^1, снабжены зазором, соответствующим толщине шнура отвеса, на котором висит отвес *i*. Зазоры также составляют между собой прямой угол и соответственно пишущим приборам допускают качание шнура *h*. При самом незначительном наклоне коробки всей системы пишущие приборы, вследствие тяжести отвеса *i*, соответственно изменят величину и положение уклона, и расстояние точки, намеченной на одной из лент, от середины ленты соответствует ординате другой ленты, абсцисса которой есть уклон коробки, т. е. скважины от вертикали. Опуская равномерно коробку в скважину, вся система приводится тем самим в движение и, с помощью записей на лентах в виде кривых, имеется возможность сделать рассчет и определение скважины. Этим прибором общее измерение и определение отклонения скважины производится быстрее, нежели с остальными приборами.

Здесь же опишем еще аппарат для определения направления течения воды в глубоких буровых скважинах, б. Фон Вангель, Москва, рис. 147.

Аппарат должен служить для определения направления течения воды в буровых скважинах в тех случаях, если вода в них не застаивается. Приспособление состоит из магнитной стрелки, руля и маленького колесика.

Если аппарат опускается на канате в буровую скважину, то руль устанавливается в направлении течения; колесико приходит в движение и останавливает благодаря этому магнитную стрелку. Аппарат после этого поднимается и поварачивается таким образом, чтобы находящаяся в нем магнитная стрелка указывала на север. При помощи второго компаса делается сравнение, которое указывает, какое направление имел аппарат перед тем, как его магнитная стерлка была остановлена маленьким крыльчатым колесиком. Направление руля соответствует в этом случае направлению течения воды в буровой скважине.

Рис. 147.

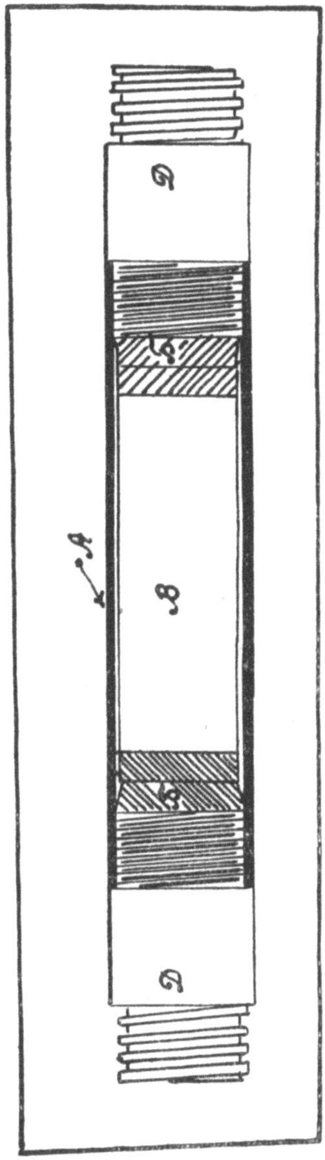

Рис. 148.

Еще можно привести описание следующих аппаратов: одного, применявшегося для измерения алмазных буровых работ на Урале, и другого — при алмазно буровых работах в Трансваале.

На Урале искривления буровых скважин, приведенные на вышеуказанных таблицах, определялись с помощью плавиковой кислоты (рис. 148). Для этой цели была взята штанга, от которой был отрезан небольшой кусок, представляющий из себя патрон, и в него была вставлена стеклянная трубка с наполненным 10% раствором плавиковой кислоты, закрытая с обеих сторон резиновыми пробками. Патрон А с обеих сторон был закрыт сплошными ниппелями на мелкой газовой нарезке, наружные концы ниппелей соответствовали нарезке буровых штанг, имея ленточную резьбу. Внутренность патрона герметически закрывалась газовой нарезкой, смазанной густым салом; это было необходимо предпринимать для избежания продавливания пробки в стеклянную трубку от напора воды.

Патрон так устроен, что может быть включен между штангами в любом месте, и потому, имея сразу несколько патронов, можно одним приемом измерить наклон скважины сразу в нескольких точках. Для работы необходимо быстро опустить патрон в скважину и оставить там несколько часов; после чего патрон вынимается обратно, выливается кислота, вымываются и просушиваются трубки, и вкладывается внутри каждой трубки особая бумажка, указывающая глубину измерения. Эта же самая глубина после этого замечается с помощью алмазного карандаша на трубке, и также отмечается номер буровой скважины и величина угла наклона. Для измерения угла наклона обводится снаружи трубки линия раз'едания; зажимается трубка в химическом универсальном штативе таким образом, что можно получить любой наклон трубки. После этого в трубку наливается с помощью пипетки вода до тех пор, пока мениск не совпадет с линией раз'едания, после чего зажимается штатив и, пользуясь горным компасом, можно измерить угол наклона скважины с точностью 1 до 5°, в зависимости от того, насколько сильна была линия раз'едания, а также от диаметра трубки и угла наклона. Для трубок применяется белое стекло, легко доступное для раз'едания. Точность результатов измерении зависит от размеров трубки и толщины ее стенок. Необходимая толщина должна быть не свыше 1 мм., при длине 150 мм. Для измерения п р о с т и р а н и я можно пользоваться прибором Teklenburg'a. Этот прибор состоит из стеклянной трубки, в которую вливается горячий раствор желатина такого состава, чтобы можно было получить после охлаждения мягкий студень (рис. 149). В эту же трубку опускается поплавок с магнитной стрелкой. Для того чтобы предохранить весь прибор от охлаждения, помещают его в патрон, изготовленный из бронзы и кроме того трубка обворачивается несколько раз папиросной бумагой. Для предотвращения влияния железных штанг на магнитную стрелку, необходимо, чтобы штанги, находящиеся около патрона на длину 6—7 м., были бы также бронзовыми. После того как желатин застынет, штанги поднимают и отмечают на трубке с помощью альмазного карандаша точки, соответствующие остриям магнитной стрелки. Трубку немного нагревают, удаляют желатин и вставляют специальный гониометр с двумя кольцами, с помощью которого можно точно отсчитать угол, составляемый вертикальной плоскостью, проходящей через ось трубки и отмеченной на трубке линией. Для измерения н а к л о н а, необходимо при-

Рис. 149.

менение отдельного измерения с помощью плавиковой кислоты, так как желатин, вследствие быстрого остывания, не дает отчетливого показания. При некоторых же обстоятельствах можно пользоваться одной только трубкой для измерения как наклона, так и простирания, и для этой цели необходимо разделить трубку на две половины под пробкой; в одну из них поместить желатин для измерения простирания, а в другую плавиковую кислоту для измерения наклона.

Указанный способ измерения является пригодным лишь для немагнитных пород.

Другой прибор, применяемый для измерения наклона и простирания, изобретенный M-r Payne-Gallway'ем, основан на другом принципе, а именно — на принципе фотографирования тени магнитных стрелок и отвеса (рис. 150). Этот прибор состоит из двух бронзовых трубок *a*, соединенных между собой бронзовым ниппелем *o*. В нижней трубке находятся два эбонитовых цилиндра p, в верхней части которых ввернуты электрические лампочки, а в нижней находятся полушария, обращенные книзу всей вогнутой стороной. Над полушарием в верхнем цилиндре помещается отвес c. В нижнем, на острие, в центре полушария помещена магнитная стрелка b. Для удержания цилиндров в своем положении и плотного их соприкосновения служит латунный прут f, изолированный от ниппеля, и кроме того пружина t, упирающаяся в пробку. В верхней трубке помещены часовой механизм i и три сухих элемента k, для удержания которых в их положении и плотного соединения служит пружинка t, упирающаяся в пробку m. Весь прибор опускается в скважину на веревке, присоединяющейся к вертлюге n. Если пробки h и m ввернуть на свои места, то, вследствие пружинящего контакта, обе лампочки, а также сухие элементы составят одну электрическую цепь, разомкнутую в часовом механизме. Полушария d, находящиеся в нижней части цилиндра, укреплены на двух винтах и имеют возможность качаться; они так же, как и винты сделаны из латуни; в верхней части полушария имеется выступающая закраина, в углублении которой помещается кружок с светочувствительной бумагой, накалываемой на отверстие, находящееся близь закраины, и служащее для того, чтобы светочувствительная бумага не могла поварачиваться. В центре стеклянного кружка, находящегося над полушарием, подвешивается отвес на тонкой шелковой нитке; как отвес, так и магнитная стрелка во время колебания немного касаются светочувствительной бумаги. Для замыкания электрической цепи, служит часовой механизм с кольцом r, снабженным выступами s. Через некоторый промежуток времени, определяемый часовым механизмом, указанные выступы приходят в соприкосновение с медной пружиной t, прикрепленной к рамке часового механизма, и таким образом происходит замыкание электриче-

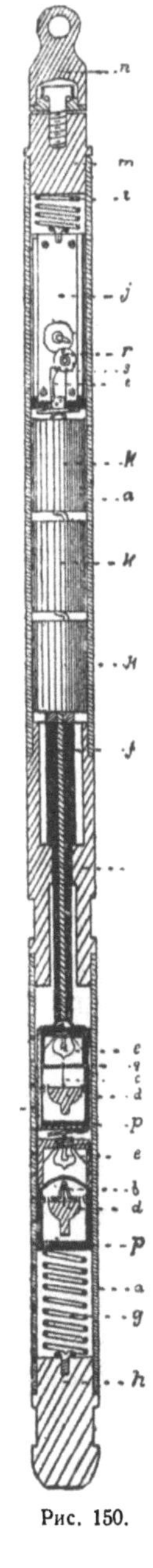

Рис. 150.

ской цепи, вследствие чего лампочки зажигаются и фотографируют на светочувствительной бумаге тень как отвеса, так и магнитной стрелки.

Рис. 151 показывает два снимка: с левой стороны снимок отвеса, и с правой — магнитной стрелки. Для того чтобы возможно были определить наклон и простирание скважины, необходимо оба снимка ориентировать относительно некоторой общей точки. Для этой цели служит точка, представляющая из себя отверстие *x* от острия, удерживающего бумагу. Эти острия расположены отвесно под стрелкой и помещаются как раз на линии борозды, сделанной в стенках цилиндров. В эту борозду входят концы винтиков *i*, ввернутых в стенку трубки *a* по линии параллельно оси. Вследствие этого цилиндры не могут поворачиватся, но только имеют возможность передвигаться вдоль трубки, и потому острие, удержи-

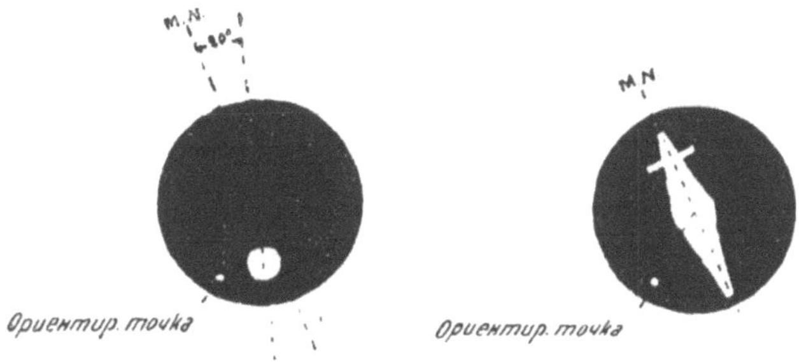

Рис. 151.

вающее бумагу, может служить ориентирующей точкой. Имея в результате измерения тень стрелки и тень отвеса, и зная длину отвеса, возможно определить простирание и наклон скважины. Измеряя, например, на указанном рисунке соответствующие углы, найдем наклон в 25°, а простирание 20°. Весь прибор для измерения должен быть помещен в бронзовую трубку не менее 10 футов длины, сверху соединенную с обыкновенными штангами, а снизу закрытую бронзовой пробкой. Так как железные штанги могут оказать влияние на магнитную стрелку, то рекомендуется брать немагнитную среду в виде бронзовой трубки, длиной не менее 10 футов. Кроме этого, необходимо считаться с большим статическим давлением воды в буровой скважине. Это давление при глубинах свыше 5000—6000 футов в состоянии совершенно свободно расплюснуть весь прибор.

В тех случаях, если при фотографировании получается неясное изображение, что могло произойти от того, что во время фотографирования стрелка не была установлена, то для этого необходимо начать измерение сначала. Вся работа будет иметь значение только в том случае, если будут произведены неоднократные измерения в нескольких пунктах, находящихся на различных глубинах недалеко друг от друга, в случаеже, например, присутствия магнитных горных пород, оказывающих влияние на отклонение стрелки, результаты измерений будут сильно разниться между собой.

Этот прибор дает положительные результаты при применении его в круто падающих скважинах.

Причины искривлений.

Переходя теперь к вопросу о причинах изменений первоначального направления скважин, или, вернее, искривления скважин, можно указать на следующие главнейшие причины.

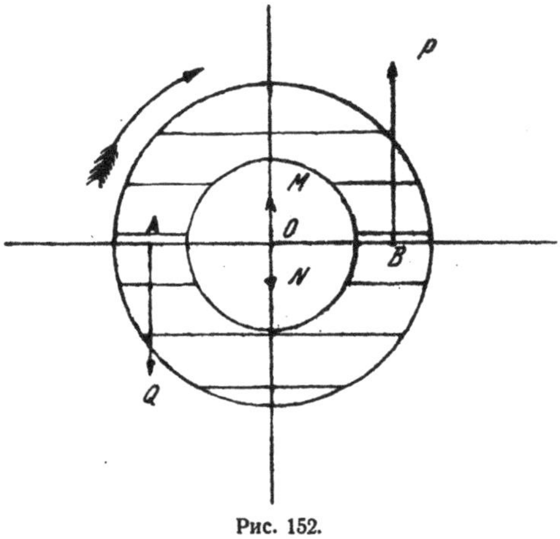

Рис. 152.

а) прогиб штанг,

б) частая смена твердых и мягких горных пород,

в) присутствие трещиноватых горных пород,

г) явление сланцеватости и другие.

Из этих причин наиболее сильное влияние оказывает на искривление скважин именно чередование горных пород: твердых и мягких и, в особенности, контакт их, а также сланцеватость. Рассмотрим весь процесс вращения алмазной буровой коронки, находящиейся на забое буровой скважины, покрытом следами сланцеватости. В этом случае, при вращении коронки в направлении, указанном стрелками (рис. 152), левая половина коронки встречает меньше сопротивления по сравнению с правой стороной сланцеватости. Пусть (рис. 153) будет А коронка, Б расширитель и В колон-

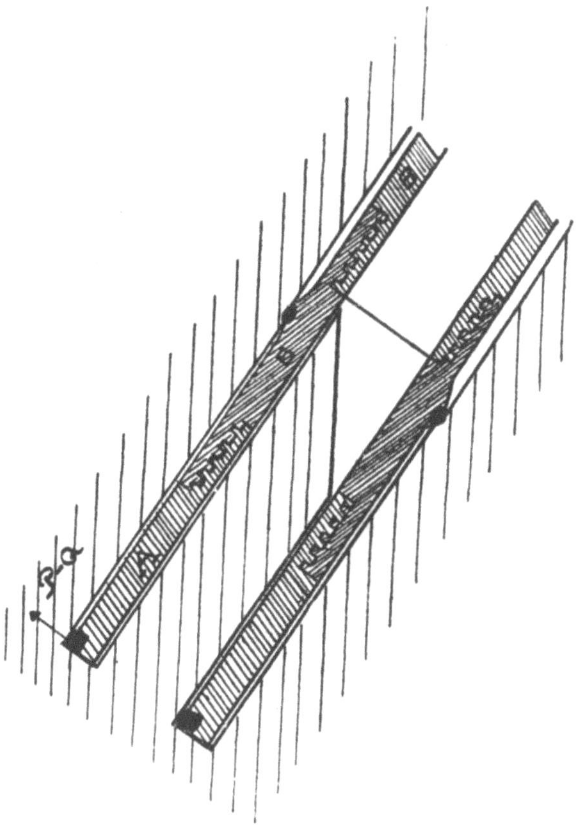

Рис. 153.

ковая труба. Сопротивление правой стороны забоя в скважине пусть будет равно равнодействующей P, а левой — Q; тогда мы имеем

$$P > Q.$$

Если теперь приложить к точке O коронки силы OM и ON равные P—Q и параллельные силам P и Q, действие сил P и Q от этого не изменится.

Но в то же время действие обеих сил P и Q можно рассматривать, как суммарное действие следующих сил:

1. Пары сил Q · AB;
2. пары сил (P — Q). OB;
3. и силы P—Q = OM.

Первая пара Q×AB преодолевается вращающим коронку моментом. Вторая пара (P—Q) · OB уничтожается сопротивлением коронки. Остается третья сила OM, которая вызывает искривление скважины, так как она действует все время в одном и том же направлении. Скважина искривляется тем

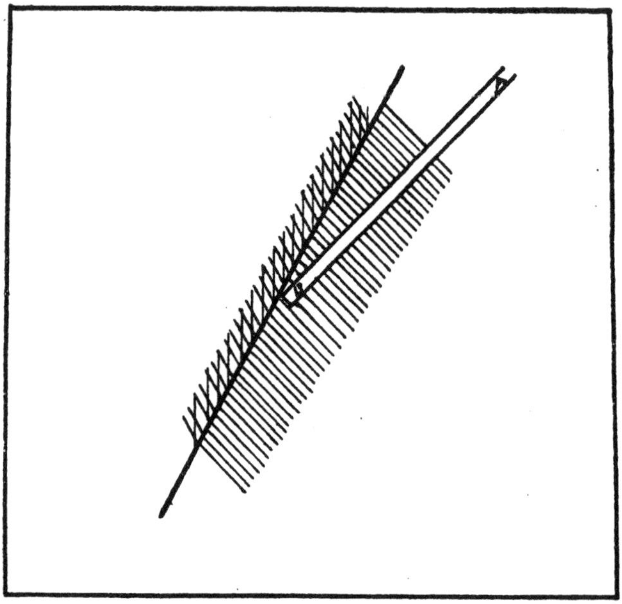

Рис. 154.

больше, чем больше величина силы P—Q. Все это имеет место в том случае, если скважина имеет направление, перпендикулярное простиранию сланцеватости и в этом случае отклоняющая сила P—Q направлена к вертикальной плоскости скважины, и вызывает только изменение наклона. Если же скважина не будет перпендикулярна простиранию сланцеватости, то отклоняющая сила не будет находиться в вертикальной плоскости оси скважины. Вследствие этого скажина будет менять не только наклон, но и простирание. Велична силы P—Q находится в зависимости, следовательно, от степени сланцеватости, твердости пород, угла между плоскостью торцевой поверхности коронки и плоскостью сланцеватости, от давления на коронку, размеров коронки и скорости вращения. Чем тверже будут породы, тем больше будет искривление, так как здесь больше будет давление на коронку, а также отчетливее сланцеватость. Кроме сего, искривление будет тем больше, чем больше размер коронки, меньше угол над плоскостями коронки и сланцеватости и чем больше скорость вращения. Кроме этого, искривление скважины находится в зависимости от степени сопротивления штанг упругому изгибу их. —

Можно установить, что скважина искривляется сильнее в твердых сланцах, чем в мягких, причем во время самого

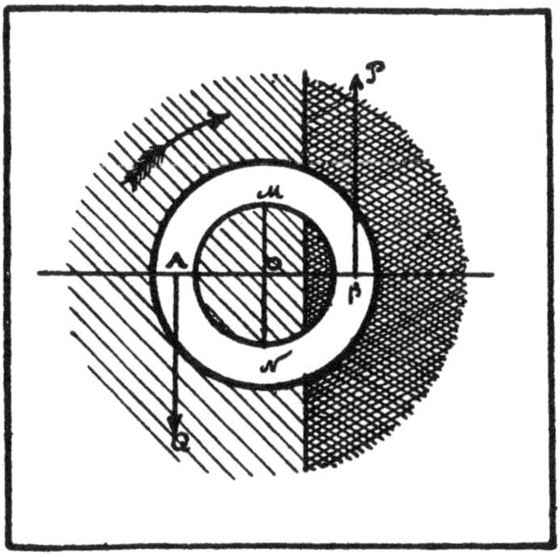

Рис. 155.

искривления она стремится стать по направлению сланцеватости, но в породах несланцеватых искривления не наблюдается.

Кроме сланцеватости, влияет на искривление и **неоднородность породы**; слишком частая смена твердых и мягких пород служит в этом отношени одной из главнейших причин для получения искривления буровых скважин, и в этом случае можно дать следующее об'яснение этому явлению. При встрече буровой скважины A B (рис. 154 и 155), контакта мягкой и твердой пород, одна половина буровой коронки встречает больше сопротивлений, чем вторая, и таким образом создаются условия для получения бокового усилия, стремящегося вывести буровую коронку из твердых пород. Величина силы P—Q будет тем больше, чем больше существует различие твердости обеих встречных пород. Виду этого буровая коронка, прошедшая мягкую породу и встретившая твердую, может иногда совсем не врезаться в эту породу, но, немного отклонившись, пойти по мягкой породе. В иных случаях может проникнуть в твердую породу с небольшим искривлением. Встречая дальше новую породу, буровая коронка таким же образом получает еще большее отклонение и, после прохождения целого ряда подобных пород, можно видеть, что скважина совсем далеко ушла от своего первоначального направления, причиной чему явилось так

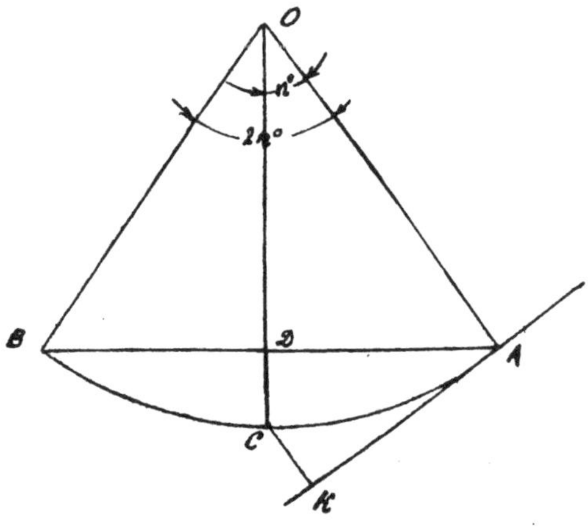

Рис. 156.

называемое искривление по контакту, при котором искривленная скважина стремится итти параллельно контакту, в противоположность рассмотренному первому случаю, когда скважина, при встрече сланцеватости, стремится установиться перпендикулярно сланцеватости. Отсюда должно быть ясно то значение, какое имеет при бурении частое чередование горных пород с сильно меняющейся твердостью.

При работах с явно обнаруженным искривлением скважины необходимо графически представить это искривление, для каковой цели произведенные измерения наклона и азимута позволяют вычертить точно разрез скважины. Получаемая кривая искривления естественно бывает тем сложнее, чем больше глубина скважины.

Произведя измерение отдельных точек скважин через каждые, напр., 25 саж., мы постепенно получаем данные для составления указанного разреза и, пользуясь, например, скважиной № 56, заданной под углом 70°, с помощью измеренных величин наклона имеем:

на 25 саженях наклон = 70°,
на 50 саженях ,, = 35°,
на 15 саженях ,, = 15°.

Для вычерчивания поступаем таким образом: находим радиус окружности, длина дуги которой S, соответствующая углу отклонения n = 20° (рис. 156), равна взятому расстоянию меж-

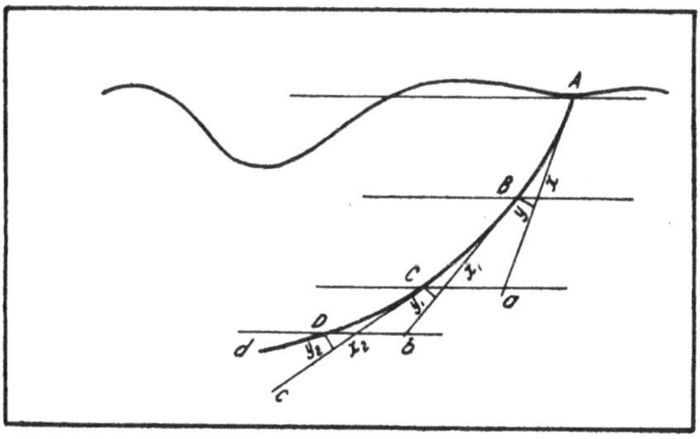

Рис. 157.

ду отдельными точками измерения, например = 25 саж., тогда для первого участка получаем следующее выражение

$$R = \frac{180^0 \cdot S}{\pi \cdot n^0} = \frac{180^0 \cdot 25}{3{,}14 \cdot 20^0} = \sim 70 \text{ саж.}$$

Для второго участка

$$R = \frac{180^0 \cdot S}{3{,}14 \cdot 15^0} = \frac{180^0 \cdot 25}{3{,}14 \cdot 15^0} = \sim 95 \text{ саж.}$$

Для третьего

$$R = \frac{180 \cdot 25}{3{,}14 \cdot 20^0} = \sim 70 \text{ саж.}$$

Вычерчиваем заданное направление буровой скважины, а также профиль местности (рис. 157). Но так как здесь приходиться пользоваться большими радиусами — графическое построение менее удобно; гораздо лучше прибегнуть к некоторым дополнительным вычислениям следующего рода (рис. 156). Проведем хорду A B, соответствующую углу 2 n°, а также проведем радиус OC, перпендикулярный хорде, и опустим из точки C перпендикуляр к касательной K; тогда AK = AD, CK = CD, т. е. абсцисса AK (относительно начала координат A) для точки окружности, отстоящей от начала A на n°, равна половине хорды AB угла $2n^\circ$, и ордината этой точки KC равна стрелке дуги $2n^\circ$. По таблицам Hütte определяется значение абциссы и ординат при данных радиусах R и n. Так, для $R = 70$ с · находим $n^0 = 20^0$ $x \cdot \frac{1}{2}$ хорды для угла $2 \cdot 20 = 40^0$ $= \frac{70 \text{ с} \cdot 0{,}6840}{2} = 32{,}9$ саж.; ордината $y =$ стрелке дуги $2n^0 = 70 \cdot 0{,}06 = 4{,}20$ с; после этого строим точку и проводим линию, под углом 50°. С помощью федоровской линейки проводим окружноть, касательную к обеим линиям в точках устья скважины A и вновь найденной B. Дальше ведем построение точки B и направление B b таким образом, как это было сделано для точки A направления A a, откуда находим

$$X_1 = \frac{1}{2}\, 95 \cdot 0{,}5176 = 24{,}6 \text{ с.}$$
$$Y_1 = 95 \cdot 0{,}0341 = 3{,}2 \text{ с}$$[1]).

В результате получаем новую точку C и направление C c и поступаем дальше, как прежде. Для точки D абсцисса и ордината те же, что и для B : $x_2 = 23{,}9$, $y_2 = 4{,}2$ с.; направление скважины в конце D d. В случае, если скважина изменила не только наклон, но и простирание, вычерчивание одной плоскости является невозможным, и разрез скважины можно сделать только в виде проекции на какую либо плоскость.

Методы исправления искривленных скважин.

Переходя теперь к вопросу о методах исправления искривлений скважин, надо сказать следующее:

Главнейшим условием для правильности всего алмазного бурения является точно заданное направление скважины передначалом бурения.

Эта точность должна быть в одинаковой степени проведена по отношению установления требуемого

a) угла наклона и

b) угла простирания скважины.

---

[1]) И. С. Васильев. Искривления алмазно буровых скважин.

У г о л н а к л о н а задается (чугунным) ватерпасом, треугольником или другим каким либо точным прибором, прикладываемым только к б у р о в о м у ш п и н д е л ю, но не к штангам. Штанги же должны быть строго центрированы в зажимной головке по шпинделю (рис. 158). Указанный чугунный ватерпас имеет по середине вращающийся диск A с нанесенными делениями на градусы. К этому диску прикреплен уровень с осью, совпадающей с линией 0—0 делений. Кроме того на ободе треугольника, окружающем диск, намечена линия 0—0, параллельная основанию треугольника.

Если, например, требуется провести скважину под углом в 50°, то сначала устанавливается диск на 50° и прикладыва-

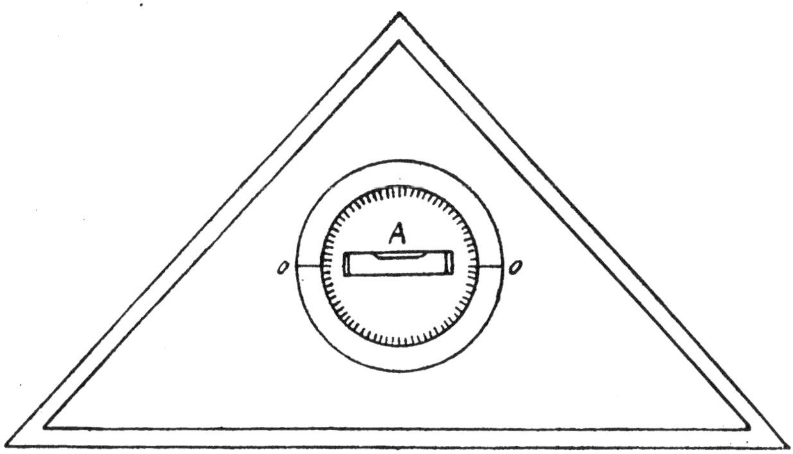

Рис 158.

ется основание прибора к шпинделю бурового станка, после чего наклоняется станок до тех пор, пока пузырек уровня не покажет на середину. Этот способ позволяет задать наклон с точностью до $\frac{1}{2}°$.

Для задания правильного п р о с т и р а н и я наклонов скважин поступают следующим простым способом:

В шпиндель бурового станка поднимаются вверх на 2—3 сант. свинченные буровые штанги и зажимаются прочно в таком положении. К штангам прикрепляются два отвеса; затем провешивается на поверхности линия с помощью вешек п о т р е б у е м о м у н а п р а в л е н и ю п р о с т и р а н и я, после чего передвигается буровой шпиндель (со станком) до тех пор, пока линия отвесов не совпадет с проведенной линией на поверхности. При расстоянии отвесов не менее 1 саж., точность задания направления простирания не менее 1°. Этот прием должен быть повторен несколько раз подвешиванием отвесов в нескольких точках и на различном расстоянии на буровых штангах.

При дальнейшем бурении необходимо опять возможно чаще производить самые тщательные измерения наклона и простирания скважины вышеописанным способом и, если будет обнаружено изменение наклона или простирания скважины, необходимо немедленно приступить к исправлению искривленной скважины, что возможно бывает достигнуть следующим методом, осуществленным при алмазном бурении в Южной Африке, при разведках месторождений золота в области Гейдельберга, в Трансваале, во владениях Общества „Lace Proprietary Mine“ и „South African Lands and Exploration Co.“. Указанные методы, предложенные Mr. Weldon'ом, описаны в „The Institution of Mining and Metallurgy“ 1912[1]). Оттуда заимствовано мною следующее подробное описание.

Первый метод, примененный производителем работ Mr. Gallagher'ом в Иоганесбурге, состоял в том, что была применена колонковая труба, имеющая длину 30 футов, т. е. в три раза больше обычной, и диаметр, равный диаметру коронки (обычно диаметр колонковой трубы равен диаметру штанг). В случае бурения коронкой и штангами получается такое соотношение: диаметр коронки $2^1/_{16}''$, диаметр штанг $1^3/_8''$, диаметр скважины, благодаря выступанию алмазов, около $2^1/_8''$. Когда колонковая труба имела диаметр $1^7/_8''$, зазор между стенками скважины и трубой был около $1/_4''$. Когда же колонковая труба имела диаметр $2^1/_{16}''$, разница диаметров была всего $^1/_{16}''$ и, следовательно, во втором случае скважина с большим трудом может отклониться от прямолинейности. Зазор $^1/_{16}''$ оказался достаточным для прохода мути.

Второй способ устранения искривления был предложен Mr. Weldon'ом собственно с целью получения второго разреза пород, применяя так называемый метод отклонения скважины. Идея Mr. Weldon'а была осуществлена Mr. Payne-Gallway и использована не только для получения из одной

[1]) Hoffmann: „Recent Practice in Diamond Drilling and Borenholes Surveging“. H. F. Mariott: „Deep Boreholl Surveging“. Trans. XIV. Горн. Журн. Алмазн. бурение и измер. скв. в южн. Афр., Н. С. Васильев.

скважины нескольких разрезов золотосодежащего конгломерата, но и вообще для выпрямления скважин. Способ отклонения состоит в следующем:

В том месте, где желают отклонить скважину, укрепляют (способ укрепления выяснится в дальнейшем) так называемый первый клин, нижний конец которого ввернут в железную трубу. Первый клин (рис. 159) сделан из круглого железа диаметром 2″, полная длина его 18″ и длина щеки 6″. В щеке клина просверлено отверстие, диаметром $^3/_4$″, посредством которого клин всегда можно вытащить из скважины, и на той же щеке насечена зубилом бороздка *a* по оси щеки. На нижнем конце клина сделана нарезка, соответствующая нарезке трубки.

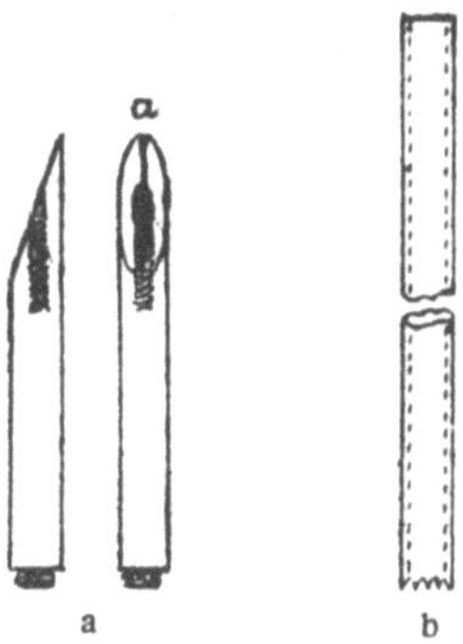

Рис. 159.

Рис. 160.

Трубка b имеет диаметр $1^1/_2$″ и около 3 фут. длины. Нижний конец ее снабжен зубцами.

Когда первый клин установлен, нужно определить его ориентировку. С этой целью в измерительный прибор вместо нижней пробки h ввертывают бронзовую штангу R (рис. 160), пружина которой s вполне соответствует пружине g прибора. Штанга R имеет диаметр около $1^7/_8$″ и длину 3 фута. На нижнем конце штанги навернут бронзовый стакан с диаметром 2″, залитый свинцом. Свинец L удерживается заклепкой p и выступает поверх чашки на 1″ с тем же диаметром 2″. На свинце отмечают бороздкой линию винтиков (i), по которой ориентированы цилиндры р измерительного инструмента. Прибор опускают в скважину, сильно надавливают на клин и фотографируют положение стрелки. Щека клина отдавливает на свинце откос с бороздкой, проходящей через ось щеки.

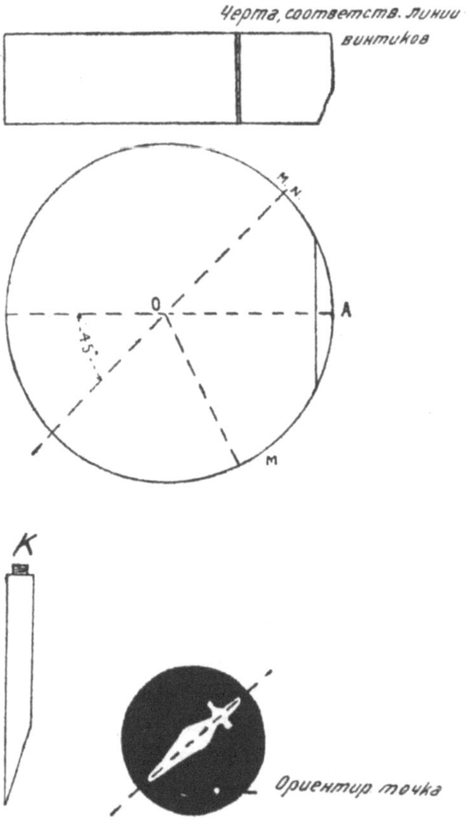

Рис. 161.

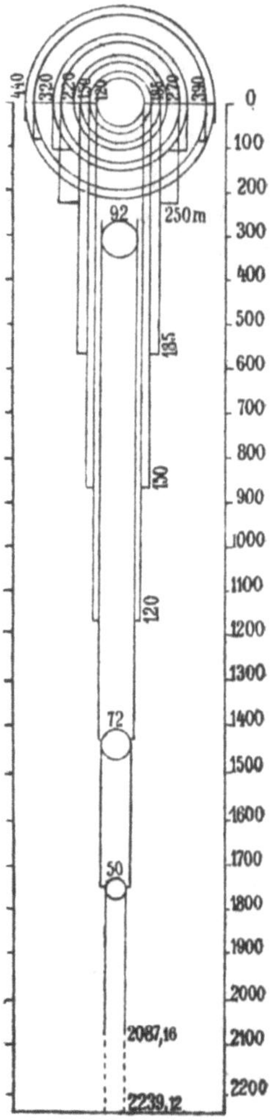

Рис. 162.

Вытащив прибор и отпилив выступающую часть свинца, мы получаем все данные для суждения об ориентировке щеки клина.

На рис. 161 показаны свинцовый диск с закраиной и снимок положения стрелки. Отмечая центр диска O, линию

ОА по отпечатку бороздки *a* клина и линию ОМ из центра к образующей винтиков и откладывая от этой последней угол, образуемый стрелкой с ориентирующей точкой, получаем линию OMN магнитного севера и видим, что щека клина обращена 45° на Запад от Юга.

Второй клин k представляет точную копию первого клина, но без отверстия в щеке. Второй клин свинчивается с главным отклоняющим клином.

Главный отклоняющий клин сделан из куска круглой стали, длиною 7 футов; нижний конец снабжен нарезкой, соотвествующей второму клину; верхний конец на протяжении $1^3/_4''$ просверлен таким образом, что получилось кольцо толщиною $^1/_8''$, ниже этого конца металл высверлен, и получается постепенное утолщение от $^5/_8''$ до $2''$ на протяжении 6 футов от верхнего конца. На кольце сверху сделана насечка долотом, показывающая направление оси щеки этого клина. Главный отклоняющий клин навертывается на второй клин таким образом, чтобы его щека была обращена относительно щеки второго клина как раз туда, куда желательно отклонить скважину.

В кольцо главного отклоняющего клина вставляется конец штанги ($1^5/_8''$) и заклепывается двумя медными заклепками; другой конец штанги C соединен со штангой B ($1^1/_8''$), на верхнем конце которого навертывается шариковый вертлюг, а верхний конец вертлюга соединен с главными штангами. Все опускается в скважину. Благодаря вертлюгу, второй клин поварачивается как нужно, чтобы налечь на щеку первого клина. После этого нажимают штанги, медные заклепки срезываются, штанги вытаскивают из скважины, а клин остается внизу. Затем измеряется, как и раньше, с помощью свинцового диска, положение главного отклоняющего клина. Бурение продолжается диаметром C. Опускаются коронка и штанги C. Коронка проходит в кольцо отклоняющего клина, и, при вращении, поверхность клина уводит ее по новому направлению. Если уменьшение диаметра скважины не представляет неудобств, бурение продолжают диаметром C, но если желательно продолжать бурение по новому направлению диаметром B, поступают таким образом:

Пробурив диаметром C по новому направлению около 12 футов, считая от верхнего конца отклоняющего клина, вытаскивают штанги. С помощью метчика, завинчиваемого в кольцо отклоняющего клина, извлекают и этот последний. После этого, кусок круглого железа, диаметром 1″, длиною около 13 футов, отгибается на нижнем конце на $\frac{1}{4}''$ от прямой линии и двумя медными заклепками прикрепляется к главным штангам.

Штанги опускают осторожно в скважину и нащупывают отверстие отклоненной скважины. Если отверстие нащупано правильно при опускании, штанги становятся точно там, где следует ожидать по расчету. Когда стержень стал на почву новой скважины, нажимают на штанги, заклепки срезаются, главные штанги поднимают, стержень остается в скважине.

Берут кусок трубы такой длины, чтобы, наполнив ее цементом и выпустив этот цемент в скважину, заполнить и старую и новую скважины приблизительно на 1 фут выше верхнего конца железного стержня. Нижний конец трубы закрывается картонной пробкой, труба наполняется цементом, и сверху ставится такая же пробка, но с отверстием, закрытым клапаном; клапан обращен внутрь трубы. Трубы свинчивают со штангами и опускают в скважину, пока нижний конец ее не придется на 1 фут выше конца стержня, тогда нагнетают в штанги воду, выдавливают цемент вместе с пробкой и поднимают инструмент.

Через два или три дня начинают бурение коронкой Стержень входит внутрь коронки и направляет бурение в новую скважину. Бурение продолжается, пока коронка не забурится в породу. Тогда поднимают инструмент. Рватель открывает столбик породы, и инструмент с железным стержнем внутри вытаскивают на поверхность. Дальше бурение продолжается обычным порядком.

Описываемый способ несомненно имеет крупное практическое значение: 1. он дает средство из одной скважины пересечь золотосодержащий конгломерат в нескольких удаленных друг от друга точках и 2. позволяя поварачивать скважину, он гарантирует, что скважина непременно пересечет конгломерат. Однако, признавая крупное практическое значение способа, надо в то же время полагать, что способ не дает возможности удержать скважину отвесной; оказывается выгоднее пройти наклонную скважину на 25% длиннее, чем очень часто выпрямлять скважину.

Кроме этого способа, Mr. Mariott предлагает остроумный способ для устранения искривления — это бурить скважину поочередно через небольшие промежутки времени, то справа налево, то слева направо. Без сомнения этот способ устранит искривление, но трудно надеяться на его применение в работе, так как для этой цели требуется реверсивная машина и двойной набор правых и левых штанг.

Практически метод отклонения был применен при алмазном бурении указанных скважин № 26 и № 4.

Первая скважина была отклонена посредством отклоняющего клина в апреле 1910 г. на расстоянии 800 фут от забоя. Осадок, успевший накопиться в скважине, был удален вращением зубчатки и усиленной промывкой. В скважину были тогда брошены 150 футов старых штанг. Опуская главные штанги, было установлено, что старые штанги остановились на 10 футах от почвы. Главные штанги были подняты, и 425 футов старых штанг были свернуты и сверху их еще 200 футов газовых труб 1¼″, всего 625 футов. К верхнему концу труб был привернут первый клин, и все брошено в скважину. Газовые трубы были применены потому, что они обладали меньшим магнетизмом, чем штанги. Положение щеки первого клина было измерено, и главный отклоняющий клин был установлен так, чтобы отклонить скважину в направлении, противоположном ее наклону.

Бурение возобновилось размером С. Отклонение началось с глубины 5872 фута, и по новому направлению скважина была продолжена до 6160 футов, где снова был пересечен конгломерат.

В скважине № 4 первое отклонение было сделано на длине 525 футов и на длине 550 футов измерены: наклон 4° и простирание 20°.

При дальнейшем бурении наклон продолжал возрастать, и простирание поворачивалось на NO. На 730 футах были измерены наклон 14° и простирание 40° NO.

На длине 679 футов было сделано отклонение и на 708 фут. измерение показало наклон 10½°, а на 760 футов наклон 12° и простирание 10° NW. Таким образом, отклонение уменьшило наклон на 2° и повернуло скважину на 50°.

На глубине 1160 футов были измерены наклон 23½° и простирание 41° NO. На длине 1100 футов было произведено новое отклонение и на 1200 футов измерены наклон 17° и простирание 57° NO.

На 1500 футов наклон был уже 24½°. Новое отклонение было сделано на 1500 футах, в результате которого наклон уменьшился до 22½° и простирание до 31° NO.

С глубины 1 550 футов скважина вошла в крепкие кварциты. Наклон продолжал возрастать, но простирание изменялось мало. На глубине 1970 футов были измерены наклон 37° и простирание 40° NO. От этой точки до 3000 футов наклон увеличился только на 1°, но простирание изменилось до 62° NO, после чего начало изменяться в обратную сторону и на глубине 3500 футов оказалось 46° NO. При дальнейшем бурении, простирание мало изменялось, но наклон продолжал увеличиваться и на глубине 5200 футов измерен наклон 51°. Скважина достигла глубины 5600 футов.

Пользуясь этими указаниями, возможно применить их на практике в случаях искривления буровых скважин.

Измерение температуры в скважинах.

При бурении скважин, большое научное и практическое значение имеет измерение температуры в скважинах. Ниже мною приводится описание этого рода работ при бурении скважины в Чухове II.

Исследования температур в скважинах дают по большей части неправильные показания; это происходит отчасти из-за условий самих работ и отчасти по вине измерительных приборов. Измерение температур в скважинах необходимо производить каждый раз после продолжительного перерыва бурения, когда искусственная температура, вследствие бурения, охладилась. Для определения геологической структуры, необходимо считаться со свойствами пробуренных горных пород и их теплопроводностью, а также с возможным развитием химического тепла. Вода в скважинах способствует ошибочному измерению. Температуры вод различных плотностей водоносных горизонтов стремятся выравняться, так как температура в забое скважины гораздо ниже, а в высших слоях гораздо выше действительной температуры. Таким образом получается температурное измерение не стен скважин и не проходимых горных пород, а воды. Эти ошибочные показания растут с величиной диаметра скважины и быстротой циркуляции воды.

Раньше измеряли температуру скважин большой глубины различными способами. У Шладебаха останавливали водяные столбы в наблюдательных пунктах 4—5 метровыми особо приготовленными железными трубами. Этим достигали определенного успеха, но более надежный способ прекращения водяного потока достигался посредством введения глиняных растворов в скважину.

Значительные ошибки получались от присутствия железных труб и буровых колонок, являющихся проводниками тепла. Правильные измерения могут быть только в голых скважинах, как это было сделано у Sylz'а на Neckar'е, в Германии, и кроме того измерительные приборы должны быть опущены посредством весьма тонкой металлической проволоки. Наконец, несовершенство самих измерительных инструментов также служит причиной ошибочных измерений. Как ни защищали бы гильзы, в которых спрятаны термометры, часто эти термометры портятся. Такие термометры приходится браковать. У переливных термометров трудно удержать момент перелива ртутного столба.

Для примера ниже приведено описание измерений температуры скважины Чухов II в Пруссии, которое было произведено до 2500 метр (на самом деле цель бурения была достинута на глубине 2239,72 метр). На рис. 162 показана схема буровой скважины вместе с обсадными трубами в тот момент, когда были предприняты измерения температуры. Для измерения был взят геотермометр, согласно указаниям Dunker'а и переделанный Köbrich'ом. Наполнение геотермометра до наблюдения производились следующим образом. Нагревали аппарат в горизонтальном положении до тех пор, пока вся ртуть, находящаяся в трубке, не вытечет в сосуд, наполненный также ртутью. При наступающем охлаждении термометра до температуры, которая предполагается ниже температуры в наблюдательном месте скважины, трубка термометра наполнялась таким количеством ртути, что, в случае высшей температуры, ртуть должна была выступить наружу. В таком виде были изготовлены несколько штук термометров и, смотря по об'ему капсюлей, вделаны в гильзы по 2—4 штуки за раз, туго завинчены и, на расстоянии ровно 31 метр, введены в буровую колону. Время опускания капсюля до места назначения и поднятия продолжалось от 9 до 8,3 часов, что являлось достаточным для наблюдений.

Определение температурного значения на поверхности делалось при максимальном термометре, путем непосредственного отсчета на шкале, а определение переливного термометра производилось следующим образом: Термометр вместе с одинаковым нормальным термометром опускались на общей нитке в сосуд с водой, под которым горела спиртовая лампа. Вода нагревалась медленно, чему способствовало медленное осторожное размешивание. В момент, когда расширяющийся ртутный столб достигал предела переливания, отсчитывались показания нормального термометра в $^{1}/_{10}$° С. В сомнительных случаях результаты вторично повторялись контрольными наблюдениями.

16 Марта 1909 года были опущены в скважину 77 переливных термометров и размещены в 36 гильзах. Незначительное количество гильз по отношению большей глубины скважины, принудило измерение сделать в два приема. Каждый прием был предусмотрен двумя рядами наблюдений: для нижней половины на расстоянии 1127 метров и выше. Время наблюдения 16 марта длилось около 9 часов, время наблюдений предпринятых 18 марта длилось 8,3 часа. Сопоставление результатов наблюдений указывает на то, что, несмотря на разное потраченное время наблюдений, большой разницы в показаниях не оказалось. Чтобы рассеять сомнение, было предпринято измерение в верхних слоях, и на сей раз термометры продержали — первый раз в течение 37, а во второй раз 36 час.

Измерение подтвердило предположение о равномерном и незамедлительном повышении температуры с углублением скважины. Определение геотермической степени глубины 31,8 мет. было вполне согласовано с показаниями предыдущих измерений. В скважине Парушовиц геотермическая степень оказалась на глубине 31,82. Парушовиц и Чухов находятся друг от друга на расстоянии 10 километр.

В нижеприведенной таблице указаны результаты наблюдений. Первые числа ряда наблюдений относятся к моменту, когда ртутная нить достигла края перехода (перелив), второе — показывает температуру, когда ртуть начинала капать (капание). Разность обоих чисел на различных глубинах весьма разнообразна, так же как и абсолютное значение величин «капания» в определенных местах наблюдений. Этот недостаток, подтверждаемый максимальным термометром, с показаниями которого приходится считаться, как с совершившимся фактом, показывает, что показания перелива очень высоки, и момент «капания» надо считать несоответсвующим. В третьем столбце выведенные средние числа относятся только к моменту «перелива». «Общее среднее» представляет среднее обоих рядов наблюдений.

Для чисел, взятых при непосредственных наблюдениях, следовало бы внести поправки на давления, которые имели свои влияния на измерения, но так как нельзя было избежать источников, ведущих за собой ошибки, то от точных показаний пришлось заранее отказаться, а потому на все те особые физические явления, которые не могли особенно отразиться на общем увеличение температуры, не обращалось должного внимания.

В наблюдательных таблицах заметны большие нерегулярности на первых 9-ти станциях. Без сомнения, причиной этому служил приток воды. В высших глубинах скважины наименьший диаметр был 120 мм., а буровые штанги около 70 мм. Надо полагать, что между ними происходила весьма оживленная циркуляция воды. На глубине 250 метр. началось также уменьшение диаметра труб, которое дало для накопления воды мало места, а, начиная с 200 метр. глубины, температура начала повышаться. Повышение происходило не совсем равномерно, а в местах она даже понижалось. Эту нерегулярность надо приписать неточности инструментов и также свойству земной коры по отношению к температуре. В скважине найдены 4 соляных источника с следующим содержанием солей:

на	глубине	527,82	метра	10,00 %
„	„	1926,00	„	16,46 %
„	„	1841,00	„	9,00 %
„	„	2032,00	„	12,00 %

Влияние этих соляных источников на температуру нельзя было установить. Влияние оказывали только каменноугольные отложения.

Таблица 34.

Измерениие температур скважины в Чухове, в Верхней Силезии.

№	Глубина метры	№ термометра	1 измерение			№ термометра	2 измерение			Общее среднее
			Момент пере-лива	Момент капания ртути	Среднее		Момент пере-лива	Момент капания ртути	Среднее	
1	14,10	1	25,8	32,6	25,8					(25,8)
		2	24,2	29,8						
		3	27,5	32,4						
2	45,45	1	29,6	35,2	28,8					(28,8)
		2	31,9	33,6						
		3	24,8	33,4						
		4	29,	36,2						
	76,80	1	30,0	37,8	35,2					(35,2)
		2	35,4	40,8						
		3	35,2	38,8						
		4	40,1	42,6						
4	108,15	1	34,2	39,6	29,5	1	19,8	22,6	23,5	(26,5)
		2	22,7	29,2		2	20,4	24,4		
		3	32,1	34,8		3	30,4	32,6		
		4	29,0	34,8						
5	139,50	1	22,0	27,8	22,0	1	21,0	25,6	22,3	(22,2)
		2	23,0	26,8		2	21,2	27,8		
		3	21,0	27,4		8	24,6	80,2		
		4	21,9	27,6		4	22,2	30,4		
6	170,85	1	26,0	29,6	24,7	1	(24,4	28,6)	24,5	(24,6)
		2	23,4	28,4		2	(24,9	29,2)		
		3	24,8	32,2		3	23,0	26,6		
		4	24,7	26,4		4	25,9	28,2		
7	202,20	1	26,3	29,0	25,1	1	26,7	31,4	25,2	(25,3)
		2	25,0	29,3		2	22,9	25,0		
		3	23,3	25,4		3	25,9	28,2		
		4	25,7	27,2		4	26,5	29,4		
8	233,55	1	25,9	26,8	26,1	1	20,8	21,5	20,7	(23,4)
		2	24,0	25,6		2	19,4	22,0		
		3	24,5	26,6		8	17,8	20,8		
		4	29,8	31,0		4	24,6	25,2		
9	264,90	1	27,2	30,8	26,5	1	22,3	25,8	22,5	(24,5)
		2	26,9	20,8		2	21,0	21,4		
		3	26,1	29,8		3	23,0	24,8		
		4	25,7	27,8		4	23,8	24,8		
10	296,25	1	22,4	24,8	23,2	1	24,9	26,4	22,6	22,9
		2	24,5	29,6		2	21,6	23,8		
		8	23,9	29,2		3	21,1	23,2		
		4	21,9	27,0		4	22,8	23,8		
11	327,84	1	24,1	29,8	23,6	1	23,6	24,4	22,6	23,1
		2	(18,4	22,2)		2	23,3	24,0		
		3	23,0	28,4		3	22,2	22,8		
						4	21,4	22,0		
12	358,12	1	23,9	27,6	23,5	1	27,0	32,8	23,9	23,7
		2	(18,0	—)		2	22,1	25,0		
		3	23,0	25,4		8	27,1	34,6		
						4	19,4	21,0		

Таблица 34.

№	Глубина метры	№ термометра	1 измерение			№ термометра	2 измерение			Общее среднее
			Момент перелива	Момент капания ртути	Среднее		Момент перелива	Момент капания ртути	Среднее	
13	389,00	1	(21,1	23,0)	23,9	1	23,6	24,2	24,9	24,4
		2	24,2	28,8		2	23,3	27,2		
		3	23,6	27,0		3	22,4	22,8		
						4	25,4	25,8		
14	419,66	1	(19,6	29,8)	24,7	1	25,7	27,6	24,6	24,7
		2	(19,2	22,6)		2	24,9	27,4		
		3	24,7	30,6		3	23,2	23,8		
15	450,53	1	24,9	27,6	25,4	1	(15,9	17,8)	24,8	25,1
		2	26,5	32,0		2	25,4	29,0		
		3	24,8	25,6		3	24,2	28,8		
16	481,45	1	26,9	27,1	26,3	1	25,9	27,0	26,1	26
		2	25,7	26,5		2	26,4	29,6		
		3				3	25,9	27,2		
17	512,39	1	24,3	28,6	25,9	1	28,1	32,8	26,8	26,4
		2	25,0	31,2		2	25,4	29,0		
		3	28,5	37,8		3	(22,1	24,8)		
18	543,36	1	27,1	32,2	26,7	1	(20,2	22,0)	26,9	26,8
		2	29,3	31,4		2	28,4	35,6		
		3	21,5	25,6		3	25,4	26,2		
19	574,13	1	29,3	30,0	28,5	1	27,0	29,8	27,2	27,8
		2	26,0	27,8		2	27,3	33,6		
		3	30,2	33,4						
20	605,07	1	30,4	31,8	28,2	1	24,1	25,6	28,0	28,1
		2	26,0	26,9		2	30,2	33,8		
		3	25,8	27,2		3	29,8	32,4		
21	640,78	1	29,8	37,6	29,8	1	29,0	29,6	29,6	29,7
						2	29,4	32,2		
						3	30,5	32,6		
22	671,42	1	31,6	36,2	31,6	1	29,8	31,3	30,3	30,9
						2	28,9	29,8		
						3	32,7	37,9		
23	701,19	1	30,6	37,2	30,6	1	29,4	31,4	30,3	30,5
						2	28,9	32,4		
						3	32,7	35,6		
24	730,72	1	30,0	35,6	30,0	1	(Max.)		28,3	29,1
25	760,91	1	30,0	36,8	30,0	1	„		29,6	29,8
26	790,42	1	31,4	35,6	31,4	1	„		30,6	31,0
27	821,11	1	31,6	37,0	31,6	1	„		31,8	31,7
28	851,81	1	32,1	42,8	32,1	1	„		33,0	32,6
29	882,51	1	(Max.)		32,5	1	34,2	40,0	34,2	33,4
30	913,07	1	„		35,5	1	35,6	52,2	35,6	35,6
31	943,78	1	„		36,4	1	37,2	41,8	37,2	36,8
32	974,47	1	„		37,4	1	39,8	45,2	39,8	38,6
33	1005,15	1	„		40,0	1	40,0	44,4	40,0	40,0
34	1035,82	1	„		41,1	1	42,4	52,4	42,4	41,8
35	1066,52	1	„		39,9	1	45,0	54,4	45,0	42,5
36	1097,21	1	„		43,8	1	46,0	55,8	46,0	44,9
	1097,97	2	48,6	52,4	48,6					
37	1127,21	1	48,1	50,2	47,6	1	48,2	50,8	47,4	47,5
		2	47,0	50,4		2	47,0	51,6		
		3	47,7	49,3		3	47,1	49,1		

Таблица 34.

№	Глубина метры	№ термометра	1 измерение: Момент пере-лива	1 измерение: Момент капания ртути	1 измерение: Среднее	№ термометра	2 измерение: Момент пере-лива	2 измерение: Момент капания ртути	2 измерение: Среднее	Общее среднее
38	1158,56	1	50,4	54,1	50,0	1	50,6	55,8	49,4	49,9
		2	49,8	52,9		2	50,7	52,1		
		3	(53,9	58,9)		3	48,0	54,8		
		4	49,8	52,3		4	50,2	54,0		
39	1189,91	1	53,4	54,9	54,5	1	48,6	53,8	51,8	53,3
		2	54,0	55,8		2	50,4	56,4		
		3	54,9	57,9		3	53,0	61,4		
		4	56,6	59,0		4	55,0	59,0		
40	1220,96	1	57,4	59,4	56,6	1	58,8	65,2	58,0	57,3
		2	58,1	59,2		2	60,8	62,8		
		3	56,0	59,1		3	58,4	61,6		
		4	53,9	56,0		4	54,1	56,6		
41	1252,31	1	57,9	64,8	60,0	1	57,8	70,3	59,3	59,6
		2	62,3	65,6		2	63,2	65,4		
		3	60,4	65,3		3	58,4	60,8		
		4	59,4	62,0		4	57,8	64,6		
42	1283,66	1	60,9	64,0	61,1	1	60,8	64,8	59,7	60,4
		2	59,8	65,0		2	59,2	71,2		
		3	61,3	62,4		3	60,6	63,2		
		4	62,3	63,3		4	58,2	66,8		
43	1315,01	1	62,2	65,1	63,2	1	58,0	61,0	60,3	61,7
		2	62,8	64,2		2	61,8	63,6		
		3	63,9	65,9		3	62,4	63,4		
		4	63,9	66,3		4	59,2	61,0		
44	1346,36	1	63,0	65,4	63,5	1	58,4	62,2	61,5	62,5
		2	64,6	68,7		2	63,0	68,8		
		3	62,9	65,8		3	64,8	69,8		
		4	(58,4	63,9)		4	60,0	64,2		
45	1377,71	1	63,9	66,3	63,3	1	61,4	63,4	60,2	62,8
		2	64,2	65,4		2	60,8	64,4		
		3	65,9	68,0		3	60,2	62,4		
		4	66,2	70,1		4	58,2	61,6		
46	1409,06	1	65,0	68,1	65,4	1	59,4	62,8	62,3	63,8
		2	65,8	68,2		2	63,0	67,0		
		3	64,8	67,3		3	61,4	69,6		
		4	66,1	68,0		4	65,4	67,6		
47	1440,15	1	65,9	69,5	66,6	1	65,0	69,4	63,1	64,9
		2	64,9	67,0		2	60,8	64,8		
		3	66,8	69,0		3	65,4	65,8		
		4	68,8	71,4		4	61,2	68,8		
48	1470,93	1	66,9	71,5	67,8	1	65,2	69,2	65,2	66,5
		2	67,8	30,3		2	65,6	70,1		
		3	68,9	70,6		3	64,8	68,1		
		4	67,7	69,7		4	65,2	66,7		
49	1501,82	1	67,6	69,1	68,8	1	65,6	68,4	65,4	67,1
		2	69,2	70,3		2	64,6	67,6		
		3	69,5	71,2		3	66,0	72,8		
50	1532,47	1	67,8	70,1	68,9	1	66,4	68,2	66,4	67,7
		2	68,8	70,2		2	66,0	69,8		
		3	70,1	71,9		3	67,0	69,8		
51	1563,34	1	69,4	71,2	70,0	1	68,2	74,6	68,1	69,1
		2	70,4	71,8		2	64,8	77,4		
		3	70,2	71,8		3	71,2	74,6		

Таблица 34.

№	Глубина метры	№ термометра	1 измерение			№ термометра	2 измерение			Общее среднее
			Момент перелива	Момент капания ртути	Среднее		Момент перелива	Момент капания ртути	Среднее	
52	1594,26	1	72,0	74,1	72,3	1	72,2	83,8	68,7	70,5
		2	71,8	72,9		2	68,0	71,6		
		3	73,2	75,0		3	65,8	73,0		
53	1625,20	1	73,8	74,3	74,2	1	72,0	74,0	71,3	72,8
		2	74,3	75,6		2	71,2	73,6		
		3	74,5	75,5		3	71,2	74,8		
54	1656,17	1	73,1	73,9	74,7	1	70,4	73,6	71,7	73,2
		2	74,9	76,0		2	73,0	83,2		
		3	76,9	78,1		3	71,6	77,4		
55	1686,94	1	74,5	76,4	74,9	1	76,2	80,0	74,3	74,6
		2	75,3	77,0		2	72,4	80,0		
		3	74,9	78,1		3	(75,0	—)		
56	1717,88	1	73,8	76,1	73,7	1	70,6	80,8	71,6	72,7
		2	73,1	74,9		2	71,6	82,2		
		3	74,2	76,4		3	72,6	80,6		
57	1753,59	1	76,4	79,4	76,4	1	76,5	80,6	75,6	76,5
58	1784,23	1	74,1	76,3	74,1	1	74,0	79,4	74,0	74,1
59	1814,00	1	(69,4	77,0)	—	1	77,2	82,4	77,2	77,2
60	1843,53	1	77,1	81,3	77,1	1	77,2	83,2	77,2	77,2
61	1873,72	1	78,1	80,0	78,1	1	78,6	82,2	78,6	78,4
62	1903,23	1	78,8	81,4	78,8	1	79,6	87,2	79,6	79,2
63	1933,92	1	78,8	79,8	78,8	1	74,4	81,4	74,4	76,6
64	1964,62	1	76,2	79,0	76,2	1	80,8	85,0	80,8	78,5
65	1925,32	1	(Max.)		78,1	1	(Max.)		78,2	78,2
66	2025,88	1	„		78,5	1	„		79,1	78,8
67	2056,57	1	„		79,5	1	„		79,8	79,7
68	2087,26	1	„		78,8	1	„		(75,6)	78,8
69	2127,94	1	„		79,8	1	„		81,8	80,8
70	2158,61	1	„		81,7	1	„		82,3	82,0
71	2189,31	1	„		83,2	1	„		81,9	82,6
72	2220,00	1	„		(78,5)	1	„		83,4	83,4
72a	2221,00	1	„		—	1	(85,0	88,8)	(85,0)	—

Глава X.

Алмазное бурение на нефть.

До самого последнего времени вопрос о применении алмазного бурения на нефть считался трудно разрешимым, и во всех странах, эксплоатирующих нефть, как известно, господствовали либо известное ударное бурение, либо вращательное бурение с помощью стальных коронок и долот различных форм.

Лишь за самые последние годы как инженерами и техниками, так и промышленными предприятиями, изготовляющими алмазно-буровое оборудование, были применены другие методы бурения по сравнению с прежде существовавшими. Естественно, что алмазное бурение как таковое не могло не интересовать нефтяную промышленность, и попытки применения этого рода бурения для разведи на нефть были предприняты еще лет 10 тому назад. Но лишь совсем недавно эта идея воплотилась в действительность и, на основании имеющихся данных, можно установить неоспоримым тот факт, что алмазное бурение так же пригодно для разведки нефтяных месторождений, как и все другие, ранее применявшиеся методы.

Крупнейшие американские нефтяные компании, в целях расширения своей деятельности, охотно пошли навстречу изучению вопроса о применении алмазного бурения на нефть, и организовали предварительные работы в самом широком масштабе для достижения этой цели. В виду необходимости проведения весьма глубоких скважин, доходящих до глубины 4000—5000 и даже 6000 ф., естественно, алмазное бурение из всех видов бурения являлось наиболее подходящим и наиболее благоприятным для достижения вышеуказанных глубин. Не описывая всех преимуществ алмазного бурения, что было сделано уже раньше, необходимо указать на следующие преимущества при бурении на нефть, которые дает только алмазное бурение. Это — точность разведки, благодаря получению столбика пройденных пород, позволяющему сделать весьма ясное заключение о характере проходимых пород, мощности нефтяного пласта и приcтутствии нефти. По сравнению с обыкновенными способами бурения на нефть, при котором на поверхность выносится или буровая муть, или раздробленная горная порода, алмазно-буровая колонка представляет из себя наиболее полную и ценную наглядную картину. При помощи этой колонки можно было изучать пористость и насыщенность нефтеносных песков с весьма большой точностью и ясностью. При помощи только алмазного бурения можно видеть в действительности и осязать руками нефтяной пласт, а также наблюдать выделение газов из нефтеносных песков. Иногда возможно встретить в трещинах при разламывании колонки также и капли нефти, наполняющей горную породу.

Ниже можно привести следующее мнение одного из геологов-инженеров of the U. S. Bureau of Mines по вопросу о значении получаемых алмазных колонок нефтяного пласта при бурении одной из первых скважии в Tampico, в Мексике:

«Вероятно ни одна особенность алмазного бурения не обращает на себя такого внимания, как колонка. Опыт, позволивший как производившим бурение, так и геологам видеть и иметь под рукой породы, содержавшие нефть, был нов и вполне удовлетворителен. Иногда можно было наблюдать действие газов в колонке. Многие из колонок состояли из мелких частиц, при раздроблении которых находили капли нефти. Чем глубже машина проникала, тем обломки содержали больше нефти, пока, наконец, на глубине 1850 фут. они начинали содержать достаточное для разработки количество нефти. С этого момента продуктивность скважины все увеличивалась, пока на глубине 2153 фут. скважина стала давать 1200 баррелей.

Было замечено что нефтеносный песок встречается зонами. Буровая машина проникает от 20 до 30 фут. через нефтеносный песок, а затем опять попадает в твердый пласт. По проходке 50—60 фут. в глубину, опять появлялась зона нефтеносного песку. Кроме этого, получение колонок еще важно и в том случае, когда бывает необходимым применить взрывные работы. Бурильшики будут детально знать, где произвести взрыв, и могут правильно рассчитать необходимое количество взрывчатого вещества. Вообще трудно взвесить все практические преимущества, получаемые благодаря колонке. Она дает простому нефтепромышленнику больше сведений, чем ученый геолог узнает от микроскопического изучения продуктов бурения скважин[1]).»

При вращательном бурении случается, что буровая муть так облегает стенки скважины, что можно пропустить нефтяные пласты малой мощности. При работе с получением колонки, эта опасность исчезает.

В уже исследованных пластах, где получение колонки не требуется, может быть применена сплошная коронка для прохождения ее через колону труб до нефтеносного горизонта, после чего приделывается обычная алмазная коронка и полая штанга и работают в нефтеносном слое.

Следующим преимуществом алмазного бурения является весьма большая с к о р о с т ь б у р е н и я. Эта скорость вра-

---

[1]) Diamond Drill for Oil. Bullet. № 69, Июнь 1922.

щения, доходящая до 200 оборотов в минуту и больше, помимо увеличения производительности работ, отбрасывает муть к стенкам скважины с большей центробежной силой, чем это бывает при обычных вращательных буровых станках, в которых штанги вращаются со скоростью, не превышающей 100 оборотв, но постоянно наполняющей скважину буровой мутою.

Причиной, обуславливающей скорость бурения, является значительная длина колонкового цилиндра, сокращающая время, требуемое для под'ема и опускания штанг. В большинстве случаев употребляется 30 футовый колонковый цилиндр при высоте буровой вышки, доходящей до 67—68 футов.

При бурении скважины в Panuco-Boston, Ugarte № 6, вблизи Тампико, с четырех дюймовым долотом «Fish-tail» средняя скорость была 10—18 футов в час. На глубине 1407 фут. была закреплена в известняке 4-х дюймовая труба и применена $3^5/_8$ дюймовая алмазная коронка, приделанная с 13-ти футовой колонковой трубой для трех-дюймовой колонки. Средняя скорость в 75 футов в день была поддерживаема до глубины в 1850 фут., и с этого пункта до 2153 фута, где бурение закончилось, было пройдено в день от 35—40 фут. Это замедление в скорости вызвано давлением нефти, равным 480 фунтов на квадратный дюйм. Все время, которое ушло на эту скважину, включая задержки, были менее трех месяцев, в противоположность среднему времени в 5 месяцев для этой местности, употребляемому при канатном и вращательном бурении. В среднем алмазная коронка проходила по 10 футов в час. Для поднятия штанг с глубины 1500 фут. требовалось 45 минут, для опускания же их — 35 минут. Другую скважину, глубиной в 1000 фут, алмазная буровая машина Сулливан пробурила в 10 дней, включая все задержки и потерянное время. В Culberson County, западн. Техас, алмазным станком Сулливан пробурена скважина в 3400 фут. глубиной (в твердом черном известняке, работая при одной смене в день). В начале скважина была 5-ти дюймового диаметра, но потом была доведена до $2^1/_2$ дюймов. Колонка получалась отчетливая в особенности при прохождении твердых пород (рис. 163).

Следующим преимуществом применения алмазного бурения на нефть является у д о б с т в о   т р а н с п о р т а.

Разведочные работы на нефть в новых районах, обыкновенно далеких от железных дорог, являются доступными, благодаря удобной перевазке и переноске разбирающихся частей буровых станков.

Кроме этого, способность алмазных буровых станков, например, Сулливан, бурить скважины малого диаметра является также весьма ценным преимуществом. Нужно напомнить, что ударные канатные станки, требующие инструменты большого диаметра для получения достаточного веса для большей производительности давления, сильно усложняют всю

Рис. 163.

установку, оборудование и самую работу долота, обычно направленную против направления движения воды, и тем самым уменьшающую свою силу.

Бурение более широкой скважины требует более тяжелого оборудования, что не является необходимым при разведочных работах для определения присутствия нефти; обычно применяемые диаметры 2—3″ вполне достаточны для разведки, так как этим дается правильная оценка месторождения при минимуме расходов.

Для эксплоатационных работ четырех-дюйм. труба при большом давлении, которое встречается в скважине, будет добывать от 25 000 до 60 000 баррелей нефти в день, так как здесь вообще имеют большое значение пористость почвы, величина трещин, давление, количество нефти и пр. факторы, обуславливающие приток нефти. Скважина, пробуравленная алм. бур. машиной в одной из соседних местности области Тампико, давала 1200 баррелей нефти в день при 4 дюйм. трубе, между тем, как при ударных машинах сплошь и рядом можно встретить скважины, дающие не свыше 500 баррелей при восьми-дюймовых трубах.

Применение алмазной буровой машины для бурения больших скважин вряд ли целесообразно, и по всей вероятности максимум диаметра скважины может быть от четырех до шести дюймов. По чисто механическим соображениям было бы просто увеличить диаметр скважины, но это в свою очередь увеличит вес установки, стоимость работы, перевозки и пр.

Весьма значительным преимуществом алмазного бурения на нефть является (при станках Сулливана):

Контроль давления. Алмазная буровая машина Сулливан, употребляющая штанги с наружными муфтами, снабжена специальным сальником и патентованным тормозом для штанг или зажимным аппаратом, укрепленным на верху обсадных труб. Когда встречается высокое давление нефти или газа, то можно продолжать бурение через сальник с давлением, производимым под контролем, и штанги могут быть вращаемы, несмотря на давление. Это более верный и надежный способ работы, не позволяющий выбросить инструменты из скважины, что обыкновенно бывает при канатном бурении. При обыкновенных вращательных станках невозможно проверить давление вследствие того, что применяются наружные сцепления. Это делает их неспособными поварачивать вращающиеся штанги при высоком давлении. Если давление не превышает вес буровой мути, там муть не только задерживает давление, но сама производит давление на нефть. Если давление нефти больше, чем вес буровой мути, то она прорвется и увлечет за собой штанги или же создаст положение, при котором невозможно их вращение. Зажимной аппарат или тормаз у алмазной буровой машины Сулливан устроен так, что штанги могут быть мгновенно удержаны от выбрасывания из скважины, так как канат расположен таким образом, что движение штанг находится под контролем.

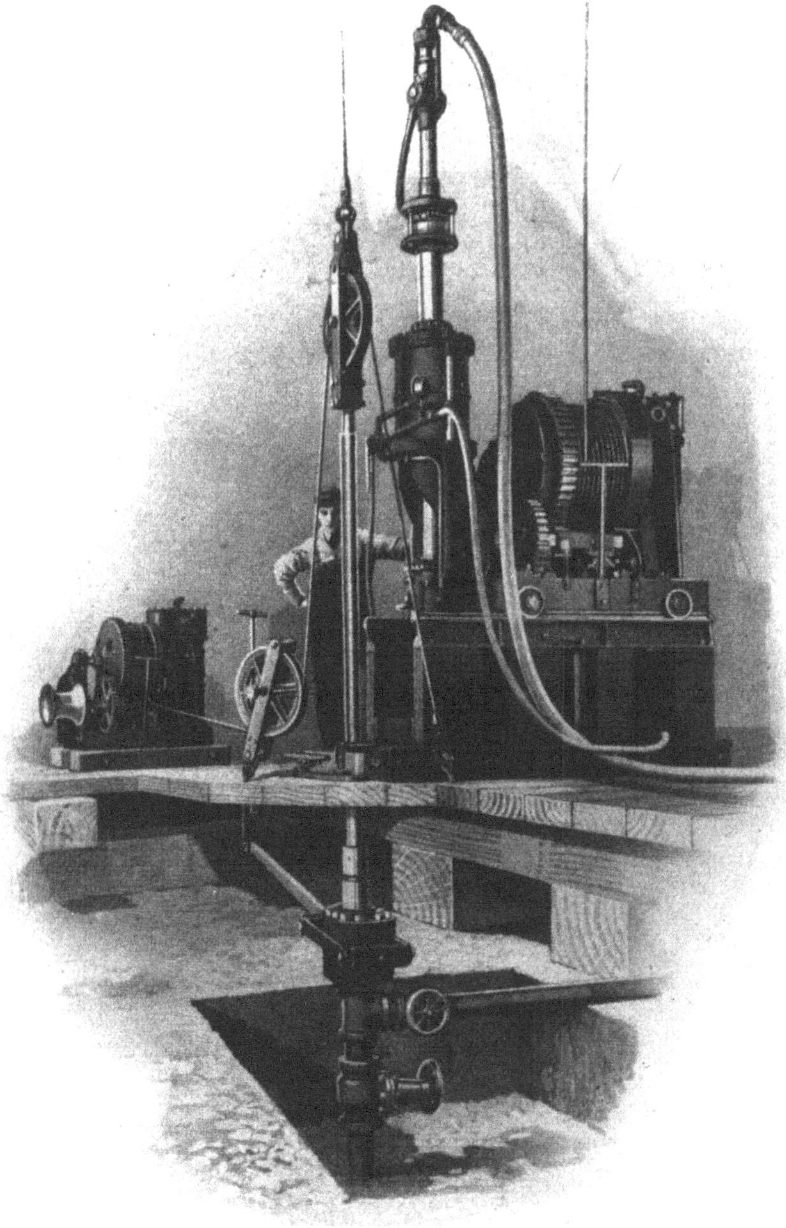

Рис. 164.

Если желательно вращение штанг при давлении, то колесо блока укрепляется наверху у шатуна. Проволочный канат от маленькой лебедки, которая помещается в стороне от буровой машины, проходит сквозь блок, укрепленный к полу, затем через шкив, находящийся на штангах, и прикреплен к полу с другой стороны машины. Штанги могут быть поднимаемы при контроле лебедочнаго тормоза и могут передвигаться на пространстве 10 футов,

Рис 165.

поддерживаемые тормазом, причем действие тормаза простирается на всю его длину. При таком устройстве возможно поднять коронку до места между крышкой клапана и сальником, после чего клапан закрывается и сальник передвигается. Этот устройство показано на рис. 164 и 165.

Это устройство было применено при бурении в Тампико скважины, полной нефтью, обладающей давлением в 480 фунтов на квадр. дюйм, причем получилась наивысшая производительность работы в 40 футов в день. Присутствие же гидравлического подающего устройства имеет еще преимущество: способность в совершенстве управлять и с большой точностью указывать частичное продвижение буровой коронки. При открывании двух клапанов, гидравлический поршень может быть поднят или опущен с желаемой скоростью. Если дно сважины не чисто, поворот клапана моментально задерживает подачу, предупреждая неисправности, что также бывает, если неожиданно попадается порода с большей твердостью, способствующей быстрому изнашиванию алмазов.

Для характеристики алмазно-буровых работ на нефть, можно указать на работу, произведенную в районе Panuko в 60 верстах от горда Tampiko, в Мексике. Строение этого района состоит из речных отложений, сопровождающихся вязкой глиной с включенными среди них булыжниками, чередующимися известняком, обладающим мощностью до 200—250 метров, ниже которых находится тампиковый известняк, в котором не было еще бурения, так как нефть находится в вышележащем известняке. При работах было применено комбинированное бурение, т. е. вращательное обыкновенное при проходке верхних 400 м. и ударное канатное при проходке следующих 220 м. На проходку скважины было затрачено всего 88 дней. Верхние пласты до 400 м. были пройдены вращательным способом, для чего на буровые штанги были навернуты обыкновенные долота фиш-телл «рыбий хвост», и работа производилась алмазным станком, как вращательным. Для промывки был применен глиняный раствор, поступающий от нормального насоса; после этого были зацементированы четырехдюймовые трубы в известняке, и работа была продолжена уже алмазным способом при помощи алмазной коронки в $3^5/_8$ дюйма, позволяющей извлекать трехдюймовые колонки. С глубины 400 м. до 614 м. были получены все колонки, и на этой глубине скважина достигла нефти. Первое присутствие ее было установлено еще на глубине 528 м., при дальнейшем углублении, добыча увеличилась и из глубины 614 м. добыча достигла 10 000 пудов в сутки. Скважина была закреплена колонной труб в $7^5/_8$ дюймов на глубину 156 м. и 4 дюйма на глубину 402 м. При бурении верхней части скважины происходили остановки вследствие того, что алмазно-буровые штанги были слишком малы ($2^3/_8$ дюйма) по сравнению с долотом «рыбий хвост». В силу этого они при быстром вращении ломались и кроме того отклонялись от вертикали. Для устранения этого необходимо было применить буровые штанги большого диаметра, что и было достигнуто 4 дюймовыми трубами, которые в свою очередь отражались на скорости работ, ввиду большого времени, требовавшагося на свинчивание и развинчивание труб. При бурении с долотом «рыбий хвост», средняя скорость была от 10 до 18 фут. час, в зависимости от проходимых горных пород; но при дальнейшем навыке и улучшении вопроса о буровых штангах скорость возможна была до 40—50 и даже 60 м. в день. При бурении же алмазным долотом, средняя скорость бурения была 20 м. в сутки. На глубине 20 м. скважина была наполнена нефтью и средняя скорость понизилась до 10—12 м. в день. Сравнивая с ударно-канатным бурением до глубины 520 м., скорость была одинаковая, но с момента наполнения нефтью алмазно-буровой станок работал в 3—4 раза быстрее. Об'ясняется это тем, что алмазная коронка, не встречая спротивлений со стороны весьма вязкой нефти, свойственной этому району, работала более равномерно, чему способствовала нефть, действующая в качестве смазочного материала. Колонковая труба для извлечения колонок в начале применялась до 13 фут. длины, но в виду необходимости весьма частого под'ема и вытаскивания всего инструмента из буровой скважины и связанной с этим тратой времени на освобождение колонкового цилиндра от колонки, был применен 30-ти футовый колонковый цилиндр, каковое обстоятельство позволяло достигнуть средней скорости бурения от 30—40 м. в сутки.

В то же время необходимо принять во внимание то обстоятельство, что нефть, являясь внутри буровой скважины весьма полезной для бурения, при поднятии инструмента из скважины оказывалась некоторой помехой, так как заливала весь пол буровой вышки и необходимо было принимать соответствующие меры для устранения этого, а следовательно и тратить известное количество времени на этот род работы, обычно не существующей при алмазном бурении. Существующее давление нефтяных газов в этом районе, доходящее иногда до 75 фунтов, не оказывало никакого влияния на ход работ. При встречах в трещинах, а также с проходимыми пластами, точное знание пластов, а также расположение трещин являлось особенно ценным результатом при применении алмазного бурения, и имело огромное значение в том случае, когда требовалось применить взрывные работы для разрыхления нефтеносных пластов и усиленного притока нефти в скважине. Пользуясь колонками горных пород и зная точное расположение трещин, можно совершенно безошибочно, чуть не с точностью одного дюйма, установить самое наиболее подходящее место для заложения патрона взрывчатого вещества, а также соответствующее количество его. Тут же нужно сказать, что применение в качестве промывки глиняного раствора, также оказалось весьма подходящим и дало наиболее благоприятные результаты при промывке буровой скважины. Этот опыт применения глиняной промывки вне всякого сомнения расширяет поле деятельности алмазного бурения, так как вполне становится ясным возможность применения алмазного бурения в различных мягких горных породах, что было бы совершенно невозможным при промывке буровой скважины водой. Глиняный раствор насыщает, проникая, мягкие породы, цементирует ее и тем самым предохраняет стенки скважин от обвалов породы. В какой степени требуется для нефтяного бурения густота промывки, в настоящее время еще затруднительно сказать до получения всех практических данных работ, направленных для исследования этого вопроса. Переходя же к экономической стороне применения алмазного бурения на нефть, надо сказать, что проведение указанной скважины стоило на 40% дешевле той цены, какая обыкновенно установлена производителями буровых работ в указанном районе. Стоимость рабочей силы в месяц составляла 2175 долларов или в день 72,5 доллара при следующем распределении работ:

1 буровой мастер	300	долларов в мес.
3 бурильщика	750	„ „ „
3 помощника их	525	„ „ „
Туземная рабочая сила около	600	„ „ „
		(стоимость рабочей силы в зависимости от работ от 1,75 до 3,5 дол. в день

Стоимость топлива и воды	около	25	долл. в день
Материалы, запасные части и амортизация алмазов	„	10	„ „ „
Содержание одного человека	„	5	„ „ „
Содержание буровой партии	„	40	„ „ „
Аренда станка	„	35	„ „ „

(Стоимость станка „ 25000 долларов)
Амортизация при этом последнем случае 20 долларов в день
Стоимость обсадных труб „ 5000 долларов

Стоимости вышки переносной стальной, годной для бурения 4 скважин — 1200—1300 долларов на скважину. Стоимость скважины 720 м. — 22 000 долларов, за исключением расхода на администрацию и транспорт. Расход на транспорт при алмазном способе бурения является меньшим, нежели при всяком другом. Вес полного комплекта при обыкновенном расчете бурения в зависимости, конечно, от количества обсадных труб равен более 250 тонн, тогда как вес всего оборудования при алмазном бурении с обсадными трубами на ту же глубину, включая сюда и вес стальной вышки, составляет всего 50—60 тонн. Что же касается до вопроса об искривлении скважин при бурении на нефть, то в этом отношении в указанной скважине не было найдено искривления, так как общий характер пород был благоприятный для применения алмазного бурения и в нем отсутствовала смена разнообразных по твердости пластов, что, как известно, является одним из важнейших факторов, влияющих на искривление скважин. Кроме того, применение длинной колонковой трубы, диаметр которой отличался от диаметра буровой скважины всего лишь на 1/2″, служило весьма хорошим средством против какого либо отклонения от нормали, так как столь длинная колонковая труба являлась значительной системой направляющих.

Меньшая стоимость скважины является естественным последствием вышеописанного алмазного бурения. Быстрота бурения, меньший диаметр скважины, гидравлическая подача, контрольное устройство, лучшие приспособления транспорта, долгий срок службы всей установки и проч., все это факторы, делающие алмазное бурение на нефть менее дорогим, чем другие способы. При алмазном бурении топливо, вода и работа вызывают также меньше расходов.

Три опытных человека с 4 помощниками достаточны для 24 час. работы при бурении скважины до 1000 фут. глубины. Надсмотрщик монтирует алмазы, а один рабочий с двумя помощниками обслуживают каждую смену.

При бурении на нефть, применима глиняная промывка с содержанием глины 30% и 70% воды. В зависимости от характера проходимых пород, этот состав или разжижается, или сгущается; наиболее благоприятные результаты получаются, если применяется раствор с быстро оседающей глиной.

Алмазное бурение на нефть не вытеснит вращательный или ударный способы бурения. Для каждаго имеются свои условия; но в то же время надо заметить, что этот способ бурения в короткое время оказался весьма полезным, благодаря полученным точным результатам, (и до некоторой степени он будет употребляться для бурения колодцев для добычи). В настоящее время алмазное бурение на нефть применяется **на нефтяных промыслах Illinois, Oklahoma, Texas, Wyoming, Washington, Montana, Alberta, California, Santo Domingo и Mexico.**

Глава XI.

Практические данные по алмазному бурению.

Как известно, стоимость алмазного бурения находится в зависимости от целого ряда факторов, а именно: от общей организации работ, от цены материалов и топлива, стоимости рабочей силы, расстояния пункта работ от путей сообщения, топографических условий местности, характера проходимых горных пород, большей или меньшей трудности извлечения образчиков, удобства снабжения водой, различных неполадок и пр. Нижеприложенные таблицы в достаточной степени показывают влияние этих факторов во время бурения в различных частях земного шара.

А. Алмазное бурение в С. С. С. Р.

Ниже приведенны данные по применению алмазного бурения в С. С. С. Р. — главным образом в Донецком бассейне, на Урале, Сибири, а также и др. местах.

Эти данные заимствованы мною из «Описания Донецкого бассейна», том II, в. I А. М. Терпигорева, затем из работ: А. Я. Гиммельфарба «Алмазн-Бур. при разведках на кам. уголь», Васильева, Войслава, б. Ова Ф-Вангеля, горн. инж. Г. А. Гамазова, а также из личных материалов по произведенным мною работам по алмазному бурению.

Из рассмотрения этих данных, можно видеть весьма существенное различие в отношении производительности алмазно-буровых работ в одном и том же районе.

Таблица 34 а.

Алмазное бурение на юге С. С. С. Р. в сравнении с другими видами бурения[1]).

Название места работ	Род бурения	Сила	D = скважины	Наибольшая глубина	Число рабочих в смену	Суточное подвигание в породах, саж.					Стоимость 1 пог. с. в породах, руб.			
						Наносы	Мягкие	Средние	Твердые	Известняк	Мягкие	Средние	Твердые	Известняк
Екатериновское горнопромышлен. О-во	Ударное Raki	Пар	от 322 мм. до 112 мм.	саж. 331	6	—	—	2,0	0,25	—	172			
	и алмазное		90 мм.	от 331—375		—	—	0,7	0,25	—				
Русское О-во Пароходства и Торговли	Алмазное	Пар	$3^1/_2$ д.	92	5	—	—	1,6	0,9	0,4	65			
	Алмазное, ст. Sullivan	Электр.	47 мм.	70	4	—	1—1,8	0,5—1	0,2	—				
О-во „Грушевский Антрацит"	Вращат.	Нефтян. двигат.	$4^1/_2$ д.	—	—	9	—	—	—	—	—	—	—	—
	Ударн.		$3^1/_2$ д.	—	—	—	—	1,5	—	—		от 40—60		
	Алмазное		$1^1/_2$ д.	70	6	—	—	—	—	0,15		от 50—80		
Шидловский рудн. Акц. О-ва Суликского завода	Вращат., сист. „Каликс"	Пар	от $8^3/_4$ д. до $6^3/_4$ д.	130	4	10	4,0	2,5	1,0	0,8	8,25	12,80	32,0	40,00

[1] По данным Профессора А. М. Терпигорева. Оп. Дон. Басс. Т. II, В. 1.

Таблица 35.

Бурение в Чистяковском районе на руднике „Надежда"[1]).

№№ скважин по порядку бурения	1	2	3	4	5	6	7	8	9	10	Итого
Глубина каждой скважины в футах	848	694	830	300	182	343	1064	382	66,15	416	5125,15
Бурение начато	1914 г. 10 VI	9/VII	27/VII	21/VIII	28/VIII	3/IX	17/IX	8/XI	3/XII	11/XII	1914 г. 10 июня
Бурение закончено	1914 г. 8/VII	26/VII	20/VIII	27/VIII	2/IX	16/IX	7/XI	2/XII	10/XII	1915 г. 3/I	1915 г. 3 января
Число дней работы	28	18	25	7	6	14	52	25	8	24	207
Распределение времени бурения в днях и %%: а) Перевозка, сборка инструмента, разборка в днях	5	3	2	2	2	3½	4	3½	4	2½	31,5
в %%	17,9	16,6	8	28,5	32,3	25	7,8	14	50	10,4	15,25
б) Остановки из-за несвоевременной доставки воды, топлива или материалов в днях	½	½	2	1	—	2½	7½	3	1½	1	19,5
в %%	1,8	2,8	8	14,3	—	17,8	14,4	12	18,75	4,1	9,45
в) Расширение скважин, чистка после расширения в днях	1½	½	—	—	—	—	—	—	—	—	2
в %%	5,4	2,8	—	—	—	—	—	—	—	—	0,96
г) Цементировка скважин, чистка скважин после цементир. в днях	—	—	—	—	—	—	2¼	2½	—	—	5,25
в %%	—	—	—	—	—	—	5,3	10	—	—	2,54
д) Воскресные и праздничные дни	4	2	4	1	1	2	7	4	1	1	33
в %%	14,2	11,1	16	14,3	16,7	14,3	13,4	16	12,5	29,1	15,9
е) Бурение в днях	17	12	17	3	3	6	30¾	12	1½	13½	115,75
в %%	60,7	66,7	68	42,9	50	42,9	59,1	48	18,75	56,4	55,9
Средняя фактическая скорость (с остановками) бурения за сутки в футах	31	38,6	33,2	42,9	30.3	24,5	20,5	15,3	8,25	17,3	24,76
Средняя номинальная скорость (без остановки) бурения за сутки в фут.	49,9	57,9	48,8	100	60,6	58,6	34,6	31,8	44	30,8	44,28

[1]) По данным **А. Л. Гиммельфарба.**

Таблица 36.

Бурение в районе ст. „Овраги“.

№№ скважин по порядку	11	12	13	14	Итого
Глубина каждой скважины в футах	768	375	768	670	2581 фут.
Бурение начато	1915 г. 13 янв.	21 февр.	7 март.	10 апр.	1915 г. 13 янв.
Бурение закончено	20 февр.	6 марта	9 апр.	4 мая	1915 г. 4 мая
Число дней работы	39	14	34	26	113
Распределение времени бурения в днях и %%					
а) Перевозка, сборка инструмента, разборка в днях	3	1	2	2	8
в %%	7,7	7,14	5,9	7,6	7,1
б) Остановки из-за несвоевременной подачи воды, топлива или материалов в днях	—	1	1	—	2
в %%	—	7,14	2,9	—	1,8
в) Расширение скважины, чистка после расширения в днях	4,5	—	1	—	5,5
в %%	11,5	—	2,9	—	5
г) Цементировка скважин, чистка скважин после цементировки в днях	—	—	4,5	3	7,5
в %%	—	—	13,2	11,5	6,6
д) Воскресные и праздничные дни	4	2	5	4	15
в %%	10,3	14,28	14,7	15,4	13,3
е) Бурение в днях	27,5	10	20,5	17	75
в %%	70,5	71,44	60,4	65,5	66,5
Средняя фактическая скорость (с остановками) бурения за сутки в футах	19,7	26,78	23,78	25,7	22,84
Средняя номинальная скорость (без остановок) бурения за сутки в футах	28	37,5	33,4	39,4	34,41

Таблица 37.

Бурение в Чистяковском районе на руднике „Надежда".

№№ скважин по порядку бурения		15	16	17	18	19	Итого
Глубина каждой скважины в футах		361	736	701	311	492	2601
Бурение начато		1915 г. 9 мая	23 мая	26 июня	19 июля	31 июля	1915 г. 9 мая
Бурение закончено		22 мая	25 июня	18 июля	30 июля	20 авг.	1915 г. 20 авг.
Число дней работы		13	34	23	12	21	103
Распределение времени бурения в днях и %%	а) Первозка, сборка и разборка инструмента в днях	1	2,5	2	2	2	9,5
	в %%	7,7	7,4	8,6	16,7	9,5	9,2
	б) Остановка из-за несвоевременной доставки воды, топлива или материалов в днях	2	0,75	1,5	—	0,5	4,75
	в %%	15.4	2,3	6,5	—	2,4	4,6
	в) Расширение скважин, чистка после расширения в днях	—	—	—	—	—	—
	в %%	—	—	—	—	—	—
	г) Цементировка скважин, чистка после цементировки в днях	—	8,5	—	—	3	11,5
	в %%	—	24,9	—	—	14,3	11,2
	д) Воскресные и праздничные дни	1	5	3	2	3	14
	в %%	7,7	14,6	13	16,7	14,3	13,6
	е) Бурение	9	17,25	16,50	8	12,5	63,25
	в %%	69,2	50,8	71,9	66,6	59,5	61,4
Средняя фактическая скорость (с остановками) бурения за сутки в футах		27,8	21,6	30,48	26	25,4	25,25
Средняя номинальная скорость (без остановок) бурения за сутки в футах		40,1	42,7	42,5	39	34	41,12

Таблица 38.

Буровой журнал скважины № 7.
Чистяковский район, рудник „Надежда".

Год, месяц, число	Пробурено в футах		Пробурено посменно в футах			Грунт	От		До		Примечание
	От	До	Утр.	Дн.	Ноч.		Фут.	Д	Фут.	Д.	
1914 г. Сент.											
17	—	—	—	—	—	—	—	—	—	—	Сборка станка.
18	0	65	59	6	—	Глина	—	—	59	—	Спущены до глубины 59 фут обсадные $4^1/_2$" трубы, и до глубины 61', — 2" обсадные 3" трубы. Остановка 11 час. за отсутствием воды.
						Сланец песчанист. .	59	—	65	—	
19	65	97	16	14	2	Сланец	65	—	97	—	
20	97	145	16	20	12	Сланец разрушенный	97	—	133	—	
						Сланец песчанист. .	133	—	136	—	
						Сланец разрушенный	136	—	145	—	
21	Воскресенье										Не работали.
22	145	182	23	14	—	Сланец песчанист. .	145	—	164	—	Остановка 11 час. Ожидали представителя рудника для осмотра вынутого столбика угля.
						Песчаник	164	—	168	—	
						Сланец темный . .	168	—	181	7	
						Уголь	181	7	182	3	
23	182	220	21	17	—	Сланец	182	3	197	—	
						Сланец песчанист. .	197	—	203	—	Сломался наружный алмаз. Ловили 3 часа и вынули.
						Песчаник	203	—	205	—	Остановка 5 часов за отсутствием воды.
						Сланец	205	—	220	5	
						Уголь	220	5	220	9	
24	220	250	—	7	22	Сланец темный . .	220	9	223	—	Остановка 6 часов; не было воды.
	220	250	—	7	22	Сланец темный с прослойками угля . .	223	—	225	—	
						Сланец песчанист. .	225	—	228	—	Обсадные 3" трубы спущены до 94'.
25	250	291	15	12	14	Песчаник слоистый .	228	—	250	—	
						Сланец песчанист. .	250	—	263	—	
						Сланец темный . .	263	—	264	9	
						Уголь	264	9	265	—	
						Сланец темный . .	265	—	268	7	
						Уголь сланцеватый	268	7	269	4	
						Сланец песчанист. .	269	4	277	—	Остановка 3 часа. Ждали анализа угля.
						Песчаник	277	—	280	—	
						Сланец темный . .	280	—	282	—	
26	291	336	15	18	12	Песчаник твердый .	282	—	444	—	Остановка 3 часа; не было воды.
27	336	354	16	2	—	Песчаник твердый .	—	—	—	—	Остановка 14 часов; не было воды.
28	Воскресенье										Не работали.
29	354	360	6	—	—	Песчаник твердый .	—	—	—	—	Остановка 4 часа; не было воды. Цементировали скважину. Ждали затвердения цемента 16 час.
30	—	—	—	—	—	—	—	—	—	—	Ждали затвердения цемента 24 часа.
Окт.											
1	—	—	—	—	—	—	—	—	—	—	Ждали затвердения цемента 24 часа.
2	360	379	13	6	—	Песчаник твердый .	—	—	—	—	Чистили скважину от цемента.
	—	—	—	—	—	Песчаник твердый .	—	—	—	—	Остановка 8 часов; не было воды.
3	379	410	10	10	11	Песчаник твердый .	—	—	—	—	Остановка 3 часа; не было воды.

Год, месяц, число	Пробурено в футах		Пробурено посменно в футах			Грунт	От		До		Примечание
	От	До	Утр.	Дн.	Ноч.		Фут.	Д.	Фут.	Д.	
Окт.											
4	410	432	10	11	—	Песчаник трердый .	—	—	—	—	Остановка 3 часа — ремонт парового котла.
	—	—	—	—	—	Песчаник твердый .	—	—	—	—	Остановка 8 часов — не было воды.
5	Воскресенье										Не работали.
6	432	462	11	8	11	Сланец темный . .	444	—	446	—	
						Песчаник твердый .	446	—	457	—	
						Сланец песчанист. .	457	—	462	—	
7	462	504	12	10	20	Песчаник слоист. .	462	—	476	—	
8	504	547	20	8	15	Песчаник твердый .	476	—	524	—	
						Песчаник твердый .	524	—	547	—	
9	547	555	—	4	4	Сланец с прослойками песчаника	547	—	555	—	Из коронки выпал внутренний алмаз. Ловили 8 часов. Вытащили. Из за отсутствия воды остановка 6 часов.
10	555	596	15	12	14	Песчаник слоистый .	555	—	564	—	
						Сланец песчанист. .	564	—	595	—	
11	596	625	17	12	—	Сланец темный . .	595	—	693	—	Остановка 8 часов — не было воды.
12	Воскресенье										Не работали.
13	625	647	11	11	—	—	—	—	—	—	В скважине остался выпавший из коронки алмаз. Ожидали 8 час. дневного света для вылавливания.
14	647	670	—	12	11	—	—	—	—	—	Ловили 8 часов. Алмаз вынули.
15	670	700	10	3	7	Сланец темный с прослойками песчаника	693	—	700	—	Остановка 3 часа — не было воды.
16	700	731	10	13	8	Темный сланец . .	700	—	731	—	Остановка 4 часа — не было воды.
17	731	758	17	16	—	Сланец известковый	731	—	738	—	За болезнью 3-го мастера, отменили ночную работу.
18	758	777	14	5	—	Известняк	738	—	742	—	
						Песчаник слоистый .	742	—	749	—	
						Сланец	749	—	758	—	
						Сланец песчанистый	758	—	768	—	
						Сланец темный . .	768	—	777	—	
19	Воскресенье										Не работали.
20	777	782	10/12	4 2/12	—	Сланец темный . .	777	—	817	—	4 часа вытаскивали скважник оставшийся в ней стержень породы.
21	782	807	10	15	—	—	—	—	—	—	
22	807	826½	10	9½	—	Сланец песчанист. .	817	—	821	—	
						Сланец темный . .	821	—	825	6	
						Уголь	825	6	826	6	Остановка 8 часов — ждали исследования угля.
23	826½	846	9½	10	—	Сланец темный . .	826	6	858	6	
24	846	866	10	10	—	Известняк	858	6	861	—	
25	866	881	10	5	—	Известковый сланец	861	—	966	—	
26	Воскресенье										Не работали.
27	881	906	9	16	—	Темный сланец . .	866	—	885	—	
						Песчаник	885	—	890	—	
						Сланец песчанист. .	890	—	903	—	
						Сланец темный . .	903	—	1039	6	
28	906	936	10	10	10	Сланец темный .	—	—	—	—	Возобновили работу в три смены.
29	936	967	10	11	10	Сланец темный . .	—	—	—	—	
30	967	997	10	10	10	Сланец темный . .	—	—	—	—	
31	997	1022	11	10	4	Сланец темный . .	—	—	—	—	Остановка 4 час — не было воды.
Ноября											
1	1022	1046	13	10½	½	Уголь	1039	6	1043	6	
2	Воскресенье					Сланец	1043	6	1047	—	Не работали.
3	1046	1051	2	3	—	Сланец серый . . .	1047	—	1058	—	Остановка 9 час. — ждали исследования угля; остановка — 9 час. — не было воды.
4	1051	1064	7	9	—	Песчнаик	1058	—	1064	—	Скважина закончена бурением.

Таблица 39.

Разведка для Азовской Угольной Компании. — Азовская Угольная Компания. Бурение в районе ст. Зверево.

№№ скважин по порядку бурения	1	2	3	4	5	6	7	8	Итого
Глубина каждой скважины в футах	770	812	453	283	306	898	207	333	4112
Бурение начато	1915 г. 9 окт.	17 дек.	1916 г. 7 февр.	29 февр.	14 мар.	25 мар.	1 мая	9 мая	1915 г. 9 октяб.
Бурение закончено	16 дек.	1916 г. 6 февр.	28 февр.	13 мар.	24 мар.	30 апр.	7 мая	18 мая	1916 г. 18 мая
Число дней работы	59	52	22	14	11	37	7	10	212
Распределение времени бурения в днях и %%: а) Перевозка, сборка и разборка инструмента в днях	2	2	2,5	2	5,25	2	2	$^2/_3$	$15^5/_{12}$
в %%	3,40	3,84	11,36	14,29	20,45	5,41	28,60	6,7	7,27
б) Остановка из-за несвоевременной доставки воды, топлива или материалов в днях	23,25	6,25	2,25	3	2,25	11	1,5	$3^1/_3$	$53^1/_3$
в %%	39,39	12,50	11,36	21,42	20,45	29,72	18	33,3	25,16
в) Ловля инструмента в днях	2,5	—	1,26	—	—	—	—	—	3,75
в %%	4,21	—	5,7	—	—	—	—	—	1,77
г) Цементировка скважин, чистка скважин после цементир. в днях	—	8	2	—	—	—	—	—	10
в %%	—	15,4	9,09	—	—	—	—	—	4,71
д) Воскресные и праздничные дни	8	9	4	2	1	8	1	1	34
в %%	13,6	17,3	18,18	14,29	9,10	21,62	14,30	10	16,04
е) Бурение в днях	23,25	26,5	9,75	7	5,5	16	2,5	5	95,5
в %%	39,39	50,96	44,31	50	50	43,24	39,1	50	45,05
Средняя фактическая скорость (с остановками) бурения за сутки в фут	[1]) 13,05	[1]) 15,62	[1]) 20,59	[1]) 22,1	[1]) 27,82	[1]) 24,27	[2]) 29,6	[2]) 38,3	19,4
Средняя номинальная скорость (без остановок) бурения за сутки в футах	25,45	31,23	46,56	44,3	55,63	55,5	75,7	76,6	43,1

[1]) Работа производилась в две смены, по 10 часов каждая.
[2]) Работа производилась в три смены, по 8 часов каждая.

Таблица 39а.

Азовская Угольная Компания.
Бурение в районе станции Гуково.

№№ скважин по порядку бурения		9	10	11	Итого
Глубина скважин в футах		577	536	1027	2140
Начало бурения скважин		1916 г. 1 июня	22 июня	18 июля	1916 г. 1 июня
Конец бурения скважин		25 июня	16 июля	9 сент.	1919 г. 9 сентябр
Число дней бурения		25	21	53	99
Распределение времени бурения в днях %%	а) Перевозка, сборка и разборка инструмента в днях	4	—	$6^{1}/_{3}$	$10^{1}/_{3}$
	в %%	16	—	11,94	10,44
	б) Остановка из-за несвоевременной доставки воды, топлива или материалов в днях	4	$4^{1}/_{3}$	$7^{2}/_{3}$	16
	в %%	16	20,6	14,46	16,16
	в) Расширение скважин, чистка после расширения в днях	1	—	—	1
	в %%	—	—	—	1,01
	г) Цементировка скважин, чистка после цементировки в днях	—	$2^{1}/_{3}$	$8^{2}/_{3}$	11
	в %%	—	11,1	16,35	11,11
	д) Воскресные и праздничные дни	5	3	5	13
	в %%	20	14,3	9,43	13,13
	е) Бурение в днях	11	$11^{1}/_{3}$	$25^{1}/_{3}$	$47^{2}/_{3}$
	в %%	44	54	47,82	48,14
Средняя фактическая скорость (с остановками) бурения за сутки в футах		23,08	25,52	19,37	21,61
Средняя номинальная скорость (без остановки) бурения за сутки в футах		52,46	47,3	40,55	44,90

Буровой журнал скважины № 11, наиболее глубокой в районе стации Гуково, приводится ниже.

Таблица 40.

Буровой журнал скважины № 11 Азовской Угольной Компании. Район станции Гуково.

Год, месяц, число	Пробурено в футах От	Пробурено в футах До	Пробурено посменно в футах Утр.	Дн.	Ноч.	Грунт	От Фут.	От Д.	До Фут.	До Д.	Примечание
1916 г. Июль											
18	—	—	—	—	—	—	—	—	—	—	Остановка 48 час.
19	—	—	—	—	—	—	—	—	—	—	Ожидали распоряжения рудничной администрации.
20	—	—	—	—	—	—	—	—	—	—	Передвигали станок на новую точку.
21	0	63	23	20	20	Глина	0	—	63	—	Опущено 63′ обсадных труб диаметром $4^1/_2$″. Остановка 9 час. — не было воды.
22	63	123	18	32	14	Песчаник разрушенный	63	—	77	—	Опустили 3″ трубы до 77′.
						Песчаник с прослойками глины	77	—	80	—	
						Песчаник твердый	80	—	82	—	
						Сланец мягкий серый	82	—	127	—	
23	123	$137^3/_4$	—	—	$10^3/_4$	Сланец вязкий темный	127	—	136	8	Опустили 3″ трубы до 127′.
						Уголь	136	8	138	9	Чистили скважину после труб 8 часов.
24	Воскресенье										Не работали.
25	$137^3/_4$	173	$9^1/_4$	13	13	Сланец песчанистый	138	1	147	—	Бурение подается туго. Вынули 3″ трубы и, расширив от 129′ до 140′, опустили 3″ трубы до 140′. Остановка 9 час. — не было воды.
						Сланец вязкий темный	147	—	173	—	
26	173	218	21	14	10	Сланец песчанистый	173	—	194	—	
						Песчаник	194	—	208	—	
						Сланец вязкий темный	208	—	218	—	
27	218	279	27	29	5	Сланец песчанистый	218	—	245	—	Остановка 5 час. — не было воды.
						Сланец темный	245	—	260	—	На глубине 274′, вода в скважине стала сильно убывать.
						Песчаник твердый	260	—	274	—	
28	278	297	10	8	—	Песчаник разрушенный	274	—	297	—	Остановка из за ремонта парового котла 8 час.
29	297	312	9	6	—	Песчаник	297	—	311	—	Остановка 13 часов — не было воды.
30	312	339	17	10	—	Сланец песчанистый	311	—	339	—	Ост. 11 час. — не было воды.
31	Воскресенье										Не работали.
Август 1	—	—	—	—	—	—	—	—	—	—	Остановка 10 часов — не было воды. Ночью цементировали скважину от 289′ до 339′.
2	—	—	—	—	—	—	—	—	—	—	Ожидали затвердения цемента в скважине 48 час.
3	—	—	—	—	—	—	—	—	—	—	
4	339	377	—	19	19	Сланец вязкий темный	339	—	362	9	Чистили скважину от цемента 4 часа.
						Уголь	362	9	365	3	
						Сланец	365	3	366	11	
						Уголь	366	11	367	5	
5	377	410	17	16	—	Сланец вязкий темный	367	5	381	—	Остановка 4 часа — не было воды.
						Песчаник	381	—	391	—	
						Сланец темный	394	—	409	10	
						Уголь	409	10	410	—	
6	—	—	—	—	—	—	—	—	—	—	Остановка 24 часа — не было воды. Цементировали скважину.
7	Воскресенье										Не работали.
8	410	451	14	14	13	Уголь	410	—	411	—	Чистили скважину от цемента 2 часа.
9	451	488	15	15	7	Сланец песчаный	411	—	460	6	
						Сланец с прослойками угля	460	6	466	10	
						Сланец мягкий	466	10	482	—	
10	488	520	7	9	16	Песчаник твердый разрушенный	482	—	500	—	
						Сланец песчанистый разрушенный	500	—	520	—	

Год, месяц, число	Пробурено в футах		Пробурено посменно в футах			Грунт	От		До		Примечание
	От	До	Утр.	Дн.	Ноч.		Фут	Д.	Фут.	Д.	
Автуст											
11	520	554	9	11	14	Сланец темный	520	—	523	6	
						Уголь	523	6	523	10	
						Сланец	523	10	524	—	
						Уголь	524	—	526	—	
						Сланец	526	—	529	—	
						Прослойки сланца и песчаника	529	—	537	3	
						Сланец темный	537	3	550	—	
						Уголь	550	—	550	3	
12	554	598	$15^3/_4$	$13^1/_4$	15	Сланец темный	550	3	569	7	
						Уголь	569	7	570	8	
						Сланец мягкий	570	8	583	—	
						Уголь	583	—	583	6	
						Сланец темный	583	6	598	—	
13	598	646	15	15	18	Сланец темный с тонкими прослойками угля	598	—	617	—	
						Сланец песчаный с прослойками темного сланца	617	—	634	—	
						Сланей темный с прослойками угля	634	—	635	—	Не работали
						Сланец песчаный	635	—	646	—	24 часа остановка — не подвезли воду.
14	Воскресенье										
15	—	—	—	—	—	—	—	—	—	—	
16	646	684	15	15	8	Сланец темный	646	—	655	—	
						Уголь	655	—	655	7	
						Сланец темный	655	7	662	—	
						Песчаник	662	—	680	—	
						Сланец черный	680	—	681	—	
						Песчаник твердый	681	—	684	—	Уровень воды в скважине сильно понизился.
17	—	—	—	—	—	—	—	—	—	—	Цементировали скважину.
18	—	—	—	—	—	—	—	—	—	—	72 часа ожидали затвердения цемента.
19	—	—	—	—	—	—	—	—	—	—	
20	—	—	—	—	—	—	—	—	—	—	
21	Воскресенье										Не работали.
22	—	—	—	—	—	—	—	—	—	—	Очищали скважину от цемента.
23	684	699	—	—	15	Песчаник твердый	684	—	709	—	Утреннюю и дневную смены чистили скважину.
24	699	714	10	5	—	Песчаник разрушенный	709	—	723	—	11 час. ловили оставшийся в скважине инструмент.
25	714	728	2	7	5	Песчаник твердый	723	—	759	—	Вынули оставшийся в скважине инструмент. Работали по ловле 7 часов.
26	728	753	3	8	14	—	—	—	—	—	
27	753	785	6	14	12	Сланец темный	759	—	764	—	
						Известняк	764	—	765	—	
28	785	817	12	10	9	Сланец темный	765	—	797	4	
						Уголь	797	4	798	4	
						Сланец	798	4	798	8	
						Уголь	798	8	800	4	
29	817	847	14	1	15	Сланец темный	800	4	831	—	Ремонт парового котла $^1/_2$ ч.
30	847	874	11	10	6	Песчаник твердый	831	—	874	—	Остановка 2 часа, ожидали пара.
31	874	899	10	7	8	Песчаник с черными включениями	874	—	884	—	
						Песчаник твердый	884	—	894	—	
Сент.											
1	899	946	15	16	16	Сланец песчанистый	894	—	1027	—	
2	946	995	20	14	15	Сланец песчанистый	—	—	—	—	
3	995	1027	16	9	7	Сланец песчанистый	—	—	—	—	Скважина бурением закончена.
4	Воскресенье										
5	—	—	—	—	—	—	—	—	—	—	Вытаскивали из скважины обсадные трубы и приготовляли инструмент к отправке.
6	—	—	—	—	—	—	—	—	—	—	Перевозка станка на ст. Шахтная.
7	—	—	—	—	—	—	—	—	—	—	
8	—	—	—	—	—	—	—	—	—	—	
9	—	—	—	—	—	—	—	—	—	—	

Бурение этой скважины сопровождалось двухкратным цементированием, как следствие прохождения через трещиноватые песчаники, в которых, без проедварительной цементации, не мог бы циркулировать непрерывный столб воды, необходимой для промывки скважины во время бурения.

На бурение 6152 фут в районе ст. Зверево и Гуково понадобилось 311 дней, распределявшихся следующим образом:

а) Перевозка, сборка и разборка инструментов	25,25	дней	8,3 %
б) Остановка из-за несвоевременной доставки воды, топлива и материалов . .	69,33	дня	22,3 %
в) Цементировка и расширение скважин, как следствие обвалов и утечки воды из скважин	22	дня	7,1 %
г) Ловля застрявших инструментов . . .	3,75	дня	1,2 %
д) Воскресные и праздничные дни . . .	47	дней	11,9 %
е) Бурение	153	дня	49,2 %

Средняя фактическая скорость бурения равнялась 19,78 фута в сутки, а средняя номинальная скорость — 40,15 фута в сутки.

Расход алмазов на эту работу равнялся $18^{10}/_{64}$ каратам или на 100 фут бурения — 0,305 карата[1]).

---

[1]) По данным А. Гиммельфарба.

Таблица 41.

Московское Акционерное Общество Антрацита. Район ст. Шетово, Область Войска Донского.

№№ скважин по порядку	1	2	3	4	5	6	Итого
Глубина скважин в футах	1040	503	315	1000	700	588	4146
Бурение начато	1916 26 июня	27 авг.	13 сент.	26 сент.	28 окт.	16 нояб.	1916 26 июня
Бурение закончено	26 авг.	12 сент.	24 сент.	27 окт.	15 нояб.	6 дек.	1916 г. 6 декабря
Число дней работы	59	17	12	32	19	21	160 дней
Распределение времени бурения в днях и %%: а) Перевозка, сборка и разборка инструмента в днях	2	3	2	2	1	4	14 дней
в %%	3,4	17,65	16,66	6,25	5,26	19,03	8,75 %
б) Остановка из-за несвоевременной доставки воды, топлива или материалов	14,25	1	1,5	3,5	1	2	23,25 дня
в %%	24,16	5,88	20,50	10,95	5,26	9,52	14,53 %
в) Расширение и чистка скважин в днях	—	—	0,5	—	—	—	0,5 дня
в %%	—	—	—	—	—	—	0,31 %
г) Цементировка скважин и чистка после цементировки в днях	—	—	—	—	—	—	—
в %%	—	—	—	—	—	—	—
д) Воскресные и праздничные дни	7	3	1	4	3	3	21 дня
в %%	11,85	17,64	8,33	12,5	15,80	14,3	13,2 %
е) Бурение в днях	35,75	10	7	22,5	14	12	101,25 дня
в %%	60,6	58,83	58,34	70,31	73,68	57,15	63,28 %
Средняя фактическая скорость (с остановками) бурения за сутки в футах	17,57	29,6	26,25	31,25	36,84	28	25,91 фут.
Средняя номинальная скорость (без остановки)	30	50,3	45	41,44	50	49	40,95 фут.

Таблица 42.

Сводка результатов алмазного бурения в Донецком бассейне за время с 10 июня 1914 года по 16 декабря 1916 года[1]).

Название фирм, производивших бурение	Южно-Русское Горно-промышленн. Акц. Общество	Азовская Угольная Компания	Московское Акц. Общ. Антрацита	Среднее на 1 скважину
Число скважин	19	11	6	—
Пробурено в футах	10307,1	6152	4146	572,36 фут.
Фактическая скорость	24,37	19,78	25,91	23,55 фут.
Номинальная скорость в сутки в футах	40,58	40,15	40,95	40,56 фут.
Перевозка станка, сборка и разборка в %%	11,5 %	8,3 %	8,75 %	9,51 %
Остановка из-за несвоевременной доставки рудниками воды, топлива и материалов в %%	6,2 %	22,3 %	14,53 %	14,34 %
Расширение скважин, цементировка и ловильные работы в %%	7,5 %	8,3 %	0,32 %	5,37 %
Воскресные и праздничные дни в %%	14,7 %	11,9 %	13,2 %	13,26 %
Бурение в %%	60,1 %	49,2 %	63,28 %	57,62 %
Расход алмазов на 100 погон. фут бурения в каратах	0,328 кар	0,305 кар	0,551 кар	0,395 кар.

[1]) Тоже.

Кроме работ, описанных выше, за время с 9 сентября 1916 года станком типа «N» и от 6 декабря 1916 года станком типа «С» было пробурено до 1 октября 1917 года 19 скважин, общей глубиной 12 908 фут.

1) Для Московского Акционерного Общества Антрацита на Вальяновском руднике . . .	5 скважин	—	3532 фута.
2) Для Русского О-ва Каменноугольных и Антрацитных копей в Шипихове	1 скважина	—	1800 фута.
3) Для Ю. М. Тищенко, Голицынский рудник	3 скважины	—	1418 фута.
4) Для Азовской Угольной Компании	3 скважины	—	1749 фута.
5) Для Акционерного Общества Ясиновских и Антрацитовых копей ст. Лобово	4 скважины	—	3223 фута.
6) Для Акционерного Общества Боково-Хрустальных Антрацитовых копей.	3 скважины	—	1185 фута.

B. Алмазное бурение в Европе, Северо-Американских Соединенных Штатах, Африке и Австралии.

Нижеследующие данные составлены на основании материалов, приведенных в указанной литературе, а также в «Mining Engineers Handbook» 1918 г. R. Peele, главе 5, переведенной мною с аглийского, и кроме того материалов, лично собранных во время моей заграничной командировки.

Таблица 43.

Алмазное бурение в Трансваале.

Глубина в фут			Подвигались в 1 час в футах		Пробурено за подем. тверд.п.ф (a)	Характер пород и % — всего				
Повер.	Корен.	Всего	Поверхн. мягкие (f)	Твердые (d)		Глина	Песчан.	Кварцит	Доломит	Изверженн. пор.
152	456	608	3,04	4,69 (b)	5,36	—	—	—	—	100,0
200	100	300	0,58 (e)	1,35	—	—	—	—	—	100,0
7	348	355	0,87	0,26	2,80	—	—	—	—	—
95	255	350	0,99	0,59	—	—	—	6,8	—	93,2
190	140	330	1,32	0,58	7,37	43,3	—	9,9	—	46,8
203	625	828	0,75	0,53	4,05	5,8	—	17,8	69,3	7,1
16	415	431	0,27	0,84	3,70	32,3	—	1,9	59,3	6,5
78	82	160	1,30	0,68	—	—	17,0	—	—	83,0
78	—	78	1,30	—	—	—	—	—	—	—
73	569	642	0,87	0,56	—	16,5	3,9	40,4	—	39,2
79	517	596	1,08	0,83	9,8	11,5	3,2	50,9	—	34,4
—	289	289	—	1,34	—	27,3	—	24,5	—	48,2
18	438	456	0,58	1,40	—	66,1	—	33,9	—	—
—	180	180	—	1,44	6,0	50,0	—	50,9	—	—
—	289	289	—	1,05	5,16	—	—	100,0	—	—
33	2139	2172	0,92	0,70	8,87	24,8	—	75,2	—	—
20	1140	1160	0,05	0,48 (c)	4,87	—	—	—	—	100,0
28	204	232	1,17	0,45	3,22	—	—	100,0	—	—
—	1328	1328	—	0,47	7,59	—	—	100,0	—	—

a — все по контракту, кроме последней скважины; b — диабаз, скорость исключительно высокая; c — диабаз трудно проходимый, скорость исключительно малая; d — включая под'ем и опускание инструмента; e — показались валуны в мягкой породе; f — крепление 3-х дюймовыми трубами.

Таблица 44.

Алмазное бурение под рекой Гудзон, в Сев. Америке.

№№ скважин	1	2	3	4
Глубина (фут)	1834	2051,6	1651,4	1652,1
Потраченное время (часы)	4008	4632	2040	2568
Время действительного бурения (включая работу с штангами)	2648	3432	1712	2232
Время действ. %	63,6	74,0	84,0	83,3
Действительное бурение в 1 ч. (фут)	0,69	0,60	0,97	0,74
Футов на работу в 1 ч.	0,46	0,44	0,81	0,64
Фут 4-х дюймов скважины	7,2	8,0	8,5	7,1
% получения 3-х дюймов. образчиков из 4-х дюймов. скважины	47	75,0	78,0	76,0
Фут 2,75″ скважины	633,8	711,3	715,5	772,4
% получения 2″ образчиков из 2,75″ скваж.	79	91	84	83
Фут 2,06″ скважины	593,0	574,5	927,4	876,6
% получения 1,375″ образчиков из 2,06″ скважины	41	76	48	68
Фут 1,43″ скважин	600	572,8	—	—
% получения 0,81″ образчиков из 1,43″ скважины	27	22	—	—
Всего получено образчиков в %	55	66	64	75
Наклон скважины при вершине	43°	38°	22°53′	23°40′
Наклон скважины у забоя	38°55′	44°47′	23°35′	25°55′
Крепление трубами 2,5″ (фут)	735	—	724	723
Крепление трубами 2″	499	—	—	—

Машина Sullivan-Maschinen на глубину 3000 фут; 8 алмазов в коронке. Твердые породы ,плотный зернистый гнейс 60 фут. Штанги, соединяющиеся с колонковым цилиндром такого же диаметра, как и коронка.

Таблица 45.

Алмазное бурение при Deep Waterways Survey.

№№	% полной глубины бурения		Полная глубина	Род породы	% полного времени				Сумма часов	Колич. футов в час	
	Мягкие породы	Твердые породы			Бурение с трубами	Бурение твердых пород	Неполадки	Передвижение		Бурение с обсадными трубами	Бурение твердых пород
1	67,9	32,1	49,1	A	14,3	25,7	42,8	17,2	35	6,7	1,8
2	21,3	78,7	114,0	B	26,7	40,0	25,3	8,0	75	1,2	3,0
3	0,9	99,1	200,9	C	2,3	69,2	23,1	5,4	130	0,6	2,2
4	10,2	89,8	58,6	A	8,6	45,7	34,3	11,4	35	2,0	3,3
5	19,8	80,2	58,0	C	20,0	42,8	20,0	17,2	35	1,6	3,1
6	0,7	99,3	194,3	D	4,2	73,2	18,3	4,3	120	0,3	2,2
7	13,7	86,2	99,9	D	16,3	45,0	32,5	6,2	80	1,1	2,4
8	7,5	9,25	180,3	D	10,0	60,0	13,3	16,7	60	2,2	4,6
9	18,4	81,6	67,8	D	16,7	36,6	13,3	33,4	30	2,5	5,0
10	46,7	53,3	49,3	A	6,7	16,0	6,7	70,6	75	4,6	2,2
11	18,4	81,6	68,7	A	13,3	51,0	24,4	11,1	45	2,1	2,4
12	4,4	95,6	219,0	C	7,2	58,5	25,7	8,6	140	1,0	2,6
13	44,5	55,5	105,0	E	35,5	28,7	28,7	6,7	90	1,5	2,2
14	6,9	93,1	132,4	D	10,0	60,0	20,0	10,0	40	0,9	5,1
15	12,2	87,8	105,1	F	5,3	44,2	23,1	27,4	95	2,6	2,2
16	77,9	22,1	99,3	F	57,2	7,8	24,3	10,7	140	1,0	2,0
17	39,6	60,4	31,3	F	20,0	32,0	28,0	20,0	25	2,5	2,4
18	21,3	78,7	86,6	F	16,0	46,0	26,0	12,0	50	2,3	2,9
19	45,5	54,5	52,8	D	15,0	35,0	20,0	30,0	20	8,0	4,1
20	49,3	50,7	75,0	G	30,0	15,0	29,0	26,0	100	1,2	2,5
21	83,5	16,5	71,5	A	72,5	6,3	11,2	10,0	80	1,0	2,4
22	49,3	50,7	71,4	H	3,8	27,5	12,5	56,2	80	11,7	1,6
23	8,9	91,1	85,1	H	5,7	57,1	8,6	28,6	70	1,9	1,9
24	—	100,0	108,0	H	—	58,1	19,1	22,8	110	—	1,7
25	64,0	36,0	78,0	H	6,3	22,4	27,5	43,8	80	9,6	1,7
Среднее	22,4	77,6	98,4	—	17,6	40,9	22,1	(c) 19,4	—	(b) 1,7	(a) 2,5

A — известняк; B — известковый конгломерат; C — Известняк, глина и песчаник; D — глина; E — глина и песчанник; F — песчанник, G — известняк и глина; H — кварцит.

a — средняя скорость в 1 час в известняке — 2,5 фут.; в песчаннике — 2,4 фут.; в глине — 3,6 фут.; в сланцах — 2,5, в кварците 1,7; b — 33 передвижения на 110 миль, 75 миль поплохой дороге лошадьми; и 5 передв. на 500 миль по железной дороге; d. Sullivan „S" передв. с но 15 HP. переносн. котлом.

Таблица 46.

Скорость и стоимость алмазного бурения в Британской Колумбии[1]).

Время 1906—07 г.	№№	Глубина скважин в фут: Наклон более 30° к горизонту	Наклон менее 30° к горизонту	Всего (j)	Часы действ. бурения, включая манипул. со штангами	Передв. оправка долот алмазов часов	Всего часов	Пробурено фут: На раб. час	На раб. час, включая манипуляц. со штанг.	Работа (c) % сумма	Стоимость: Энергии: Рода	% всего	Ремонт, нефть и пр. (i) % всего	Алмазов: Каратов	% всего алмазов	Всего в долларах	Стоимость на 1 фут	Характер породы
Январь	6	170	—	170	106	46	152	1,1	1,6	54,2	электр.	11,5	7,2	0,95	27,1	316,88	1,86	Преимуществ. твердый диабаз.
Февраль	3	—	191	191	104	24	128	1,5	1,8	28,9	„	6,1	1,3	3,73	63,7	527,76	2,76	Известняк.
Март	5	332	66	398	205	77	282	1,4	1,9	37,2	{ 5 электр. 5 паров. }	14,3	8,8	3,55	40,7	792,03	1,99	Порфиров. диабаз и известн.
Апрель	7	214	—	214	76	55	131	1,6	2,8	44,8	электр.	7,5	6,4	1,92	41,3	420,45	1,96	Огнеупорн. твердая. порода.
Август(b)	7	—	508	508	160	48	208	2,4	3,2	40,8	„	8,0	4,7	3,39	46,5	658,06	1,30	Преимуществ. руда.
Сентябрь	—	—	96	96	29	3	32	3,0	3,3	43,0	„	4,1	—	0,72	52,9	122,63	1,28	Преимуществ. руда.
Октябрь	4	195	40	235	95	53	148	1,6	2,4	41,4	„	11,5	0,5	2,30	46,6	443,74	1,89	Преимуществ. руда.
Ноябрь	6	33	378	411	157	63	220	1,9	2,6	36,7	паров.	(g) 16,7	15,5	2,62	31,1	761,95	1,85	Тверд. кремн. порода
Декабрь	3	189	127	316	144	48	192	1,6	2,2	35,0	„	(g) 15,6	4,2	4,12	45,2	821,78	2,60	Тверд. кремн. порода
Январь	6	246	165	411	159	57	216	1,9	2,6	43,5	„	(g) 40,5	2,5	1,05	15,5	608,09	1,48	Известняк
Февраль	2	—	378	378	137	(e) 79	216	1,7	2,7	51,1	электр.	14,3	1,1	1,78	33,5	479,44	1,27	Руда и известняк
Март	5	200	340	540	180	28	208	2.6	3,0	46,0	„	9,2	4,5	2,58	40,3	577,34	1,07	Руда и известняк
Апрель	1	278	186	464	181	27	208	2,2	2,5	44,0	„	8,1	1,2	3,28	46,7	631,63	1,36	Руда и известняк
Май	3	67	433	500	163	53	216	2,3	3,1	38,9	„	6,9	0,7	5,06	53,5	852,90	1,70	Тверд. гранат. пор.
Июнь	6	189	288	477	187	39	226	2,1	2,5	36,3	„	(h) 16,0	4,4	5,25	43,3	1092,97	2,29	Очень тверд. гранат. пор.
Июль	6	96	304	400	203	23	226	18	2,0	29,1	„	(h) 13,2	11,9	7,05	45,8	1383,87	3,46	} Тоже и диорит
Август	8	497	—	497	213	f) 129	342	1,4	2,3	38,0	„	(h) 17,3	8,1	4,69	36,6	1154,83	2,32	
Всего	78	2706	3500	6202	2499	852	3351	—	—	—	—	—	—	—	—	11646,35	—	
Среднее	—	—	—	79,6	—	—	—	—	—	38,7	—	13,7	5,8	—	41,8	—	—	

[1]) По R. Peele.

Табл. 47. **Алмазное бурение 14-ти скважин Croton Aqueduct.**

Смен. рабочих	Материал							% полного времени			Всего футов	Всего дней
	Глина, гравий фут (c)	Гравий		Разрушенный гнейс		Твердый гнейс		Бурение	Передвижение	Неполадки		
		Фут	Фут	в день	Фут							
5	29	21	10,5	141	70,5	—	—	100	—	—	191	5
5	18	26	13,0	151	37,8	—	—	100	—	—	195	7
5	29	21	10,5	23	11,5	101	14,4	75	6,25	18,7	174	16
5	33	48	24,0	79	26,3	—	—	75	12,5	12,5	160	8
5	14	18	18	28	28	77	12,8	75	16,7	8,3	137	12
5	44	33	11	22	22	36	12,0	53,2	13,3	33,3	135	15
5	24	65	10,9	—	—	10	10,0	36,3	4,5	59,0	99	22 (a)
5	22	77	6,4	55	9,2	—	—	100,0	—	—	154	19
5	24	59	5,4	86	43,0	1	1	48,4	9,7	42,0	170	31
6	19	71	8,9	47	47	6	6	57,9	—	42,1	143	19
6	34	40	13,3	98	24,0	—	—	88,9	11,1	—	172	9
6	27	70	10	—	—	52	10,4	72,2	5,6	22,2	149	18
6	16	23	5,8	47	47	53	13,2	71,4	14,3	14,3	139	14
5	18	—	—	39	18,5	11	11	44,5	11,1	44,4	66	9
Всего сред.	25	572	9,1	814	28,0	347	12,0	66,1	7,4	26,5	2084	204
% всего	168	27,2	—	39,1	—	16,7	—	—	—	—	—	—

а — непостоянное снабжение водой; b — длина передвижения не указана; с — проходка в день.

Таблица 48. **Алмазное бурение в Западной Африке.**

№№	Диаметр	Породы			Род породы	Полное время %			Всего часов	Подвиг. в час.	
		Мягкие	Твердые	Всего		Установка и разборка	Бурение, включая манипул. со штанг.	Неполадки		Бурение	Работа
1	6,0	25	145	170	S	25,6	61,6	12,8	390	0,71	0,44
2	3,0	36	60	96	S	57,7	42,3	—	130	1,75	0,74
3	3,0	4	611	615	(a)	13,7	65,2	21,1	1170	0,79	0,52
4	2,5	—	85	85	SS	55,7	30,0	14,3	150	1,89	0,57
5	2,5	9	67	76	SS	47,1	41,2	11,7	170	2,54	1,05
6	2,5	9	138	147	SS	58,3	36,7	5,6	120	3,47	1,27
7	2,5	15	186	201	SS	33,3	38,6	28,1	142	3,65	1,41
8	6,0	13	141	154	SS	16,1	25,5	58,4	685	0,58	0,15
9	2,0	2	76	78	SS	9,4	85,7	4,8	105	0,87	0,75
10	2,0	10	70	80	SS	10,0	90,0	—	100	0,89	0,80
11	2,0	5	23	28	S	14,3	85,7	—	35	0,95	0,81
12	2,0	12	149	161	SS	6,7	64,4	28,9	225	1,11	0,71
13	2,0	—	341	341	SS	—	100,0	—	350	0,97	0,97
14	2,0	—	369	369	(b)	6,6	64,5	18,9	2900	0,20	0,13
15	3,0	6	75	81	SS	19,0	66,7	14,3	105	1,16	0,77
16	3,0	—	115	116	S	6,1	93,9	—	165	0,78	0,73

Средняя скорость в час: при паровом бурении в песчанике 1,07; в сланцеватой глине 0,51 ф., при ручном бурении в песчанике 0,80 ф., ручное бурение в сланцеватой глине 0,77; а — 305 ф. сланцеватая глина, 146 ф. — крепкий кварцит, 28 ф. — песчаник, 132 ф. — глинистый песчаник; b — 154 ф. песчаник и сланцеватая глина, 84 ф. песчаник, 190 ф — очень твердый кварцит; 21 ф. слацеватая глина и уголь; с — скважины 1—8 — паровое бурение; с — 9—16 — ручное бурение. Паровая смена; 1 белый и 5—6 туземцев; смена при ручном бурении: 1 белый и 8 туземцев; d — время на передвигание исключено; е — S — сланпеватая глина; SS — песчаник.

Таблица 49.

Стоимость алмазного бурения на уголь „Пенсильвания".

	Всего		%% всего
Работа:			
Буровой мастер 4 долл. в 10 часов	308		
Кочегар мастер 2,50 долл. в 10 часов	192		
Вставка алмазов	10		
Передвижение	36	546	40,9
Снабжение:			
Коронки без алмазов	5		0,4
Карбонаты — 4,25 карата — 90	383		28,6
Уголь 1050 бушелей	67		5,0
Нефть и см. масло	11	466	0,8
Ремонт		24	1,8
Погашение 20 %		100	7,5
Дополнит. 1/8		200	15.0
	Всего	1335	100,0
Стоимость на фут 1820 фут		73 с.	

Таблица 50.

Стоимость алмазного бурения при Deep Waterways Survey.

Статьи	Примеры 1-й и 2-й		Пример 3-й		Пример 4-й		Средний % для всех примеров
	Стоимость доллары	%	Стоимость	%	Стоимость	%	
Буровая рента (с)	320	25.6	600	30,6	376	23,0	—
Карбонаты	1870	36,2	200	10,2	465	28,4	39,2
Труд (с):							
по бурению	876	—	530	—	351	—	—
по перевозке	411	—	273	—	191	—	—
Вся работа	1287	24,9	802	40,8	542	33,1	40,6
Дополнение (d)	512	9,9	250	12,7	188	11,4	14,6
Возобновление бура	67	1,3	53	2,7	25	1,5	2,2
Уголь	63	1,2	34	1,7	25	1,5	1,9
Мелкие расходы	44	0,9	28	1,3	19	1,1	1,5
Общая сумма	5136	100,0	1967	100,0	1640	100,0	100,0
Лес	58	—	—	—	—	—	—
Ящики для образцов	25	—	5	—	7	—	—
Фрахт и поездки	66	—	75	—	77	—	—
Путевые расходы	67	—	30	—	68	—	—
Всего	5379	—	2077	—	1792	—	—

а — Пример 1 и 2—44735 футов при 2,83 дол. за тонну; пример 3-й — 22340 футов при 3,055 за тонну; пример 4-й — 2890 фунтов угля по 4,75 и 6 саж. дров по 3,25. b — Стоимость карбонатов 36,50 за карат. с — Смена: надсмотрщик 100 д. в месяц; возчик, упряжь, телеги, резервуар от 75—90 д. в месяц; дополнение 125 в месяц; скидка с 24 каратов карбонатов от бурового завода 300 д. в месяц, плюс рыночная стоимость за карат карбонатов уничтоженных и разрушенных.

Таблица 51.

Стоимость алмазного бурения „Croton Agueduct".

	Полная стоимость	% всей стоим.	Всего пройдено 2084	% всего бурения	Стоимость 1 фута
Работа					
Надсмотрщик 125 д. . . .			Глина и гравий	16,8	1,63
1 помощник 70 д.			Гравий	27,4	4,51
4 рабочих по 65 в мес. .			Разрушен. гнейс	39,1	1,46
Перевозка и передвижение	3865	50,0	Твердый гнейс	16,7	8,72
Снабжение	885	11,5			
Карбонаты	2200	28,4			
Ремонт	291	3,8			
Оборудование 6000 12% за 8,1 мес.	486	6.3			
	7727	100,0			

Таблица 52.

Сравнение стоимости ручного и механического алмазного бурения в Natal, Африка.

	% всей стоимости		
	Механ.	ручн.	
Работа:			Стоимость алмазов за 1 карат 50 д. остальных. Здесь по курсу 90 д. Расход буровой смены: 4,5 дол. за смену и содержан. Паровое бурение: смена 1 белый и 5—6 туземцев. Ручное бурение: смена 1 белый и 8 туземцев. Средняя глубина скважины при паровом бурении 215 ф., при ручном бурении — 124 ф. Твердая порода, песчаник и глинист. порода.
Жалование и паек	62,3	55,9	
Передвиж	12,8	7,4	
Топливо	5,6	—	
Алмазы	17,5	35,9	
Ремонт	1,8	0,8	
Средн. ст. одн. фута без передв. . .	1,56	2,01	
Средн. ст. одн. фута без передв. . .	1,59	2,17	

Таблица 53.

Алмазное бурение у Верхнего Озера.

№№ Скважин.	5	1	3	5	1	1	2	3	2 (b)	2 (c)	6 (d)	2 (e)	6 (F)
Полн. глуб. фут.	1066	1293	478	780	216	174	267	410	634	360	1350	611	2091
Средняя глубина	213	1293	159	156	216	174	133	137	317	180	225	305	348
Порода	A	B	C	C	D	B	B	E	F	G	H	I	J
Полная стоимость 1 фута	3,16	6,31	8,82	7,15	6,15	12,34	7,38	7,11	6,95	3,43	3,78	5,34	3,87
% полной стоимости за 1 фут.													
Работа: Жалование	34,1	25,3	37,1	23,6	14,2	18,1	19,2	31,9	25,6	36,0	47,5	29,6	39,6
Топливо	3	4,3	2,7	0,3	—	1,8	1,2	3,0	4,9	12,3	8,7	2,4	4,7
Ремонт, коронка к пр.	4	1,7	3,3	2,4	2,2	1,2	1,4	2,6	2,4	1,2	2,3	2,6	3,3
Снабж. и рем. маш.	1,1	1,0	0,4	1,0	0,4	0,3	0,2	0,5	1,4	0,6	2,4	1,4	2,5
Карбонаты	49,9	62,6	49,4	72,1	82,2	77,1	76,2	57,7	63,3	39,8	33,2	62,0	44,8
Надзор	7,5	5,1	7,1	0,6	1,0	1,5	1,9	4,3	2,4	10,1	5,9	2,0	5,1

A — Песчаник и мрамор; B — Сланец и яшма; C — Тверд. яшма; D — Железистый сланец; E — яшлла; F — Железистый сланец, диорит, кварцевый порфир; G — Диорит.; H — Твердый кварц.; K — Кварцит.

a — Приблизительная стоимость около 15 за карат; b — Скважина проводилась с глубины 70-м шахты при среднем подвигании 5 футов в смену; c — Среднее подвигание 6 фут. в смену; d — Скважина с глубины 95 фут. шахты. Среднее подвигание 5 фут в смену; e — Среднее подвигание 14 фут. в смену.

Таблица 54.

Алмазное бурение при Tonopah.

	Месяцы					
	Октябрь	Ноябрь	Декабрь	Январь	Февраль	Март
Пройдено футов (a)	61	114	74	109	190	120
Полная глубина в конце месяца	61	175	249	358	548	677
Число рабочих часов	56	192	216	200	192	208
Среднее подвигание в час фут.	10,9	0,59	0,34	0,54	0,99	0,62
Образчик. выним. фут	12	36,5	22,5	55	78,5	47,0
Образчик выним. %	19,7	32,0	30,4	50,5	41,3	36,4
Полная стоимость 1 ф. скваж.	13,63	9,57	10,14	9.37	7,49	7,53
Полная стоимость 1 ф. за месяц.	10,74	7,39	11,48	7,51	3,64	8,11
	Распределение мес. стоим. % втего.					
Работа d	45,7	41,9	44,2	41,1	49,5	35,5
Сила	88	15,4	17,0	13,2	15,9	15,3
Цемент c	—	0,9	0,4	—	—	0,5
Вода	0,7	2,3	1,4	1,1	1,9	—
Карбонаты b	35,2	22,8	13,8	27,4	24,5	44,2
Кузнечные работы	4,6	12,2	10,9	3,9	1,6	2,3
Различное	5,0	0,4	0,1	7,6	0,8	2,2
Коронки и пр.	—	4,2	12,2	5,7	5,8	—

a — Вертикальная скважина. Буровой станок Sullivan „C" на глубину 1500 фут. Сжатый воздух от 90—100 фунтов; b — 3,5 каратовый арбонат по 6 шт. на коронке; c — Смена: машинист 6 дол., помощник —8 час. Работа в одну смену.

Таблица 55.

Распределение времени при работе алмазным бурением в течении 8 смен в Dome Mines, Канада[1]).

Действительное бурение		Под'ем штанг			Опускание штанг			Разные операции, связанные с управлением штанг		Разные остановки		Глубина
					Часы							
Часы	%	Всего	Среднее на под'ем	%	Всего	Сред.	%	Часы	%	Часы	%	
7,87	76,1	1,15	0,57	11,1	0,62	0,31	6,0	0,03	0,3	0,67	6,5	735
6,98	72,3	1,18	0,59	12,2	1,12	0,37	11,6	0,31	3,2	0,07	0,7	770
5,97	60,2	2,22	0,45	22,4	1,63	0,33	16,4	0,10	1,0	—	—	803
6,23	63,0	1,88	0,47	19,0	1,33	0,33	14,5	0,25	2,5	0,20	2,0	820
4,58	43,5	1,95	0,48	18,4	2,28	0,46	21,5	0,48	4,5	1,28	12,1	550
6,13	56,6	2,55	0,63	23,6	1,57	0,39	14,5	0,57	5,3	—	—	572
6,48	64,1	1,07	0,53	10,6	0,87	0,43	8,6	0,27	2,7	1,32	13,0	600
7,50	77,4	1,15	0,57	11,9	0,67	0,33	6,9	0,37	3,8	—	—	625
Сред.	64,1	—	0,55	16,2	—	0,39	12,5	—	2,9	—	4,3	688,5

[1]) По R. Peele. Min. Eng. Handbook.

Таблица 56.

Алмазное бурение 5-ти скважин на уголь в Пенсильвании 1908 г.

% Полного времени бурения				Сумма часов	Глубина	Подвигание в час, включая остановку	Подвигание в час, исключая остановку	Подвигание в час настоящего бурения (c)
Действительное бурение	Управление штанг	Остановки	Остановки при передвижении, установка (d)					
30,2	21,6	37,0 (a)	11,2	179,75	377,5	2,4	4,0	7,0
24,4	19,0	38,0 (a)	18,6	163,25	358	2,7	5,0	9,0
36,9	24,6	12,3	26,2	95,25	279,4	4	4,8	7,9
32,5	21,6	22,2	23,7	74,50	236,4	3,7	5,0	8,6
30,7	24,7	25,5 (b)	19,1	246,50	568,7	3,5	4,1	7,5
Средн. 30,3	22,4	27,6	18,4	—	364	2,9	4,5	7,8

Работа в одну дневную смену. Гидравлическое регулирование скорости. Двойной колонковый цилиндр, 2,5 дюйм столбик коронки, с 6 до 19 футов поверхностные мягкие породы, без валунов.

a — паровик, нуждающийся в ремонте; b — остановки для запаса воды; c — в сланцеватой глине 7,05; в огнеупорной глине 7,10; известняке 7,20; песчанике 9,35, угле 15,15 фут; d — расстояние передвижения не большое.

Таблица 57.

Алмазное бурение в Mariposa Estate Cal.

Скважины	1	2	3	4	5	Сумма	Сумма
Глубина в фут	140	239	79	74,67	136,33	661,00	132,2
Установки и перерывы (часы) .	4,5	5,0	6,5	2,75	3,5	22,25	4,45
Сделано, % полного времени . .	6,2	3,4	19,0	8,1	4,4	—	6,1
Под'ем штанг (часы)	16,42	16,95	6,89	8,78	18,03	67,07	13,41
Сделано, % полного времени . .	22,8	11,6	20,2	25,8	22,6	—	18,3
Опускание штанг	12,26	18,76	3,68	3,78	4,07	42,55	8,51
Сделано, % полного времени . .	17,0	12,8	10,8	11,1	5,1	—	11,6
Расширение	—	—	—	—	15,45	15,45	—
Сделано, % полного времени . .	—	—	—	—	19,2	—	4,2
Недостаток воздуха	—	3,25	—	—	—	3,25	—
Сделано, % полного времени . .	—	2,2	—	—	—	—	0,9
Ослабление штанг	—	23,25	—	—	—	23,25	—
Сделано, % полного времени . .	—	16,0	—	—	—	—	6,4
Время действительного бурения .	38,82	78,79	16,93	18,69	38,95	192,18	38,44
Сделано, % полного времени . .	54,0	54,0	50,0	55,0	48,7	—	52,5
Полное время часов	72	146	34	34	80	366	—
Подвигание в час, включая остановку (футы)	1,9	1,6	2,3	2,2	1,7	—	1,8
Подвигание в час настоящего бурения (футы)	3,6	2,9	4,7	4,0	3,5	—	3,4
Характер породы	A.	B.	C.	A.	A.		

Таблица 58.

Подсчет времени и скорости алмазного бурения в Трансваале[1]).

Полная глубина		Глубина бурения	Без под'ема	Бурение с под'емом	Среднее время манипуляции со штангами при под еме	Под'ем и опускание % полного времени.	Действительное бурение % полного времени	Всего времени на бурение	Скорость бурения в час Футы	Скорость долбления в час. Футы
от	до									
693	899	206	25	8,23	2,0	28,9	71,1	170,9	1,20	1,69
899	1099	200	31	6,46	2,7	33,9	66,7	248,6	0,80	1,21
1099	1297	198	33	6,00	2,7	40,7	59,3	221,7	0,89	1,50
1297	1501	204	34	5,95	3,5	52,6	47,4	225,4	0,90	1,89
1501	1705	204	23	8,85	4,3	45,6	54,4	217,0	0,94	1,72
1705	1901	196	18	10,91	4,4	39,4	60,6	202,7	0,97	1,60
1901	2021	120	11	10,91	5,2	41,9	58,1	136,5	0,98	1,51

Скважина проводилась с забоя шахты с 693 фут. глубины. Буровая вышка 50 ф. высоты; 20 ф. колонковый цилиндр. Порода — кварцит и твердая.
А — Сланцы; В — сланцы с пиритом; С — сланцы и серпентин. (Табл. 57).

Таблица 59.

Время на манипуляции со штангами в скважине Scattered басс.

Местонахождение	Длина сечения футы	Число минут на 100 футов			Глубина футы
		Под'ем	Опускание	Под'ем и опускание	
Bisbee, Arizona	20	—	—	8,4	3200
Leipzig	—	—	—	10,4	5790
Dornkloof	50	4,2—4,8	3,6—4,2	7,6—9	5000
Rand	—	—	—	10,8	2500
New Jork Aqueduct . .	30	6	6	12,0	500
New Jork Aqueduct . .	30	10	10	20,0	1800
Верхнее Озеро	10	8,3	5	13,3	310
Верхнее Озеро	10	8,4	5,6	14,0	531

[1]) По R. Peele.

Таблица 60.

Алмазное бурение в Трансваале[1]).

Глубина					% полного времени				Полное время, часы
Поверхностные породы		Твердые породы		Всего	Бурение в мягких породах	Бурение в твердых породах	Случайные остановки (b)	Экстраординарные остановки (a)	
Фт.	%	Фт.	%						
152	25,0	456	75,9	608	18,8	81,2	—	—	264
200	66,7	100	33,3	300	71,3	15,4	—	13,3	480
7	2,0	348	98,0	355	0,2	47,1	9,7	43,0	2818
95	27,1	255	72,9	350	11,4	51,3	0,2	37,1	842
190	57,6	140	42,4	330	22,1	36,9	11,5	29,5	651
203	24,6	625	75,4	828	14,1	63,3	8,3	13,8	1858
16	3,7	415	96,3	431	9,3	76,5	9,3	4,9	643
78	48,8	82	51,2	160	17,8	35,8	—	46,4	336
78	100,0	—	—	78	31,3	—	—	68,7	192
73	11,4	569	88,6	642	4,3	52,2	3,7	39,8	1952
79	13,3	517	86,7	596	6,0	52,2	3,0	38,8	1196
—	—	289	100,0	289	—	42,6	4,7	52,7	508
18	3,9	438	96,1	456	3,2	32,0	4,9	59,9	976
—	—	180	100,0	180	—	48,1	16,9	35,0	260
—	—	289	100,0	289	—	45,8	15,4	38,8	598
33	1,5	2139	98,5	2172	0,8	68,4	6,7	24,1	4492
20	1,8	1140	92,5	1160	8,8	48,2	13,3	29,7	4902
28	12,1	204	87,9	232	2,3	43,1	3,1	51,5	1042
—	—	1328	100,0	1328	—	75,0	7,5	17,5	2465
1270	—	9514	—	10784	—	—	—	—	26475
Средн.	11,8	—	88,2	—	6,7	54,0	7,8	31,3	—
Средн.	—	—	—	—	9,7	78,9	11,4	—	—

a — включая праздники; b — ремонт и пр.

[1]) По R. Peele.

Таблица 61.
Алмазное бурение при Isle Royale Mine.

Производительность бурения в час в зависимости от глубины; футы										Полная глубина в твердой породе	Число часов бурения в твердой породе	Средн. в 1 час.
0 до 100	100 до 200	200 до 300	300 до 400	400 до 500	500 до 600	600 до 700	700 до 800	800 до 900	900 до 1000			
1,2	1,3	1,1	0,9	0,9	0,9	0,9	—	—	—	700	694	1,01
1,6	1,3	1,3	0,9	0,8	0,5	0,7	—	—	—	699(c)	768	0,91
1,4	1,2	1,1	1,0	0,7	0,6	—	—	—	—	619	765	0,87
1,1	1,1	1,1	0,9	0,8	0,7	—	—	—	—	605	660	0,92
1,1	1,1	1,1	0,7	—	—	—	—	—	—	415	445	0,93
1,2	1,5	1,6	1,2	1,2	—	—	—	—	—	557 (c)	432	1,29
1,5	1,2	1,5	1,3	—	—	—	—	—	—	440(c)	344	1,28
0,9	1,1	0,7	0,9	0,6	—	—	—	—	—	505	624	0,81
0,8	1,0	0,9	0,6	—	—	—	—	—	—	470	576	0,82
1,0	1,1	1,1	0,8	—	—	—	—	—	—	401	384	1,04
0,7	0,7	1,1	1,2	1,0	—	—	—	—	—	550	640	0,86
1,1	1,1	1,2	0,9	0,9	0,8	0,9	0,8	0,7	0,4 (a)	1038	1320	0,79
1,5	1,5	1,3	1,5	1,1	—	—	—	—	—	504	368	1,37
1,3	1,3	1,5	1,1	1,0	1,0	—	—	—	—	596	570	1,17
Среднее												
1,1	1,2	1,1	0,9	0,9	0,7	0,8	0,8	0,7	0,4	580	605	0,96

а — твердые породы после 900 фут. разрушенные; b — включая все такие неполадки, как ремонт машины, скручивание штанг и пр.; с — твердые породы, конгломераты.

Таблица 62.
Анализ остановок алмазного бурения 3-х скважин в Мичигане.

Глубина (футы)	544	1,191	802
Подвигание в час работ	1,31	1,36	1,12
Подвигание действительного бурения	2,30	2,23	2,00
% полного времени бурения	58,7	60,6	56,2
„ „ „ под'ема и опускания штанг	29,7	22,7	21,4
„ „ „ ремонта	3,9	4,6	5,0
„ „ „ цементирования скважин	0,6	0,4	0,8
„ „ „ бурения цемента	1,9	0,7	5,0
„ „ „ бурения вырытой почвы	3,8	1,2	5,9
„ „ „ замер. воды в трубах	—	4,1	—
„ „ „ разрыва штанг	—	0,9	—
„ „ „ под'ема защемленной коронки	—	—	3,7
„ „ „ установки коронки	0,7	2,5	0,4
„ „ „ измерения скважины	0,7	2,3	1,6
„ „ „ потерянного времени	11,6	16,7	22,4
Направление скважины	верт.	58°	верт.

Породы были не очень тверды. Способ измерения скважины посредством раствора плавикового шпата при 35 % растворе и действии 30 минут.

Таблица 63.

Проволочных под'емных канатов для алмазного бурения.

Данные бурения		Диаметр каната ″	Длина ′	Соответствующий диаметр шкивов ″
Глубина в футах	Диаметр скважины в дюймах			
600	1,75	0,5	75	16
1000	2,06	0,625	75	21
1500	2,06	0,75	100	22
2000	2,0	0,75	125	22
4000	2,0	0,875	125	37,5

Таблица 64.

Стоимость и вес разных комплектов оборудования для алмазного бурения.

Глубина футы	Диаметр		Сила	Приблизительная стоимость [1]) Доллары	Прибизительный вес, фунты
	Скважин ″	Образчик ″			
350—400	$1^{9}/_{16}$	$^{15}/_{16}$	Ручная	3 700	4 000
400	„	„	Пар	4 500	11 000
500—600	„	„	„	5 000	15 000
800—1000	„	„	„	5 000—5 700	24 000
1500	$1^{13}/_{16}$	$1^{3}/_{32}$	„	8 000—10 000	32 000
2000	„	„	„	8 800	38 000
2000	$2^{1}/_{16}$	$1^{3}/_{8}$	„	13 000	47 000
2000	$2^{13}/_{16}$	2	„	17 000	57 000
3000	$2^{1}/_{16}$	$1^{3}/_{8}$	„	10 000—15 000	62 000
5000	$2^{13}/_{16}$	2	„	15 500—29 500	150 000

[1]) По данным R. Peele. Min Engin. Handbook. 1918.

Таблица 65.

Соединительные муфты для обсадных труб.

Размер коронки	Обсадные трубы			Вес в фунтах 1 пог. фута
	Номинальный внутренний диаметр (″)	Действительный диаметр		
		Внутрен.	Наружн.	
E.	1,625	1,69	2,12	3,0
A.	2,0	1,93	2,37	5,02
B.	2,5	2,31	2,87	7,67
N.	3,0	2,89	3,50	10,25

Таблица 66.

Вес и стоимость сооружений для стальных вышек (копров) (Standard Diamond Drill Co.).

№	Высота ″	Число ног	Расстояние между основанием ног. футы	Требуемая высота, футы	Безопасная рабочая нагрузка в фунт.	Вес в англ. фунтах	Цена, доллары
1	30	3	10	24	4 000	1 500	125
2	38	3	12	32	5 000	1 900	175
3	38	3	12	32	10 000	2 300	220
4	52	3	16	45	15 000	4 100	350
5	63	3	19	55	18 000	5 400	425
6	52	4	16	45	20 000	5 500	470
7	63	4	19	55	24 000	7 000	575
8	77	4	22	67	40 000	20 000	1800

Таблица 67.

Алмазное бурение в Вехней Силезии (Германия) в Парушувитце.

Скважины № 5.

1.	Продолжительность всей работы по проведении скважины	с 26. I. 1892—27. V. 1893 гг.
2.	Пройденная глубина	2003,34 м.
3.	Начальный диаметр	320 мм.
4.	Конечный диаметр	69 мм.
5.	Средняя скорость в сутки	5,01 м.
6.	Стоимость всего бурения	75225.41 марок
7.	На 1 пог. метр	37,57 м.
8.	Температура на глубине 1959 м. . .	69,3° C.
9.	Вес всех штанг	13875 клгр.
10.	Породы до глубины 102 м. диллювильные пески и третичные глины . . .	
11.	С 102 м. — породы каменно-угольной формации	

Пример алмазного бурения в Западной Виргинии.

Бурение производилось в трудно доступной гористой местности, с целью разведки месторождений каменного угля и определения запасов его на площади «Jokagontas» № 3 [1]).

Всего было обследовано 35 буровых скважин, пройденных на общую глубину 12 526,5 футов, в течение 25 дней

[1]) По данным № 9. Alforda, Pitsburg, Mining Engineer.

(за вычетом времени, потраченного на перевозку и установку машин), составляющих 728,5 смен, при средней производительности 21,57 футов бурения в смену.

Изо всей пройденной глубины 6 711 футов были пройдены диаметром коронки в дюйм, втечении 106 дней, при средней производительности 63,3 фута в день; 1667,5 футов были пройдены диаметром в $1^1/_4$ дюйма в течение 73 дней, что составляло в среднем 22,8 фута в день; 3544 фута были пройдены в $2^1/_2$ дюйма в течение 164 дней, что дает в среднем 21,6 в день; остальные 594 фута были пройдены двух-дюймовым диаметром в 32 дня — в среднем 18,5 фута в день.

Как будет видно из цифр, приведенных в таблице, большинство затруднений происходило из-за медленных передвижений. Напр., скважина № 6 отстоит от скважины № 5 и № 7 всего на расстоянии нескольких сот футов; однако, перенесение и установка машин на этих скважинах составили в процентом отношении весьма высокую сумму, так как скважины оказались неглубокими. Для работы на скважине № 4, машина была перенесена по очень плохой дороге на протяжении 9 миль, то же было и при скважине № 28, причем, сюда прибавились затруднения от чрезвычайно дурной погоды. При скважине № 26, машина была переставляема два раза. При скважинах №№ 4, 17 и 25 требовалось устройство дороги вдоль крутых под'емов, притом при весьма неблагоприятных условиях.

В течение некоторого времени пользовались двумя буровыми машинами, одна была в ходу, пока другая находилась в пути, и пока ее устанавливали.

По возможности буровые машины устанавливались с таким рассчетом, чтобы можно было воспользоваться водой из горных рек, так что накачивание производилось лишь в немногих случаях. При скважине № 3 вода была найдена после того, как были проложены трубы, а при скважине № 2 трубы замерзли, вызвав необходимость в лишней работе и лишних расходах.

В течение всего бурения износ стальных коронок был сравнительно не большой.

Таблица 68.

Стоимость, выраженная в процентном отношении ко всей стоимости каждой из скважин.

Буровая скважина №	Глубина в футах	Прокладка дорог	Провозка и установка	Прокладка труб	Накачивание	Уголь	Бурение	Починки	Топливо для бурения	Вода для бурения	Масло для бурения	Материал	Наем буровых машин	Фрахт, разгрузка и нагрузка	Расходы по бурению
1	622	5,19	23,22	3,86	8,85	1,01	38,63	4,75	8,51	5,59	0,49	—	—	—	—
2	573	7,85	26,75	7,35	9,12	3,12	36,56	—	6,83	1,45	0,35	0,62	—	—	—
3	515	8,62	34,30	5,00	—	—	41,80	—	4,16	3,17	0,24	2,71	—	—	—
4	232	15,57	49,45	—	—	—	26,30	—	5,10	0,96	0,05	2,57	—	—	—
5	44	—	72,20	—	—	—	26,50	—	1,30	—	—	—	—	—	—
6	54	—	38,18	—	—	—	59,84	—	1,98	—	—	—	—	—	—
7	80	—	34,83	—	—	—	61,53	—	2,28	—	—	1,36	—	—	—
8	310	—	25,22	—	—	—	30,74	26,3	0,55	14,70	2,49	—	—	—	—
9	423	7,22	16,97	—	—	—	66,42	—	3,84	4,94	0,61	—	—	—	—
10	513	—	16,66	—	—	—	73,45	—	4,64	4,80	0,45	—	—	—	—
11	870	6,92	16,82	—	—	—	49,64	—	7,64	13,43	0,42	5,13	—	—	—
12	231	—	56,35	—	—	—	30,40	—	2,48	10,76	0,01	—	—	—	—
13	273	—	48,58	—	—	—	34,45	—	1,69	14,36	—	0,92	—	—	—
14	326,5	5,71	1,79	3,99	5,62	0,26	82,10	—	0,53	—	—	—	—	—	—
15	428	9,95	3,42	2,93	5,80	1,60	74,25	—	2,05	—	—	—	—	—	—
16	247	5,98	9,76	—	—	—	81,98	—	2,28	—	—	—	—	—	—
17	242	26,90	12,20	2,81	2,49	2,73	52,87	—	—	—	—	—	—	—	—
18	424	—	4,77	—	—	—	93,00	—	2,23	—	—	—	—	—	—
19	613	—	3,05	—	—	—	96,06	—	0,89	—	—	—	—	—	—
20	388	2,82	8,75	—	—	—	41,88	—	2,65	13,90	—	2,46	12,29	15,25	—
21	190	—	19,50	—	—	—	28,50	—	—	13,10	—	4,03	9,87	25,00	—
22	279	1,89	31,45	—	—	—	24,53	—	0,92	11,70	—	4,34	9,24	15,93	—
23	494	—	20,35	—	—	—	44,02	—	2,76	5,21	—	4,49	11,73	11,44	—
24	245	—	56,73	—	—	—	25,05	—	2,14	5,45	0,27	10,36	—	—	—
25	173	21,19	38,18	—	—	—	22,15	—	3,95	3,49	—	11,04	—	—	—
26	414	—	47,18	—	—	—	35,45	—	7,95	4,90	—	4,93	—	—	—
27	450	—	21,55	1,64	1,27	1,42	44,08	—	14,92	9,07	0,29	5,76	—	—	—
28	298	—	57,85	—	—	—	28,30	—	3,23	4,86	0,20	5,48	—	—	—
29	254	—	11,50	—	—	—	15,02	—	3,14	50,25	0,13	3,14	2,33	8,78	5,71
30	165	5,23	7,82	—	—	—	12,40	—	3,59	49,16	0,14	1,23	2,08	11,11	7,24
31	323	5,64	6,73	—	—	—	26,45	—	3,66	30,65	0,24	3,86	3,77	11,51	7,49
32	358	1,25	16,41	—	—	—	28,25	—	7,19	12,62	0,23	4,63	4,88	14,86	9,68
33	418	10,82	10,15	—	—	—	34,08	—	5,68	8,49	0,26	2,28	5,75	13,62	8,87
34	453	7,52	9,90	—	—	—	27,72	—	2,56	33,81	0,22	1,95	5,51	10,68	6,96
35	594	—	23,28	—	—	—	48,03	—	8,18	13,26	0,34	2,77	4,14	—	—
	12516,5 фут.														

Таблица 69.

Факторы времени.

Буровая скважина №	Продолжительность бурения (в днях)	Продолжительность работ, включая перевозку (в днях)	Количество работавших смен	Средняя глубина, проходившаяся сменой фт.	Наибольшая глубина, проходившаяся сменой фт.	Наибольшая глубина, проходившаяся в течение одного дня фт.	Диаметр (в дюймах)
1	25	35	28	21,4	33,0	63,0	1
2	15	20	27	21,2	36,0	61,0	1
3	12	21	22	23,4	34,0	65,0	1
4	7	15	11	21,1	26,0	51,0	1
5	2	5	2	22,0	—	—	1
6	2	3	2	27,0	—	—	1
7	3	3	2	40,0	—	—	1
8	7	10,5	11	28,3	36,0	67,0	1
9	14	20	16	26,4	43,0	83,0	1
10	13	15,5	21	24,4	37,0	72,0	1
11	36	44	47	18,5	70,0	77,0	1
12	7	17	9	25,7	45,0	70,0	1
13	7	13	10	27,3	45,0	83,0	1
14	11	29	18	18,1	28,0	52,0	$1^1/_4$
15	20	26	26	16,5	53,0	65,0	$1^1/_4$
16	13	26	14	17,6	35,0	65,0	$1^1/_4$
17	8	14	12	20,1	46,0	91,0	$1^1/_4$
18	21	24	18	23,6	42,0	77,0	$1^1/_4$
19	13	22	20	30,6	55,0	99,0	$2^1/_2$
20	20	22	32	12,1	20,0	40,0	$2^1/_2$
21	8	10	13	14,6	20,0	40,0	$2^1/_2$
22	10	13	16	17,4	30,0	52,0	$2^1/_2$
23	27	30	32	15,4	28,0	54,0	$2^1/_2$
24	8	25	14	17,5	25,0	50,0	$2^1/_2$
25	12	28	10	17,3	23,0	44,0	$2^1/_2$
26	31	55	27	15,3	27,0	45,0	$2^1/_2$
27	23	32	31	14,5	32,0	54,0	$2^1/_2$
28	12	26	18	16,2	20,0	40,0	$2^1/_2$
29	13	19	14	17,4	38,0	75,0	1
30	8	11,5	11	15,0	23,0	45,0	1
31	17	20,5	22	14,7	21,0	41,0	1
32	15	21	19	18,8	36,0	57,0	1
33	26	29,5	24	17,4	23,0	45,0	1
34	27	30	27	16,8	34,0	52,0	1
35	232	47	46	12,9	23,0	64,0	2
	525	782,5	672	21,57	70,0	99,0	

Описание работ по бурению самой глубокой буровой скважины на земном шаре[1]).

Глубочайшая буровая скважина около Чухова в Верхней Силезии была пробурена по приказу казенного Горного Управления Буровым Управлением в Шенебеке. Скважина имела своей целью исследование залежей в каменноугольном округе горной инспекции Кнуров; она была предположена до глубины 1500 метров. Заведующим бурением был Горный Советник Егер. Место для бурения было определено на расстоянии 1,3 килом. к северо-западу от деревни Чухов, на высоте в 248,5 метров над уровнем моря, в угольном районе уездного города Рыбник, в окрестностях которого уже находилось много угольных копей. Примененное буровое оборудование состояло из комбинированного ударно-вращательного бурового станка с промывкой воды. Необходимая вода доставлялась бензино-моторным насосом из пруда, расположенного на 500 метров южнее.

25 сентября 1906 года была начата установка буровой вышки, а 15 октября того же года было начато бурение. Оно было начато в буровой шахте, глубиной в 2,25 метров, посредством буровой трубы диаметром в 440 мм.; углубление производилось при помощи полуцилиндрического бура с применением обратной промывки водой. С поверхности земли горные породы состояли попеременно из суглинков, песка и глины. В последней, на глубине до 12 метров, встречались валуны часто застревавшие в штангах и закупоривавшие их, так что оказывалось необходимым часто поднимать и развинчивать штанги. С глубины 38,67 метров было применено быстро-ударное бурение. Первая колона обсадных труб достигла 14 метров, вторая (390 мм. диаметром) до 36,05 метров. До глубины в 66 метров бурили быстро-ударным спо-

[1]) Tecklenburg. Diamantbohrung.

собом и, так как дальше породы стали мягче, то с этой глубины стали опять работать полуцилиндрическим буром.

2 ноября 1906 года бурение достигло глубины в 84,79 метра, но в этот момент промывочная вода прорвалась позади второй колоны обсадных труб в 390 мм. диаметром. После того как кольцевое пространство между первой и второй колоной обсадных труб было затрамбовано, промывочная вода поднялась наружу из первой обсадной трубы. Вдавливанием 390 мм. отрезка труб в сине-серую глину не достигли уплотнения буровой скважины, так как колона труб застряла на глубине в 36,6 метра, и не могла быстро двинуться дальше. После того как 390 мм. обсадные трубы были вынуты, была опущена колона обсадных труб в 440 мм. диаметром, после чего буровая скважина была расширена долотом в 435 мм. до глубины в 67 метров. Введенная опять 2-я колона труб в 390 мм. застряла на 36,4 метра, и могла быть продвинута глубже только на 2,55 метра. Так как и следующая 3-я колона обсадных труб диаметром в 385 мм. не могла быть вдавлена глубже 38,95 метров, то не оставалось никакого сомнения в том что первая колона обсадных труб отклонилась от вертикали, и дальнейшая работа над этой скважиной была бесполезна. На этом основании эта буровая скважина была оставлена и буровая вышка была передвинута приблизительно на 10 метров к югу. 10 декабря 1906 г. на этом месте начали новую буровую скважину с начальным диаметром в 440 мм. С глубины в 32,44 метра должны были опять применить долото для того, чтобы свободным падениием, а также помощью парового цилиндра, пройти вязкий слой, состоящий из жирной сине-серой глины с большими прослойками гипса и извести. Так как при бурении в известковых породах большая часть промывочной воды терялась, оказалось необходимым озаботиться об увеличении установки для водоснабжения, но несмотря на это вскоре выяснилось, что промывочная вода выходит наружу не через обсадные трубы, а через брошенную буровую скважину, лежащую на 10 метров в стороне. По достижении буровой скважины глубины в 75,90 метра, была опущена 2-я колона обсадных труб диаметром в 390 мм.; в свободной от гипса и песка сине-серой глины, которая началась в 61,5 метра, оказалось возможным от 67,5 до 68,05 метров и от 75,95 метров работать посредством полуцилиндрического бура и ввести

390 мм. трубы. Не смотря на то, что эта работа происходила медленно и без вдавливания, края труб были смяты, размер полуцилиндрического бура должен быть уменьшен, а для того, чтобы избежать больших повреждений, колона обсадных труб была остановлена на глубине 79,43 метров.

Отсюда пробурили дальше до глубины в 94,38 метров и, для предохранения буровой скважины, в ее нижнюю часть опустили 3-ю колону обсадных труб диаметром в 320 мм., и так как сине-серая глина оказалась довольно твердой, то перешлии опять к бурению долотом. При продвижении бурения посредством плоского долота диам. в 315 мм., время от времени проверяли сечение и направление буровой скважины, однако, отклонений от вертикали и в размерах не было установлено. Частым поварачиванием долота и тщательным промыванием буровой скважины достигли того, что трубы внешним диаметром в 290 мм. могли быть опущены без затруднений на увеличившуюся глубину. После того как на глубине в 126, 40 метров достигли каменноугольных пород, в них производилось дальнейшее бурение посредством долота, и 12 февраля 1907 года дошли до глубины в 227,18 метров. После этого была опущена четвертая колона обсадных труб диаметром в 270 мм. и, для уменьшения нагрузки на забой скважины трубы были закупорены деревянной пробкой на цементе, так что напор воды действовал противоположно весу труб. По окончании опускания обсадных труб в 270 мм., работы продолжались долотом с шириной лезвия в 265 мм., однако, разбуривание пробки, включение третьего мотка в кабельную лебедку, постоянное замерзание водопроводных труб и недостаточное образование пара вызывали неприятные задержки буровых работ. Также поломка тяжелых штанг на глубине в 380,77 метра и поломка долота на глубине в 512,46 метров вызвали приостановки работы, хотя и не очень значительные. Отломанный кусок штанги был скоро поднят наверх, а долото было поймано ловильным колоколом. На 523 метра глубины был открыт источник, и для определения исследования его бурение было прервано на 7 дней. На глубине в 568,32 метра последовала вторая поломка долота, вызвавшая большие повреждения, так как ударная штанга несколько часов подряд работала по отломанному долоту и вогнала его косо в стенки буровой скважины. Ловильные работы продолжались два дня. Дальнейшее бурение было продолжено алмазной коронкой, для чего была опущена колона обсадных труб в 185 мм. и работа продолжалась коронкой диаметром в 176 мм. Для того, чтобы ввести эту колону точно по середине обсадных труб в 270 мм. внизу, на трубу в 185 мм., был насажен кусок трубы в 220 мм., а на расстояниях в 520 метров были насажены направляющие кольца.

Так как примененная первоначально коронка несколько раз заедала, то она была опять снята и буровая скважина была от глубины в 568,68 до глубины в 577,41 метров углублена долотом в 176 мм., так как предполагали, что заедание коронки вызвано обломками стали, оставшимися внизу от поломанного долота. Отсюда бурение коронкой было продолжено до глубины в 862,1 метр. без остановок. Пройденные горные породы состояли попеременно из песчаника, сланцев и угля. Горные породы от 828 метров до 830 и от 841 до 842,6 оказались весьма разрушенными и произошла осыпь. Благодаря этому были принуждены перейти к креплению 150 мм. трубами, опущенными на глубину в 862,1 метра двумя колонами.

После того, как буровая скважина была таким способом укреплена, было определено простирание горных пород, благодаря чему буровые работы задержались на несколько дней. Тяжелые штанги размером 60×74 мм., применяемые на малых глубинах, в связи с буровыми трубами 142 мм. коронкой, были удалены для облегчения работы, и для буровых штанг были применены Маннесмановские трубы диаметром 35×49 мм.

При перемене одной коронки на глубине в 992 метра в буровой скважине натолкнулись на 8,2 м. плывучих пород, благодаря чему решили опустить следующие трубы (120 мм.), причем это произвели тремя частями в скважину глубиной почти 1000 метров. После этого бурение продолжалось коронкой 116 мм. в перемежающихся слоях из угольного сланца, песчаника и угля до тех пор, пока на глубине в 1111,83 метра опять не возникла осыпь, которая настолько усилилась, что 12 октября 1907 года, при поднимании бурового инструмента, она затянула инструмент. Однако, после некоторого времени удалось освободить буровой инструмент встряхиванием, дерганием и поварачиванием, и ввиду того, что оказалось не возможным продолжать работу в буровой скважине, имевшей уже глубину в 1175,5 метра без крепления трубами, опустили колону потайных обсадных труб длиной в 195,57 метров и диаметром в свету в 92 мм., которые, однако, достигли забоя буровой скважины без труда, причем, при опускании полуцилиндрического бура в буровой скважине оказалось 17,3 метра осыпи, которая была выбурена полуцилиндрическим буром и поднята наверх, после чего бурение продолжалось дальше коронкой в 91 мм.

Многочисленные пласты толщи угольного сланца, пройденные при бурении, вызвали образование большого количества буровой мути; через несколько недель после каждого под'ема буровых инструментов, на подошве накоплялось около 10 метров бурового шламма, что представляло из себя постоянную опасность для рабочих частей и могло вызвать заедание буровых труб. 30 ноября 1907 года, при поднимании буровых труб, они действительно засосали их и после того, как была пущена в ход промывка, на долгое время удалось обычными средствами поднять буровые инструменты на 10 метров. Опыт произвести очистку буровой скважины обратной промывкой оказался напрасным, так как буровая муть постоянно забивала штанги. Правда, оказалось возможным продолжать бурение еще короткое время при помощи колонковой трубы, насаженной на буровые трубы, однако, количество буровой мути и осыпи не уменьшалось, не смотря на то, что эта труба, при под'еме наверх, оказывалась каждый раз наполненной. Становилось понятным, что без крепления освобождаемой части буровой скважины, в которой не находились трубы, работа не могла быть продолжаема, и так как углубление буровой скважины оказывалось необходимым значительно глубже, чем на 1500 метров, то буровые работы были приостановлены на глубине 1043 метра, и перешли к расширению буровой скважины, которое должно было быть произведено коронками в 142 и 116 мм. на протяжении 406 метров.

Эта работа вызвала много осложнений, которые могли легко оказать чуть не решающее значение для участи всей буровой скважины. Первоначально была удалена из глубины буровой скважины 92 мм. колона обсадных труб, при этом, когда 17 метров было уже над землей, обсадные трубы разорвались и 178,57 метров труб упали в буровую скважину. Для того, чтобы их опять поднять, были опущены 17 метров 92 мм. обсадных труб на штангах на глубину 996,93 метра; они были навинчены на упавшие в скважину трубы. Расхаживанием обсадные трубы были подняты и после того, как 140,41 метров труб было вынуто, колона обсадных труб опять оборвалось, и 55,16 метров упало обратно в буровую скважину. В месте поломки уже вынутых труб, их конец расширился на 119 мм., благодаря чему под'ем был весьма затруднен. Оставшиеся в буровой скважине трубы должны были быть разрезаны и кусками подняты наверх. Куски длиною в 1,27 метра были рассверлены, и благодаря этому предполагаемое расширение буровой скважины не имело места.

От 120 мм. колоны буровых труб 700 метров было вынуто отвинчиванием; при под'еме остатка, разорвались штанги. Упавшая в буровую скважину часть штанг была поймана метчиком и отвинчена, трубы разрезаны и вынуты кусками. При упомянутой выше поломке штанг была повреждена также и под'емная лебедка, благодаря чему произошел перерыв в работах до ее ремонта. Во время этого был установлен паровой насос вместо бывшего до сих пор в применении ременного насоса, так как производительность последнего не оказывалась достаточной.

По окончании этих побочных работ, оказалось возможным произвести расширение нижней части буровой скважины коронками в 142 мм. в срок 14 с половиной дней без каких либо осложнений. После этого скважина была закреплена непрерывной колоной труб в 120 мм. диаметра до глубины в 1176,80 метров. Колона обсадных труб была опущена тремя частями, и свинчена в буровой скважине. Под защитой этой колоны было произведено расширение до забоя, т. е. с 1176,80 до 1403 метров посредством коронок в 116 мм., в продолжении 17 рабочих дней. Когда расширителем достигли глубины в 1216,3 метра, то оказалось, что, начиная с этого места, буровая скважина вполне заполнена осыпью и буровой мутью, которые должны быть пройдены коронкой в 91 мм. для продолжения дальнейших работ.

По достижении забоя буровой скважины, на глубине в 1403 метра принуждены были приступить к дальнейшему креплению трубами, так как осыпь и буровая мелочь вызывали заедание штанг и буровых труб, и благодаря этому оказывалось невозможным производить бурение коронкой в 116 мм. Вследствие этого были склепаны друг с другом 250,22 метра труб в 92 мм. диаметром, которые, по опускании их вниз, на глубине в 1375,9 метров натолкнулись опять на осыпь и буровую муть.

После этого работа была продолжена применением коронки в 91 мм., однако, при этом растерлась часть колонок, отчего образовалось большое количество мути, затруднившее буровые работы. Также опять стали происходить заедания и вызываемые ими поднимания буровых инструментов для опорожнения буровых труб отнимало очень много времени. Когда была достигнута глубина в 1521,83 метра оказалось, что 92 мм. колона обсадных труб опустилась до основания в 1403 метра, благодаря собственной тяжести.

С увеличением глубины, количество неполадок увеличивалось, несмотря на осторожное ведение работ и внимательное обслуживание бурового станка со стороны всего персонала. Осыпь из пластов угля и сланцев, наклон которых увеличился с 11° на 17°, все увеличивалась, коронки снашивались в твердом песчанике и слоях конгломерата очень быстро, так что стенки буровой скважины требовали расширения. При под'еме буровых труб очень часто колонки выпадали, защемлялись в буровой скважине, благодаря чему должны были быть размельчены, увеличивая таким образом количество мелочи в забое. На глубине 1692 метра был пройден толстый угольный пласт в 6,42 метра, на глубине 1695 метров количество осыпи стало заметным, и через непродолжительное время, при под'еме буровых инструментов с глубины 1719,78 метров, они опять застряли. После четырехчасовой работы, их удалось освободить. Для того, чтобы ниппель буровой трубы не попал глубже мест, наполненных осыпью, буровая труба была удлинена. Буровые инструменты при под'еме их с глубины 1725,54 метра всетаки заели на 14,71 метров над подошвой; промывка не могла устранить осыпь, вызвавшую заедание. Во время натягивания штанг, они разорвались на глубине 1445 метров. Тогда опустили длинную буровую трубу через все штанги до трубы колонковой, которая была навинчена на буровую трубу, застрявшую в буровой скважине, после чего скважина была промыта. При этом выяснилось, что в трубе этой, связанной с буровой трубой, не оказалось никакой осыпи, очевидно что колонковая труба или буровая труба застряли благодаря прилегавшим к ним кусочкам угля и горных пород. После того, как на обломок штанг на глубине в 1445 метров был навинчен колокол, попробовали сдвинуть застрявшие буровые трубы вверх или вниз. Опыт оказался безрезультатым. После этого навинтили на левые штанги колокол на глубине в 145 мм. и пустили в ход промывку. Последнюю все время увеличивали, после чего опять потянули за штанги, однако, последние разорвались приблизительно на глубине в 25 м. После починки разорванных штанг попробовали буровую трубу освободить раскачиванием посредством рычага, применяя для этого паровой цилиндр и промывку, однако, и это не удалось. После 12 часовой работы, штанги опять порвались на глубине в 1473,57 метров, и оставшийся в буровой скважине кусок стали развинчивать по частям, причем, с последней штангой подняли и ниппель буровой трубы. Оставшаяся в буровой трубе колонка от 91 мм. коронки была разбурена, пружинное кольцо разбито и после этого бурение продолжено коронками диаметрами в 67,5 мм. По достижению глубины в 1748,46 метров, попробовали поднять оставшуюся в буровой скважине буровую трубу. Посредством удара штангами на застрявшую трубу она освободилась и ее удалось поднять, благодаря чему место осыпи на глубине 1692 метра стало свободным и оказалось необходимым его закрыть перед дальнейшим бурением. Так как произведенное крепление трубами натолкнулось на глубине в 1700 метров на осыпь, то попробовали осыпающийся уголь закрепить на месте осыпи посредством введения цемента. Для этой цели жидко разведенный цемент был накачен в буровую скважину и она была заполнена им от 1692 до 1787,5 метров. По всей вероятности что то помешало застыванию цемента, так как после 14 дневного перерыва было установлено, что цемент не застыл; второй опыт оказался таким же неудачным. Благодаря этому цемент был удален и буровая скважина была расширена на 91 мм. на всем том протяжении, на котором она была пройдена коронкой в 67,5 мм., и углублена дальше на 0,65 метра. После этого незакрепленная часть буровой скважины была защищена колоной потайных обсадных труб длиной в 360,26 метров и диаметром в свету в 72 мм., которая была опущена на штангах и углублена вращательным бурением, с помощью промывки, до забоя 1708 метров.

Наконец, бурение можно было продолжать коронкой в 67,5 мм. Штанги имели диаметр в свету в 22 мм. Когда буровая скважина достигла глубины в 1892,61 метр и работа в нижней части ее производилась новой коронкой, на расстоянии в 2,3 метра от этого места начался тяжелый ход работы и нельзя было достичь никакого успеха. По поднятии штанг, оказалось, что одна штанга протерлась, благодаря чему промывка перестала действовать.

С увеличивающейся глубиной, участились нарушения в промывке, так как массы шламма закупоривали кольцевое пространство между буровой трубой и стенками буровой скважины; появилась опасность внезапного заедания буровой скважины. Когда коронка уже достигла 2054 метра, на глубине в 1713,26 метров поломались штанги, но все таки повреждения оказалось возможным быстро устранить, несмотря на большшую глубину, благополучно вытянув оставшиеся в буровой скважине инструменты посредством захвата их змеевикообразным острием.

Новое, очень неприятное повреждение произошло 17 октября 1908 года, причем оказалось, что когда буровые инструменты были вытянуты с глубины в 2083,85 метров, то недоставало коронки. Судя по виду муфты коронки, можно было заключить, что коронка стерлась. Часть пробуренной коронки осталась вместе с коронкой в буровой скавжине, а другая часть защемленной в буровой трубе колонки выше муфты коронки — была вытянута наверх. Опущенная для разбурования оставшейся в буровой скважине колонки, коронка в 48 мм. натолкнулась внизу на 21 метр буровой мути и осыпи. Промывка продолжала действовать, так как насос продолжал действовать вторым локомобилем. После ремонта локомобиля колонка и осыпь были пробуравлены, и буровая скважина углублена на 0,53 метра; все таки попытки выловить утерянную коронку остались без успеха. Благодаря этому предположили, что коронка не сохранилась целиком и решили куски коронки или кольца раздробить фрезером. При этом, при каждом опускании инструмента, буровая скважина должна была рассверливаться с глубины в 2070 метров. 9 ноября 1908 года оказалось возможным снова продолжать бурение алмазной коронкой в 67,5 мм. Однако, пробурить удалось только 2,48 метров, так как находившиеся в буровой скважине буровая муть, вероятно, и осыпь из пройденной на 270 метров залежи угля, а также стальные осколки от потерянной коронки и стальные осколки от фрезера защемили буровые инструменты. После продолжительной работы фрезерами, нижняя часть буровой скважины была закреплена колоной потерянных обсадных труб в 50 мм. диаметра в свету, после чего, применением обратной промывки, наружу было вынесено большое количество железных осколков. После этого к буровой трубе была приключена коронка в 48 мм. Этой коронкой удалось получить очень немного колонок, большая часть их была раздроблена, вследствие чего промывка часто приостанавливалась, и буровые инструменты должны были часто вытягиваться наверх. Так как все время в нижней части буровой скважины происходило то большее, то меньшее движение валовой мути, осыпи, осколков колонки, вызванное током промывной воды, то понятно, что, при одновременном вращающем движении штанг на трубы, производилось большое стирающее действие. Действительно, звено обсадных труб диаметром в 72 мм., помещенных в буровую скважину от 1388,74 до 1749 метров, оказалось протертым на глубине в 1423,28 метров; 35,1 метр этой трубы были вынуты. Маленькие колонки диаметром только в 20 мм. распадались, если они не состояли из песчаника, и увеличивали этим возникавшие затруднения по удалению буровой мути; применение колонковой трубы вокруг буровой трубы оказалось не возможным, благодаря маленькому диаметру. Дальнейшее затруднение для поддержки непрерывного тока промывной воды было вызвано сильным ржавлением штанг. Благодаря колебаниям температур, которым подвергались штанги — в январе и феврале 1909 года на поверхности был большой холод (17 до — 19° С), тогда как температура в буровой скважине поднималась до + 83° — они подвергались все время менявшемуся расширению так, что с них отделялось много ржавчины, которая закупоривала их. Вызываемая этим необходимость в поднимании и опускании штанг становилась очень затруднительной, так как при их длине в 2200 метров на это требовалось около 14 часов времени.

15 февраля 1909 года была достигнута глубина в 2239,72 метра, 18 февраля 1909 года бурение было окончательно прекращено, так как не было никаких видов на то, что будут встречены более интересные горные породы.

Руководитель бурения Горный Советник Егер собрал интересные данные о стоимости этой самой глубокой буровой скважины на земном шаре. По этим данным вес 11 колон обсадных труб длиной в 4006,4 метра составлял 126 492 кг., их стоимость была 69 758 марок. Стоимость потерянных труб 12 537 марок. В среднем на 1 день бурения была производительность в 5,5 метров. Расход алмазов в общем выразился в 704 и шесть шестьдесят четвертых каратов, или на метр около 18/64 карата. Общие расходы (плата рабочим, транспорт, аренда за место, водоснабжение, потеря труб, путевые расходы, ремонты) составляли 23712,47 марок, т. е. на метр 144,53 марки. (Тавл. 70.)

Таблица 70.

(Zeitschr. f. Berg.-Hütt.-Sal. W. 1911, Bd. 59.)

Род работы	Всего дней	Праздники	Рабочие дни	Побочн. работы	Пробурено	Произв. в день	Алмазов кар. всего	Алмазов кар. на 1 п. м.
Транспорт и установка	21	3	18	—	—	—	—	—
Бурение ложкой и долотом	18	3	14	1	84,79	—	—	—
Выпрямление скважины	26 1/2	5	21 1/2	—	—	—	—	—
Вытаскивание труб.	1 1/2	—	1 1/2	—	—	—	—	—
Перенос башни	10	2	8	—	—	—	—	—
Бурение ложкой	12 1/2	2	10 1/2	—	53,53	5,10	—	—
„ долотом	159 1/2	32	105	22 1/2	523,52	4,99	—	—
„ 176 мм коропкой	67 1/2	11	52 1/2	4	285,05	5,43	95 4/16	21/64
„ 142 мм „	35	5	23 1/2	6 1/2	135,00	5,74	34 30/64	17/64
„ 116 мм „	34 1/2	5	27 1/2	2	178,40	6,49	20 12/64	8/64
„ 91 мм „	61 3/4	11	41 3/4	9	227,50	5,45	43 16/64	9/64
Крепление 92 мм и 120 мм труб.	40 1/2	5	35 4/2	—	—	—	—	—
Расширение 142 мм коронк.	17 1/2	3	14 1/2	—	(180,30)	(12,46)	(76 54/64)	(27/64)
Установка 120 мм труб	3	—	3	—	—	—	—	—
Расширение 116 мм коронк.	21 1/2	3	17	1 1/2	(226,20)	(13,31)	(79 56/64)	(23/64)
Установки 92 мм колонны	11	2	9	—	—	—	—	—
Бурение 91 мм коронкой	92	17	59	16	325,08	5,51	142 56/64	[illegible]8/64
Бурение 67,5 мм коронкой	8 1/2	1	5	2 1/2	41,29	8,26	11 42/64	18/64
Цементирование, очистка котлов, ремонт	31	6	25	—	—	—	—	—
Расширение 91 мм коронк.	2 3/4	—	1 4/4	1 1/2	(20,92)	(16,73)	(4 42/64)	(15/64)
Бурение 67,5 мм коронк.	106 1/2	15	65 1/2	26	317,49	4,85	130 62/64	27/64
Бурение 48 мм коронк.	93	19	47 1/2	26 1/2	152,86	3,22	64 18/64	27/64
Освобождение скважины для измерений температуры	28	4	24	—	—	—	—	—
Температурн. измерения	11	1	10	—	—	—	—	—
Подем труб.	39	8	31	—	—	—	—	—
Транспорт и пр.	29	6	23	—	—	—	—	—
Всего	982	169	694	119	2239,27	—	704 6/64	18/64

Литература по бурению вообще и алмазному в частности, начиная с 1823 г. — по 1925-й г. г.

1823—1840.

Dingler's Journal 1823, Bd. 12.

Annales des Mines. Paris 1827, Bd. II.

Hülsse, Das Bohrloch zu Kötschau, Karstens Archiv 1829, S. 400.

K. W. Schimming, Ueber artesische Brunnen und deren Erbohrung, mit 2 Taf. Halle 1831. — Separatabdruck aus der Zeitschr. Künstlers Ruhestunden. (Kritik über Pater Imberts Nachrichten über chinesische Bohrbrunnen.)

Fabian, Ueber die Soolquellen bei Salza. Karsten's Archiv 1835, S. 52. — Vgl. ebenda 1833, 1834 u. 1836, Bd. 6, 7 u. 9.

Dingler's Journal Bd. 60 u. 64.

Förster, Allgemeine Bauzeitung. Wien 1873, Bd. II mit Atlas.

Paulucci, Das technische Verfahren bei Bohrung artesischer Brunnen, Wien 1838. Vor 1837 waren Tiefbohrapparate bereits beschrieben und abgebildet worden von: Flachat, Garnier, Selbmann, Langsdorf, Schimming, Boner, Blume, Waldauf, Spatzler, Gugler, von Jacquin, Poppe, von Bruckmann u. a.

Gruner, Das Seilbohren zu Roche la Molière (Loire) mit Abb. — Polyt. Centralblatt. Leipzig 1836, Bd. I, S. 484—488. — Vgl. ferner ebenda 1837 u. 1848, Bd. II, 1 u. 2; III, 1 u. 2; XII, 1. Taf.

1841—1850.

Dingler's polyt. Journal 1841, Bd. 81 u. 82.

Karsten's Archiv für Mineralogie, Geognosie usw. Berlin 1841, Bd. 15.

G. Hagen, Handbuch der Wasserbaukunst. 1. Theil: Die Quellen. Königsberg 1841. (Gewöhnliche Brunnen, artesische Brunnen, Gestängebohren, städtische Wasserversorgung, Ent- und Bewässerungsanlagen).

Ch. Combes, Handbuch der Bergbaukunst, deutsch bearb. von Dr. Carl Hartmann. Weimar 1844. (Einige Worte über die von dem Herrn Obersteiger Kind zu Luxemburg im Bohrwesen eingeführten Verbesserungen. Berg- u. Hüttenm.-Ztg. 1845.) S. 753 u. 815. — 1846, S. 152, 201 u. 1097 (von Seckendorf).

Ueber die Anwendung von Gußstahl zu Bergbohrern, Bergeisen u. Keilhauen. Berg- u. Hüttenm-Ztg. 1845, S. 763.

Temperatur im Bohrloche zu Neuffen. Berg- u. Hüttenm.-Ztg. S. 45.

Die Saline Königsborn in Westfalen. (Notizen über Bohrungen in 1844.) Berg- u. Hüttenm.-Ztg. 1846, S. 165.

Martins, Ueber die Soolquellen in der Provinz Sachsen und Temperaturmessungen in Bohrlöchern. Karsten's Archiv 1846, S. 257.

Julius August Hellmann, Welche Bohrmethode gibt die meisten Vortheile? Hartm. Ztschr. 1847, S. 311. — Polyt. Centralbl. 1848, S. 551.

Ders., Ausfüttern der Bohrlöcher mit verzinkten eisernen Röhren. Berg- u. Hüttenm.-Ztg. 1848, S. 231.

Ders., Bohren mit hohlem eisernem Gestänge. Ebenda S. 839.

Ders, Bohrlochsbetrieb auf Steinsalz und Unglücksfälle bei demselben. Ebenda 1849, S. 177.

Tasche, Das Bohren im aufgeschwemmten Lande auf der grossh.-hessischen Saline Salzhausen in der Wetterau. Hartm. Ztschr. J. 6. 1847, S. 785—788. — Polyt. Centralbl. 1848, S. 565.

Ders., Einiges über die Bohrarbeiten zu Salzhausen in der Wetterau. Berggeist J. 2. 1850, S. 162.

Bohrversuche zu Astrachan und Sarepta, Berg- u. Hüttenm -Ztg. 1847, S. 447.

Jobard, Ueber das Brunnenbohren mit Seil. Chinesisches Bohrverfahren. Berg- u. Hüttenm.-Ztg. 1847, S. 657.

Krug von Nidda, Bohrer aus Gußstahl. Berg- u. Hüttenm.-Ztg. S. 310.

Freifallender Bohrer. Ebenda S. 688.

von Oeynhausen, Bohrgestänge aus Hohleisen. Ebenda S. 33, 49, 73 u. 85.

Bohrloch bei Neusalzwerk. Ebenda S. 636.

Dr. Herbst, Neue Bohrmaschine mit freifallendem Bohrer (Freifall von Oberbergrath Fabian zu Schönebeck). Ebenda S. 688.

Ders., Bohrversuch auf Steinkohlen bei Tambach. Ebenda S. 25 u. 40.

Fabian, Abfallstück an dem Bohrgestänge. Ebenda S. 569.

v. Kerkhoff, Bohrloch von Mondorff und Zusammensetzung des dortigen Mineralwassers. Ebenda S. 809.

Neuer Schauplatz der Künste und Handwerke. Weimar 1848, Bd. 160 mit Atlas.

Bouson, Resultate der Kind'schen Bohrmethode. Ebenda S. 143.

von Göppert, Ueber die Erbohrung des Steinsalzes bei Schöningen. Karsten's Archiv 1850, S. 113.

1851—1860.

Artesische Bohrungen (Fauvelle). Berg- u. Hüttenm. Ztg. 1851, S. 495.

Dr. A. E. Bruckmann, Wegweiser durch den Berg- und Brunnenbohrwald. Darmstadt, G. Jonghaus 1852. (Sehr vollständige Zusammenstellung der Literatur über Tiefbohrkunde mit kritischen Bemerkungen.)

Polytechn. Centralblatt 1853, Bd. 19, Nr. 7.

v. Unger, Ueber die Erbohrung des Steinsalzes bei Liebenhalle. Karstens Archiv 1854—55, S. 3.

Bohrarbeiten nach Steinkohlen bei Rothenburg und Magdeburg. Z. f. d. B., H. u. B. 1854, A. S. 205.

Bohrarbeiten in Rheinland und Westfalen. Ebenda A. S. 211 u. 213.

Bohrarbeiten nach Steinsalz und Salzquellen im preuss. Staate. Ebenda A. S. 340 ff.

Bohrlöcher zur Wetterleitung. Ebenda A. S. 386.

Bohrlöcher zur Soolgewinnung in Unterschwaben. Ebenda B. S. 98, 107, 118.
Das Einlassen der Bohrröhren. Ebenda A. S. 391.
Freifallbohrer. Ebenda A. S. 349 ff. 390.
Wlach, Kleczkavsches verbessertes Bohrinstrument für den Freifallbohrer. Berg- u. Hüttenm.-Ztg. 1857, S. 280.
Ders., Das chinesische Erd- oder Bergbohrsystem und die gegenwärtige neue. Mit Abbildungen. Oesterr. Ztschr. f. Berg- u. H. 1859, S. 38. u. 46.

1861—1870.

F. Beuther, Bergingenieur, Der Bohrversuch zu Richelsdorf und seine Folgen. Berg- u. Hüttenm.-Ztg. 1864, S. 195.
Ville, Ueber Bohrungen im Civil- und Militär-Territorium der Provinz Algier. Annales des mines 1864. 6 sér. Tome V. livr. 3.
Julius von Sparre, Bemerkungen über das Niederbringen tiefer Bohrlöcher von grösseren Dimensionen (Schachtbohrer). Berg- u. Hüttenm.-Ztg. 1865, S. 1, 22, 51, 89, 105. (v. Sparre's Freifallapparat mit Zeichnung.)
J. P. Wlach zu Kriziwitz, Ein Beitrag zur Erdbohrkunde. Oesterr. Z. f. B. u. H. 1865, Nr. 14. Bohrrohrsägen. Berg- u. Hüttenm.-Ztg. 1866, S. 305.
Notiz über einen Gesteinsbohrer mit Diamantschneide (nach dem Mining-Journal No. 17, 18, 1868), der von einer Fabrik zu Windsor, Vermont in den Ver. Staaten gefertigt und als Case's Patentsteinbohrer verkauft wird. Berg-. u. Hüttenm.-Ztg. 1869, S. 19.
W. Broichmann, Ueber Tiefbrunnen zur Beschaffung des Wassers, mit Abbildungen. Der praktische Maschinenkonstrukteur von W. H. Uhland. Leipzig 1869, S. 311.
Brunnenpumpen. Ebenda S. 362 u. 377.
Dingler's Polytechn. Journal 1870, Bd. 198.

1871—1880.

Der Seilbohrer, Oesterr. Ztschr. 1873, S. 128. — Ebenda 1871, Bd. 19 und 1875, Bd. 23.
The Harly and Late History of Petroleum by J. T. Henry. 1873.
Seilbohrer. Z. f. d. B., H. u. S. 1873, S. 283.
Ergebnisse der Grundwasserbeobachtungen in Breslau von 1874—1887. Breslauer Statistik 1888 Bd. XII. Heft 1, S. 86. (Genaue sehr interessante Messungen des Grundwasserstandes von 1881—1887 und Beobachtungen der Grundwassertemperatur in 76 Bohrlöchern.)
Second geological Survey of Pennsylvania 1875—1879. The Geology of the Oil Regions etc. by John F. Carll, Harrisburg 1880.
Kritik über Seilbohren. Zeitschr. d. Berg- u. Hüttenm.-Vereins in Kärnthen 1875, Nr. 11—18.
A. Fauck, Die Petroleumgruben in Galizien. Oesterr. Z. f. Berg- u. H. 1875, S. 28.
Ders., Tiefbohrungen auf Erdöl in Galizien und deren Aussichten auf Erfolg. Ebenda S. 526.
Julius Noth, Die Erdöl- und Erdwachsgewinnung in Boryslaw. Ebenda S. 131.
Ed. Windakiewicz, Beitrag zu der Petroleumgewinnung in Galizien. Ebenda S. 515.

Ders., Tiefbohrungen in Galizien. Ebenda 1876, S. 123.

Second geological survey of Pennsylvania. Annal reports from 1876—1885, Harrisburg.

Leo Strippelmann, Die Tiefbohrtechnik. 1877.

Ders., Die Petroleumindustrie Oesterreich-Deutschlands. Leipzig bei G. Knapp.

Selbach, Instrument zur Bestimmung der Neigung von Bohrlöchern, sowie der Himmelsgegend, nach welcher jene Abweichung vom Lothe gerichtet ist. Z. f. d. B., H. u. S. 1879, Bd. 27, Lfg. 3.

Havrez, Ueber die beste Methode zur Herstellung von Bohrlöchern. Revue universelle des mines. Tome VI, Nr. 2. Sep. u. oct. 1879.

M. Alfred Evrard, Traité pratique de l'exploitation des mines. Mons 1879, mit Atlas. (Lippmannscher Schachtbohrer, ältere Tiefbohrapparate, Gesteinsbohrer, Bohrtürme, System Chaudron.)

1881—1890.

Baumanns Seilklemmvorrichtung, welche auch für das Seilbohren benutzt werden kann. Berg- u. Hüttenm.-Ztg. 1881, S. 151.

G. Köhler, Lehrbuch der Bergbaukunde. 1884, 2. Auflage 1887.

Nettekoven, Ueber das Vorkommen von Kalisalzen in Mecklenburg. Berg- u. Hüttenm. Ztg. 1884, Nr. 11. — Neues Jahrb. f. Mineralogie usw. 1887, S. 263. (Notizen über die Bohrung bei Jessenitz.)

von Könen, Ueber den Ursprung des Petroleums in Norddeutschland. Zeitschr. d. deutsch. geolog. Ges. 1884, S. 691—693. (Mitteilungen über zwei Bohrlöcher bei Peine.)

Alfred Jentzsch in Königsberg i. Pr., Beiträge zum Ausbau der Glacialhypothese in ihrer Anwendung auf Norddeutschland, mit Abb. Jahrbuch d. k. preuss. geol. Landesanstalt zu Berlin. 1848, S. 438. (Eine größere Anzahl Königsberger Bohrprofile.)

Tecklenburg, Niemiecki system wiercenia i jego najnowsze przyrzady. Górnik 1884, Tab. IV, Fig. 2—20, S. 168.

Fahrbares Bohrgestell mit daran aufgehängten, die Drehbohrer zugleich belastenden Betriebsmaschinen, von J. Th. Jones & J. H. Wild in Leeds. D. R.-Patent Nr. 21823 u. Zeitschr. f. Baukunde 1848, Heft 2, S. 124.

Ernest Spon, Water Supply. The present pratice of sinking and boring wells. 2. Aufl. London 1885.

Gosselet, Diverses sondages faits aux environs de Lille. Ann. soc. géol. du Nord. 1885, XII. p. 245. (Angabe der Schichten in 20 Bohrungen.) Jahrbuch für Mineralogie 1888, Bd. 1, S. 437.

J. Niedzwiedzki, Bisherige Ergebnisse der Tiefenbohrung in Kossocice bei Wieliczka. (Verhandl. der geol. Reichsanstalt, Wien 1885.)

Carl Eichler, Berlin, Neuerungen an Bohrlochspumpen. D. R-Patent Nr. 36941 v. 15. Dec. 1885.

Carl Schwend in Mühlheim am Rhein, Tiefbohrverfahren unter Anwendung elektrischer Kraftübertragung und Fortfall des Bohrgestänges. D. R.-Patent Nr. 36155 v. 7. Nov. 1885.

H. Müller, Beiträge zur Kenntniss der Mineralquellen. Jahrb. f. das Berg- u. Hüttenwesen im Königreich Sachsen auf das Jahr 1885. Tbl. I.

Rudolf Fritz in Heidelberg, Vorrichtung zum Abdichten verrohrter Bohrlöcher gegen das Eindringen der Tagwasser. D. R.-Patent Nr. 33482 v. 5. April 1885.

Whitaker, On some borings in Kent. — Quart. Journ. Geol. Soc. XLII. 26. 1886. — Jahrb. f. Mineralogie 1888, Bd. II, S. 419. (Mittheilungen über Bohrungen bei Chatam (943') usw. im Londoner Becken, Richmond (1447'), Kentish Town, Chestnut, Harwich und Battle.)

Ders., Deep Borings in Kent. Quart. Journ. Geol. Soc. 1887. XLIII. 197. — Neues Jahrb. f. Mineralogie, Geologie u. Paläontologie 1889, S. 142.

Albert Fauck u. Eduard Hasenörl in Wien, Freifallbohrer für Tiefbohrungen. D. R.-Patent Nr. 39674 v. 15. Mai 1886.

Engler, Das Erdöl von Baku. — Dingler's Journ. Bd. 67. 1886, S. 337 ff. (Vorkommen, Gewinnung und Verwendung des Mineralöls.)

H. Eck, Bemerkungen über die geognostischen Verhältnisse des Schwarzwaldes im allgemeinen und über Bohrungen nach Steinkohlen in demselben, Jahreshefte des Vereins für vaterländische Naturkunde in Württemberg. 43. Jahrg. 1887, S. 332. (Vorschlag bei Sulz am Neckar zu bohren.) — Jahrb. f. Mineralogie 1888, Bd. 8, S. 241.

C. Zinken in Leipzig, Das Naturgas Amerikas nach A. Williams. C. Zinken, C. A. Ashburner usw. Oesterr. Z. f. Berg- u. Hüttenw. 1887, S. 215. (Schichtenfolge in Bohrbrunnen Pennsylvaniens, geschichtliche Mittheilungen.)

Grand' Enry, Ueber das canadische Bohrverfahren. Compt. rend. soc. de l'ind. min. 1888, p. 98.

Zeiler, Le sondage de Riccard, à la Grande Combe. Jahrb. f. Mineralogie 1888, Bd. II, S. 280. (Bis 797 m Tiefe wurden 4 Steinflötze angebohrt.)

Fauck, Einrichtung zum Bohren mit Wasserspülung ohne Benutzung des Gestänges zum Durchleiten des Wassers. D. R.-Patent Nr. 47344 vom 19. Sept. 1888. (Das Wesen der Erfindung liegt darin, dass statt eines hohlen Gestänges ein massives angewandt wird.)

Ders., Die Unzulänglichkeit mehrerer Bohrmethoden. Berg- u. Hüttenm. Ztg. 1889, S. 31.

Ders., Dynamit im Dienste der Petroleumgewinnung. Chemiker- u. Techniker-Ztg. 1889, S. 67.

Ders., Ueber die Existenzberechtigung der einheimischen Erdölindustrie und über ein neues Bohrverfahren. Vereinsmittheilungen, Beilage zur österr. Z. f. Berg- u. H. 1889, S. 24.

J. Halaváts, Die zwei artesischen Brunnen von Hód-Mezö-Vásráhaly. Mittheilungen aus dem Jahrb. der kgl. ungarischen geol. Anstalt Budapest. 1888, II, S. 213 mit Taf. 33 u. 34.

Ders., Der artesische Brunnen von Szentes in Ungarn, ausgeführt von Bela Zsigmondy. Neues Jahrb. f. Mineralogie. Stuttgart 1889, S. 472.

Der Techniker. Internationales Organ für die Fortschritte der technischen Wissenschaften. Berlin 1888—89.

Olivier, Ueber Bohrmaschinen. Société de l'industrie minérale. Compt. rend. mens. 1888. August.

Lembke, Die Bewegung der unterirdischen Wässer und die Theorie ihrer Sammler. Revue universelle des mines etc., par de Cuyper et M. A. Habets. 1888, 3. Sér. Tome III. No. 3.

Tweddle, Ueber das Seilbohren. (Dasselbe wird als die vollkommenste Methode hingestellt.) Engineering 1888.

Van den Broeck, E, u. A. Rutot, Un nouvel appareil portatif de sondage. In 8°. 2 planches Bruxelles. (Extrait du Bulletin de Soc. belge de géol., de paléont. et d'hydrol. Tome II. 1888.)

Nutzen des Diamantbohrens. Wermländska Bergsmanna-föreningens Annaler. Filipstad 1888.

Sullivan's Schürf-Diamantbohrer. Engineering and Mining-Journal. New-York 1888. Nr. 10.

Jüstner, Ueber die Soolquellen in dem Münster'schen Kreidebecken und den westfälischen Steinkohlengruben. Jahrb. d. Mineralogie 1888, Bd. I, S. 227. — Correspondenzbl. d. natur-hist. Vereins d. Rheinlande u. Westfalens. — 1887, S. 41—55. Enthält auch Angaben über die Bohrungen nach Soolquellen.)

G. Berendt, Die Zechsteinversteinerungen aus dem Bohrloche in Purmallen bei Memel. Nachtrag zu „Neuere Tiefbohrungen in Ost- und West-preussen". Jahrb. f. Mineralogie 1888, Bd. II, S. 100.

G. Berendt, Der Soolquellenfund im Admiralitätsgartenbade in Berlin. Zeitschr. d. deutschen geol. Gesellschaft 1888, S. 102. (Enthält Mittheilungen über verschiedene Bohrungen in Berlin und genaue geologische Angaben.)

Ders., Geognostische Skizze der Gegend von Glogau und das Tiefbohrloch in der dortigen Kriegsschule. Neues Jahrb. f. Mineralogie. Stuttgart 1889, S. 463.

F. Hermann Poetsch in Magdeburg, Verfahren zum Durchteufen der wasserreichen Schichten des braunen Thons und des Gypses beim Kalisalzbergbau. D. R.-Patent Nr. 37503 vom 29. September 1885.

Ders., Verfahren zum Abteufen und Auffahren von Tunnels im schwimmenden Gebirge. D. R.-P. Nr. 40441 vom 30. Dez. 1885.

Ders., Zwei Zusatzpatente zu dem D. R.-Patent Nr. 25015 vom 9. Februar 1889. Verfahren zur Abteufung von Schächten in schwimmendem Gebirge.

Ders., Tiefbohrmaschine mit stossendem Werkzeug. D. R.-Patent Nr. 47214 vom 26. Sept. 1888. — Patent. Auszüge 1889, S. 429.

Ders., Verfahren zum Abschluss eines Schachtes oder Bohrloches gegen wasserreiches Gebirge. D. R.-Patent Nr. 51492 vom 12. Febr. 1889.

Ders., Ueber die verbesserte Ausführung des Gefrierverfahrens beim Schachtabteufen und Streckenbetrieb. Glückauf 1889, S. 595.

Ders., Abteufen von Schächten in schwimmendem Gebirge. Oesterr. Z. f. B. u. H. 1890, S. 12. — Ztschr. d. Vereins deutsch. Ing. 1889, S. 890.

Ders., Geschichtliches über die Entstehung und Herausbildung des Gefrierverfahrens. Magdeburg 1889.

Ders., Notiz über das Abteufen eines Schachtes auf dem Mecklenburger Kalisalzwerke Jessenitz. Berg- u. Hüttenm.-Ztg. 1890, S. 38.

Zum Gefrierverfahren F. H. Poetsch. Ebenda 1888, S. 414.

Das Abteufen von Schächten nach dem Poetsch'schen Gefrierverfahren. Glückauf 1888, S. 824.

Ueber die verbesserte Ausführung des Gefrierverfahrens. Bericht über den allgemeinen deutschen Bergmannstag in Halle a. d. S. Oesterr. Z. f. B. u. H. 1889, S. 474.

H. S. Tefan, Neuere Erfahrungen im Schachtabteufen mit Poetsch's Gefrierverfahren. Ebenda S. 292.

E. Przibilla, Dresden-N., Kaiserstr. 5, Selbstthätige Verlängerungs- und Umsatzvorrichtung für Tiefbohreinrichtungen. D. R.-Patent vom XX. 12. Dez. 1888. — Nr. 49171.

Ders., Selbstthätiger Tiefbohrapparat mit Kurbelantrieb und Wasserspülung. D. R.-Patent vom 21. Feb. 1888. — Berg- u. Hüttenm.-Ztg. 1889, S. 462.

Ders., Selbsthätiger Tiefbohrapparat für Kurbelbetrieb und Wasserspülung. Zusatz Nr. 50911 zum D. R.-Patent Nr. 45508.

W. Schulz, Przibilla's selbstthätiger Tiefbohrapparat. Glückauf 1888, S. 754.

Schatz, Ueber Przibilla's Tiefbohrapparat für Kurbelbetrieb und Wasserspülung. Ztschr. d. Vereins deutscher Ingenieure 1889, Bd. 33, Nr. 4.

Ders., Tiefbohrapparate für Kurbelbetrieb und Wasserspülung von Przibilla. Ebenda S. 79.

Henrich, Ueber die Temperaturverhältnisse im Bohrloche bei Schladebach (bei Halle a. d. S.) von 1416 m Tiefe. Jahrb. f. Mineralogie 1888, Bd. I, S. 180.

Ed. Windakiewicz, Bohrtechnische Notizen. Berg- u. Hüttenm. Jahrb. d. Bergakad. zu Loeben, Pribram und Schemnitz. Wien 1889, I. Heft, S. 113—119.

Karl Haase in Granschütz bei Weissenfels, Verfahren und Vorrichtung zur Abteufung von Schächten in schwimmendem Gebirge. Zusatz zum D. R.-P. Nr. 29230 vom 13. März 1884.

Grässner, Das Abteufen einiger Schächte in schwimmendem Gebirge innerhalb des Bergreviers Cottbus, insbesondere das Abteufen mit Haase'schen Patentröhren. Z. f. d. B., H. u. S. 1889, S. 385.

E. Gad, Der neueste artesische Brunnen zu Paris. Dingler 1888, Bd. 270, S. 252.

Ders., Neuerungen in der Tiefbohrtechnik. Dingler 1889, Bd. 271, S. 289. Bd. 272, S. 241, Bd. 273, S. 151 u. 246. 1890, Bd. 275, S. 124 u. 385.

Ders., Schwedische Diamantbohrmaschine für Handbetrieb des „Swenska Diamantbergborrings-Aktiebolag“ in Stockholm. Berg- u. Hüttenm.-Ztg. S. 451.

Ders., Tiefbohrungen für die Wasserversorgung der Stadt Krefeld. Gesundheits-Ingenieur 1889, S. 457.

Ders., Ueber das Sammeln von Bohrproben und Führen von Bohrregistern bei Tiefbohrungen. Allg. österr. Chem.- u. Techn.-Ztg. 1889, S. 4 u. 36.

Ders., Das Wesen der Diamantbohrmethode. Ebenda S. 540 u. 576.

Ders., Olaf Terp's Schmirgel-Kern-Bohrverfahren. Allg. österr. Chem.- u. Techn.- Ztg. 1890, S. 142.

Ders., Die elektrische Diamantschürfbohrmaschine von Sullivan. Dingler 1890, Bd. 275, S. 317.

A. Fauck, Neuerungen in der Tiefbohrtechnik. Zweites Supplement der Anleitung zum Gebrauche des Erdbohrens. Leipzig 1889.

Olaf Terp, Verfahren, um Petroleumlöcher durch Erwärmung ergiebig zu erhalten. D. R.-Patent Nr. 48481.

Ueber die Wichtigkeit der selbsttätigen Freifall-Instrumente, insbesondere bei Tiefbohrungen, und über die Effekte des Freifalls im Vergleich mit der Rutschere. Berg- u. Hüttenm.-Jahrb. 1889. — Glückauf 1889, S. 681.

P. Tutkowsky, Die Dorminiferen des Kreidemergel und der blauen Thone aus einem Bohrloche bei Kiew. Neues Jahrb. f. Mineralogie. Stuttgart 1889, S. 510.

Hasslacher, Abteufen in schwimmendem Gebirge nach dem Gefrierverfahren von Poetsch. — Der eiserne Röhrenschacht, Patent Haase. — Das Kind-Chaudron'sche Schachtabteufverfahren unter Wasser. Z. f. d. B., H. u. S. 1889, S. 204 u. 205.

L. Babum, Das Petroleum zu Sloboda in Galizien. Berg- u. Hüttenm.-Ztg. 1889, S. 3444. (Einige Notizen über Bohrungen.)

Handbohrmaschine für Tiefen bis zu 10 m. Oesterr. Z. f. B. u. H. 1889, S. 435.

Dr. M. Wolff, Verfahren und Vorrichtung zur Ermittelung des Streichens der Schichten in Bohrlöchern. D. R.-Patent Nr. 47221. — Patent-Auszüge 1889, S. 373. — Oesterr. Z. f. B. u. H. 1889, S. 379.

Prof. Steiner in Prag, Bohrfestigkeit des Gneisses. Oesterr. Z. f. B.- u. H. 1889. S. 401. — Techn. Blätter 1889, 60.

Das tiefste Bohrloch der Erde zu Schladebach. Ztschr. d. Vereins deutscher Ingenieure 1889, Bd. 33, Nr. 7.

G. Ziegelheim, Wunderle's Apparat zum Abbohren von Wetterbohrlöchern. Oesterr. Z. f. B. u. H. 1889, S. 232.

Köbrich, Ueber Messungen der Erdtemperatur in den Bohrlöchern zu Schladebach und Sennewitz (mit Tafel). Z. f. d. B., H. u. S. 1889 S. 171.

G. Nordenström, Ueber die Anwendung von Diamantbohrmaschinen mit Handbetrieb zu Untersuchungen in Erzgruben. — Jernk. annal. 1889, III. Band bearb. von Dr. Leo. — Oesterr. Zeitschr. 1889, S. 477 u. 479.

Dr. Huyssen, Oberbergbauhauptmann in Berlin, Die Tiefbohrung im Dienste der Wissenschaft. Berlin 1889. — Glückauf 1889, S. 830.

R. Beck, Ueber artesische Brunnen in Sachsen. Berg. u. Hüttenm.-Ztg. 1889, Nr, 6. — Neues Jahrb. f. Mineralogie 1889, S. 455.

Auswerfung des Naphta von zwei Bohrlöchern der Apscheron. — Halbinsel bei Baku im Herbst 1887. Jahrb. f. Mineralogie 1889, S. 105.

Rolland, Sur les sondages artésiens de l'Oued-Rirh. Handb. f. Mineralogie 1889, S. 109.

George W. Schütte, Ueber das Torpedieren, praktische Rathschläge. Chemiker- u. Techniker Ztg. 1889, S. 11.

Imle E. Storey in Bouldner, Staat Colorado, V. St. A., Elektrische Drehbohrmaschine. D. R.-P., angemeldet 1889.

Ausgeführte Bohrung in Australien. Oesterr. Z. f. B. u. H. 1889, S. 337.

E. Dunker, Ueber die Temperaturbeobachtungen im Bohrloche zu Schladebach. Neues Jahrb. f. Mineralogie 1889, I, S. 54.

Ueber Erdbohren. Ztschr. deutscher Ingenieure 1889, S. 688.

P. Stein, Ingenieur, Wien, Beitrag zur Gegenüberstellung von Rutschere und Freifallinstrument. Berg- u. Hüttenm.-Ztg. 1890, S. 83.

Henrich, Ueber die Gleichungen, welche die Temperaturverhältnisse im Bohrloche zu Schladebach am besten wiedergeben. Zeitschr. f. d. B., H. u. S. im preuss. St. 1891, S. 137.

Oil, Paint and Drug Reporter, Wochenschrift. New York 1890.

1891—1900.

E. Gad, Neuerungen in der Tiefbohrtechnik. Dingler's p. Journ. Bd. 279, S. 182, 198; Bd. 281, S. 52; Bd. 283, S. 171.

Krause, Mannesmannrohre für Tiefbohrzwecke (Vortr.) Allg. oester. Chem. Ztg. Nr. 23. Uijldert, Ueber die Fundstätten der Rohdiamanten. Allg. oesterr. Chem.- und Techn.-Zeitung 1891, Nr. 21 und 22.

Tecklenburg, Neuerungen auf dem Gebiete der gesamten Bohrtechnik. Allg. oesterr. Chem.- und Techn.-Ztg. 1891, Nr. 20.

Köbrich, Bohrung bei Schladebach. Ebenda 1891, Nr. 20.

Eine neue Type von Sullivans Diamantbohrer. Engineering- und Mining-Journ. 1892, Vol. 53, Nr. 7.

F. Gad, Neuerungen in der Tiefbohrtechnik. Dinglers p. Journ. Bd. 286, S. 78.

Lepsius, Geologie von Deutschland, Tiefbohrungen S. 604.

Tecklenburg, Neuerungen in der Bohrtechnik. Allg. oesterr. Chem.- und Techn.-Ztg. 1892, Nr. 1, 2, 3 und 12.

Ueber die Temperatur des Erdinnern. Ebenda Nr. 24.

Die Tiefbohrungen im Dienste der Wissenschaft. Ebenda Nr. 14.

Daten einer Bohrarbeit mit einer Diamant-Bohrmaschine in der Provinz Cordoba, Spanien. Glückauf 1893, S. 671.

Diamantbohrer, Engineering 1893, S. 583 und 649.

F. Gad, Neuerungen in der Tiefbohrtechnik. Dinglers p. Journ. 1893, Bd. 287, S. 199; Bd. 289, S. 1.

Köbrich, Ueber einige Messungen der Erdtemperatur im fiskalischen Bohrloche zu Knurow bei Gleiwitz. Z. f. d. B.- H. und S. W. 1893. S. 50.

Landgraf, Eine Diamant-Tiefbohrung in dem bei 269,4 m Tiefe ersoffenen Schacht Nr. 2 der Kaliwerke Aschersleben, Prov. Sachsen. Z. f. d. B. H. u. S. W. 1893, S. 62.

Tiefstes Bohrloch Paruschowitz. B. u. H. Ztg. 1893, Nr. 26.

Das tiefste Bohrloch der Erde. Allg oesterr. Chem.- u. Techn.-Ztg. 1893, Nr. 20.

Das tiefste Bohrloch der Erde. Glückauf 1893, S. 1552.

Wissenschaftliche Untersuchungen bei Tiefbohrungen. Glückauf 1893.

Uijldert, Schwarze Bohrdiamanten. Allgem. oesterr. Chem.- u. Techn.-Ztg. 1893, Nr. 19.

Broja, Die Bergwerksmaschinen auf der Weltausstellung in Chicago. (Diamantbohrmaschinen mit Handbetrieb für eine Teufe bis zu 400 Fuß.) Z. f. d. B. H. u. S. W. 1894, S. 34 und 40.

Channing, Krümmung von Bohrlöchern beim Diamantbohren. Engineering and Mining-Journal 1894 Nr. 58, S. 268.

Craelius, Diamantbohrkrone mit Kernfänger. Organ des Vereins der Bohrtechniker 1894, Nr. 17.

Erfolge der schwedischen Diamantbohrgesellschaft. Oesterr. Zsch. f. B. u. H. 1894, S. 359.

Diamantbohrung in Schweden. Glückauf 1894, S. 1156.

Messungen der Erdtemperatur im Bohrloche von Parischowitz. B. u. H. Ztg. 1894, S. 197.

E. Gad, Neuerungen in der Tiefbohrtechnik, Dinglers p. Journal 1894, Bd. 291, S. 62; Bd. 293, S. 100; Bd. 294. S. 199.

Landgraf, Diamantbohrung auf den Aschersiebener Kaliwerken. Engineering and Mining Journal. 1894. Vol. 58, Nr. 4.

A. Schmidt, Eine neue Diamantbohrkrone mit Kernfänger. Glückauf 1894, S. 1754.

Ueber Temperaturmessungen in Bohrlöchern. Glückauf 1894, S. 1112.

Temperaturen bei Tiefbohrungen. Oesterr. Ztschr. f. B. u. H. 1894, S. 239.

Das tiefste Bohrloch der Erde. Stahl und Eisen, 1895, S. 1160. Oesterr. Ztschr. f. B. u. H. 1895, S. 686.

Neue Konstruktionen auf dem Gebiete der Bohrtechnik. Organ d. Ver. d. Bohrtechn. 1895, Nr. 14.

Th. Ebert, Die stratigraphischen Ergebnisse der neueren Tiefbohrungen im oberschl. Steinkohlengebirge. Mit Atlas. Berlin 1895.

E. Gad, Neuere amerikanische Patente für Erfindungen in der Tief- und Gesteinbohrtechnik. Organ v. Ver. d. Bohrtechniker 1895, Nr. 9 u. 10.

E. Gad, Neuerungen in der Tiefbohrtechnik, Dingler's p. J. 1895, Bd. 297, S. 9; Bd. 298, S. 157.

Köbrich, Bohrtechnische Mitteilungen über die tiefste Bohrung der Erde. Paruschowitz 5 bei Rybnik i. Oberschl. Organ d. Ver. d. Bohrtechn. 1895, Nr. 21 und 22. — Glückauf 1895, S. 1273.

Ders., Ueber die verschiedenen Methoden zur Bestimmung des Streichens der Gebirgsschichten im Tiefsten eines Bohrloches. Glückauf 1895 S. 1312.

Piestrak, Ueber das Diamantbohren in Turza wielka. Organ d. Ver. d. Bohrtechn. 1895, Nr. 9, 10 und 11. — Oesterr. Ztschr. f. B. und H. 1885, S. 167.

Tecklenburg, Die neuesten Fortschritte im Lochtiefbohren und Schachtbohren. Glückauf 1895, S. 1229.

Temperaturen bei Tiefbohrungen. Dingler's p. Journal 1895, Bd. 292, S. 215.

E. Gad, Neuerungen in der Tiefbohrtechnik. Dingler's p. J. 1896, Bd. 300, S. 1; Bd. 301, S. 152; Bd. 302, S. 228.

Köbrich, Ueber die verschiedenen Methoden zur Bestimmung des Streichens der Gebirgsschichten im Tiefsten eines Bohrloches. Organ d. Ver. d. Bohrtechnik 1896, Nr. 5 und 6.

Bohrtechnische Mitteilungen über das tiefste Bohrloch der Erde, Paruschowitz 5 bei Rybnik, Oberschl. Ztschr. d. Oberschl. B. und H. V. 35, S. 229.

Graelius, Der Magnetometer für Bohrlöcher. Organ d. Ver. d. Bohrtechn. 1897, Nr. 17.

Ueber das Vorkommen des Diamanten. Organ des Vereins der Bohrtechniker.

E. Gad, Neuerungen in der Tiefbohrtechnik. Dinglers p. Journal 1897 Bd. 304, S. 86; Bd. 306, S. 169.

Ders., Neue amerikanische Patente auf dem Gebiete der Tiefbohr.- und Gesteinbohrtechnik. Organ des Vereins der Bohrtechniker. 1897, Nr. 17 und 24.

Tecklenburg, Die Tiefbohrtechnik in Berührung mit der Geologie. Organ d. Ver. d. Bohrtechn. 1897, Nr. 3 und 4 — Deutsche Kohlen-Ztg. 1897, S. 170.

H. Thumann, Ueber neue zum Patent angemeldete Konstruktionen (Vortrag) Organ d. Ver. d. Bohrtechn. 1897, Nr. 23.

E. Gad, Neuerungen in der Tiefbohrtechnik. Dingler's p. J. 1898, Bd. 307, S. 169; Bd. 309, S. 1.

Neue amerikanische Patente auf dem Gebiete der Tiefbohr- und Gesteins-Bohrtechnik. Organ des Ver. d Bohrtechn. 1898, Nr. 21 und 22.

Kolbertsen, Rotationsapparat zum Freihalten der bei Tiefbohrungen eingebauten Bohrröhren. (Russ. Patent Nr. 2495.) Organ d. Ver. d. Bohrtechn. 1898, Nr. 4.

Versuche und Verbesserungen beim Bergwerksbetriebe in Preußen. Z. f. d. B. H. und S. W. i. pr. St. 1898, S. 108.

Tiefbohrung auf Steinkohlen am Niederhain. Glückauf 1898, S. 845.

H. Thumann, Ueber tiefe Privatbohrungen (Vortrag). Organ d. Ver. d. Bohrtechnik. 1898, Nr. 20 und 21.

Dr. Tietze, Tiefbohrungen u. d. internat. Geologen-Kongreß. Ztschr. f. prakt. Geologie 1898, S. 442.

Die Entstehung der Diamanten. Organ d. Ver. d. Bohrtechn. 1899, Nr. 17.

Die Erforschung von Erzlagerstätten durch Diamantbohrungen in Schwaben. Ebenda 1899, Nr. 3.

Dr. Holzapfel, Geologische Resultate der Tiefbohrungen am Niederrhein. Ebenda 1899, Nr. 4.

Dr. Kloos, Ueber die neuesten Erzeugnisse der Kalisalzbohrungen, und die Schachtaufschlüsse in der Provinz Hannover (Vortrag). Ebenda 1899, Nr. 16.

Lukaszewski, Neuerungen in der Tiefbohrtechnik. Oesterr. Ztschr. f. B. und H. 1899, S. 1.

Tecklenburg, Tiefbohrungen zu wissenschaftlichen Zwecken. Organ d. Ver. d. Bohrtechn. 1899, Nr. 1.

Wajdelot, Ueber die Leistungsfähigkeit verschiedener Bohrsysteme. Ebenda 1899, Nr. 17.

Anforderungen an moderne Bohreinrichtungen. Ebenda 1900, Nr. 3.

Schwarze Diamanten von Brasilien. Ebenda 1900, Nr. 5.

Entlastungsvorrichtungen für Drehbohrgestänge. Ebenda 1900, Nr. 23.

Erschließung des Erdinnern durch die Tiefbohrtechnik. Ebenda 1900, Nr. 5.

Tiefste Privatbohrung. Ebenda 1900, Nr. 23 und 24.

1901—1925.

Woislaw, G. F., Zur Frage der Diamantbohrung. Organ d. Ver. d. Bohrtechn. Wien 1901, Nr. 22ff.

Jordan, J. J., Kosten der Diamantbohrung. Colliery Guardian, The Mining Journ. Bd. 71, S 109.

The Davis „Cylyx“ Cove Drill. Engineering News. 1901, S. 331.

Geologische Bodenuntersuchungen mit Diamantbohrmaschinen in Australien. Organ d. Vereins d. Bohrtechn. Wien. 1901, Nr. 7.

Rotierendes Bohren mit sägenden Bohrern mit pulverförmigem Hartgußschrot. Ebenda 1901, Nr. 13.

Wann und wie gebraucht man einen Diamantbohrer. Ebenda 1901, Nr. 20 u. 23.

Diamantbohrungen in Natal. Ebenda 1901, Nr. 20.

Framholt, Diamantgesteinbohrapparat m. elektr. Betriebe. Ebenda 1901, Nr. 21.

Fangarbeit in einer Tiefbohrung mittels elektr. Magnete. Ebenda 1901, Nr. 17.

Graelius, Kombinierte Diamantbohrmaschine. Ebenda 1902, Nr 12.

C. Islar, Well-boring for Water, Brine and Oil. London 1902.

Tiefe Bohrlöcher in Preußen. Braunkohle 1902, Nr. 15.

Bohrmaschinen. Organ d. Ver. d. Bohrtechniker. Wien 1902, Nr. 10.

Untersuchungsbohrungen mit leichten Diamant-Schürfbohrapparaten. Ebenda 1903, 16.

Gesammelte Materialien beim Fangen und Ausziehen v. Bohrgeräten aus Bohrlöchern. Ebenda 1903, Nr. 5.

Gasmotoren in der Tiefbohrtechnik. Ebenda 1903, Nr. 14.

O. Ursinus, Automobile Bohrapparate. Zeitschr. Tiefbohrwesen. Frankfurt a. M. 1904, Nr. 11.

Einiges über Temperaturmessungen im Bohrloch Paruschowitz 5. Ebenda 1904, Nr. 24.

P. Stein, Der gegenwärtige Stand der Tiefbohrtechnik für Schurfzwecke Wien 1904.

E Gad, Ueber die modernsten Bohrmethoden. Organ des Ver. d. Bohrtechniker. Wien 1904, Nr. 12.

Moderne Bohrmethoden — Revue universelle des Mines et de la Metallurgie Liege 1904. — Organ d. Ver. d. Bohrtechn. Wien 1904, Nr. 8ff.

Das zweittiefste Bohrloch der Erde. Ztschr. „Braunkohle“ 1904, S. 279.

Drehbohrmethode in Texas. Organ d. V. d. Bohrtechn. Wien 1905, Nr. 23.

E. Gad, Lothapparate und Stratameter. Ebenda 1905, Nr. 18.

Wissenschaftliche Tiefbohrungen in Dänemark. Ebenda 1905, Nr. 3.

O. Ursinius, Die Tiefbohrtechnik in unseren Kolonien. Ztschr. „Tiefbohrwesen“. Frankfurt a. M. 1905, Nr. 16.

Th. Wolff, Beitrag zur Geschichte des Tiefbohrwesens. Ebenda 1906, Nr. 14.

Th. Tecklenburg, Ausnutzung nicht fündiger Bohrlöcher zu Mineralquellen. Ztschr. des Ver. d. Bohrtechn. Wien 1906, S. 208.

Stratameter und Bohrlochsneigungsmesser. Ebenda 1906, S. 133, 157, 171, 186, 196, 238, 258, 280.

Tiefbohrtechnik auf der Bayr. Jubiläums-Landesausstellung in Nürnberg. Ebenda 1906, S. 164.

Th Tecklenburg, Ueber Gewinnung elektr. Energie aus Tiefbohrlöchern. Vortrag auf der Wanderversammlung der Bohringenieure in Hamburg 1907.

O. Ursinius, Neuerungen an kleinen Diamantbohrmaschinen. Ztschr. „Tiefbohrwesen“ Frankfurt a. M. 1907, Nr. 13.

Ders., Ueber die Beschäftigung der deutsch. Tiefbohrindustrie in der Zukunft. Ebenda 1907, Nr. 18 und 23.

Theorie der Bewegung d. Spülstromes in Bohrlöchern. Organ d. Ver. d. Bohrtechn. Wien 1907, S. 217, 229.

Kraftmaschinen im Bohrbetrieb. Ebenda 1907, S. 208.

Freise, Stratameter Bohrlochsneigungsmesser. Ebenda 1977, S. 4, 16, 42.

Selbach, III. Handlexikon des Bergwesens.

H. Wagner, Kernbohrungen für Aufschlußarbeiten im Kalibergbau. Ztschr. „Kali" 1908, S. 255.
O. Ursinius, Moderne Diamantbohrmaschinen. Frankfurt a. M. 1908. Organ d. Ver. d. Bohrtechn. Wien 1908, Nr. 14.
Verbesserte Kernbohrmaschinen. Ebenda 1908, Nr. 16.
Tiefstes Bohrloch der Erde. Ebenda 1908, Nr. 21.
Moderne Tiefbohrapparate. Ztschr. „Tiefbohrwesen". Frankfurt a.M. 1909, Nr. 8.
Zementieren von Bohrlöchern zwecks Wasserabsperrung. Ebenda 1909, Nr. 9.
Die Kleindiamantbohrmaschine als Aufschlußmaschine. Ebenba 1909, Nr. 25.
E. Gad, Kombinierte Bohrapparate. Organ d. Ver. d. Bohrtechn. Wien 1909 Nr. 2.
Ders., Keystone Gasolin-Automobil-Bohrapparat. Ebenda 1909, Nr. 22.
Ders., Bohrsysteme unter Berücksichtigung ihres Anwendungsgebietes, ihrer Leistungsfähigkeit und Anschaffungskosten. Ebenda 1909, Nr. 9.
Amerikanische Diamantschürfbohrungen. Ebenda 1909, Nr. 20 und 21.
Th. Tecklenburg, Nachruf. Ebenda 1909, Nr. 2.
E. Gad, Tiefe amerikanische Bohrungen. Ebenda 1909, Nr. 12.
Ders., Tecklenburgs Leistungen im Tiefbohrfache. Ebenda 1909, Nr. 3.
Ders., Neuerungen im Tiefbohrwesen. Ebenda 1909, Nr. 24.
C. Flecken, Fundeskonstatierung von Kohle in Bohrlöchern. Vortrag auf der internationalen Wandervers. der Bohringen. in Brüssel. Organ d. Ver. d. Bohrtechn. Wien 1910, Nr. 5 und 6.
A. Pois, Konstatierung von Kohle in Bohrlöchern. Ebenda 1910, Nr. 7 u. 17.
G. Schober, Die Tiefbohrtechnik im Dienste der Geologie. Ebenda 1910, Nr. 4, 7, 8, 9, 10, 14.
Neues aus der Tiefbohrtechnik in ihrer Bedeutung für den Bergbau. Ztschr. „Tiefbohrwesen". Frankfurt a. M. 1910, Nr. 17.
E. Gad, Stärkebemessung der zum Wasserabschluß bestimmten hermet. Röhren. Organ d. Ver. d. Bohrtechn. Wien 1910, Nr. 11.
P. Stein, Ueber die Abweichung der Diamantbohrlöcher von der Vertikalen. Organ d. Ver. d. Bohrtechn. Wien 1910, Nr. 21.
A. Fauck, Konstatierung von Kohle in Bohrlöchern. Ebenda 1910, Nr. 23.
N. A. Sokolowsky, Ein neues System der Verbohrungsrohre, deren Verbindung und Dichtung. Ebenda 1910, Nr. 23.
Dr. W. Petraschek, Mehr Diamantbohrungen. Ebenda 1910, Nr. 15.
P. Stein, Ueber hohles und massives Fanggestänge. Ebenda 1911, Nr. 3, 8.
R. Titus, Ueber Gestängebruch beim Spülbohren. Ebenda 1911, Nr. 12, 13.
V. Gebhardt, Ueber Tiefbohrsysteme. Ebenda 1911, Nr. 14.
E. Gad, Bohrtechnisches, Ebenda 1911, Nr. 3, 5, 20.
Aggregatzustand und Temperatur des Erdinnern. Ebenda 1911, Nr. 12.
G. Schober, Tiefstes Bohrloch der Erde. Ebenda 1911, Nr. 13—16.
P. Grabein, Die Tiefbohrtechnik im Dienste der Wissenschaft. Ebenda 1911, Nr. 16.
A. Pois, Fortschritte a. d. Gebiete der Tiefbohrtechnik. Montanist. Rundschau, Wien 1911, Nr. 20.
H. L. Ulmcke, Die Entwicklung der modernen Tiefbohrsysteme. Festschrift zur 25. internat. Wandervers. d. Bohringenieure u. Bohrtechn. Budapest 1911.
P. Noth., Tiefbohrtechn. und Geologie. Ebenda.
J. Andreicz de Glogen, Die Tiefbohrung. Vortrag auf der Wandervers. d. Bohring. Budapest 1911.

Wash-drill Boringson New York State Barge Canal. E. Low. Eng. News, Jan. 17, 1907.

Earth-auger Borings on N. Y. State Barge Canal. E. Low. Eng. News, Mar 21, 1907.

Spring-pole Drilling. E. G. Tuttle, Sch. Mines Quart, Vol. 16, p. 1.

Drilling Alluvium in Sibiria. R. E. Smith and H. G. Hann. Min. Mag. July 1913.

Modern Practice in Mining, Vol. I. R. A. S. Redmayne

Oil Production Methods. P. M. Paine and B. K. Stroud. West Eng. Pub. Co. 1913.

Methods and cost of operating Well-drilling Machines in Prospecting for Copper. W. G. Weber, Wis Engr. Apr. 1910; Eng-Con, May 4, 1910.

Notes on use of Well Drills in Prospecting. C. E. Hart. Eng-Con, July 3, 1907.

Data on Miami Churn Drilling. H. P. Bowen. E. & M. Jour, May 2, 1914.

Churn drilling in New Mexico. E. J. Stauber. E. & M. Jour, Sept. 14, 1912.

Chrun-drilling at Silver Bell, Ariz. M. B. Gentry, E. & M. Jour, Oct. 29, 1910.

Churn drill Examination of Placers. J. E. Dick, Mines & Min, Sept. 1912.

Use of Mud-laden Water in Drilling Wells. I. N. Knapp. Bull. Aime Dec. 1914. Mud-laden Fluid Applied to Well Drilling. Pollard and Heggen, U. S. Bureau of Mines, Tech Papers 66 and 68.

Improved Methods of Deep Drilling in Coalinga Oil Field, Cal. M. E. Lombardi, Bull Aime, Feb. 1915.

Time Lost in Diamond-drilling Operations. A. E. Hall. Sch. Mines Quart. Nov. 1912.

Diamond Drilling in the Transvaal. W. Wybergh. Trans. Inst. Min & Met, Vol. 6, p. 164.

Diamond Drilling at the Michigan Copper Mine. C. M. Haight. Sch. Mines Quart Vol. 30, p. 302.

Comperative Cost of Carbons and Bort Consumption in Diamond Drilling. B. H. Case, E. & M. Jour, Auf 21, 1909.

Diamond Drilling in W. Africa. J. N. Justice. Trans Inst Min & Met, Vol. 12, p. 301.

Notes on Diamond Drilling in Boundary District, B. C. F. Keffer. Jour Can Min Inst, Vol. 9, p. 317; Vol. 11, p. 385.

Test Borings for Catskill Aqueduct. Eng-Con, Oct. 26, 1910.

Speed of Drilling. A C. Lane, E. & M. Jour, Nov. 4, 1899.

Diamond-drill Work on Deep Waterways Survey. Eng. News, July 23, 1903.

Diamond-drill Borings, Deep Waterways Survey. Eng-Con, Mar 13, 1907.

Diamond Drilling at Poderosa Mine. C. L. Severy. Min & Sci Press, Aug. 30, 1913.

Diamond Drilling at Miami. F. S. Naething. E. & M. Jour, May 23, 1914.

Deviation of Rand Boreheles. J. Kitchin. Trans Inst. Min. & Met, Vol. 17, p. 87.

Surveying and Sampling Diamond Drill Holes. E. E. White. Trans Aime, Vol. 44, p. 69.

Recent Practice in Diamond Drilling and Borehole Surveying. J. I. Hoffmann, Bull. Inst. Min & Met, Apr. 18, 1912.

Mine Surveying. E B. Durham. Mc. Graw-Hill Pub. Co. N. Y.

Calculation of Strike and Dip. Theo Simons. E. & M. Jour, Apr. 11, 1914.

Dip. of Beds from Drill Cores. E. E. White. E. & M. Jour, Sept. 19, 1914.

Diamond Drilling G. H. Denny. Crosby, Lockwood & Son, London.

Tief-Bohrwesen. Hans Bansen. Julius Springer. Berlin 1912.
Diamant-Bohrungen. Georg Glockemeier. Julius Springer, Berlin 1913.
Well Drilling Methods. Isaiah Bowman. USGS Water Supply Paper No. 257, 1911.
Der Diamant. Krefeld 1917, Eppler. Die nutzbaren Mineralien: Diamant von Geh. Bergrat Scheibe. Dammer und Tietze. Die wirtschaftlich-technischen Angaben verdanken die Verfasser dem Archiv und der Mitarbeit der Firma Ernst Winter & Sohn
Doermer, Edelstein. Enzyklopädie der technischen Chemie 1916.
August Eugen Liwehr, Der moderne Ersatz der Diamantbohrmethode. 1912.
Alfred C. Lane P. H. D. „Diamond Drilling at Point Mamainsa Province of Ontario Canada Departement of Mines" Bulletin No. 6 1911. Introductory by Alfred W. G. Wilson No. 111.
E. Lindemann Sections of Diamond Drill Holes in Iron Ore Deposits at Austin Brook No. 109.
Erkelenzer Bohr-Hilfsbuch d. Masch.- u. Bohrgeräte-Fabrik Alfred Wirth & Co., 1922.
Glaubhafte Beschreibung v. Brasilianischen Carbonen u. Boarts.
E. Kiesler, Wasserspülbohrung. Kohle u. Erz. 1925.
S. Jamroz, Experimentelle Bestimmungen des Verlaufs der im Bohrgestänge auftretenden Spannungen. Int. Z. f. Bohrtechn., 1925.
Landgraeber, Die Bohrtechnik, ihre Entwicklung und Bedeutung. 1925. Dingler. Bd. 340, H. 18.
Chachazaroff, Anwendung des Diamanten zu Bohrzwecken. Int. Z. f. B., 1925, No. 20.
Jean Escard, Der Carbon und seine Industrie.

Каталоги до 1890.

Price List der Jarecki Manufacturing Co., Eric, Pa. 1883.
Illustrated Catalogue der Oil Well Supply Co. Bradford and Oil City, Pa. 1884.
Supplement des vorigen. Pittsburg, Bradford und Oil City, Pa. 1887.
Appendix zum illustrated Catalogue der Oil Well Supply Co. Pittsburg, Oil City und Bradford, Pa. New-York 1888.
Catalogue von Mather & Platt, Earth and Rock-Boring Machinery. Salford Iron Works, Manchester 1885.
Illustrated Catalogue der Pierce Well Excavator Co. New-York 1886.
Prospect der American Well Works, Aurora Illinois U. S. A. 1886 (Seilbohren, Diamantbohren, Gestängebohren, Schachtbohren).
Illustrated Catalogue der Central Iron Works von Bovaird & Seyfang Bradford, Mc. Kean County, Pa. 1889.
Illustriertes Verzeichnis amerikanischer Maschinen und Einrichtungsgegenstände für die Petroleumindustrie. J. Hellmer, Wien und Lemberg 1889.
Illustrierter Catalog von Goulds & Austin, Chicago III.
Prospect der Compagnie de IV Oued Rirh. Fau. Foureau et Co. La fertilisation du Sahara. Paris 1889.
Illustrierte Preisliste von E. Lippmann & Co. Paris 1889.
Dieselbe von C. Isler & Co., Artesian Works. London 1889.
Dieselbe von H. Becot, Entreprise de sondages. Paris 1889.
Dieselbe von Paulin Arrault, Nachfolger von Mulot, Saint-Just, Léon Dru. Paris 1889.

Dieselbe von C. L. Bourdin, Nouveaux outils et emmanchements pour sondages. Paris 1889.

Ed. Hasenörl, Abbildungen von Geräthen, Werkzeugen und Maschinen für Erdbohrungen. Geschäfts-Programm. Wien 1889.

Fauck & Co., Preis-Courant über Schürf- u. Tiefbohreinrichtungen. Wien 1890.

Neuere Kritiken über das Handbuch der Tiefbohrkunde:

Oesterr. Zeitschr. f. Berg- u. Hüttenwesen 1889, S. 69. — Technische Blätter 1889, S. 290 (von Herrn Prof. Steiner in Prag). — Zeitschr. f. d. Berg-, Hütten- u. Salinenwesen im preuß Staate, Heft 3, Bd. 37. — Chemiker- u. Techniker-Ztg. 1889, S. 397. — Dinglers polytechn. Journal 1888, Bd. 269, S. 612; 1889, Bd. 273, S. 48. — Wochenschr. des österr. Ingenieur- u. Architecten-Vereins 1889, S. 276. — Der Techniker, Internationales Fachblatt. New-York, Januar 1890. — Frankfurter Journal 1887, Nr. 229 und Didaskalia 1889, Nr. 151 (von Herrn Ingenieur Askenasy in Frankfurt a M.). — Darmstädter Ztg. vom 18. Mai 1888. — Darmstädter täglicher Anzeiger 1888, Nr. 308. — Engineering and mining Journal vom 1. Februar 1890 u. v. a.

Каталоги с 1900.

Kontinentale Tiefbohrgesellschaft, vorm. H. Thumann m. b. H. Halle a. S.

Internationale Bohrgesellschaft A. G. Erkelenz. Alfred Wirth.

Deseniss & Jakobi, A. G. Hamburg

Urbanek & Co. Frankfurt a. M.

Lange Lorcke & Co., Heidenau.

Th. Börgemann, Düsseldorf. Vertret. Sullivan Masch Co.

Peiner Maschinenbau-Gesellschaft, Peine.

Heinrich de Fries G. m. b. H., Düsseldorf.

A. G. f. Tiefbohrtechn. u Masch. Trauzl Co., Wien.

Allgem. Tiefbohr- und Schachtbau-Actiengesellschaft, Düsseldorf.

Ingersoll-Rand-Co. London, New York

Aqueous Works & Diamond Rock Boring Company, London.

Schram, Harker & Co., London.

Sullivan Maschinery Co., Chicago.

J. Geo Leyner, Engineering Works Comp., Denver Colorado.

Standard Diamond Drill Company, Chicago.

American Diamand Rock Drill Co., New York.

Rand Drill Company, New York.

Ingersoll-Sergeant Rock Drill Co., Chicago.

Oil Well Supply Co., Pittsburg.

Ersatzteil-Liste System Craelius, Lange Lorcke.

Mine and Quarry, Vol. XII No. 2, 1921. Sullivan Masch. Co.

Tiefbohr. A. G. v. Fauck-Schenk, Witkowitz.

Diamant Bohrmaschine System Craelius.

Sullivan Diamond Core Drills }
Diamond Drilling for Oil } Sullivan Masch. Co.

Henrich Mayer Nürnberg-Doos.

Haniel Lueg, Düsseldorf.

Büge & Heilmann, Berlin.

Tiefbau- u. Kälte-Industrie Nordhausen.

Справочные сведения.

Атомные веса. O = 16.

(По Международн. Комисс. 1915 г.)

Название	Обозначение	Атомный вес
Аллюминий	Al	27,1
Сурьма	Sb	120,2
Аргон	A	39,88
Мышьяк	As	74,96
Барий	Ba	137,37
Бериллий	Be	9,1
Свинец	Pb	207,10
Бор	B	11,0
Бром	Br	79,92
Кадмий	Cd	112,40
Цезий	Cs	132,81
Кальций	Ca	40,07
Церий	Ce	140,25
Хлор	Cl	35,46
Хром	Cz	52,0
Железо	Fe	55,84
Фтор	F	19,0
Золото	Au	197,2
Гелий	He	3,99
Индий	In	114,8
Иридий	Iz	193,1
Иод	J	126,92
Калий	K	39,10
Кобальт	Co	58,97
Углерод	C	12,00
Криптон	Kr	82,92
Медь	Cu	63,57
Литий	Li	6,94
Магнезий	Mg	24,32
Марганец	Mn	54,93
Молибден	Mo	96,0
Натрий	Na	23,00
Неон	Ne	20,2
Никкель	Ni	58,68
Осмий	Os	190,9
Палладий	Pd	106,7
Фосфор	P	31,04
Платина	Pt	195,2
Ртуть	Hg	200,6
Радий	Ra	226,4
Родий	Rh	102,9
Рубидий	Rb	85,45
Кислород	O	16,00
Сера	S	32,07
Селен	Se	79,2
Серебро	Ag	107,88
Силиций	Si	28,3
Азот	N	14,01
Стронций	Sr	87,63
Тантал	Ta	181,5
Теллур	Te	127,5
Таллий	Tl	204,0
Торий	Th	232,4
Титан	Ti	48,1
Уран	U	238,5
Ванадий	V	51,0
Водород	H	1,008
Висмут	Bi	208,0
Вольфрам	W	184,0
Ксенон	X	130,2
Цинк	Zn	65,37
Олово	Sn	119,0
Циркон	Zr	90,6

Удельные веса.

Вода при $4^{0} = 1$.

Едкий калий сухой .	2,1	Асбест	2,1—2,8
Едкий натр с 22,2 % H_2O	2,0	Асбестовая бумага . .	1,2
Алебастр	2,3—2,8	Асфальт	1,1—1,5
Квасцы	1,71	Базальт	2,7—3,2
Аллюминий хим. . .	2,6	Хлопок	1,47—1,50
„ прокованн.	2,75	Горный хруст., чистый	2,6
„ выплавлен.	2,56	Янтарь	1,0—1,1
Аллюмин. бронза . .	7,7	Бетон	1,80—2,45
Амальгама натуральн..	13,7—14,1	Пемза естеств. . . .	0,37—0,9
Антрацит	1,4—1,7	„ минера	2,2—2,5
Антимоний	6,62	Блеклая руда	4,36—5,36
Антимон. блеск . . .	4,6—4,7	Ортоклаз	2,53—2,58
Горькая соль кристал.	1,7—1,8	Жир	0,92—0,94
„ безводная . .	2,6	Кремень	2,6—2,8
Листоватый кам. уголь	1,2—1,5	Плавленное обезуглероженное железо .	7,85
Свинец	11,25—11,37	Плавиковый шпат . .	3,1—3,2
„ жидкий . . .	10,64	Плавленная сталь . .	7,86
Расплавл. окись свинца	9,3—9,4	Габро	2,9—3,0
„ свинцов. глет	7,83—7,98	Галмей	4,1—4,5
Свинцов. блеск . . .	7,3—7,6	Гипс	1,81
Свинцовые белила . .	6,7	Смолистый уголь . .	1,2—1,5
Свинцовый сахар . .	2,4	Стекло оконное . . .	2,4—2,6
Желтая кровяная соль	1,83	„ бутылочное . .	2,6
Болюс = S_1O_2, $Al_2O_3H_2O$	2,2—2,5	Флинтгляс	3,15—3,90
Бор	2,53	„ зеленое . .	2,64
Борацит	2,9—3,0	„ кристал.. .	2,9—3,0
Бура	1,7—1,8	„ зеркальн. .	2,45—2,72
Бурый железняк . .	3,40—3,95	Глауберовая соль . .	1,4—1,5
Пюролюзит, MnO_2 . .	3,7—4,6	Слюда	2,65—3,20
Бурый уголь	1,2—1,5	Колокольный металл 75 Sn + 25 % Cu . .	8,81
Бронза, сод. от 7,9 до 14 % олова	7,4—8,9	Гнейс	2,4—2,7
Масло	0,94—0,95	Золото самородное . .	19,33
Кадмий	8,65	„ плавленое . .	19,25
Кальций	1,85	„ прокованное .	19,30—19,35
Кальций карбид . . .	2,26	Гранат	3,4—4,5
Чилийск, натр. селитра	2,26	Гранит	2,51—3,05
Хлорист. барий крист.	3,7	Графит	1,9—2,3
„ натрий . .	2,15—2,17	Антимониевый блеск .	4,6—4,7
Хромовокислая окись свинца	6,0	Грубо-зернистый кам. уголь	1,2—1,5
Хромистый железняк .	4,4—4,6	Доломит	2,9
Дельта-металл	8,6	Лед	0,88—0,82
Алмаз	3,5—3,6	Железо хим. чист. . .	7,88
Апатит	3,16—3,22	Железн. купорос . .	1,80—1,98
Сурьма	5,7—5,8	Слоновая кость . . .	1,83—1,92
Сурьм. кислота . . .	3,69—3,72		

Земля свежая (суглин.)	2,0
Земля высушен. . . .	1,6—1,9
„ жирная . . .	1,34
Гуммиарабик	1,31—1,45
Каучук	0,92—0,96
Резинов. издел. . . .	1,0—2,0
Гумигут	1,2
Чугун	7,25
„ расплавл. жидк.	6,9—7,0
Гуттаперча	0,96—0,99
Овес	0,43
Конопл. волокно . .	1,5
Смола	1,07
Картофель	1,06—1,13
Щебень	1,8—2,0
Кремнезем	2,66
Кремнекислота крист. .	2,6
„ аморфн.	2,2
Кость	1,7—2,0
Кобальт	8,42

Виды дерева	Воздушно-сухой	Свеж.
Клен	0,53—0,81	0,83—1,05
Акация . . .	0,58—0,85	0,75—1,00
Яблоня . . .	0,66—0,84	0,95—1,26
Береза . . .	0,51—0,77	0,80—1,09
Груша . . .	0,61—0,73	0,96—1,07
Бук	0,91—1,16	0,20—1,26
Черное дер. .	1,26	
Рябина . . .	0,69—0,89	0,87—1,13
Дуб	0,69—1,03	0,93—1,28
Ольха . . .	0,42—0,68	0,63—1,01
Ясень . . .	0,57—0,94	0,70—1,14
Пихта, сосна .	0,35—0,60	0,40—1,07
Сосна . . .	0,31—0,76	0,38—1,08
Вишнев. д. .	0,76—0,84	1,05—1,18
Лиственница .	0,47—0,56	0,81
Липа . . .	0,32—0,59	0,58—0,87
Красное дер. .	0,56—1,06	
Орех. дер. .	0,60—0,81	0,91—0,92
Тополь . . .	0,39—0,59	0,61—1,07
Смол. сосна .	0,83—0,85	
Слива . . .	0,68—0,90	0,87—1,17
Каштанов. .	0,58	
Красн. бук .	0,66—0,83	0,85—1,12
Ель	0,37—0,75	0,77—1,23
Вяз	0,56—0,82	0,78—1,18
Верба . . .	0,49—0,59	0,79
Белый бук .	0,62—0,82	0,92—1,25
Кедр	0,57	

Кобальтовый блеск .	6,0—6,1
Кокс в кусках . . .	1,4
Пробка	0,24
Корунд	3,9—4,0
Мел	1,8—2,6
Медь литая	8,30—8,92
„ вальцов	8,9—9,0
„ ковкая	8,9—9,0
„ проволочн. . .	8,93—8,95
„ электролит. . .	8,9—8,95
„ жидкая	8,22
Медный блеск . . .	5,5—5,8
Медный колчедан . .	4,1—4,3
Медный купорос . .	2,2—2,3
Лава базальт	2,8—3,0
„ трахитовая . . .	2,0—2,7
Кожа, жирн	1,02
„ сухая	8,86
Глина, сухая	1,5—1,6
„ свеж. вырытая	1,67—1,85
Клей	1,27
Древесный уголь . .	0,4
„ безвоздушный	1,4—1,5
Роговая обманка . .	3,0
Иод	4,95
Калий	0,865
Обож. известь . . .	0,9—1,3
Известковый раствор .	1,60—1,65
Известк. песчаник . .	1,89—1,92
Известковый шпат . .	2,6—2,8
Известняк	2,46—2,84
Пушечный металл, сплав Cu с 10 % Sn	8,44
Каолин	2,2
Марганец	7,42
Марганцев. руда . . .	3,46
Мрамор, обыкнов. . .	2,52—2,82
Морская пенка . . .	0,99—1,28
Мука	0,4—0,5
Мелафир	2,6
Сурик-свинц. сыр. . .	8,6—9,1
Мергель	2,3—2,5
Латунь	8,4—8,7
Жерновый камень . .	1,25—1,60
Нафталин	1,15
Натрий	0,978
Новое серебро . . .	8,4—8,7
Никкель	8,35
Бумага	0,70—1,15

Парафин	0,87—0,91	Кварц	2,5—2,8
Пек	1,07—1,10	Рожь	8,68—0,79
Фенол при 0°	1,08—1,09	Чугун белый	7,0—7,8
Фосфор желт-бел. . .	1,82	Чугун серый	6,7—7,6
„ красн. . . .	2,20	Красный железняк . .	4,5—4,9
„ кристал. . . .	2,34	Торф смолистый . .	0,84
Линолеум	1,15—1,30	Торф прессованный .	0,21—0,23
Магнезия, окись магния	3,2	Трахит	2,6—2,8
Магнезит	3,0	Трасс	0,95
Магний	1,74	Туф в кусках	1,3
Магнитный железняк .	4,9—5,2	Туф в кирпичн. . . .	0,8—0,9
Магнитный колчедан .	4,54—4,64	Воск	0,95—0,98
Малахит	3,7—4,1	Белый металл . . .	7,1
Нашатырь	1,5—1,6	Пшеница	0,7—0,8
Селитра, калиев. . . .	1,95—2,08	Висмут самородн. . .	9,80
Песок, чистый и высуш.	1,40—1,65	Висмут жидк.	10,055
„ мокрый	1,90—2,05	Вольфрам	19,1
„ крупнозерн. . .	1,4—1,5	Цемент	0,82—0,95
Песчаник	2,2—2,5	Кирпич обыкнов. . .	1,4—1,6
Шерсть (овечья) . . .	1,32	Шпейсовый кобальт .	6,4—7,3
Шамотовый камень .	1,85—2,2	Крахмал	1,53
Сланец	2,65—2,70	Сталь	7,85—7,87
Порох обыкновен. . .	0,9	Кам. уголь в кусках .	1,2—1,5
„ прессованн. . .	1,75	Каменная соль . . .	2,28—2,41
Наждак	4,0	Стронцианит	3,7
Шлак домен. печи . .	2,5—3,0	Стронций	2,54
Снег	0,125	Сиенит	2,6—2,8
Сера амонн.	1,93	Сало	0,90—0,97
„ кристал	1,96—2,07	Тальк	2,7
„ самородная . .	2,07	Глина	1,8—2,6
Пирит	4,9—5,2	Глинистый сланец . .	2,76—2,88
Сварочное железо . .	7,8	Топаз	3,51—3,57
„ проволка .	7,60—7,75	Торф земл., ископаем. .	0,64
Сварочная сталь . . .	7,86	Кирпич клинкер . .	1,7—2,0
Барит	4,5	Кирпичн. кладка:	
Серпентин	2,4—2,7	полн. свеж.	1,57—1,63
Серебро литое . . .	10,42—10,52	полн. сухая	1,42—1,46
„ кованное . .	10,5—10,6	Цинк выплавлен. . .	6,86
„ расплавленное	9,51	Цинк вальцован. . .	7,13—7,20
Сода	2,5	Цинковая обманка . .	3,9—4,2
„ христаллизир. .	1,45	Цинк хлор.	2,75
Шпатовый железняк .	3,7—3,9	Цинковый шпат . . .	4,1—4,5
Стеатит, жировик . .	2,6—2,8	Цинковый купорос . .	2,04
Фосфорн. бронза . .	8,8	Олово вальцован. . .	7,3—7,5
Платина	21,3—21,5	Олово выпловлен. . .	7,2
Полировальный сланец	2,1	Оловяный камень .	6,4—7,0
Порфир	2,6—2,9	Киноварь , ...	8,12
Фарфор	2,3—2,5	Сахар белый	1,61
Потташ	2,26		
Кам.-уг. брикетт . .	1,25		

Удельные веса жидкостей.

Название жидкости	Уд. вес	°C	Название жидкости	Уд. вес	°C
Ацетон	0,79	20	Rüböl рафинированное	0,91	15
Эфир	0,74	0	Азотная кислота		
Альдегид	0,80	0	с 25 % HNO_3	1,15	15
Алкоголь	0,79	15	с 40 % HNO_3	1,25	15
Амилалкоголь	0,81	20	с 91 % HNO_3	1,50	15
Анилин	1,40	0	Карболовая кисл. . .	0,95–0,97	15
Анисовое масло . . .	1,00	16	Kienöl	1,85–0,86	15
Глицерин безводный .	1,26	0	Кокосовое масло . .	0,93	15
Глицерин с 50 % H_2O .	1,13	0	Креозотовое масло . .	1,04–1,10	15
Раствор кали, 12 % KOH	1,10	15	Медный купарос с		
„ „ 31 % KOH	1,30	15	15 % $CuSO_2 + 5 H_2O_2$	1,10	15
Бензин	0,68–0,70	15	28 % $CuSO_2 + 5 H_2O$,	1,15	15
Бензол	0,90	0	Лавендоловое масло .	0,88	16
Янтарное масло . . .	0,80	15	Льняное м вскипяч. .	0,94	15
Пиво	1,02–1,04	0	Соляная кислота,		
Бром	3,19	0	10 % HCl	1,05	15
Butter, saure	0,96	15	40 % HCl	1,20	15
Натрийхлорат,			Сероуглерод	1,29	15
14 % NaCl	1,10	15	Серная кислота		
26 % NaCl	1,20	15	с 7,5 % H_2SO_4	1,05	15
Хлороформ	1,48	18	с 27 % H_2SO_4	1,20	15
Белок	1,04	15	с 50 % H_2SO_4	1,40	15
Метилалкогол	0,81	4	с 87 % H_2SO_4	1,80	15
Молоко	1,03	15	дымящая . .	1,89	15
Минеральн. смаз. масло	0,90–0,93	20	Сернистая кислота . .	1,49	20
Нефть	0,76	19	Морская вода	1,02–1,03	13
Раствор едкого натра .	1,15	15	Specköl	0,92	15
„ с 22 % NaOH .	1,25	15	Смола кам.-уг. . . .	1,20	0
„ с 66 % NaOH .	1,70	15	Терпентиновое м. . .	0,87	16
Прованское масло . .	0,92	15	Ворвань	0,92–0,93	15
Пальмовое масло . .	0,91	15	Вода дистиллирован. .	1,00	4
Керосин	0,78–0,85	15	Вино, Rhein	0,99–1,00	0
Ртуть	13,5956	0	Цинковый купорос с		
Сурепное масло . . .	0,92	15	17 % $ZnSO_4 + 7 H_2O$	1,10	15
Рициновое масло . .	0,97	15	55 % $ZnSO_4 + 7 H_2O$	1,40	15
Rüböl сырое	0,92	15	Лимонное масло . .	0,84	16

Калильные температуры и цвета железа.

Калильный цвет	Температуры °С	Цвета отпуска стали для твердости	Температуры °С
Темновато-краснокалильный	500	Бледножелтый . .	220
Темнокрасный	700	Соломенно-желтый .	232
Темновишнево красный .	800	Золотожелтый . .	243
Вишнево красный . . .	900	Пурпуровый . . .	250
Светловишнево-красный .	1000	Фиолетовый . . .	266
Темнооранжевый	1100	Темнопурпуровый .	278
Светлооранжевый . . .	1200	Светлосиний . . .	293
Белокалильный	1300	Темносиний . . .	316
Сварочный жар.	1400—1500		

Соотношение между PS, HP, KW, mkg/sek.

PS	HP	KW	mkg/sek.
1	0,9863	0,7355	75
1,0139	1	0,7457	76,05
1,360	1,341	1	101,98

Перевод PS в KW.

PS	0	1	2	3	4	5	6	7	8	9
0	—	0,74	1,47	2,21	2,94	3,68	4,41	5,15	5,88	6,62
10	7,35	8,09	8,83	9,56	10,30	11,03	11,77	12,50	13,24	13,97
20	14,71	15,45	16,18	16,92	17,65	18,39	19,12	19,86	20,59	21,33
30	22,00	22,80	23,54	24,27	25,01	25,74	26,48	27,21	27,95	28,68
40	29,42	30,16	30,89	31,63	32,36	33,10	33,83	34,57	35,30	36,04
50	36,77	37,51	38,25	38,98	39,72	40,45	41,19	41,92	42,66	43,39
60	44,13	44,87	45,60	46,34	47,07	47,81	48,54	49,28	50,01	50,75
70	51,48	52,22	52,96	53,69	54,43	55,16	55,90	56,63	57,37	58,10
80	58,84	59,58	60,31	61,05	61,78	62,52	63,25	63,99	64,72	65,46
90	66,19	66,93	67,67	48,40	69,14	69,87	70,61	71,34	72,08	72,81
100	73,55	74,29	75,02	75,76	76,49	77,23	77,96	78,70	79,63	80,17
110	80,9	81,64	82,38	83,11	83,84	84,58	85,32	86,05	86,79	87,52
120	88,26	89,00	89,73	90,47	91,20	91,94	92,67	93,41	94,14	94,88
130	95,61	96,35	97,09	97,82	98,56	99,29	100,0	100,8	101,5	102,2
140	103,0	103,7	104,4	105,2	105,9	106,6	107,4	108,1	108,8	109,6
150	110,3	111,1	111,8	112,5	113,3	114,0	114,7	115,5	116,2	116,9
160	117,7	118,4	119,1	119,9	120,6	121,4	122,1	122,8	123,6	124,3
170	125,0	125,8	126,5	127,2	128,0	128,7	129,4	130,2	130,9	131,7
180	132,4	133,1	133,9	154,6	135,3	136,1	136,8	137,5	138,3	139,0
190	139,7	140,5	141,2	142,0	142,7	143,4	144,2	144,9	145,6	146,4
200	147,1	147,8	148,6	149,3	150,0	150,8	151,5	152,2	153,0	153,7

Силовые единицы.

1 KW = 1000 Ватт = 1,36 PS = 102 mkg/sek.

1 PS = 736 Ватт = 0,736 KW = 75 mkg/sek.

1 mkg/sek. = $^1/_{427}$ WE.

1 WE = 427 mkg = 3968 BTU = 4189 Джоуль.

1 Ватт = 1 VA = 1 Вольтампер = $^1/_{736}$ PS = 0,102 mkg/sek.

1 Ваттчас = 3600 Ваттсекунд = 367 mkg/sek. = 4,98 PS/sek.

1 Лошадь-час = PS/час = 60 × 60 × 75 = 270000 mkg = 0,736 KW/час = 632,5 WE.

1 KW/час = 1 Киловатт/час = 60 × 60 × 102 = кругл. 367000 mkg = 1,36 PS/час = 864 WE.

1 PS/час = 270000 : 427 = 632,5 WE.

1 mkg = 7,2331 футо/фунтов англ.

1 футо/фунт англ. = 0,13825 mkg.

1 PS = 542,48 фут/фунт англ.

Перевод английскаx дюймов в миллиметры.

1 английский дюйм = 25,399541 мм. 1 мм = 0,0393708 " англ.

Дюймы "	0	1/16	1/8	3/16	1/4	5/16	3/8	7/16
0	0,000	1,587	3,175	4,762	6,350	7,937	9,525	11,112
1	25,400	26,987	28,574	30,162	31,749	33,337	34,924	36,512
2	50,799	52,387	53,974	55,561	57,149	58,736	60,324	61,911
3	76,199	77,786	79,374	80,961	82,549	84,136	85,723	87,311
4	101,60	103,19	104,77	106,36	107,95	109,54	111,12	112,71
5	127,00	128,59	130,17	131,76	133,35	134,94	136,52	138,11
6	152,40	153,98	155,57	157,16	158,75	160,33	161,92	163,51
7	177,80	179,38	180,97	182,56	184,15	185,73	187,32	188,91
8	203,20	204,78	206,37	297,96	209,55	211,13	212,72	214,31
9	228,60	230,18	231,77	233,36	234,95	236,53	238,12	239,71
10	254,00	255,58	257,17	258,76	260,35	261,93	263,52	265,11
11	279,39	280,98	282,57	284,16	285,74	287,33	288,92	290,51
12	304,79	306,38	307,97	309,56	311,14	312,73	314,32	315,91
13	330,19	331,78	333,37	334,96	336,54	338,13	339,72	341,31
14	355,59	357,18	358,77	360,36	361,94	363,53	365,12	366,71
15	380,99	382,58	384,17	385,76	387,34	388,93	390,52	392,11
16	406,39	407,98	409,57	411,16	412,74	414,33	415,92	417,50
17	431,79	433,38	434,97	436,55	438,14	439,73	441,32	442,90
18	457,19	458,78	460,37	461,95	463,54	465,13	466,72	468,30
19	482,59	484,18	485,77	487,35	488,94	490,53	492,12	493,70
20	507,99	509,58	511,17	512,75	514,34	515,93	517,52	519,10
21	533,39	534,98	536,57	538,15	539,74	541,33	542,92	544,50
22	558,79	560,38	561,96	563,55	565,14	566,73	568,31	569,90
23	584,19	585,78	587,36	588,95	590,54	592,13	593,71	595,50
24	609,59	611,18	612,76	616,35	615,94	617,53	619,11	620,70
" Дюймы	0	1/16	1/8	3/16	1/4	5/16	3/8	7/16

Перевод английских дюймов в миллиметры.

1 английский дюйм = 25,399541 мм. 1 мм = 0,0393708 " англ.

Дюймы "	$^{1}/_{2}$	$^{9}/_{16}$	$^{5}/_{8}$	$^{11}/_{16}$	$^{3}/_{4}$	$^{13}/_{16}$	$^{7}/_{8}$	$^{15}/_{16}$
0	12,700	14,287	15,875	17,462	19,050	20,637	22,225	23,812
1	38,099	39,687	41,274	42,862	14,449	46,037	47,624	49,212
2	63,499	65,086	67,674	68,261	69,849	71,436	73,024	74,611
3	88,898	90,486	92,073	93,661	95,248	96,836	98,423	100,01
4	114,30	115,89	117,47	119,06	120,65	122,24	123,82	125,41
5	139,70	141,28	142,87	144,46	146,05	147,63	149,22	150,81
6	165,10	166,68	168,27	169,86	171,45	173,03	174,62	176,21
7	190,50	192,08	193,67	195,26	196,85	198,43	200,02	201,61
8	215,90	217,48	219,07	220,66	222,25	223,83	225,42	227,01
9	241,30	242,88	244,47	246,06	247,65	249,23	250,82	252,41
10	266,70	268,28	269,87	271,46	273,05	274,63	276,22	277,81
11	292,09	293,68	295,27	296,86	298,44	300,03	301,62	303,21
12	317,49	319,08	320,67	322,26	323,84	325,43	327,02	328,61
13	342,89	344,48	346,07	347,66	349,24	350,83	352,42	354,01
14	368,29	369,88	371,47	373,06	374,64	376,23	377,82	379,41
15	393,69	395,28	396,87	398,46	400,04	401,63	403,22	404,81
16	419,09	420,68	422,27	423,85	425,44	427,03	428,62	430,20
17	444,49	446,08	447,67	449,25	450,84	452,43	454,02	455,60
18	469,89	471,48	473,07	474,65	476,24	477,83	479,42	481,00
19	495,29	496,88	498,47	500,05	501,64	503,23	504,82	506,40
20	520,69	522,28	523,87	525,45	527,04	508,63	530,22	531,80
21	546,09	547,68	549,27	550,85	552,44	554,03	555,61	557,20
22	571,49	573,08	574,66	576,25	577,84	579,43	581,01	582,60
23	596,89	598,48	600,06	601,65	603,24	604,83	606,41	608,00
24	622,29	623,88	625,46	627,05	628,64	630,23	631,81	633,40
" Дюймы	$^{1}/_{2}$	$^{9}/_{16}$	$^{5}/_{8}$	$^{11}/_{16}$	$^{3}/_{4}$	$^{13}/_{16}$	$^{7}/_{8}$	$^{15}/_{16}$

Математические значения
π, g, log, ε.

π = Людоф. число; g = Ускорение силы тяжести = 9,81 m/sec.; ε = основан. натур. логорифм. = 2,71828182.

Величина	Численное значение	Величина	Численное значение	Величина	Численное значение	Величина	Численное значение
π	3,14159265	π^5	306,019685	$\frac{1}{\pi^4}$	0,010266	$\log\frac{1}{\pi^3}$	0,50856—2
$\pi\sqrt{2}$	4,44288	π^6	961,389194	$\frac{1}{\pi^5}$	0,003268	$\log\sqrt{\frac{1}{\pi}}$	0,751425—1
$\frac{1}{2}\pi$	1,570796	$\sqrt{\pi}$	1,772454	$\frac{1}{\pi^6}$	0,001040	$\log\sqrt[3]{\frac{1}{\pi}}$	0,834283—1
$\frac{1}{3}\pi$	1,047198	$2\sqrt{\pi}$	3,544908	$\sqrt{\frac{1}{\pi}}$	0,564190	g^2	96,2361
$\frac{1}{4}\pi$	0,785398	$\sqrt{2\pi}$	2,506628	$\sqrt{\frac{2}{\pi}}$	0,797885	$\sqrt{g}$	3,132092
$\frac{1}{6}\pi$	0,523599	$\sqrt{\frac{1}{2}\pi}$	1,253314	$\sqrt{\frac{3}{\pi}}$	0,977205	$\pi\sqrt{g}$	9,839757
$\frac{1}{12}\pi$	0,261799	$\pi\sqrt{\pi}$	5,568328	$\sqrt{\frac{90}{\pi}}$	5,352372	$2\sqrt{g}$	6,264184
$\frac{1}{16}\pi$	0,196350	$\sqrt[3]{\pi}$	1,464592	$\sqrt[3]{\frac{1}{\pi}}$	0,682784	$\sqrt{2g}$	4,429447
$\frac{1}{32}\pi$	0,098175	$\sqrt[3]{2\pi}$	1,845261	$\sqrt[3]{\frac{2}{\pi}}$	0,860254	$\pi\sqrt{2g}$	13,91536
$\frac{1}{64}\pi$	0,049087	$\sqrt[3]{\frac{\pi}{2}}$	1,162447	$\sqrt[3]{\frac{3}{\pi}}$	0,984745	$1:g$	0,101936
$\frac{1}{90}\pi$	0,034907	$\sqrt[3]{\pi^2}$	2,145029	$\log\pi$	0,4971499	$1:2g$	0,050968
$\frac{1}{180}\pi$	0,017453	$\pi\sqrt[3]{\pi}$	4,601151	$\log\pi^2$	0,9942997	$\pi^2:g$	1,006075
$\frac{\pi}{\sqrt{2}}$	2,221442	$\pi\sqrt[3]{\pi^2}$	6,738808	$\log\pi^3$	1,491450	$1:g^2$	0,010391
π^2	9,869604	$\frac{1}{\pi}$	0,318310	$\log\sqrt{\pi}$	0,24857549	$\frac{1}{\sqrt{g}}$	0,319275
$4\pi^2$	39,478418	$\frac{16}{\pi}$	5,092958	$\log\sqrt[3]{\pi}$	0,164717	$\frac{\pi}{\sqrt{g}}$	1,003033
$\frac{1}{4}\pi^2$	2,467401	$\frac{64}{\pi}$	20,371833	$\log\frac{1}{\pi}$	0,502850—1	$\frac{\pi}{\sqrt{2g}}$	0,709252
$\frac{1}{16}\pi^2$	0,616850	$\frac{180}{\pi}$	57,295780	$\log\frac{1}{\pi^2}$	0,005700—1	e^2	7,389056
π^3	31,006277	$\frac{1}{\pi^2}$	0,101321			$1:e$	0,367879
π^4	97,409091	$\frac{1}{\pi^3}$	0,032252			$1:e^2$	0,135335
						$\sqrt{e^2}$	1,648721
						$\sqrt[3]{e}$	1,395612

Проволочные канаты для бурення.

Наименьший диаметр барабанов и шкивов	Диаметр каната мм.	Проволоки		Величина нагрузки при материале в		Приблизит. вес метр.
		Количество	Толщина мм.	120 кгр. на кв. мм. кгр.	140 кгр. на кв мм. кгр.	кгр.
300—400	9½	72	0,8 Rund-schlag	4300	5000	0,36
	10½	84		5000	5800	0,42
	11	96		5700	6700	0,48
	12	114		6800	7900	0,57
	14	133		7900	9300	0,66
	15	162		9700	11300	0,81
	16	180		10800	12600	0,90
	17	210		12600	14800	1,05
	18	222		13300	15500	1,10
	20	259		15500	18100	1,30
400—450	11	72	0,9 Rund-schlag	5400	6300	0,45
	12	84		6400	7500	0,53
	13	96		7200	8400	0,60
	14	114		8600	10000	0,71
	15	133		10200	11800	0,84
	16½	162		12400	14300	0,02
	18	180		13600	15900	1,13
	20	210		16000	18500	1,32
	21	222		16800	19500	1,40
	22	259		19600	22900	1,63
300—400	14	125	0,8 Kabel-schlag	7000	8600	0,65
	16	175		10500	12300	0,95
	18	210		12500	14700	1,15
	22	252		15000	17600	1,35
	24	294		17500	20500	1,55
	29	432		26000	30000	2,30
	32	588		35000	41300	3,10
	35	672		40500	47300	3,60
	37	798		48000	56000	4,20
400—450	15	125	0,9 Kabel-schlag	9300	10900	0,85
	17	175		13200	15400	1,15
	20	210		15800	18400	1,40
	24	252		18900	22000	1,65
	27	294		22000	25700	1,95
	32	432		32600	38000	2,85
	35	588		44400	51800	3,90
	38	672		50700	59200	4,40
	41	798		60200	70200	5,15

Вес буровых труб.

Наружный диам.									
	"	1½	1	2	2	2½	2	3	3
	м.м.	38	44½	51	57	63½	70	76	83
Толщина стен.		2	2	2½	2	3	3	3	3
Вес 1 м. в кгр.		1,97	2,32	2,97	3,65	4,45	4,90	5,35	6,35
Увеличен. толщ. на мм		Вес 1 пог. метра труб с увеличен. толщин. стен.							
¼		2,17	2,58	3,25	3,95	4,79	5,30	5,76	6,82
½		2,37	2,81	3,53	4,26	5,13	5,69	6,19	7,28
¾		2,57	3,04	3,80	4,57	5,48	6,07	6,61	7,74
1		2,76	3,28	4,07	4,87	5,82	6,45	7,04	8,20
1¼		2,95	3,51	4,33	5,18	6,16	6,82	7,44	8,66
1½		3,14	3,74	4,60	5,47	6,49	7,20	7,85	9,11
1¾		3,32	3,96	4,86	5,77	6,82	7,57	8,25	9,56
2		3,50	4,18	5,12	6,08	7,14	7,94	8,64	10,00
2¼		3,68	4,40	5,37	6,35	7,47	8,30	9,04	10,44
2½		3,86	4,62	5,63	6,63	7,79	8,67	9,44	10,87
2¾		4,03	4,82	5,88	6,92	8,11	9,03	9,84	11,31
3		4,37	5,04	6,12	7,20	8,42	9,39	10,26	11,74
3½		4,53	5,45	6,61	7,75	9,05	10,09	11,04	12,59
4		4,85	5,84	7,08	8,28	9,66	10,78	11,80	13,44
4½		5,15	6,23	7,54	8,81	10,26	11,46	12,55	14,28
5		5,45	6,60	7,98	9,32	10,85	12,12	13,29	15,10
5½		5,73	6,96	8,41	9,83	11,42	12,77	14,02	15,91
6		6,00	7,31	8,84	10,32	11,99	13,41	14,74	16,69
6½		6,25	7,65	9,25	10,79	12,54	14,04	15,44	17,47
7		6,50	7,97	9,63	11,26	13,07	14,66	16,13	18,24
7½		—	—	10,03	11,71	13,60	15,27	16,81	18,99
8		—	—	10,40	12,15	14,11	15,86	17,47	19,74
8½		—	—	10,76	12,57	14,62	16,44	18,12	20,47
9		—	—	11,11	12,99	15,11	17,01	18,76	21,21
9½		—	—	11,44	13,39	15,58	17,57	19,39	21,91
10		—	—	11,27	13,79	16,05	18,11	20,01	22,60

Продолжение стр. 379

Вес буровых труб.

Наружный диам. "	3½	3¾	4	4¼	4½	4¾	5	5¼
Наружный диам. мм.	89	95	102	108	114	121	127	133
Толщина стен.	3	3¼	3¾	3¾	3¾	4	4	4
Вес 1 м. в кгр	6,78	7,30	9,01	2,56	10,1	11,46	12,03	12,65
Увеличен. толщ. на мм.	Вес 1 пог. метра труб с увеличен. толщин. стен.							
¼	7,29	7,85	9,58	10,17	10,75	12,15	12,76	13,41
½	7,79	8,38	10,15	10,78	11,40	12,83	13,48	14,17
¾	8,29	8,92	10,72	11,38	12,04	13,51	14,20	14,93
1	8,78	9,44	11,29	11,99	12,68	14,19	14,92	15,68
1¼	9,28	9,97	11,86	12,59	13,32	14,87	15,63	16,43
1½	9,76	10,48	12,42	13,18	13,95	15,54	16,34	17,17
1¾	10,25	11,00	12.97	13,78	14,59	16,21	17,05	17,91
2	10,73	11,51	13,53	14,37	15,21	16,88	17,75	1865
2¼	11,21	12,02	14,08	14,96	15,84	17,55	18,45	19,39
2½	11,68	12,53	14,63	15,54	16,46	18,21	19,15	20,13
2¾	12,16	13,04	15,17	16,13	17,08	18,87	19,85	20,87
3	12,63	13,54	15,71	16,71	17,69	19,52	20,54	21,60
3½	13,56	14,55	16,79	17,85	18,92	20,82	21,91	23,05
4	14,48	15,54	17,85	18,99	20,13	22,11	23,27	24,49
4½	15,39	16,52	18,90	20,11	21,32	23,39	24,62	25,91
5	16,28	17,49	19,94	21,23	22,51	24,66	25,96	27,32
5½	17,15	18,44	20,97	22,33	23,68	25,91	27,29	28,72
6	18,02	19,39	21,98	23,41	24,84	27,15	28,60	30,11
6½	18,87	20,32	22,97	24,50	25,98	28,38	29,90	31,48
7	19,72	21,24	23,96	25,66	27,12	29,60	31,19	32,84
7½	20,56	22,15	24,94	26,60	28,25	30,81	32,47	34,19
8	21,38	23,04	25,91	27,63	29,36	32,00	33,74	35,53
8½	22,19	23,91	26,86	28,65	30,47	33,17	34,99	36,86
9	22,97	24,78	27,81	29,66	31,56	34,33	36,23	38,17
9½	23,75	25,63	28,74	30,67	32,64	35,48	37,46	39,47
10	24,52	26,48	29,66	31,66	33,70	36,63	38,68	40,76

Продолжение стр. 380

Вес буровых труб.

Наружный диам.	"	5½	5¾	6	6½	7	7½	8	8½
	мм.	140	146	152	165	178	191	203	216
Толщина стен.		4½	4½	4½	4½	4½	5½	5½	6½
Вес 1 м. в кгр.		14,9	15,56	16,22	17,65	19,08	24,93	26,6	32,2
Увеличен. толщ. на мм.		Вес 1 пог. метра труб с увеличен. толщин. стен.							
¼		15,70	16,40	17,10	18,61	20,11	26,03	27,80	34,45
½		16,50	17,23	17,93	19,55	21,14	27,13	29,00	35,70
¾		17,29	18,06	18,83	20,50	22,17	28,22	30,15	36,95
1		18,08	18,89	19,70	21,44	23,19	29,31	31,30	38,20
1¼		18,87	19,71	20,55	22,38	24,21	30,40	32,45	39,45
1½		19,65	20,53	21,41	23,32	25,22	31,48	33,60	40,70
1¾		20,43	21,35	22,26	24,25	26,24	32,56	34,75	41,95
2		21,22	22,16	23,12	25,18	27,24	33,62	35,90	43,20
2¼		21,98	22,97	23,96	26,11	28,25	34,71	37,05	44,40
2½		22,76	23,78	24,91	27,03	29,26	35,78	38,20	45,60
2¾		53,52	24,59	25,65	27,95	30,26	36,84	39,35	46,80
3		24,29	25,39	26,49	28,87	31,25	37,92	40,50	48,00
3½		25,81	26,98	28,18	30,70	33,24	40,04	42,80	50,40
4		27,32	28,56	29,81	32,51	35,21	42,04	45,10	52,80
4½		28,82	30,14	31,46	34,32	37,17	44,24	47,30	55,20
5		30,30	31,70	33,09	36,11	39,14	46,32	49,50	57,50
5½		31,77	33,24	34,71	37,89	41,06	48,39	51,70	59,80
6		33,23	34,77	36,31	39,65	42,98	50,45	53,90	62,20
6½		34,72	36,34	37,90	41,40	44,90	52,50	56,10	64,50
7		36,16	37,85	39,50	43,15	46,80	54,50	58,30	66,80
7½		37,58	39,34	41,08	44,88	48,68	56,50	60,50	69,10
8		38,99	40,82	42,64	46,60	50,55	58,50	62,70	71,40
8½		40,39	42,30	44,19	48,31	52,40	60,50	64,80	73,70
9		41,78	43,77	45,72	50,01	54,24	62,50	66,90	76,00
9½		43,15	45,22	47,24	51,69	56,07	64,50	69,00	78,30
10		44,51	46,66	48,75	53,35	57,89	66,50	71,10	80,50

Продолжение стр. 381

Вес буровых труб.

Наружный диам.									
	"	9	9½	10	10½	11	11½	12	12½
	мм.	229	254	254	267	279	292	305	318
Толщина стен.		6½	6½	6½	7	7½	7½	7½	7½
Вес 1 м. в кгр.		35,3	37,2	39,5	44,5	49,6	52,1	54,7	56,9
Увеличен толщ. на мм.		Вес 1 пог. метра труб с увеличен. толщин. стен.							
¼		36,60	38,60	41,00	46,10	51,25	53,75	56,45	58,90
½		37,90	40,00	42,50	47,70	52,90	55,40	58,20	60,80
¾		39,20	41,35	43,90	49,25	54,50	57,10	59,95	62,50
1		40,50	42,70	45,30	50,80	56,10	58,80	61,70	64,40
1¼		41,80	44,05	46,75	52,35	57,75	60,50	63,40	66,25
1½		43,10	45,40	48,20	53,90	59,40	62,20	65,10	68,10
1¾		44,40	46,80	49,60	55,40	61,00	63,85	66,85	70,00
2		45,70	48,20	51,00	56,90	62,60	65,50	68,60	71,70
2¼		47,00	49,60	52,45	58,40	64,15	67,20	70,35	73,50
2½		48,30	51,00	53,90	59,90	65,70	68,90	72,10	75,30
2¾		49,60	52,40	55,35	61,40	67,25	70,60	73,85	77,10
3		50,90	53,80	56,80	62,90	68,80	72,30	75,60	78,90
3½		53,50	56,50	59,70	65,80	72,00	75,60	79,10	82,50
4		56,00	59,20	62,60	68,80	75,10	78,90	82,50	86,10
4½		58,50	61,90	65,40	71,80	78,20	82,10	86,00	89,70
5		61,00	64,50	68,30	74,80	81,30	85,30	89,50	93,30
5½		63,50	67,20	71,20	77,90	84,40	88,60	92,90	96,90
6		66,00	69,80	74,00	80,90	87,60	91,80	96,20	100,50
6½		68,50	72,40	76,70	83,90	90,70	95,00	99,60	104,10
7		71,00	75,00	79,50	86,70	93,80	98,30	102,90	107,60
7½		73,50	77,60	82,20	89,60	96,80	101,50	106,30	111,10
8		76,00	80,20	84,90	92,40	99,80	104,80	109,70	114,50
8½		78,50	82,80	87,70	95,30	102,80	108,00	113,00	118,00
9		80,90	85,40	90,50	98,20	105,70	111,10	116,40	121,00
9½		83,30	88,00	93,30	101,10	108,70	114,20	119,80	125,00
10		85,70	90,50	96,00	104,00	111,70	117,40	123,10	128,50

Продолжение стр. 382

Вес буровых труб.

Наружный диам.	"	13	12½	14	14½	15	15½	16	16½
	мм.	330	343	355	368	381	394	407	420
Толщина стен.		8	8	8	8	8½	8½	8½	9
Вес 1 м. в кгр.		62,8	65,6	67,9	70,4	77,4	80,3	83	90,65
Увеличен. толщ. на мм.		Вес 1 пог. метра труб с увеличен. толщин. стен.							
¼		—	—	—	—	—	—	—	—
½		60,60	69,50	72,00	74,80	81,85	84,95	87,80	95,60
¾		—	—	—	—	—	—	—	—
1		70,50	73,50	76,10	79,10	86,25	89,95	92,55	100,50
1¼		—	—	—	—	—	—	—	—
1½		74,30	77,50	80,20	83,30	90,70	94,10	97,30	105,40
1¾		—	—	—	—	—	—	—	—
2		78,20	81,50	84,30	87,50	95,35	98,70	102,00	110,25
2¼		—	—	—	—	—	—	—	—
2½		82,25	82,55	88,65	92,00	99,75	103,25	106,75	115,15
2¾		—	—	—	—	—	—	—	—
3		86,00	89,50	92,75	96,25	104,15	107,80	111,45	120,00
3½		89,75	93,45	96,80	100,50	108,55	112,35	116,15	124,85
4		93,55	97,45	100,90	104,70	112,90	116,00	120,85	129,65
4½		97,25	101,25	104,95	108,90	117,25	121,40	125,55	134,50
5		101,00	105,15	108,95	113,10	121,60	125,90	130,20	139,30
5½		104,70	109,00	113,00	117,40	125,90	130,00	134,85	144,10
6		108,45	112,90	117,00	121,45	130,25	134,85	139,40	148,90
6½		112,10	116,75	121,00	125,60	134,55	139,35	144,10	—
7		115,80	120,60	125,00	129,75	—	—	—	—

Берлин. 1925, 15. Ноября.

Г. Ключанский.

См. стр. 83, 94, 98, 99.

Типография Макс Шмерзов, Кирхгайн Н.-Л.

Типография Макс Шмерзов, Кирхгайн Н.-Л.

Bei Fragen zur Produktsicherheit wenden Sie sich bitte an:
If you have any questions regarding product safety,
please contact:

Walter de Gruyter GmbH
Genthiner Straße 13
10785 Berlin
productsafety@degruyterbrill.com